TURING 图灵程序设计丛书

Apress®

Beginning Python From Novice to Pro

THIRD EDITION

Python基础教程

（第3版·修订版）

[挪] 芒努斯·利·海特兰德 著

袁国忠 译　莫振杰 审校

人民邮电出版社

北京

图书在版编目（CIP）数据

Python基础教程 ：第3版 ：修订版 / (挪) 芒努斯·利·海特兰德著 ；袁国忠译. -- 4版. -- 北京 ：人民邮电出版社，2023.5
（图灵程序设计丛书）
ISBN 978-7-115-61369-1

Ⅰ. ①P… Ⅱ. ①芒… ②袁… Ⅲ. ①软件工具—程序设计—教材 Ⅳ. ①TP311.561

中国国家版本馆CIP数据核字(2023)第051668号

版权声明

◆ 著　　[挪] 芒努斯·利·海特兰德
　译　　袁国忠
　责任编辑　杨　琳
　审　　校　莫振杰
　责任印制　胡　南

◆ 人民邮电出版社出版发行　　北京市丰台区成寿寺路11号
　邮编　100164　　电子邮件　315@ptpress.com.cn
　网址　https://www.ptpress.com.cn
　固安县铭成印刷有限公司印刷

◆ 开本：800×1000　1/16
　印张：28.75　　　　2023年5月第4版
　字数：679千字　　　2024年10月河北第6次印刷

著作权合同登记号　图字：01-2017-4043号

定价：108.00元

读者服务热线：(010)84084456-6009　印装质量热线：(010)81055316

反盗版热线：(010)81055315

广告经营许可证：京东市监广登字 20170147 号

引　言

C程序犹如拿着剃刀在刚打过蜡的地板上劲舞。

——Waldi Ravens

C++学起来很难，因为它天生如此。

——佚名

Java从很多方面来说，就是简化版的C++。

——Michael Feldman

接下来请欣赏与众不同的表演。

——巨蟒剧团之《飞翔的马戏团》

前面引用了别人的几句话，旨在为本书定下基调，就是不那么严肃正式。为让本书阅读起来轻松愉快，我力图以幽默的方式来讨论Python编程这个主题。幽默是Python社区的传统，而这种幽默在很大程度上与巨蟒剧团的短剧相关。因此，本书的有些示例看起来有点傻，但愿你能容忍。顺便说一句，Python来源于巨蟒剧团（Monty Python），而不是蟒蛇。这里将简单地说说Python是什么，为何要使用它，有哪些人在使用它，本书为谁而写，并概述本书的组织结构。

Python是什么？为何要使用它？官方宣传说：Python是一种面向对象的解释性高级编程语言，具有动态语义。这句话中有很多术语，在阅读本书的过程中，你会逐渐了解其含义。这句话的要点在于，Python是一种知道如何不妨碍你编写程序的编程语言。它让你能够毫无困难地实现所需的功能，还让你能够编写出清晰易懂的程序（与使用当前流行的其他大多数编程语言相比，编写出来的程序要清晰易懂得多）。

虽然Python的速度可能没有C、C++等编译型语言那么快，但它能够节省编程时间。仅考虑到这一点就值得使用Python，况且对大多数程序而言，速度方面的差别并不明显。如果你是C语言程序员，那么你可轻松地使用C语言实现程序的重要部分，再将其与Python部分整合起来。如果你没有任何编程经验（并对我提及C和C++感到有点迷惑），那么简洁而强大的Python就是你进入编程殿堂的理想选择。

那么，有哪些人在使用 Python 呢？从 Guido van Rossum 于 20 世纪 90 年代初创造这门语言起，其追随者就在不断增加，最近几年尤其如此。Python 广泛用于完成系统管理任务（例如，它是多个 Linux 发行版的重要组成部分），也被用来向新手介绍编程。NASA 使用它来完成开发工作，并在多个系统中将其用作脚本语言；工业光魔公司在预算庞大的故事片中使用 Python 来制作特效；Yahoo!使用它（以及其他技术）来管理讨论组；Google 使用它实现了网络爬虫和搜索引擎的众多组件。Python 还被用于计算机游戏和生物信息等众多领域。不久后可能就会有人问：有谁不使用 Python 呢？

本书是为有志于学习 Python 编程的人写的，适合从编程门外汉到计算机高手的各种读者阅读。如果你没有任何编程经验，应从第 1 章开始阅读，阅读到看不懂的内容后，开始动手编写一些程序。等到条件成熟后，再回过头来继续阅读更复杂的内容。

如果你熟悉编程，对有些基础知识可能并不陌生（但书中会不时出现令你意外的细节），因此可大致浏览前几章，以便对 Python 的工作原理有大致认识。当然，也可通读附录 A，它让你能够快速了解最重要的 Python 概念。对它有大致认识后，可直接跳到第 10 章，去学习 Python 标准库。

本书的最后 10 章是 10 个编程项目，展示了 Python 语言的各种功能。无论你是初学者还是专家，都应该会对这些项目感兴趣。虽然对经验不那么丰富的程序员来说，最后几个项目理解起来有点难，但阅读本书的前半部分之后，完全能够按说明完成这些项目。

这些项目涉及众多主题，掌握这些主题对你自己动手编写程序大有裨益。你将学习如何完成一些现在看起来根本无法完成的任务，如创建聊天服务器、点对点文件共享系统和功能齐备的图形计算机游戏。这些任务乍一看好像很难，但最终你将发现，它们实际上大多容易得难以置信。

就说这么多。冗长的引言总是让我觉得有点烦，现在就开始 Python 编程吧。

特别说明

本书案例代码中使用的是 Python 官网网址，读者在学习中可自行使用其他网址替换。

目　录

第1章 快速上手：基础知识

该动手实践了。在本章中，你将学习如何借助计算机能够听懂的语言——Python——来控制它。这里没有什么太难的内容，只要了解计算机的基本工作原理，就能按部就班地完成本章的示例。我将从最简单的内容着手介绍一些基础知识，但鉴于 Python 功能强大，你很快就能完成一些非常复杂的任务。

首先，需要安装 Python 或核实已经安装了它。如果你使用的是 macOS 或 Linux/UNIX，请打开终端（在 macOS 中为应用程序 Terminal），输入 python 并按回车键。你将看到一条欢迎消息，其末尾为如下提示符：

```
>>>
```

如果情况确实如此，就可以输入 Python 命令了。如果你想要使用最新版本的 Python，最简单的方法是访问 Python 官网，其中有下载页面的链接。安装过程非常简单，不管你使用的是 Windows、macOS、Linux/UNIX 还是其他操作系统，只需单击链接就可访问相应的最新版本。如果你使用的是 Windows 或 macOS，将下载一个安装程序，可通过运行它来安装 Python。如果你使用的是 Linux/UNIX，将下载到源代码压缩文件，需要按说明进行编译，但使用 Homebrew、APT 等包管理器，可简化安装过程。

安装 Python 后，尝试启动交互式解释器。要从命令行启动 Python，只需执行命令 python。如果同时安装了较旧的版本，可能需要执行命令 python3。如果你更喜欢使用图形用户界面，可启动 Python 自带的应用程序 IDLE。

1.1 交互式解释器

启动 Python 后，可看到类似于下面的提示符：

```
Python3.11.3 (tags/v3.11.3:f3909b8,Apr 42023, 23:49:59)
[MSCv.1934 64bit(AMD64)]on win32
Type "help", "copyright", "credits" or "license" for more information.
>>>
```

解释器的外观及其显示的消息因版本而异。虽然看上去没多大意思，但请相信我，这其实很有趣，因为这是进入黑客殿堂的大门——对计算机进行控制的第一步。更准确地说，这是一个交互式 Python 解释器。请尝试像下面这样做，以核实它是否管用：

```
>>> print("Hello, world!")
```

等你按下回车键后，将出现如下输出：

```
Hello, world!
>>>
```

如果你熟悉其他计算机语言，可能习惯了在每行末尾都加上分号。在 Python 中无须这样做，因为在 Python 中，一行就是一行。如果你愿意，也可加上分号，但不会有任何影响（除非后面还有其他代码），况且大家通常都不这样做。

这是怎么回事呢？>>>是提示符，可在它后面输入一些内容。例如，如果你输入 print("Hello, world!")并按回车键，Python 解释器将打印字符串"Hello, world!"，然后再次显示提示符。

如果输入截然不同的内容呢？请尝试这样做：

```
>>> The Spanish Inquisition
SyntaxError: invalid syntax
>>>
```

显然，解释器没有看懂（如果你运行的不是 IDLE，而是 Linux 命令行解释器，错误消息可能稍有不同）。解释器还指出了问题出在什么地方：使用红色背景色（在命令行解释器中，使用的是脱字符号^）突出单词 Spanish。

如果你喜欢的话，可再尝试几次其他语句（要获取使用指南，可在提示符下输入命令 help()并按回车键。在 IDLE 中，还可按 F1 来获取帮助信息），否则请接着往下读。毕竟，在不知道如何与之交流的情况下，这个解释器并不是很有趣。

当然了，除了使用 Python 自带的 IDLE 之外，你还可以使用 VSCode 进行开发。VSCode 是当下非常热门的一款开发工具，你可以自行搜索了解一下。

1.2　算法是什么

真刀真枪地编写程序前，先来说说何为计算机编程。简而言之，计算机编程就是告诉计算机如何做。计算机多才多艺，但不太善于独立思考，我们必须提供详尽的细节，使用它们能够明白的语言将算法提供给它们。**算法**只不过是流程或菜谱的时髦说法，详尽地描述了如何完成某项任务。请看下面的菜谱：

鸡蛋火腿肠：先取一些火腿肠。

再加些火腿肠和鸡蛋。

如果喜欢吃辣，加些辣味火腿肠。

煮熟为止。记得每隔 10 分钟检查一次。

这个菜谱并不神奇，但其结构很有启发性。它由一系列必须按顺序执行的操作说明组成，其中有些可直接完成（取些火腿肠），有些需要特别注意（如果喜欢吃辣），还有一些需要重复多次（每隔 10 分钟检查一次）。

菜谱和算法都由原料（对象）和操作说明（语句）组成。在这个示例中，火腿肠和鸡蛋是原料，而操作说明包括添加火腿肠、烹饪指定的时间等。下面首先介绍一些非常简单的 Python 原料，看看可以对它们做些什么。

1.3 数和表达式

交互式 Python 解释器可用作功能强大的计算器。请尝试执行如下操作：

```
>>> 2 + 2
```

结果应该为 4，这不难。下面的运算呢？

```
>>> 53672 + 235253
288925
```

还是觉得没什么？不可否认，这是很常见的运算。（下面假设你对如何使用计算器很熟悉，知道`1 + 2 * 3`和`(1 + 2) * 3`有何不同。）所有常见算术运算符的工作原理都与你预期的一致。除法运算的结果为小数，即**浮点数**（float 或 floating-point number）。

```
>>> 1 / 2
0.5
>>> 1 / 1
1.0
```

如果你想丢弃小数部分，即执行整除运算，可使用双斜杠。

```
>>> 1 // 2
0
>>> 1 // 1
1
>>> 5.0 // 2.4
2.0
```

至此，你了解了基本的算术运算符（加法、减法、乘法和除法），但还有一种与整除关系紧密的运算没有介绍。

```
>>> 1 % 2
1
```

这是求余（求模）运算符。`x % y`的结果为`x`除以`y`的余数。换而言之，结果为执行整除时余下的部分，即`x % y`等价于`x - ((x // y) * y)`。

```
>>> 10 // 3
3
>>> 10 % 3
1
>>> 9 // 3
3
>>> 9 % 3
0
>>> 2.75 % 0.5
0.25
```

在这里，10 // 3为3，因为结果向下取整，而3 × 3为9，因此余数为1。将9除以3时，结果正好为3，没有向下取整，因此余数为0。在需要执行之前菜谱指定的“每10分钟检查一次”之类的操作时，这种运算可能很有用：只需检查minute % 10是否为0。（有关如何执行这种检查，请参阅本章后面的旁注“先睹为快：if 语句”。）从最后一个示例可知，求余运算符也可用于浮点数。这种运算符甚至可用于负数，但可能不那么好理解。

```
>>> 10 % 3
1
>>> 10 % -3
-2
>>> -10 % 3
2
>>> -10 % -3
-1
```

你也许不能通过这些示例一眼看出求余运算的工作原理，但通过研究与之配套的整除运算可帮助理解。

```
>>> 10 // 3
3
>>> 10 // -3
-4
>>> -10 // 3
-4
>>> -10 // -3
3
```

基于除法运算的工作原理，很容易理解最终的余数是多少。对于整除运算，需要明白的一个重点是它向下取整结果。因此在结果为负数的情况下，取整后将离0更远。这意味着对于-10 // 3，将向下取整到-4，而不是向上取整到-3。

这里要介绍的最后一个运算符是乘方（求幂）运算符。

```
>>> 2 ** 3
8
>>> -3 ** 2
-9
>>> (-3) ** 2
9
```

请注意，乘方运算符的优先级比求负（单目减）高，因此-3 ** 2等价于-(3 ** 2)。如果你要计算的是(-3) ** 2，必须明确指出。

1.4　变量

另一个你可能熟悉的概念是**变量**（variable）。如果代数对你来说不过是遥远的记忆，也不用担心，因为Python中的变量理解起来很容易。变量是表示（或指向）特定值的名称。例如，你可能想使用名称x来表示3，为此执行如下代码：

```
>>> x = 3
```

这称为**赋值**（assignment），我们将值 3 赋给了变量 x。换而言之，就是将变量 x 与值（或对象）3 关联起来。给变量赋值后，就可在表达式中使用它。

```
>>> x * 2
6
```

不同于其他一些语言，使用 Python 变量前必须给它赋值，因为 Python 变量没有默认值。

注意 在 Python 中，名称（**标识符**）只能由字母、数字和下划线（_）构成，且不能以数字打头。因此 Plan9 是合法的变量名，而 9Plan 不是。

1.5 语句

前面使用的几乎都是表达式，相当于菜谱中的原料，但语句（菜谱中的操作说明）是什么样的呢?

实际上，刚才说的不完全正确，因为前面已经介绍过两种语句了：print 语句和赋值语句。语句和表达式有何不同呢？你可以这样想：表达式**是**一些东西，而语句**做**一些事情。例如，2 * 2 的结果**是** 4，而 print(2 * 2)**打印** 4。表达式和语句的行为很像，因此它们之间的界线可能并非那么明确。

```
>>> 2 * 2
4
>>> print(2 * 2)
4
```

在交互式解释器中执行时，这两段代码的结果没有任何差别，但这是因为解释器总是将表达式的值打印出来。然而，在 Python 中，情况并非都是这样的。本章后面将介绍如何创建**无须**交互式解释器就能运行的程序。仅将诸如 2 * 2 等表达式放在程序中不会有任何作用[①]，但在程序中包含 print(2 * 2)将打印结果 4。

注意 print 实际上是一个函数（这将在本章后面更详细地介绍），因此前面说的 print 语句其实是函数调用。

涉及赋值时，语句和表达式的差别更明显：鉴于赋值语句不是表达式，它们没有可供交互式解释器打印的值。

```
>>> x = 3
>>>
```

执行赋值语句后，交互式解释器只是再次显示提示符，但发生了一些变化：有一个名为 x 的新变量，与值 3 相关联。可以说，这是所有语句的一个根本特征：执行修改操作。例如，赋值语

① 这个表达式确实会执行一些操作：计算 2 和 2 的乘积，但既不会将结果保存起来，也不会向用户显示它，因此除执行计算外，没有其他任何作用。

句改变变量，而print语句改变屏幕的外观。

无论在什么编程语言中，赋值语句可能都是最重要的语句，虽然这一点你可能难以马上明白。变量就像是临时“存储区”（类似于菜谱中的锅碗瓢盆）[1]，其真正威力在于你无须知道它们存储的值就能操作它们。

例如，即便根本不知道x和y是什么，你也知道x * y的结果为x和y的乘积。因此，编写程序时，你能以各种方式使用变量，而无须知道程序运行时它们将存储（指向）的值。

1.6　获取用户输入

前面说过，编写程序时无须知道变量的值就可使用它们。当然，解释器最终必须知道变量的值，可它怎么知道我们不知道的事情呢？解释器只知道我们已告知它的内容，不是吗？未必如此。

你编写的程序可能供他人使用，无法预测用户会向程序提供什么样的值。我们来看看很有用的函数input。

```
>>> input("The meaning of life: ")
The meaning of life: 42
'42'
```

这里在交互式解释器中执行了第一行（input(...)），它打印字符串"The meaning of life: "，提示用户输入相应的信息。我输入42并按回车。这个数被input（以文本或**字符串**的方式）返回，并在最后一行被自动打印出来。使用int将字符串转换为整数，可编写一个更有趣的示例：

```
>>> x = input("x: ")
x: 34
>>> y = input("y: ")
y: 42
>>> print(int(x) * int(y))
1428
```

对于上述在Python提示符（>>>）下输入的语句，可将其放在完整的程序中，并让用户提供所需的值（34和42）。这样，这个程序将打印结果1428，即前述两个数的乘积。在这种情况下，你编写程序时无须知道这些值，对吧？

注意　将程序存储在独立的文件中，让其他用户能够执行时，这种获取输入的方式将有用得多。

---

① 请注意，这里给“存储区”加上了引号。值并非存储在变量中，而是存储在变量指向的计算机内存中。多个变量可指向同一个值。

先睹为快：if 语句

为增添学习乐趣，这里提前说说原本要到第 5 章才介绍的内容：if 语句。使用 if 语句，可在给定条件满足时执行特定的操作（另一条语句）。一种条件是使用相等运算符（==）表示的相等性检查。没错，相等运算符就是两个等号。（一个等号用于赋值，还记得吗？）

你将条件放在 if 后面，再加上冒号，将其与后面的语句分开。

```
>>> if 1 == 2: print('One equals two')
...
>>> if 1 == 1: print('One equals one')
...
One equals one
>>>
```

条件不满足时什么都不做，但条件满足时，将执行冒号后面的语句。需要注意的另一点是，在交互式解释器中输入 if 语句后，需要按两次回车键才能执行它。

因此，如果变量 time 指向的是以分钟为单位的当前时间，可使用如下语句检查当前是不是整点：

```
if time % 60 == 0: print('On the hour!')
```

1.7 函数

1.3 节使用了乘方运算符（**）来执行幂运算。实际上，可不使用这个运算符，而使用**函数** pow。

```
>>> 2 ** 3
8
>>> pow(2, 3)
8
```

函数犹如小型程序，可用来执行特定的操作。Python 提供了很多函数，可用来完成很多神奇的任务。实际上，你也可以自己编写函数（这将在后面更详细地介绍），因此我们通常将 pow 等标准函数称为**内置函数**。

像前一个示例那样使用函数称为**调用**函数：你向它提供**实参**（这里是 2 和 3），而它返回一个值。鉴于函数调用返回一个值，因此它们也是表达式，就像本章前面讨论的算术表达式一样①。实际上，你可结合使用函数调用和运算符来编写更复杂的表达式（就像前面使用函数 int 时那样）。

```
>>> 10 + pow(2, 3 * 5) / 3.0
10932.666666666666
```

有多个内置函数可用于编写数值表达式。例如，abs 计算绝对值，round 将浮点数取整为与之最接近的整数。

① 函数调用也可用作语句，但在这种情况下，将忽略函数的返回值。

```
>>> abs(-10)
10
>>> 2 // 3
0
>>> round(2 / 3)
1
```

请注意最后两个表达式的差别。整除总是向下取整，而 round 取整到最接近的整数，并在两个整数一样近时取整到偶数。如果要将给定的数向下取整，该如何做呢？例如，你知道某人的年龄为32.9，并想将这个值向下取整为32，因为他还没有满33岁。Python 提供了完成这种任务的函数 floor，但你不能直接使用它，因为像众多很有用的函数一样，它也包含在模块中。

1.8　模块

可将模块视为扩展，通过将其导入可以扩展 Python 功能。要导入模块，可使用特殊命令 import。前一节提及的函数 floor 包含在模块 math 中。

```
>>> import math
>>> math.floor(32.9)
32
```

请注意其中的工作原理：我们使用 import 导入模块，再以 module.function 的方式使用模块中的函数。就这里执行的操作而言，也可像前面处理 input 的返回值那样，将这个数字转换为整数。

```
>>> int(32.9)
32
```

注意　还有一些类似的函数，可用于转换类型，如 str 和 float。实际上，它们并不是函数，而是类。对于类的概念，将在本书后面更详细地介绍。

模块 math 还包含其他几个很有用的函数。例如，ceil 与 floor 相反，返回大于或等于给定数的最小整数。

```
>>> math.ceil(32.3)
33
>>> math.ceil(32)
32
```

如果确定不会从不同模块导入多个同名函数，你可能不想每次调用函数时都指定模块名。在这种情况下，可使用命令 import 的如下变种：

```
>>> from math import sqrt
>>> sqrt(9)
3.0
```

使用命令 import 的变种 from module import function，可在调用函数时不指定模块前缀。

提示 事实上，可使用变量来引用函数（以及其他大部分 Python 元素）。执行赋值语句 foo = math.sqrt 后，就可使用 foo 来计算平方根。例如，foo(4)的结果为 2.0。

1.8.1 cmath 和复数

函数 sqrt 用于计算平方根。下面来看看向它提供一个负数的情况：

```
>>> from math import sqrt
>>> sqrt(-1)
Traceback (most recent call last):
...
ValueError: math domain error
```

在有些平台上，结果如下：

```
>>> sqrt(-1)
nan
```

注意 nan 具有特殊含义，指的是“非数值”（not a number）。

如果我们坚持将值域限定为实数，并使用其近似的浮点数实现，就无法计算负数的平方根。负数的平方根为虚数，而由实部和虚部组成的数为**复数**。Python 标准库提供了一个专门用于处理复数的模块。

```
>>> import cmath
>>> cmath.sqrt(-1)
1j
```

注意到这里没有使用 from ... import ...。如果使用了这种 import 命令，将无法使用常规函数 sqrt。类似这样的名称冲突很隐蔽，因此除非必须使用 from 版的 import 命令，否则应坚持使用常规版 import 命令。

1j 是个虚数，虚数都以 j（或 J）结尾。复数算术运算都基于如下定义：-1 的平方根为 1j。这里不深入探讨这个主题，只举一个例子来结束对复数的讨论：

```
>>> (1 + 3j) * (9 + 4j)
(-3 + 31j)
```

从这个示例可知，Python 本身提供了对复数的支持。

注意 Python 没有专门表示虚数的类型，而将虚数视为实部为零的复数。

1.8.2 回到未来

据说 Python 之父 Guido van Rossum 有一台时光机，因为这样的情况出现了多次：大家要求 Python 提供某项功能时，却发现这项功能早已实现。当然，并非什么人都能进入这台时光机，不过 Guido 很体贴，通过神奇模块__future__让 Python 具备了时光机的部分功能。对于 Python 当前不支持，但未来将成为标准组成部分的功能，你可从这个模块进行导入。

1.9 保存并执行程序

交互式解释器是 Python 的亮点之一，它让你能够实时地测试解决方案以及尝试使用 Python。要了解隐藏在背后的工作原理，只需尝试使用即可！然而，等你退出交互式解释器时，你在其中编写的所有代码都将丢失。你的终极目标是编写自己和他人都能运行的程序。本节将介绍如何达成这种目标。

首先，你需要一个文本编辑器——最好是专门用于编程的（不推荐使用 Microsoft Word 之类的软件，但如果你使用的是这样的软件，务必以纯文本的方式保存代码）。如果你使用的是 IDLE，那就太幸运了。在这种情况下，只需选择菜单 File→New File。这将新建一个编辑器窗口，其中没有交互式提示符。首先，输入如下代码：

```
print("Hello, world!")
```

接下来，选择菜单 File→Save 保存程序（其实就是一个纯文本文件）。务必将文件存储在以后能够找到的地方，并指定合理的文件名，如 hello.py（扩展名.py 很重要）。

保存好了吗？请不要关闭包含程序的窗口。如果关闭了，选择菜单 File→Open 重新打开。现在可以运行这个程序了，方法是选择菜单 Run→Run Module。（如果你使用的不是 IDLE，请参阅下一节，了解如何从命令提示符运行程序。）

结果如何呢？在解释器窗口中打印了 Hello, world!，这正是我们想要的结果。根据你使用的版本，解释器提示符可能消失，要让它重新出现，可在解释器窗口中按回车键。

接下来，将脚本扩展成下面这样：

```
name = input("What is your name? ")
print("Hello, " + name + "!")
```

如果你运行这个脚本（别忘了先保存），将在解释器窗口中看到如下提示信息：

```
What is your name?
```

输入你的名字（如 Gumby）并按回车键，你将看到类似于下面的内容：

```
Hello, Gumby!
```

强大的海龟绘图法

编写简单示例时，print 语句很有用，因为几乎在任何地方都可使用它。如果你要尝试提供更有趣的输出，应考虑使用模块 turtle，它实现了海龟绘图法。如果你正在运行 IDLE，就可使用这个模块，它让你能够绘制图形（而不是打印文本）。通常，应避免导入模块中所有的名称，但尝试使用海龟绘图法时，这样做可提供极大的方便。

```
from turtle import *
```

确定需要使用哪些函数后，可回过头去修改 import 语句，以便只导入这些函数。

海龟绘图法的理念源自形如海龟的机器人。这种机器人可前进和后退，还可向左和向右旋转一定的角度。另外，这种机器人还携带一支铅笔，可通过抬起或放下来控制铅笔在什么时候接触到脚下的纸张。模块 turtle 让你能够模拟这样的机器人。例如，下面的代码演示了如何绘制一个三角形：

```
forward(100)
left(120)
forward(100)
left(120)
forward(100)
```

如果你运行这些代码，将出现一个新窗口，其中有一个箭头形“海龟”不断地移动，并在身后留下移动轨迹。要将铅笔抬起，可使用 penup()；要将铅笔重新放下，可使用 pendown()。要了解如何绘图，可尝试在网上搜索海龟绘图法（turtle graphic）。学习更多的概念后，你可能想用海龟绘图法替换平淡的 print 语句。在尝试使用海龟绘图法的过程中，你很快就会发现需要使用后面将介绍的一些基本编程结构。例如，如何在前面的示例中避免反复调用命令 forward 和 left，如何绘制八角形（而不是三角形）以及如何以尽可能少的代码绘制多个边数各不相同的正多边形。

1.9.1 从命令提示符运行 Python 脚本

实际上，运行程序的方式有多种。首先，假定你打开了 DOS 窗口或 UNIX shell，并切换到了 Python 可执行文件（在 Windows 中为 python.exe，在 UNIX 中为 python）或将该可执行文件所在的目录加入到环境变量 PATH 中（仅适用于 Windows）①。另外，假定前一节的脚本（hello.py）存储在当前目录下。满足上述条件后，就可在 Windows 中使用如下命令来执行这个脚本：

```
C:\>python hello.py
```

在 UNIX 系统中，可使用如下命令：

```
$ python hello.py
```

如你所见，命令是一样的，只是系统提示符不同。

1.9.2 让脚本像普通程序一样

在某些情况下，你希望能够像执行其他程序（如 Web 浏览器或文本编辑器）一样执行 Python 脚本，而无须显式地使用 Python 解释器。UNIX 提供了实现这种目标的标准方式：让脚本的第一行以字符序列#!（称为 pound bang 或 shebang）开始，并在它后面指定用于对脚本进行解释的程序（这里是 Python）的绝对路径。即便你对这一点不太明白，只需将下面的代码作为脚本的第一

---

① 如果你看不懂这句话，可以跳过 1.9.1 节，因为这一节的内容不是非得掌握的。

行，就可在UNIX中轻松运行脚本：

```
#!/usr/bin/env python
```

不管 Python 库位于什么地方，这都将让你能够像运行普通程序一样运行脚本。如果你安装了多个版本的Python，可用更具体的可执行文件名（如python3）替换python。

要像普通程序一样运行脚本，还必须将其变成可执行的：

```
$ chmod a+x hello.py
```

现在，可以像下面这样来运行它（假定当前目录包含在执行路径中）：

```
$ hello.py
```

如果这不管用，请尝试使用./hello.py，这在当前目录（.）未包含在执行路径中时也管用（负责的系统管理员会告诉你执行路径是什么）。

如果你愿意，可对文件进行重命名并删除扩展名.py，使其看起来更像普通程序。

如果双击会如何呢

在Windows中，扩展名.py是让脚本像普通程序一样的关键所在。请尝试双击前一节保存的文件hello.py。如果正确地安装了Python，这将打开一个DOS窗口，其中包含提示信息What is your name?[1]。然而，这样运行程序存在一个问题：输入名字后，程序窗口将立即关闭，你根本来不及看清结果。这是因为程序结束后窗口将立即关闭。尝试修改脚本，在末尾添加如下代码行：

```
input("Press <enter>")
```

现在运行这个程序并输入名字后，DOS窗口将包含如下内容：

```
What is your name? Gumby
Hello, Gumby!
Press <enter>
```

等你按回车键后，窗口将立即关闭，因为程序结束了。

1.9.3　注释

在Python中，井号（#）比较特殊：在代码中，井号后面到行尾的所有内容都将被忽略。这也是Python解释器未被前面的/usr/bin/env卡住的原因所在。下面是一个示例：

```
# 打印圆的周长：
print(2 * pi * radius)
```

第一行为注释。注释让程序更容易理解：对其他人来说如此，在程序编写者回过头来阅读代码时亦如此。据说程序员应遵守的首要戒律是“汝应注释”，但是一些不那么宽容的程序员的座右铭是“如果写起来难，理解起来必然也难”。注释务必言而有物，不要重复去讲通过代码很容易获得的信息。无用而重复的注释还不如没有。例如，下述代码中的注释根本就是多余：

---

① 是否会这样取决于你使用的操作系统以及安装的Python解释器。例如，在macOS中，如果文件是使用IDLE存储的，双击文件将只会在IDLE代码编辑器中打开它。

```
# 获取用户的名字：
user_name = input("What is your name?")
```

在任何情况下，都应确保代码即便没有注释也易于理解。所幸 Python 是一种卓越的语言，能让人很容易编写出易于理解的程序。

1.10 字符串

前一节的代码"Hello, " + name + "!"是什么意思呢？本章的第一个程序只包含如下代码：

```
print("Hello, world!")
```

编程教程通常以类似的程序开篇，问题是我还未全面阐述其工作原理。你已掌握了 print 语句的基本知识（后面将更详细地介绍它），但"Hello, world!"是什么呢？这是一个**字符串**（string）。几乎所有真实的 Python 程序中都有字符串的身影。字符串用途众多，但主要用途是表示一段文本，如感叹句“Hello, world!”。

1.10.1 单引号字符串以及对引号转义

与数一样，字符串也是值：

```
>>> "Hello, world!"
'Hello, world!'
```

在这个示例中，有一点可能让你颇感意外：Python 在打印字符串时，用单引号将其括起，而我们使用的是双引号。这有什么差别吗？其实没有任何差别。

```
>>> 'Hello, world!'
'Hello, world!'
```

这里使用的是单引号，结果却完全相同。既然如此，为何同时支持单引号和双引号呢？因为在有些情况下，这可能会有用。

```
>>> "Let's go!"
"Let's go!"
>>> '"Hello, world!" she said'
'"Hello, world!" she said'
```

在上述代码中，第一个字符串包含一个单引号（就这里而言，可能称之为撇号更合适），因此不能用单引号将整个字符串括起，否则解释器将报错（做出这样的反应是正确的）。

```
>>> 'Let's go!'
SyntaxError: invalid syntax
```

在这里，字符串为'Let'，因此 Python 不知道如何处理后面的 s（更准确地说是当前行余下的内容）。

第二个字符串包含双引号，因此必须使用单引号将整个字符串括起，原因和前面一样。实际上，并非必须这样做（这样做只是出于方便考虑）。可使用反斜杠（\）对引号进行转义，如下所示：

```
>>> 'Let\'s go!'
"Let's go!"
```

这样 Python 将明白中间的引号是字符串的一部分，而不是字符串结束的标志。虽然如此，Python 打印这个字符串时，还是使用了双引号将其括起。与你预期的一样，对于双引号可采用同样的处理手法。

```
>>> "\"Hello, world!\" she said"
'"Hello, world!" she said'
```

像这样对引号进行转义很有用，且在有些情况下必须这样做。例如，在字符串同时包含单引号和双引号（如'Let\'s say "Hello, world!"'）时，如果不使用反斜杠进行转义，该如何办呢？

注意　厌烦了反斜杠？你在本章后面将看到，在大多数情况下，可使用长字符串和原始字符串（可结合使用这两种字符串）来避免使用反斜杠。

1.10.2　拼接字符串

为处理前述不太正常的示例，来看另一种表示这个字符串的方式：

```
>>> "Let's say " '"Hello, world!"'
'Let\'s say "Hello, world!"'
```

我依次输入了两个字符串，而 Python 自动将它们拼接起来了（合并为一个字符串）。这种机制用得不多，但有时候很有用。然而，仅当你同时依次输入两个字符串时，这种机制才管用。

```
>>> x = "Hello, "
>>> y = "world!"
>>> x y
SyntaxError: invalid syntax
```

换而言之，这是一种输入字符串的特殊方式，而非通用的字符串拼接方法。那么应该如何拼接字符串呢？就像将数相加一样，将它们相加：

```
>>> "Hello, " + "world!"
'Hello, world!'
>>> x = "Hello, "
>>> y = "world!"
>>> x + y
'Hello, world!'
```

1.10.3　字符串表示 str 和 repr

Python 打印所有的字符串时，都用引号将其括起。你可能通过前面的示例发现了这一点。这是因为 Python 打印值时，保留其在代码中的样子，而不是你希望用户看到的样子。但如果你使用 print，结果将不同。

```
>>> "Hello, world!"
'Hello, world!'
```

```
>>> print("Hello, world!")
Hello, world!
```

如果再加上表示换行符的编码\n，差别将更明显。

```
>>> "Hello,\nworld!"
'Hello,\nworld!'
>>> print("Hello,\nworld!")
Hello,
world!
```

通过两种不同的机制将值转换成了字符串。你可使用函数 str 和 repr[①]直接使用这两种机制。使用 str 能以合理的方式将值转换为用户能够看懂的字符串。例如，尽可能将特殊字符编码转换为相应的字符。然而，使用 repr 时，通常会获得值的合法 Python 表达式表示。

```
>>> print(repr("Hello,\nworld!"))
'Hello,\nworld!'
>>> print(str("Hello,\nworld!"))
Hello,
world!
```

1.10.4 长字符串、原始字符串和字节

有一些独特而有用的字符串表示方式。例如，有一种独特的语法可用于表示包含换行符或反斜杠的字符串（**长字符串和原始字符串**）。

1. 长字符串

要表示很长的字符串（跨越多行的字符串），可使用三引号（而不是普通引号）。

```
print('''This is a very long string. It continues here.
And it's not over yet. "Hello, world!"
Still here.''')
```

还可使用三个双引号，如"""like this"""。请注意，这让解释器能够识别表示字符串开始和结束位置的引号，因此字符串本身可包含单引号和双引号，无须使用反斜杠进行转义。

提示 常规字符串也可横跨多行。只要在行尾加上反斜杠，换行符就会被转义，即被忽略。例如，如果编写如下代码：

```
print("Hello, \
world!")
```

它将打印 Hello, world!。这种处理手法也适用于表达式和语句。

```
>>> 1 + 2 + \
    4 + 5
12
>>> print \
    ('Hello, world')
Hello, world
```

---

① 实际上，像 int 一样，str 也是一个类，但 repr 是一个函数。

2. 原始字符串

原始字符串不以特殊方式处理反斜杠，因此在有些情况下很有用[①]。在常规字符串中，反斜杠扮演着特殊角色：它对字符进行转义，让你能够在字符串中包含原本无法包含的字符。例如，你已经看到可使用\n表示换行符，从而像下面这样在字符串中包含换行符：

```
>>> print('Hello,\nworld!')
Hello,
world!
```

这通常挺好，但在有些情况下，并非你想要的结果。如果你要在字符串中包含\n呢？例如，你可能要在字符串中包含DOS路径C:\nowhere。

```
>>> path = 'C:\nowhere'
>>> path
'C:\nowhere'
```

这好像没问题，但如果将其打印出来，就会出现问题。

```
>>> print(path)
C:
owhere
```

这并非你想要的结果，不是吗？那该怎么办呢？可对反斜杠本身进行转义。

```
>>> print('C:\\nowhere')
C:\nowhere
```

这很好，但对于很长的路径，将需要使用大量的反斜杠。

```
path = 'C:\\Program Files\\fnord\\foo\\bar\\baz\\frozz\\bozz'
```

在这样的情况下，原始字符串可派上用场，因为它们根本不会对反斜杠做特殊处理，而是让字符串包含的每个字符都保持原样。

```
>>> print(r'C:\nowhere')
C:\nowhere
>>> print(r'C:\Program Files\fnord\foo\bar\baz\frozz\bozz')
C:\Program Files\fnord\foo\bar\baz\frozz\bozz
```

如你所见，原始字符串用前缀r表示。看起来可在原始字符串中包含任何字符，这大致是正确的。一个例外是，引号需要像通常那样进行转义，但这意味着用于执行转义的反斜杠也将包含在最终的字符串中。

```
>>> print(r'Let\'s go!')
Let\'s go!
```

另外，原始字符串不能以单个反斜杠结尾。换而言之，原始字符串的最后一个字符不能是反斜杠，除非你对其进行转义（但进行转义时，用于转义的反斜杠也将是字符串的一部分）。根据前一个示例，这一点应该是显而易见的。如果最后一个字符（位于结束引号前面的那个字符）为反斜杠，且未对其进行转义，Python将无法判断字符串是否到此结束。

---

① 编写正则表达式时，原始字符串很有用，这将在第10章详细介绍。

```
>>> print(r"This is illegal\")
SyntaxError: EOL while scanning string literal
```

这合乎情理，但如果要指定以反斜杠结尾的原始字符串（如以反斜杠结尾的DOS路径），该如何办呢？本节介绍了大量技巧，应该能够帮助你解决这个问题，但基本技巧是将反斜杠单独作为一个字符串，下面是一个简单的示例：

```
>>> print(r'C:\Program Files\foo\bar' '\\')
C:\Program Files\foo\bar\
```

请注意，指定原始字符串时，可使用单引号或双引号将其括起，还可使用三引号将其括起。

3. Unicode、bytes 和 bytearray

Python 字符串使用 Unicode 编码来表示文本。对大多数简单程序来说，这一点是完全透明的，因此如果你愿意，可跳过本节，等需要时再学习这个主题。然而，鉴于处理字符串和文本文件的Python 代码很多，大致浏览一下本节至少不会有什么坏处。

大致而言，每个 Unicode 字符都用一个码点（code point）表示，而码点是 Unicode 标准给每个字符指定的数字。这让你能够以任何现代软件都能识别的方式表示 129 个文字系统中的 12 万个以上的字符。当然，鉴于计算机键盘不可能包含几十万个键，因此有一种指定 Unicode 字符的通用机制：使用 16 或 32 位的十六进制字面量（分别加上前缀\u 或\U）或者使用字符的 Unicode 名称（\N{*name*}）。

```
>>> "\u00C6"
'Æ'
>>> "\U0001F60A"
'😊'
>>> "This is a cat: \N{Cat}"
'This is a cat: 🐈'
```

Unicode 的理念很简单，却带来了一些挑战，其中之一是编码问题。在内存和磁盘中，所有对象都是以二进制数字（0 和 1）表示的（这些数字每 8 个为一组，即 1 **字节**），字符串也不例外。在诸如 C 等编程语言中，这些字节完全暴露，而字符串不过是字节序列而已。为与 C 语言互操作以及将文本写入文件或通过网络套接字发送出去，Python 提供了两种类似的类型：不可变的 bytes 和可变的 bytearray。如果需要，可直接创建 bytes 对象（而不是字符串），方法是使用前缀 b：

```
>>> b'Hello, world!'
b'Hello, world!'
```

然而，1 字节只能表示 256 个不同的值，离 Unicode 标准的要求差很远。Python bytes 字面量只支持 ASCII 标准中的 128 个字符，而余下的 128 个值必须用转义序列表示，如\xf0 表示十六进制值 0xf0（即 240）。

唯一的差别好像在于可用的字母表规模，但实际上并非完全如此。乍一看，好像 ASCII 和 Unicode 定义的都是非负整数和字符之间的映射，但存在细微的差别：Unicode 码点是使用整数定义的，而 ASCII 字符是使用对应的数及其**二进制编码**定义的。这一点好像无关紧要，原因之一是整数 0 ~ 255 和 8 位二进制数之间的映射是固定的，几乎没有任何机动空间。问题是超过 1 字节后，情况就不那么简单了：直接将每个码点表示为相应的二进制数可能不再可行。这是因为不仅存在**字节顺序**的问题（即便对整数值进行编码，也会遇到这样的问题），而且还可能浪费空间：如果对于每个码点都使用相同数量的字节进行编码，就必须考虑到文本可能包含安那托利亚象形文字或皇家亚兰字母。有一种 Unicode 编码标准是基于这种考虑的，它就是 UTF-32（32 位统一编码转换格式，Unicode Transformation Format 32 bits），但如果你主要处理的是使用互联网上常见语言书写的文本，那么使用这种编码标准将很浪费空间。

然而，有一种非常巧妙的替代方式：不使用全部 32 位，而是使用变长编码，即对于不同的字符，使用不同数量的字节进行编码。这种编码方式主要出自计算机先锋 Kenneth Thompson 之手。使用这种编码，可节省占用的空间，就像莫尔斯码使用较少的点和短线表示常见的字母，从而减少工作量一样[①]。具体地说，进行单字节编码时，依然使用 ASCII 编码，以便与较旧的系统兼容；但对于不在这个范围内的字符，使用多个字节（最多为 6 个）进行编码。下面来使用 ASCII、UTF-8 和 UTF-32 编码将字符串转换为 bytes。

```
>>> "Hello, world!".encode("ASCII")
b'Hello, world!'
>>> "Hello, world!".encode("UTF-8")
b'Hello, world!'
>>> "Hello, world!".encode("UTF-32")
b'\xff\xfe\x00\x00H\x00\x00\x00e\x00\x00\x00l\x00\x00\x00l\x00\x00\x00o\x00\x00\x00,\x00\
x00\x00 \x00\x00\x00w\x00\x00\x00o\x00\x00\x00r\x00\x00\x00l\x00\x00\x00d\x00\x00\x00!\x00\
x00\x00'
```

从中可知，使用前两种编码的结果相同，但使用最后一种编码的结果长得多。再来看一个示例：

```
>>> len("How long is this?".encode("UTF-8"))
17
>>> len("How long is this?".encode("UTF-32"))
72
```

只要字符串包含较怪异的字符，ASCII 和 UTF-8 之间的差别便显现出来了：

```
>>> "Hællå, wørld!".encode("ASCII")
Traceback (most recent call last):
  ...
UnicodeEncodeError: 'ascii' codec can't encode character '\xe6' in position 1: ordinal not
in range(128)
```

斯堪的纳维亚字母没有对应的 ASCII 编码。如果必须使用 ASCII 编码（这样的情况肯定会遇到），可向 encode 提供另一个实参，告诉它如何处理错误。这个参数默认为 strict，但可将其指定为其他值，以忽略或替换不在 ASCII 表中的字符。

```
>>> "Hællå, wørld!".encode("ASCII", "ignore")
b'Hll, wrld!'
>>> "Hællå, wørld!".encode("ASCII", "replace")
```

---

① 这是一种重要的压缩方法，为多个现代压缩工具使用的霍夫曼编码所采用。

```
b'H?ll?, w?rld!'
>>> "Hællå, wørld!".encode("ASCII", "backslashreplace")
b'H\\xe6ll\\xe5, w\\xf8rld!'
>>> "Hællå, wørld!".encode("ASCII", "xmlcharrefreplace")
b'H&#230;ll&#229;, w&#248;rld!'
```

几乎在所有情况下，都最好使用UTF-8。事实上，它也是默认使用的编码。

```
>>> "Hællå, wørld!".encode()
b'H\xc3\xa6ll\xc3\xa5, w\xc3\xb8rld!'
```

这相比于 Hello, world!，编码结果要长些；但使用UTF-32编码时，结果一样长。

可将字符串编码为 bytes，同样也可将 bytes 解码为字符串。

```
>>> b'H\xc3\xa6ll\xc3\xa5, w\xc3\xb8rld!'.decode()
'Hællå, wørld!'
```

与前面一样，默认编码也是UTF-8。你可指定其他编码，但如果指定的编码不正确，将出现错误消息或得到一堆乱码。bytes 对象本身并不知道使用的是哪种编码，因此你必须负责跟踪这一点。

可不使用方法 encode 和 decode，而直接创建 bytes 和 str（即字符串）对象，如下所示：

```
>>> bytes("Hællå, wørld!", encoding="utf-8")
b'H\xc3\xa6ll\xc3\xa5, w\xc3\xb8rld!'
>>> str(b'H\xc3\xa6ll\xc3\xa5, w\xc3\xb8rld!', encoding="utf-8")
'Hællå, wørld!'
```

这种方法更通用一些，在你不知道类似于字符串或 bytes 的对象属于哪个类时，使用这种方法也更管用。一个通用规则是，不要做过于严格的假设。

编码和解码的最重要用途之一是，将文本存储到磁盘文件中。然而，Python提供的文件读写机制通常会替你完成这方面的工作。只要文件使用的是 UTF-8 编码，就无须操心编码和解码的问题。但如果原本正常的文本变成了乱码，就说明文件使用的可能是其他编码。在这种情况下，对导致这种问题的原因有所了解将大有裨益。如果你想更详细地了解Python中的Unicode，请参阅在线文档中有关该主题的HOWTO部分。

注意 源代码也将被编码，且默认使用的也是UTF-8编码。如果你想使用其他编码（例如，如果你使用的文本编辑器使用其他编码来存储源代码），可使用特殊的注释来指定。

```
# -*- coding: encoding name -*-
```

请将其中的 encoding name 替换为你要使用的编码（大小写都行），如 utf-8 或 latin-1。

最后，Python还提供了 bytearray，它是 bytes 的可变版。从某种意义上说，它就像是可修改的字符串——常规字符串是不能修改的。然而，bytearray 其实是为在幕后使用而设计的，因此作为类字符串使用时对用户并不友好。例如，要替换其中的字符，必须将其指定为0~255的值。因此，要插入字符，必须使用 ord 获取其**序数值**（ordinal value）。

```
>>> x = bytearray(b"Hello!")
>>> x[1] = ord(b"u")
>>> x
bytearray(b'Hullo!')
```

1.11 小结

本章介绍的内容很多，先来看看你都学到了什么，再接着往下讲。

- **算法**：算法犹如菜谱，告诉你如何完成特定的任务。从本质上说，编写计算机程序就是使用计算机能够理解的语言（如 Python）描述一种算法。这种对机器友好的描述被称为**程序**，主要由表达式和语句组成。
- **表达式**：表达式为程序的一部分，结果为一个值。例如，`2 + 2`就是一个表达式，结果为4。简单表达式是使用**运算符**（如`+`或`%`）和**函数**（如`pow`）将**字面值**（如`2`或`"Hello"`）组合起来得到的。通过组合简单的表达式，可创建复杂的表达式，如`(2 + 2) * (3 - 1)`。表达式还可能包含**变量**。
- **变量**：变量是表示值的名称。通过**赋值**，可将新值赋给变量，如`x = 2`。赋值是一种**语句**。
- **语句**：语句是让计算机执行特定操作的指示。这种操作可能是修改变量（通过赋值）、将信息打印到屏幕上（如`print("Hello, world!")`）、导入模块或执行众多其他任务。
- **函数**：Python 函数类似于数学函数，它们可能接受参数，并返回结果（在第 6 章学习编写自定义函数时，你将发现函数实际上可以在返回前做很多事情）。
- **模块**：模块是扩展，可通过导入它们来扩展 Python 的功能。例如，模块`math`包含多个很有用的函数。
- **程序**：你通过练习学习了如何编写、保存和运行 Python 程序。
- **字符串**：字符串非常简单。它们其实就是一段文本，其中的字符是用 Unicode 码点表示的。然而，对于字符串，需要学习的知识有很多。本章介绍了很多表示字符串的方式，第 3 章将介绍众多字符串用法。

1.11.1 本章介绍的新函数

函　数	描　述
abs(number)	返回指定数的绝对值
bytes(string, encoding[, errors])	对指定的字符串进行编码，并以指定的方式处理错误
cmath.sqrt(number)	返回平方根；可用于负数
float(object)	将字符串或数字转换为浮点数
help([object])	提供交互式帮助
input(prompt)	以字符串的方式获取用户输入
int(object)	将字符串或数转换为整数

（续）

函　数	描　述
math.ceil(number)	以浮点数的方式返回向上取整的结果
math.floor(number)	以浮点数的方式返回向下取整的结果
math.sqrt(number)	返回平方根；不能用于负数
pow(x, y[, z])	返回 x 的 y 次方对 z 求模的结果
print(object, ...)	将提供的实参打印出来，并用空格分隔
repr(object)	返回指定值的字符串表示
round(number[, ndigits])	四舍五入为指定的精度，正好为 5 时舍入到偶数
str(object)	将指定的值转换为字符串。用于转换 bytes 时，可指定编码和错误处理方式

在上表中，方括号内的参数是可选的。

1.11.2 预告

介绍完表达式的基本知识后，接下来将介绍更复杂的内容：数据结构。你将学习如何将简单值（如数）组合成更复杂的结构，如列表和字典，而不是分别处理它们。另外，你还将更深入地学习字符串。在第 5 章，你将更深入地学习语句，为编写巧妙的程序做好准备。

第 2 章

列表和元组

本章将介绍一个新概念：**数据结构**。数据结构是以某种方式（如通过编号）组合起来的数据元素（如数、字符乃至其他数据结构）集合。在 Python 中，最基本的数据结构为**序列**（sequence）。序列中的每个元素都有编号，即其位置或索引，其中第一个元素的索引为 0，第二个元素的索引为 1，依此类推。在有些编程语言中，从 1 开始给序列中的元素编号，但从 0 开始指出相对于序列开头的**偏移量**。这显得更自然，同时可回绕到序列末尾，用负索引表示序列末尾元素的位置。你可能认为这种编号方式有点怪，但我敢肯定，你很快就会习惯的。

本章首先对序列进行概述，然后介绍一些适用于所有序列（包括列表和元组）的操作。这些操作也适用于本章一些示例中将使用的字符串，下一章将全面介绍字符串操作。讨论这些基本知识后，将着手介绍列表，看看它们有什么特别之处，然后讨论元组。元组是一种特殊的序列，类似于列表，只是不能修改。

2.1 序列概述

Python 内置了多种序列，本章重点讨论其中最常用的两种：**列表**和**元组**。另一种重要的序列是字符串，将在下一章更详细地讨论。

列表和元组的主要不同在于，列表是可以修改的，而元组不可以。这意味着列表适用于需要中途添加元素的情形，而元组适用于出于某种考虑需要禁止修改序列的情形。禁止修改序列通常出于技术方面的考虑，与 Python 的内部工作原理相关，这也是有些内置函数返回元组的原因所在。在你自己编写程序时，几乎在所有情况下都可使用列表来代替元组。一种例外情况是将元组用作字典键，这将在第 4 章讨论。在这种情况下，不能使用列表来代替元组，因为字典键是不允许修改的。

在需要处理一系列值时，序列很有用。在数据库中，你可能使用序列来表示人，其中第一个元素为姓名，而第二个元素为年龄。如果使用列表来表示（所有元素都放在方括号内，并用逗号隔开），将类似于下面这样：

```
>>> edward = ['Edward Gumby', 42]
```

序列还可包含其他序列，因此可创建一个由数据库中所有人员组成的列表：

```
>>> edward = ['Edward Gumby', 42]
>>> john = ['John Smith', 50]
>>> database = [edward, john]
>>> database
[['Edward Gumby', 42], ['John Smith', 50]]
```

注意 Python 支持一种数据结构的基本概念，名为**容器**（container）。容器基本上就是可包含其他对象的对象。两种主要的容器是序列（如列表和元组）和映射（如字典）。在序列中，每个元素都有编号，而在映射中，每个元素都有名称（也叫键）。映射将在第 4 章详细讨论。有一种既不是序列也不是映射的容器，它就是集合（set），将在第 10 章讨论。

2.2 通用的序列操作

有几种操作适用于所有序列，包括**索引**、**切片**、**相加**、**相乘**和**成员资格检查**。另外，Python 还提供了一些内置函数，可用于确定序列的长度以及找出序列中最大和最小的元素。

注意 有一个重要的操作这里不会介绍，它就是**迭代**（iteration）。对序列进行迭代意味着对其每个元素都执行特定的操作。有关迭代的详细信息，请参阅 5.5 节。

2.2.1 索引

序列中的所有元素都有编号——从 0 开始递增。你可像下面这样使用编号来访问各个元素：

```
>>> greeting = 'Hello'
>>> greeting[0]
'H'
```

注意 字符串就是由字符组成的序列。索引 0 指向第一个元素，这里为字母 H。不同于其他一些语言，Python 没有专门用于表示字符的类型，因此一个字符就是只包含一个元素的字符串。

这称为**索引**（indexing）。你可使用索引来获取元素。这种索引方式适用于所有序列。当你使用负数索引时，Python 将从右（即从最后一个元素）开始往左数，因此-1 是最后一个元素的位置。

```
>>> greeting[-1]
'o'
```

对于字符串字面量（以及其他的序列字面量），可直接对其执行索引操作，无须先将其赋给变量。这与先赋给变量再对变量执行索引操作的效果是一样的。

```
>>> 'Hello'[1]
'e'
```

如果函数调用返回一个序列，可直接对其执行索引操作。例如，如果你只想获取用户输入的年份的第4位，可像下面这样做：

```
>>> fourth = input('Year: ')[3]
Year: 2005
>>> fourth
'5'
```

代码清单2-1所示的示例程序要求你输入年、月（数1~12）、日（数1~31），再使用相应的月份名等将日期打印出来。

代码清单2-1　索引操作示例

```
# 将以数指定年、月、日的日期打印出来

months = [
    'January',
    'February',
    'March',
    'April',
    'May',
    'June',
    'July',
    'August',
    'September',
    'October',
    'November',
    'December'
]

# 一个列表，其中包含数1~31对应的结尾
endings = ['st', 'nd', 'rd'] + 17 * ['th'] \
        + ['st', 'nd', 'rd'] + 7 * ['th'] \
        + ['st']

year    = input('Year: ')
month   = input('Month (1-12): ')
day     = input('Day (1-31): ')

month_number = int(month)
day_number = int(day)

# 别忘了将表示月和日的数减1，这样才能得到正确的索引
month_name = months[month_number-1]
ordinal = day + endings[day_number-1]

print(month_name + ' ' + ordinal + ', ' + year)
```

这个程序的运行情况类似于下面这样：

```
Year: 1974
Month (1-12): 8
Day (1-31): 16
August 16th, 1974
```

最后一行为这个程序的输出。

2.2.2 切片

除使用索引来访问单个元素外，还可使用**切片**（slicing）来访问特定范围内的元素。为此，可使用两个索引，并用冒号分隔：

```
>>> tag = '<a href="http://www.python.org">Python web site</a>'
>>> tag[9:30]
'http://www.python.org'
>>> tag[32:-4]
'Python web site'
```

如你所见，切片适用于提取序列的一部分，其中的编号非常重要：第一个索引是包含的第一个元素的编号，但第二个索引是切片后余下的第一个元素的编号。请看下面的示例：

```
>>> numbers = [1, 2, 3, 4, 5, 6, 7, 8, 9, 10]
>>> numbers[3:6] [4, 5, 6]
>>> numbers[0:1] [1]
```

简而言之，你提供两个索引来指定切片的边界，其中第一个索引指定的元素包含在切片内，但第二个索引指定的元素不包含在切片内。

1. 绝妙的简写

假设你要访问前述数字列表中的最后三个元素，显然可以明确地指定这一点。

```
>>> numbers[7:10]
[8, 9, 10]
```

在这里，索引 10 指的是第 11 个元素：它并不存在，但确实是到达最后一个元素后再前进一步所处的位置。明白了吗？如果要从列表末尾开始数，可使用负数索引。

```
>>> numbers[-3:-1]
[8, 9]
```

然而，这样好像无法包含最后一个元素。如果使用索引 0，即到达列表末尾后再前进一步所处的位置，结果将如何呢？

```
>>> numbers[-3:0]
[]
```

结果并不是你想要的。事实上，执行切片操作时，如果第一个索引指定的元素位于第二个索引指定的元素后面（在这里，倒数第 3 个元素位于第 1 个元素后面），结果就为空序列。好在你能使用一种简写：如果切片结束于序列末尾，可省略第二个索引。

```
>>> numbers[-3:]
[8, 9, 10]
```

同样，如果切片始于序列开头，可省略第一个索引。

```
>>> numbers[:3]
[1, 2, 3]
```

实际上，要复制整个序列，可将两个索引都省略。

```
>>> numbers[:]
[1, 2, 3, 4, 5, 6, 7, 8, 9, 10]
```

代码清单2-2是一个小程序，它提示用户输入一个URL，并从中提取域名。（这里假定输入的URL类似于http://www.somedomainname.com。）

代码清单2-2　切片操作示例

```
# 从类似于http://www.somedomainname.com的URL中提取域名

url = input('Please enter the URL:')
domain = url[11:-4]

print("Domain name: " + domain)
```

这个程序的运行情况类似于下面这样：

```
Please enter the URL: http://www.python.org
Domain name: python
```

2. 更大的步长

执行切片操作时，你显式或隐式地指定起点和终点，但通常省略另一个参数，即步长。在普通切片中，步长为1。这意味着从一个元素移到下一个元素，因此切片包含起点和终点之间的所有元素。

```
>>> numbers[0:10:1]
[1, 2, 3, 4, 5, 6, 7, 8, 9, 10]
```

在这个示例中，指定了另一个数。你可能猜到了，这显式地指定了步长。如果指定的步长大于1，将跳过一些元素。例如，步长为2时，将从起点和终点之间每隔一个元素提取一个元素。

```
>>> numbers[0:10:2]
[1, 3, 5, 7, 9]
numbers[3:6:3]
[4]
```

显式地指定步长时，也可使用前述简写。例如，要从序列中每隔3个元素提取1个，只需提供步长4即可。

```
>>> numbers[::4]
[1, 5, 9]
```

当然，步长不能为0，否则无法向前移动，但可以为负数，即从右向左提取元素。

```
>>> numbers[8:3:-1]
[9, 8, 7, 6, 5]
>>> numbers[10:0:-2]
[10, 8, 6, 4, 2]
>>> numbers[0:10:-2]
[]
>>> numbers[::-2]
[10, 8, 6, 4, 2]
```

```
>>> numbers[5::-2]
[6, 4, 2]
>>> numbers[:5:-2]
[10, 8]
```

在这种情况下，要正确地提取颇费思量。如你所见，第一个索引依然包含在内，而第二个索引不包含在内。步长为负数时，第一个索引必须比第二个索引大。可能有点令人迷惑的是，当你省略起始和结束索引时，Python竟然执行了正确的操作：步长为正数时，它从起点移到终点，而步长为负数时，它从终点移到起点。

2.2.3 序列相加

可使用加法运算符来拼接序列。

```
>>> [1, 2, 3] + [4, 5, 6]
[1, 2, 3, 4, 5, 6]
>>> 'Hello,' + 'world!'
'Hello, world!'
>>> [1, 2, 3] + 'world!'
Traceback (innermost last):
 File "<pyshell>", line 1, in ?
    [1, 2, 3] + 'world!'
TypeError: can only concatenate list (not "string") to list
```

从错误消息可知，不能拼接列表和字符串，虽然它们都是序列。一般而言，不能拼接不同类型的序列。

2.2.4 乘法

将序列与数 *x* 相乘时，表示将重复这个序列 *x* 次来创建一个新序列：

```
>>> 'python' * 5
'pythonpythonpythonpythonpython'
>>> [42] * 10
[42, 42, 42, 42, 42, 42, 42, 42, 42, 42]
```

None、空列表和初始化

空列表是使用不包含任何内容的两个方括号（[]）表示的。如果要创建一个可包含10个元素的列表，但没有任何有用的内容，可像前面那样使用[42]*10。但更准确的做法是使用[0]*10，这将创建一个包含10个零的列表。然而，在有些情况下，你可能想使用表示“什么都没有”的值，如表示还没有在列表中添加任何内容。在这种情况下，可使用None。在Python中，None表示什么都没有。因此，要将列表的长度初始化为10，可像下面这样做：

```
>>> sequence = [None] * 10
>>> sequence
[None, None, None, None, None, None, None, None, None, None]
```

代码清单2-3所示的程序在屏幕上打印一个由字符组成的方框。这个方框位于屏幕中央，宽度取决于用户提供的句子的长度。这些代码看似很复杂，但基本上只使用了算术运算：计算需要多少个空格、短划线等，以便将内容显示到正确的位置。

代码清单 2-3 序列（字符串）乘法运算示例

```
# 在位于屏幕中央且宽度合适的方框内打印一个句子

sentence = input("Sentence: ")

screen_width = 80
text_width = len(sentence)
box_width = text_width + 6
left_margin = (screen_width - box_width) // 2

print()
print(' ' * left_margin + '+'   + '-' * (box_width-2) +   '+')
print(' ' * left_margin + '|  ' + ' ' * text_width    + '  |')
print(' ' * left_margin + '|  ' +       sentence      + '  |')
print(' ' * left_margin + '|  ' + ' ' * text_width    + '  |')
print(' ' * left_margin + '+'   + '-' * (box_width-2) +   '+')
print()
```

这个程序的运行情况类似于下面这样：

```
Sentence: He's a very naughty boy!

                         +-----------------------------+
                         |                             |
                         |  He's a very naughty boy!   |
                         |                             |
                         +-----------------------------+
```

2.2.5 成员资格

要检查特定的值是否包含在序列中，可使用运算符 in。这个运算符与前面讨论的运算符（如乘法或加法运算符）稍有不同。它检查是否满足指定的条件，并返回相应的值：满足时返回 True，不满足时返回 False。这样的运算符称为**布尔运算符**，而前述真值称为**布尔值**。布尔表达式将在 5.4 节详细介绍。

下面是一些 in 运算符的使用示例：

```
>>> permissions = 'rw'
>>> 'w' in permissions
True
>>> 'x' in permissions
False
>>> users = ['mlh', 'foo', 'bar']
>>> input('Enter your user name: ') in users
Enter your user name: mlh
True
>>> subject = '$$$ Get rich now!!! $$$'
>>> '$$$' in subject
True
```

开头两个示例使用成员资格测试分别检查'w'和'x'是否包含在字符串变量permissions中。在UNIX系统中，可在脚本中使用这两行代码来检查对文件的写入和执行权限。接下来的示例检查提供的用户名mlh是否包含在用户列表中，这在程序需要执行特定的安全策略时很有用（在这种情况下，可能还需检查密码）。最后一个示例检查字符串变量subject是否包含字符串'$$$'，这可用于垃圾邮件过滤器中。

注意 相比于其他示例，检查字符串是否包含'$$$'的示例稍有不同。一般而言，运算符in检查指定的对象是否是序列（或其他集合）的成员（即其中的一个元素），但对字符串来说，只有它包含的字符才是其成员或元素，因此下面的代码完全合理：

```
>>> 'P' in 'Python'
True
```

代码清单2-4所示的程序从用户那里获取一个用户名和一个PIN码，并检查它们组成的列表是否包含在数据库（实际上也是一个列表）中。如果用户名-PIN码对包含在数据库中，就打印字符串'Access granted'。

代码清单2-4 序列成员资格示例

```
# 检查用户名和PIN码

database = [
    ['albert',  '1234'],
    ['dilbert', '4242'],
    ['smith',   '7524'],
    ['jones',   '9843']
]

username = input('User name: ')
pin = input('PIN code: ')

if [username, pin] in database: print('Access granted')
```

长度、最小值和最大值

内置函数len、min和max很有用，其中函数len返回序列包含的元素个数，而min和max分别返回序列中最小和最大的元素。

```
>>> numbers = [100, 34, 678]
>>> len(numbers)
3
>>> max(numbers)
678
>>> min(numbers)
34
>>> max(2, 3)
3
>>> min(9, 3, 2, 5)
2
```

基于前面的解释，这些代码应该很容易理解，但最后两个表达式可能例外。在这两个表达式中，调用 max 和 min 时指定的实参并不是序列，而直接将数作为实参。

2.3 列表：Python 的主力

前面的示例大量地使用了列表，你明白了它们很有用，但本节主要讨论列表不同于元组和字符串的地方——列表是可变的，即可修改其内容。另外，列表有很多特有的方法。

2.3.1 函数 list

鉴于不能像修改列表那样修改字符串，因此在有些情况下使用字符串来创建列表很有帮助。为此，可使用函数 list[①]。

```
>>> list('Hello')
['H', 'e', 'l', 'l', 'o']
```

请注意，可将任何序列（而不仅仅是字符串）作为 list 的参数。

提示 要将字符列表（如前述代码中的字符列表）转换为字符串，可使用下面的表达式：

```
''.join(somelist)
```

其中 somelist 是要转换的列表。这到底是什么意思呢？3.4.3 节对此做了说明。

2.3.2 基本的列表操作

可对列表执行所有的标准序列操作，如索引、切片、拼接和相乘，但列表的有趣之处在于它是可以修改的。本节将介绍一些修改列表的方式：给元素赋值、删除元素、给切片赋值以及使用列表的方法。（请注意，并非所有列表方法都会修改列表。）

1. 修改列表：给元素赋值

修改列表很容易，只需使用第 1 章介绍的普通赋值语句即可，但不是使用类似于 x = 2 这样的赋值语句，而是使用索引表示法给特定位置的元素赋值，如 x[1] = 2。

```
>>> x = [1, 1, 1]
>>> x[1] = 2
>>> x
[1, 2, 1]
```

注意 不能给不存在的元素赋值，因此如果列表的长度为 2，就不能给索引为 100 的元素赋值。要这样做，列表的长度至少为 101。请参阅本章前面的“None、空列表和初始化”一节。

① 它实际上是一个类，而不是函数，但眼下，这种差别并不重要。

2. 删除元素

从列表中删除元素也很容易，只需使用 del 语句即可。

```
>>> names = ['Alice', 'Beth', 'Cecil', 'Dee-Dee', 'Earl']
>>> del names[2]
>>> names
['Alice', 'Beth', 'Dee-Dee', 'Earl']
```

注意到 Cecil 彻底消失了，而列表的长度也从 5 变成了 4。除用于删除列表元素外，del 语句还可用于删除其他东西。你可将其用于字典（参见第 4 章）乃至变量，有关这方面的详细信息，请参阅第 5 章。

3. 给切片赋值

切片是一项极其强大的功能，而能够给切片赋值让这项功能显得更加强大。

```
>>> name = list('Perl')
>>> name
['P', 'e', 'r', 'l']
>>> name[2:] = list('ar')
>>> name
['P', 'e', 'a', 'r']
```

从上述代码可知，可同时给多个元素赋值。你可能认为，这有什么大不了的，分别给每个元素赋值不是一样的吗？确实如此，但使用切片赋值，可将切片替换为长度与其不同的序列。

```
>>> name = list('Perl')
>>> name[1:] = list('ython')
>>> name
['P', 'y', 't', 'h', 'o', 'n']
```

使用切片赋值还可在不替换原有元素的情况下插入新元素。

```
>>> numbers = [1, 5]
>>> numbers[1:1] = [2, 3, 4]
>>> numbers
[1, 2, 3, 4, 5]
```

在这里，我“替换”了一个空切片，相当于插入了一个序列。你可采取相反的措施来删除切片。

```
>>> numbers
[1, 2, 3, 4, 5]
>>> numbers[1:4] = []
>>> numbers
[1, 5]
```

你可能猜到了，上述代码与 del numbers[1:4]等效。现在，你可自己尝试执行步长不为 1（乃至为负）的切片赋值了。

2.3.3 列表方法

方法是与对象（列表、数、字符串等）联系紧密的函数。通常，像下面这样调用方法：

```
object.method(arguments)
```

方法调用与函数调用很像，只是在方法名前加上了对象和句点（第 7 章将详细阐述方法到底是什么）。列表包含多个可用来查看或修改其内容的方法。

1. append

方法 append 用于将一个对象附加到列表末尾。

```
>>> lst = [1, 2, 3]
>>> lst.append(4)
>>> lst
[1, 2, 3, 4]
```

你可能心存疑虑，为何给列表取 lst 这样糟糕的名字，而不称之为 list 呢？我原本是可以这样做的，但你可能还记得，list 是一个内置函数[①]，如果我将前述列表命名为 list，就无法调用这个函数。在特定的应用程序中，通常可给列表选择更好的名称。诸如 lst 等名称确实不能提供任何信息。因此，如果列表为价格列表，可能应该将其命名为 prices、prices_of_eggs 或 pricesOfEggs。

另外请注意，与其他几个类似的方法一样，append 也就地修改列表。这意味着它不会返回修改后的新列表，而是直接修改旧列表。这通常正是你想要的，但有时会带来麻烦。我将在本章后面介绍 sort 时再回过头来讨论这一点。

2. clear

方法 clear 就地清空列表的内容。

```
>>> lst = [1, 2, 3]
>>> lst.clear()
>>> lst
[]
```

这类似于切片赋值语句 lst[:] = []。

3. copy

方法 copy 复制列表。前面说过，常规复制只是将另一个名称关联到列表。

```
>>> a = [1, 2, 3]
>>> b = a
>>> b[1] = 4
>>> a
[1, 4, 3]
```

要让 a 和 b 指向不同的列表，就必须将 b 关联到 a 的副本。

```
>>> a = [1, 2, 3]
>>> b = a.copy()
>>> b[1] = 4
```

① 实际上，在最新版本的 Python 中，list 就是类，而不是函数了（tuple 和 str 亦如此）。

```
>>> a
[1, 2, 3]
```

这类似于使用 a[:]或 list(a)，它们也都复制 a。

4. count

方法 count 计算指定的元素在列表中出现了多少次。

```
>>> ['to', 'be', 'or', 'not', 'to', 'be'].count('to')
2
>>> x = [[1, 2], 1, 1, [2, 1, [1, 2]]]
>>> x.count(1)
2
>>> x.count([1, 2])
1
```

5. extend

方法 extend 让你能够同时将多个值附加到列表末尾，为此可将这些值组成的序列作为参数提供给方法 extend。换而言之，你可使用一个列表来扩展另一个列表。

```
>>> a = [1, 2, 3]
>>> b = [4, 5, 6]
>>> a.extend(b)
>>> a
[1, 2, 3, 4, 5, 6]
```

这可能看起来类似于拼接，但存在一个重要差别，那就是将修改被扩展的序列（这里是 a）。在常规拼接中，情况是返回一个全新的序列。

```
>>> a = [1, 2, 3]
>>> b = [4, 5, 6]
>>> a + b
[1, 2, 3, 4, 5, 6]
>>> a
[1, 2, 3]
```

如你所见，拼接出来的列表与前一个示例扩展得到的列表完全相同，但在这里 a 并没有被修改。鉴于常规拼接必须使用 a 和 b 的副本创建一个新列表，因此如果你要获得类似于下面的效果，拼接的效率将比 extend 低：

```
>>> a = a + b
```

另外，拼接操作并非就地执行的，即它不会修改原来的列表。要获得与 extend 相同的效果，可将列表赋给切片，如下所示：

```
>>> a = [1, 2, 3]
>>> b = [4, 5, 6]
>>> a[len(a):] = b
>>> a
[1, 2, 3, 4, 5, 6]
```

这虽然可行，但可读性不是很高。

6. index

方法 index 在列表中查找指定值第一次出现的索引。

```
>>> knights = ['We', 'are', 'the', 'knights', 'who', 'say', 'ni']
>>> knights.index('who')
4
>>> knights.index('herring')
Traceback (innermost last):
  File "<pyshell>", line 1, in ?
    knights.index('herring')
ValueError: list.index(x): x not in list
```

搜索单词'who'时，发现它位于索引 4 处。

```
>>> knights[4]
'who'
```

然而，搜索'herring'时引发了异常，因为根本就没有找到这个单词。

7. insert

方法 insert 用于将一个对象插入列表。

```
>>> numbers = [1, 2, 3, 5, 6, 7]
>>> numbers.insert(3, 'four')
>>> numbers
[1, 2, 3, 'four', 5, 6, 7]
```

与 extend 一样，也可使用切片赋值来获得与 insert 一样的效果。

```
>>> numbers = [1, 2, 3, 5, 6, 7]
>>> numbers[3:3] = ['four']
>>> numbers
[1, 2, 3, 'four', 5, 6, 7]
```

这虽巧妙，但可读性根本无法与使用 insert 媲美。

8. pop

方法 pop 从列表中删除一个元素（默认为最后一个元素），并返回这一元素。

```
>>> x = [1, 2, 3]
>>> x.pop()
3
>>> x
[1, 2]
>>> x.pop(0)
1
>>> x
[2]
```

注意　pop 是唯一既修改列表又返回一个非 None 值的列表方法。

使用 pop 可实现一种常见的数据结构——栈（stack）。栈就像一叠盘子，你可在上面添加盘

子，还可从上面取走盘子。最后加入的盘子最先取走，这称为**后进先出**（LIFO）。

push和pop是大家普遍接受的两种栈操作（入栈和出栈）的名称。Python没有提供push，但可使用append来替代。方法pop和append的效果相反，因此将刚出栈的值入栈后，得到的栈将与原来相同。

```
>>> x = [1, 2, 3]
>>> x.append(x.pop())
>>> x
[1, 2, 3]
```

提示 要创建先进先出（FIFO）的队列，可使用insert(0, ...)代替append。另外，也可继续使用append，但用pop(0)替代pop()。一种更佳的解决方案是，使用模块collections中的deque。有关这方面的详细信息，请参阅第10章。

---

9. remove

方法remove用于删除第一个为指定值的元素。

```
>>> x = ['to', 'be', 'or', 'not', 'to', 'be']
>>> x.remove('be')
>>> x
['to', 'or', 'not', 'to', 'be']
>>> x.remove('bee')
Traceback (innermost last):
 File "<pyshell>", line 1, in ?
  x.remove('bee')
ValueError: list.remove(x): x not in list
```

如你所见，这只删除了为指定值的第一个元素，无法删除列表中其他为指定值的元素（这里是字符串'bee'）。

请注意，remove是就地修改且不返回值的方法之一。不同于pop的是，它修改列表，但不返回任何值。

10. reverse

方法reverse按相反的顺序排列列表中的元素（我想你对此应该不会感到惊讶）。

```
>>> x = [1, 2, 3]
>>> x.reverse()
>>> x
[3, 2, 1]
```

注意到reverse修改列表，但不返回任何值（与remove和sort等方法一样）。

提示 如果要按相反的顺序迭代序列，可使用函数reversed。这个函数不返回列表，而是返回一个迭代器（迭代器将在第9章详细介绍）。你可使用list将返回的对象转换为列表。

```
>>> x = [1, 2, 3]
>>> list(reversed(x))
[3, 2, 1]
```

---

11. sort

方法 sort 用于对列表就地排序。就地排序意味着对原来的列表进行修改，使其元素按顺序排列，而不是返回排序后的列表的副本。

```
>>> x = [4, 6, 2, 1, 7, 9]
>>> x.sort()
>>> x
[1, 2, 4, 6, 7, 9]
```

前面介绍了多个修改列表而不返回任何值的方法，在大多数情况下，这种行为都相当自然（例如，对 append 来说就如此）。需要强调 sort 的行为也是这样的，因为这种行为给很多人都带来了困惑。在需要排序后的列表副本并保留原始列表不变时，通常会遭遇这种困惑。为实现这种目标，一种直观（但错误）的方式是像下面这样做：

```
>>> x = [4, 6, 2, 1, 7, 9]
>>> y = x.sort() # Don't do this!
>>> print(y)
None
```

鉴于 sort 修改 x 且不返回任何值，最终的结果是 x 是经过排序的，而 y 包含 None。为实现前述目标，正确的方式之一是先将 y 关联到 x 的副本，再对 y 进行排序，如下所示：

```
>>> x = [4, 6, 2, 1, 7, 9]
>>> y = x.copy()
>>> y.sort()
>>> x
[4, 6, 2, 1, 7, 9]
>>> y
[1, 2, 4, 6, 7, 9]
```

只是将 x 赋给 y 是不可行的，因为这样 x 和 y 将指向同一个列表。为获取排序后的列表的副本，另一种方式是使用函数 sorted。

```
>>> x = [4, 6, 2, 1, 7, 9]
>>> y = sorted(x)
>>> x
[4, 6, 2, 1, 7, 9]
>>> y
[1, 2, 4, 6, 7, 9]
```

实际上，这个函数可用于任何序列，但总是返回一个列表[①]。

```
>>> sorted('Python')
['P', 'h', 'n', 'o', 't', 'y']
```

如果要将元素按相反的顺序排列，可先使用 sort（或 sorted），再调用方法 reverse，也可使用参数 reverse，这将在下一小节介绍。

---

① 实际上，函数 sorted 可用于任何可迭代的对象。可迭代的对象将在第 9 章详细介绍。

12. 高级排序

方法 sort 接受两个可选参数：key 和 reverse。这两个参数通常是按名称指定的，称为关键字参数，将在第 6 章详细讨论。参数 key 类似于参数 cmp：你将其设置为一个用于排序的函数。然而，不会直接使用这个函数来判断一个元素是否比另一个元素小，而是使用它来为每个元素创建一个键，再根据这些键对元素进行排序。因此，要根据长度对元素进行排序，可将参数 key 设置为函数 len。

```
>>> x = ['aardvark', 'abalone', 'acme', 'add', 'aerate']
>>> x.sort(key=len)
>>> x
['add', 'acme', 'aerate', 'abalone', 'aardvark']
```

对于另一个关键字参数 reverse，只需将其指定为一个真值（True 或 False，将在第 5 章详细介绍），以指出是否要按相反的顺序对列表进行排序。

```
>>> x = [4, 6, 2, 1, 7, 9]
>>> x.sort(reverse=True)
>>> x
[9, 7, 6, 4, 2, 1]
```

函数 sorted 也接受参数 key 和 reverse。在很多情况下，将参数 key 设置为一个自定义函数很有用。第 6 章将介绍如何创建自定义函数。

2.4 元组：不可修改的序列

与列表一样，元组也是序列，唯一的差别在于元组是不能修改的（你可能注意到了，字符串也不能修改）。元组语法很简单，只要将一些值用逗号分隔，就能自动创建一个元组。

```
>>> 1, 2, 3
(1, 2, 3)
```

如你所见，元组还可用圆括号括起（这也是通常采用的做法）。

```
>>> (1, 2, 3)
(1, 2, 3)
```

空元组用两个不包含任何内容的圆括号表示。

```
>>> ()
()
```

你可能会问，如何表示只包含一个值的元组呢？这有点特殊：虽然只有一个值，也必须在它后面加上逗号。

```
>>> 42
42
>>> 42,
(42,)
>>> (42,)
(42,)
```

最后两个示例创建的元组长度为1，而第一个示例根本没有创建元组。逗号至关重要，仅将值用圆括号括起不管用：(42)与42完全等效。但仅仅加上一个逗号，就能完全改变表达式的值。

```
>>> 3 * (40 + 2)
126
>>> 3 * (40 + 2,)
(42, 42, 42)
```

函数tuple的工作原理与list很像：它将一个序列作为参数，并将其转换为元组[1]。如果参数已经是元组，就原封不动地返回它。

```
>>> tuple([1, 2, 3])
(1, 2, 3)
>>> tuple('abc')
('a', 'b', 'c')
>>> tuple((1, 2, 3))
(1, 2, 3)
```

你可能意识到了，元组并不太复杂，而且除创建和访问其元素外，可对元组执行的操作不多。元组的创建及其元素的访问方式与其他序列相同。

```
>>> x = 1, 2, 3
>>> x[1]
2
>>> x[0:2]
(1, 2)
```

元组的切片也是元组，就像列表的切片也是列表一样。为何要熟悉元组呢？原因有以下两个。

- 它们用作映射中的键（以及集合的成员），而列表不行。映射将在第4章详细介绍。
- 有些内置函数和方法返回元组，这意味着必须跟它们打交道。只要不尝试修改元组，与元组"打交道"通常意味着像处理列表一样处理它们（需要使用元组没有的index和count等方法时例外）。

一般而言，使用列表足以满足对序列的需求。

2.5　小结

下面来回顾一下本章介绍的一些最重要的概念。

- **序列**：序列是一种数据结构，其中的元素带编号（编号从0开始）。列表、字符串和元组都属于序列，其中列表是可变的（你可修改其内容），而元组和字符串是不可变的（一旦创建，内容就是固定的）。要访问序列的一部分，可使用切片操作：提供两个指定切片起始和结束位置的索引。要修改列表，可给其元素赋值，也可使用赋值语句给切片赋值。
- **成员资格**：要确定特定的值是否包含在序列或其他容器中，可使用运算符in。将运算符in用于字符串时情况比较特殊——这样可查找子串。

---

① 与list一样，tuple实际上也不是函数，而是类型。而且同样，目前你完全可以不考虑这一点。

- 方法：一些内置类型（如列表和字符串，但不包括元组）提供了很多有用的方法。方法有点像函数，只是与特定的值相关联。方法是面向对象编程的一个重要方面，这将在第 7 章介绍。

2.5.1 本章介绍的新函数

函　数	描　述
len(seq)	返回序列的长度
list(seq)	将序列转换为列表
max(args)	返回序列或一组参数中的最大值
min(args)	返回序列和一组参数中的最小值
reversed(seq)	让你能够反向迭代序列
sorted(seq)	返回一个有序列表，其中包含指定序列中的所有元素
tuple(seq)	将序列转换为元组

2.5.2 预告

熟悉序列后，接下来将介绍字符序列，即字符串。

第3章

使用字符串

你已见过字符串，并且知道如何创建它们。你还学习了如何使用索引和切片来访问字符串中的字符。本章将介绍如何使用字符串来设置其他值的格式（比如便于打印），并大致了解使用字符串方法可完成的重要任务，如拆分、合并和查找等。

3.1 字符串基本操作

前一章说过，所有标准序列操作（索引、切片、乘法、成员资格检查、长度、最小值和最大值）都适用于字符串，但别忘了字符串是不可变的，因此所有的元素赋值和切片赋值都是非法的。

```
>>> website = 'http://www.python.org'
>>> website[-3:] = 'com'
Traceback (most recent call last):
  File "<pyshell#19>", line 1, in ?
  website[-3:] = 'com'
TypeError: object doesn't support slice assignment
```

3.2 设置字符串的格式：精简版

如果你是Python编程新手，可能不会用到所有的Python字符串格式设置选项，因此这里介绍精简版。如果你想了解详情，请参阅接下来的3.3节，否则只需阅读本节，再直接跳到3.4节。

将值转换为字符串并设置其格式是一个重要的操作，需要考虑众多不同的需求，因此随着时间的流逝，Python提供了多种字符串格式设置方法。以前，主要的解决方案是使用字符串格式设置运算符——百分号。这个运算符的行为类似于C语言中的经典函数printf：在%左边指定一个字符串（格式字符串），并在右边指定要设置其格式的值。指定要设置其格式的值时，可使用单个值（如字符串或数字），可使用元组（如果要设置多个值的格式），还可使用字典（这将在下一章讨论），其中最常见的是元组。

```
>>> format = "Hello, %s. %s enough for ya?"
>>> values = ('world', 'Hot')
>>> format % values
'Hello, world. Hot enough for ya?'
```

上述格式字符串中的%s称为**转换说明符**，指出了要将值插入什么地方。s意味着将值视为字符串进行格式设置。如果指定的值不是字符串，将使用str将其转换为字符串。其他说明符将导致其他形式的转换。例如，%.3f将值的格式设置为包含3位小数的浮点数。

这种格式设置方法现在依然管用，且依然活跃在众多代码中，因此你很可能遇到。可能遇到的另一种解决方案是所谓的模板字符串。它使用类似于UNIX shell的语法，旨在简化基本的格式设置机制，如下所示：

```
>>> from string import Template
>>> tmpl = Template("Hello, $who! $what enough for ya?")
>>> tmpl.substitute(who="Mars", what="Dusty")
'Hello, Mars! Dusty enough for ya?'
```

包含等号的参数称为关键字参数，第6章将详细介绍这个术语。在字符串格式设置中，可将关键字参数视为一种向命名替换字段提供值的方式。

编写新代码时，应选择使用字符串方法format，它融合并强化了早期方法的优点。使用这种方法时，每个替换字段都用花括号括起，其中可能包含名称，还可能包含有关如何对相应的值进行转换和格式设置的信息。

在最简单的情况下，替换字段没有名称或将索引用作名称。

```
>>> "{}, {} and {}".format("first", "second", "third")
'first, second and third'
>>> "{0}, {1} and {2}".format("first", "second", "third")
'first, second and third'
```

然而，索引无须像上面这样按顺序排列。

```
>>> "{3} {0} {2} {1} {3} {0}".format("be", "not", "or", "to")
'to be or not to be'
```

命名字段的工作原理与你预期的完全相同。

```
>>> from math import pi
>>> "{name} is approximately {value:.2f}.".format(value=pi, name="π")
'π is approximately 3.14.'
```

当然，关键字参数的排列顺序无关紧要。在这里，我还指定了格式说明符.2f，并使用冒号将其与字段名隔开。它意味着要使用包含2位小数的浮点数格式。如果没有指定.2f，结果将如下：

```
>>> "{name} is approximately {value}.".format(value=pi, name="π")
'π is approximately 3.141592653589793.'
```

最后，在Python 3.6中，如果变量与替换字段同名，还可使用一种简写。在这种情况下，可使用f字符串——在字符串前面加上f，这种方式也叫“f-string”。

```
>>> from math import e
>>> f"Euler's constant is roughly {e}."
"Euler's constant is roughly 2.718281828459045."
```

在这里，创建最终的字符串时，将把替换字段e替换为变量e的值。这与下面这个更明确一些的表达式等价：

```
>>> "Euler's constant is roughly {e}.".format(e=e)
"Euler's constant is roughly 2.718281828459045."
```

3.3　设置字符串的格式：完整版

字符串格式设置涉及的内容很多，因此即便是这里的完整版也无法全面探索所有的细节，而只是介绍主要的组成部分。这里的基本思想是对字符串调用方法 format，并提供要设置其格式的值。字符串包含有关如何设置格式的信息，而这些信息是使用一种微型格式指定语言（mini-language）指定的。每个值都被插入字符串中，以替换用花括号括起的**替换字段**。要在最终结果中包含花括号，可在格式字符串中使用两个花括号（即{{或}}）来指定。

```
>>> "{{ceci n'est pas une replacement field}}".format()
"{ceci n'est pas une replacement field}"
```

在格式字符串中，最激动人心的部分为替换字段。替换字段由如下部分组成，其中每个部分都是可选的。

- **字段名**：索引或标识符，指出要设置哪个值的格式并使用结果来替换该字段。除指定值外，还可指定值的特定部分，如列表的元素。
- **转换标志**：跟在叹号后面的单个字符。当前支持的字符包括 r（表示 repr）、s（表示 str）和 a（表示 ascii）。如果你指定了转换标志，将不使用对象本身的格式设置机制，而是使用指定的函数将对象转换为字符串，再做进一步的格式设置。
- **格式说明符**：跟在冒号后面的表达式（这种表达式是使用微型格式指定语言表示的）。格式说明符让我们能够详细地指定最终的格式，包括格式类型（如字符串、浮点数或十六进制数）、字段宽度和数的精度、如何显示符号和千位分隔符，以及各种对齐和填充方式。

下面详细介绍其中的一些要素。

3.3.1　替换字段名

在最简单的情况下，只需向 format 提供要设置其格式的未命名参数，并在格式字符串中使用未命名字段。此时，将按顺序将字段和参数配对。你还可给参数指定名称，这种参数将被用于相应的替换字段中。你可混合使用这两种方法。

```
>>> "{foo} {} {bar} {}".format(1, 2, bar=4, foo=3)
'3 1 4 2'
```

还可通过索引来指定要在哪个字段中使用相应的未命名参数，这样可不按顺序使用未命名参数。

```
>>> "{foo} {1} {bar} {0}".format(1, 2, bar=4, foo=3)
'3 2 4 1'
```

然而，不能同时使用手工编号和自动编号，因为这样很快会变得混乱不堪。

你并非只能使用提供的值本身，而是可访问其组成部分（就像在常规 Python 代码中一样），如下所示：

```
>>> fullname = ["Alfred", "Smoketoomuch"]
>>> "Mr {name[1]}".format(name=fullname)
'Mr Smoketoomuch'
>>> import math
>>> tmpl = "The {mod.__name__} module defines the value {mod.pi} for π"
>>> tmpl.format(mod=math)
'The math module defines the value 3.141592653589793 for π'
```

如你所见，可使用索引，还可使用句点表示法来访问导入的模块中的方法、属性、变量和函数（看起来很怪异的变量__name__包含指定模块的名称）。

3.3.2 基本转换

指定要在字段中包含的值后，就可添加有关如何设置其格式的指令了。首先，可以提供一个转换标志。

```
>>> print("{pi!s} {pi!r} {pi!a}".format(pi="π"))
π 'π' '\u03c0'
```

上述三个标志（s、r 和 a）指定分别使用 str、repr 和 ascii 进行转换。函数 str 通常创建外观普通的字符串版本（这里没有对输入字符串做任何处理）。函数 repr 尝试创建给定值的 Python 表示（这里是一个字符串字面量）。函数 ascii 创建只包含 ASCII 字符的表示，类似于 Python 2 中的 repr。

你还可指定要转换的值是哪种类型，更准确地说，是要将其视为哪种类型。例如，你可能提供一个整数，但将其作为小数进行处理。为此可在格式说明（即冒号后面）使用字符 f（表示定点数）。

```
>>> "The number is {num}".format(num=42)
'The number is 42'
>>> "The number is {num:f}".format(num=42)
'The number is 42.000000'
```

你也可以将其作为二进制数进行处理。

```
>>> "The number is {num:b}".format(num=42)
'The number is 101010'
```

这样的类型说明符有多个，完整的清单见表 3-1。

表 3-1 字符串格式设置中的类型说明符

类型	含 义
b	将整数表示为二进制数
c	将整数解读为 Unicode 码点
d	将整数视为十进制数进行处理，这是整数默认使用的说明符
e	使用科学表示法来表示小数（用 e 来表示指数）
E	与 e 相同，但使用 E 来表示指数

（续）

类型	含　义
f	将小数表示为定点数
F	与 f 相同，但对于特殊值（nan 和 inf），使用大写表示
g	自动在定点表示法和科学表示法之间做出选择。这是默认用于小数的说明符，但在默认情况下至少有 1 位小数
G	与 g 相同，但使用大写来表示指数和特殊值
n	与 g 相同，但插入随区域而异的数字分隔符
o	将整数表示为八进制数
s	保持字符串的格式不变，这是默认用于字符串的说明符
x	将整数表示为十六进制数并使用小写字母
X	与 x 相同，但使用大写字母
%	将数表示为百分比值（乘以 100，按说明符 f 设置格式，再在后面加上%）

3.3.3　宽度、精度和千位分隔符

设置浮点数（或其他更具体的小数类型）的格式时，默认在小数点后面显示 6 位小数，并根据需要设置字段的宽度，而不进行任何形式的填充。当然，这种默认设置可能不是你想要的，在这种情况下，可根据需要在格式说明中指定宽度和精度。

宽度是使用整数指定的，如下所示：

```
>>> "{num:10}".format(num=3)
'         3'
>>> "{name:10}".format(name="Bob")
'Bob       '
```

如你所见，数和字符串的对齐方式不同。对齐将在下一节介绍。

精度也是使用整数指定的，但需要在它前面加上一个表示小数点的句点。

```
>>> "Pi day is {pi:.2f}".format(pi=pi)
'Pi day is 3.14'
```

这里显式地指定了类型 f，因为默认的精度处理方式稍有不同（相关的规则请参阅“Python 库参考手册”）。当然，可同时指定宽度和精度。

```
>>> "{pi:10.2f}".format(pi=pi)
'      3.14'
```

实际上，对于其他类型也可指定精度，但是这样做的情形不太常见。

```
>>> "{:.5}".format("Guido van Rossum")
'Guido'
```

最后，可使用逗号来指出你要添加**千位分隔符**。

```
>>> 'One googol is {:,}'.format(10**100)
'One googol is 10,000,000,000,000,000,000,000,000,000,000,000,000,000,000,000,000,000,000,000,00
0,000,000,000,000,000,000,000,000,000,000,000,000,000,000'
```

同时指定其他格式设置元素时，这个逗号应放在宽度和表示精度的句点之间[①]。

3.3.4　符号、对齐和用 0 填充

有很多用于设置数字格式的机制，比如便于打印整齐的表格。在大多数情况下，只需指定宽度和精度，但包含负数后，原本漂亮的输出可能不再漂亮。另外，正如你已看到的，字符串和数的默认对齐方式不同。在一栏中同时包含字符串和数时，你可能想修改默认对齐方式。在指定宽度和精度的数前面，可添加一个标志。这个标志可以是零、加号、减号或空格，其中零表示使用0来填充数字。

```
>>> '{:010.2f}'.format(pi)
'0000003.14'
```

要指定左对齐、右对齐和居中，可分别使用<、>和^。

```
>>> print('{0:<10.2f}\n{0:^10.2f}\n{0:>10.2f}'.format(pi))
3.14
   3.14
      3.14
```

可以使用填充字符来扩充对齐说明符，这样将使用指定的字符而不是默认的空格来填充。

```
>>> "{:$^15}".format(" WIN BIG ")
'$$$ WIN BIG $$$'
```

还有更具体的说明符=，它指定将填充字符放在符号和数字之间。

```
>>> print('{0:10.2f}\n{1:10.2f}'.format(pi, -pi))
      3.14
     -3.14
>>> print('{0:10.2f}\n{1:=10.2f}'.format(pi, -pi))
      3.14
-     3.14
```

如果要给正数加上符号，可使用说明符+（将其放在对齐说明符后面），而不是默认的-。如果将符号说明符指定为空格，会在正数前面加上空格而不是+。

```
>>> print('{0:-.2}\n{1:-.2}'.format(pi, -pi)) #默认设置
3.1
-3.1
>>> print('{0:+.2}\n{1:+.2}'.format(pi, -pi))
+3.1
-3.1
>>> print('{0: .2}\n{1: .2}'.format(pi, -pi))
 3.1
-3.1
```

需要介绍的最后一个要素是井号（#）选项，你可将其放在符号说明符和宽度之间（如果指定了这两种设置）。这个选项将触发另一种转换方式，转换细节随类型而异。例如，对于二进制、八进制和十六进制转换，将加上一个前缀。

① 如果要使用随区域而异的千位分隔符，应使用类型说明符 n。

```
>>> "{:b}".format(42)
'101010'
>>> "{:#b}".format(42)
'0b101010'
```

对于各种十进制数，它要求必须包含小数点（对于类型g，它保留小数点后面的零）。

```
>>> "{:g}".format(42)
'42'
>>> "{:#g}".format(42)
'42.0000'
```

在代码清单3-1所示的示例中，我分两次设置了字符串的格式，其中第一次旨在插入最终将作为格式说明符的字段宽度。这是因为这些信息是由用户提供的，我无法以硬编码的方式指定字段宽度。

代码清单3-1 字符串格式设置示例

```
# 根据指定的宽度打印格式良好的价格列表

width = int(input('Please enter width: '))

price_width = 10
item_width = width - price_width

header_fmt = '{{:{}}}{{:>{}}}'.format(item_width, price_width)
fmt        = '{{:{}}}{{:>{}.2f}}'.format(item_width, price_width)

print('=' * width)

print(header_fmt.format('Item', 'Price'))

print('-' * width)

print(fmt.format('Apples', 0.4))
print(fmt.format('Pears', 0.5))
print(fmt.format('Cantaloupes', 1.92))
print(fmt.format('Dried Apricots (16 oz.)', 8))
print(fmt.format('Prunes (4 lbs.)', 12))

print('=' * width)
```

这个程序的运行情况类似于下面这样：

```
Please enter width: 35
===================================
Item                          Price
-----------------------------------
Apples                         0.40
Pears                          0.50
Cantaloupes                    1.92
Dried Apricots (16 oz.)        8.00
Prunes (4 lbs.)               12.00
===================================
```

3.4 字符串方法

前面介绍了列表的方法，而字符串的方法要多得多，因为其很多方法都是从模块 string 那里“继承”而来的。

字符串的方法太多了，这里只介绍一些相对实用的。

模块 string 未死

虽然字符串方法完全盖住了模块 string 的风头，但这个模块包含一些字符串没有的常量和函数。下面就是模块 string 中几个很有用的常量。

- string.digits：包含数字 0～9 的字符串。
- string.ascii_letters：包含所有 ASCII 字母（大写和小写）的字符串。
- string.ascii_lowercase：包含所有小写 ASCII 字母的字符串。
- string.printable：包含所有可打印的 ASCII 字符的字符串。
- string.punctuation：包含所有 ASCII 标点字符的字符串。
- string.ascii_uppercase：包含所有大写 ASCII 字母的字符串。

虽然说的是 ASCII 字符，但值实际上是未编码的 Unicode 字符串。

3.4.1 center

方法 center 通过在两边添加填充字符（默认为空格）让字符串居中。

```
>>> "The Middle by Jimmy Eat World".center(39)
'     The Middle by Jimmy Eat World     '
>>> "The Middle by Jimmy Eat World".center(39, "*")
'*****The Middle by Jimmy Eat World*****'
```

附录 B：ljust、rjust 和 zfill。

3.4.2 find

方法 find 在字符串中查找子串。如果找到，就返回子串的第一个字符的索引，否则返回-1。

```
>>> 'With a moo-moo here, and a moo-moo there'.find('moo')
7
>>> title = "Monty Python's Flying Circus"
>>> title.find('Monty')
0
>>> title.find('Python')
6
>>> title.find('Flying')
15
>>> title.find('Zirquss')
-1
```

第 2 章初识成员资格时，我们在垃圾邮件过滤器中检查主题是否包含'$$$'。这种检查也可

使用 find 来执行。

```
>>> subject = '$$$ Get rich now!!! $$$'
>>> subject.find('$$$')
0
```

注意　字符串方法 find 返回的并非布尔值。如果 find 像这样返回 0，就意味着它在索引 0 处找到了指定的子串。

你还可指定搜索的起点和终点（它们都是可选的）。

```
>>> subject = '$$$ Get rich now!!! $$$'
>>> subject.find('$$$')
0
>>> subject.find('$$$', 1) # 只指定了起点
20
>>> subject.find('!!!')
16
>>> subject.find('!!!', 0, 16) # 同时指定了起点和终点
-1
```

请注意，起点和终点值（第二个和第三个参数）指定的搜索范围包含起点，但不包含终点。这是 Python 惯常的做法。

附录 B：rfind、index、rindex、count、startswith、endswith。

3.4.3　join

join 是一个非常重要的字符串方法，其作用与 split 相反，用于合并序列的元素。

```
>>> seq = [1, 2, 3, 4, 5]
>>> sep = '+'
>>> sep.join(seq) # 尝试合并一个数字列表
Traceback (most recent call last):
  File "<stdin>", line 1, in ?
TypeError: sequence item 0: expected string, int found
>>> seq = ['1', '2', '3', '4', '5']
>>> sep.join(seq) # 合并一个字符串列表
'1+2+3+4+5'
>>> dirs = '', 'usr', 'bin', 'env'
>>> '/'.join(dirs)
'/usr/bin/env'
>>> print('C:' + '\\'.join(dirs))
C:\usr\bin\env
```

如你所见，所合并序列的元素必须都是字符串。注意到在最后两个示例中，我使用了一系列目录，并按 UNIX 和 DOS/Windows 的约定设置其格式：使用不同的分隔符（并在 DOS 版本中添加了盘符）。

另请参见：split。

3.4.4 lower

方法lower返回字符串的小写版本。

```
>>> 'Trondheim Hammer Dance'.lower()
'trondheim hammer dance'
```

在你编写代码时，如果不想区分字符串的大小写（即忽略大小写的差别），这将很有用。例如，假设你要检查列表中是否包含指定的用户名。如果列表包含字符串'gumby'，而指定的用户名为'Gumby'，你将找不到它。

```
>>> if 'Gumby' in ['gumby', 'smith', 'jones']: print('Found it!')
...
>>>
```

当然，如果列表包含'Gumby'，而指定的用户名为'gumby'或'GUMBY'，结果同样找不到。对于这种问题，一种解决方案是在存储和搜索时，将所有的用户名都转换为小写。这样做的代码类似于下面这样：

```
>>> name = 'Gumby'
>>> names = ['gumby', 'smith', 'jones']
>>> if name.lower() in names: print('Found it!')
...
Found it!
>>>
```

另请参见：islower、istitle、isupper、translate。

附录B：capitalize、casefold、swapcase、title、upper。

词首大写

一个与lower相关的方法是title（参见附录B）。它将字符串转换为词首大写，即所有单词的首字母都大写，其他字母都小写。然而，它确定单词边界的方式可能导致结果不合理。

```
>>> "that's all, folks".title()
"That'S All, Folks"
```

另一种方法是使用模块string中的函数capwords。

```
>>> import string
>>> string.capwords("that's all, folks")
That's All, Folks"
```

当然，要实现准确无误的词首大写（根据你采用的写作风格，冠词、并列连词以及不超过5个字母的介词等可能全部小写），你得自己编写代码。

3.4.5 replace

方法replace将指定子串都替换为另一个字符串，并返回替换后的结果。

```
>>> 'This is a test'.replace('is', 'eez')
'Theez eez a test'
```

如果你使用过字处理程序的“查找并替换”功能，一定知道这个方法很有用。

另请参见：translate。

附录 B：expandtabs。

3.4.6 split

split 是一个非常重要的字符串方法，其作用与 join 相反，用于将字符串拆分为序列。

```
>>> '1+2+3+4+5'.split('+')
['1', '2', '3', '4', '5']
>>> '/usr/bin/env'.split('/')
['', 'usr', 'bin', 'env']
>>> 'Using the default'.split()
['Using', 'the', 'default']
```

注意，如果没有指定分隔符，将默认在单个或多个连续的空白字符（空格、制表符、换行符等）处进行拆分。

另请参见：join。

附录 B：partition、rpartition、rsplit、splitlines。

3.4.7 strip

方法 strip 将字符串开头和末尾的空白（但不包括中间的空白）删除，并返回删除后的结果。

```
>>> '    internal whitespace is kept    '.strip()
'internal whitespace is kept'
```

与 lower 一样，需要将输入与存储的值进行比较时，strip 很有用。回到前面介绍 lower 时使用的用户名示例，并假定用户输入用户名时不小心在末尾加上了一个空格。

```
>>> names = ['gumby', 'smith', 'jones']
>>> name = 'gumby '
>>> if name in names: print('Found it!')
...
>>> if name.strip() in names: print('Found it!')
...
Found it!
>>>
```

你还可在一个字符串参数中指定要删除哪些字符。

```
>>> '*** SPAM * for * everyone!!! ***'.strip(' *!')
'SPAM * for * everyone'
```

这个方法只删除开头或末尾的指定字符，因此中间的星号未被删除。

附录 B：lstrip、rstrip。

3.4.8 translate

方法 translate 与 replace 一样替换字符串的特定部分，但不同的是它只能进行单字符替换。这个方法的优势在于能够同时替换多个字符，因此效率比 replace 高。

这个方法的用途很多（如替换换行符或其他随平台而异的特殊字符），但这里只介绍一个比较简单的示例。假设你要将一段英语文本转换为带有德国口音的版本，为此必须将字符 c 和 s 分别替换为 k 和 z。

然而，使用 translate 前必须创建一个**转换表**。这个转换表指出了不同 Unicode 码点之间的转换关系。要创建转换表，可对字符串类型 str 调用方法 maketrans，这个方法接受两个参数：两个长度相同的字符串，它们指定要将第一个字符串中的每个字符都替换为第二个字符串中的相应字符[①]。就这个简单的示例而言，代码类似于下面这样：

```
>>> table = str.maketrans('cs', 'kz')
```

如果愿意，可查看转换表的内容，但你看到的只是 Unicode 码点之间的映射。

```
>>> table
{115: 122, 99: 107}
```

创建转换表后，就可将其用作方法 translate 的参数。

```
>>> 'this is an incredible test'.translate(table)
'thiz iz an inkredible tezt'
```

调用方法 maketrans 时，还可提供可选的第三个参数，指定要将哪些字母删除。例如，要模仿语速极快的德国口音，可将所有的空格都删除。

```
>>> table = str.maketrans('cs', 'kz', ' ')
>>> 'this is an incredible test'.translate(table)
'thizizaninkredibletezt'
```

另请参见：replace、lower。

3.4.9 判断字符串是否满足特定的条件

很多字符串方法都以 is 打头，如 isspace、isdigit 和 isupper，它们判断字符串是否具有特定的性质（如包含的字符全为空白、数字或大写）。如果字符串具备特定的性质，这些方法就返回 True，否则返回 False。

附录 B：isalnum、isalpha、isdecimal、isdigit、isidentifier、islower、isnumeric、isprintable、isspace、istitle、isupper。

3.5 小结

本章介绍了字符串的两个重要方面。

---

① 也可传入下一章将介绍的字典，将一些字符映射到其他字符（如果要删除这些字符，则映射到 None）。

- 字符串格式设置：求模运算符（%）可用于将值合并到包含转换标志（如%s）的字符串，这让你能够以众多方式设置值的格式，如左对齐或右对齐，指定字段宽度和精度，添加符号（正号或负号）以及在左边填充 0 等。
- 字符串方法：字符串有很多方法，有些很有用（如 split 和 join），有些很少用到（如 istitle 和 capitalize）。

3.5.1　本章介绍的新函数

函　数	描　述
string.capwords(s[, sep])	使用 split 根据 sep 拆分 s，将每项的首字母大写，再以空格为分隔符将它们合并起来
ascii(obj)	创建指定对象的 ASCII 表示

3.5.2　预告

列表、字符串和字典是三种最重要的 Python 数据类型。你已经学习了列表和字符串，接下来将介绍什么呢？下一章将介绍字典，它不仅支持整数索引，还支持其他类型的键（如字符串或元组）。另外，字典还提供了一些方法，但是数量无法与字符串相比。

第4章

字　典

4

需要将一系列值组合成数据结构并通过编号来访问各个值时，列表很有用。本章介绍一种可通过名称来访问其各个值的数据结构。这种数据结构称为**映射**（mapping）。字典是 Python 中唯一的内置映射类型，其中的值不按顺序排列，而是存储在键下。键可能是数、字符串或元组。

4.1　字典的用途

字典的名称指出了这种数据结构的用途。普通图书适合按从头到尾的顺序阅读，如果你愿意，可快速翻到任何一页，这有点像 Python 中的列表。字典（日常生活中的字典和 Python 字典）旨在让你能够轻松地找到特定的单词（键），以获悉其定义（值）。

在很多情况下，使用字典都比使用列表更合适。下面是 Python 字典的一些用途：

- 表示棋盘的状态，其中每个键都是由坐标组成的元组；
- 存储文件修改时间，其中的键为文件名；
- 数字电话/地址簿。

假设有如下名单：

```
>>> names = ['Alice', 'Beth', 'Cecil', 'Dee-Dee', 'Earl']
```

如果要创建一个小型数据库，在其中存储这些人的电话号码，该如何办呢？一种办法是再创建一个列表。假设只存储四位的分机号，这个列表将类似于：

```
>>> numbers = ['2341', '9102', '3158', '0142', '5551']
```

创建这些列表后，就可像下面这样查找 Cecil 的电话号码：

```
>>> numbers[names.index('Cecil')]
'3158'
```

这可行，但不太实用。实际上，你希望能够像下面这样做：

```
>>> phonebook['Cecil']
'3158'
```

如何达成这个目标呢？只要 phonebook 是个字典就行了。

4.2 创建和使用字典

字典以类似于下面的方式表示：

```
phonebook = {'Alice': '2341', 'Beth': '9102', 'Cecil': '3258'}
```

字典由键及其相应的值组成，这种键-值对称为项（item）。在前面的示例中，键为名字，而值为电话号码。每个键与其值之间都用冒号（:）分隔，项之间用逗号分隔，而整个字典放在花括号内。空字典（没有任何项）用两个花括号表示，类似于下面这样：{}。

注意 在字典（以及其他映射类型）中，键必须是独一无二的，而字典中的值无须如此。

4.2.1 函数 dict

可使用函数 dict[1]从其他映射（如其他字典）或键-值对序列创建字典。

```
>>> items = [('name', 'Gumby'), ('age', 42)]
>>> d = dict(items)
>>> d
{'age': 42, 'name': 'Gumby'}
>>> d['name']
'Gumby'
```

还可使用关键字实参来调用这个函数，如下所示：

```
>>> d = dict(name='Gumby', age=42)
>>> d
{'age': 42, 'name': 'Gumby'}
```

尽管这可能是函数 dict 最常见的用法，但也可使用一个映射实参来调用它，这将创建一个字典，其中包含指定映射中的所有项。像函数 list、tuple 和 str 一样，如果调用这个函数时没有提供任何实参，将返回一个空字典。从映射创建字典时，如果该映射也是字典（毕竟字典是 Python 中唯一的内置映射类型），可不使用函数 dict，而是使用字典方法 copy，这将在本章后面介绍。

4.2.2 基本的字典操作

字典的基本行为在很多方面都类似于序列。

- len(d)返回字典 d 包含的项（键-值对）数。
- d[k]返回与键 k 相关联的值。
- d[k] = v 将值 v 关联到键 k。
- del d[k]删除键为 k 的项。
- k in d 检查字典 d 是否包含键为 k 的项。

---

[1] 与 list、tuple 和 str 一样，dict 其实根本就不是函数，而是一个类。

虽然字典和列表有多个相同之处，但也有一些重要的不同之处。

- **键的类型**：字典中的键可以是整数，但并非必须是整数。字典中的键可以是任何不可变的类型，如浮点数（实数）、字符串或元组。
- **自动添加**：即便是字典中原本没有的键，也可以给它赋值，这将在字典中创建一个新项。然而，如果不使用 append 或其他类似的方法，就不能给列表中没有的元素赋值。
- **成员资格**：表达式 k in d（其中 d 是一个字典）查找的是键而不是值，而表达式 v in l（其中 l 是一个列表）查找的是值而不是索引。这看似不太一致，但你习惯后就会觉得相当自然。毕竟如果字典包含指定的键，检查相应的值就很容易。

提示 相比于检查列表是否包含指定的值，检查字典是否包含指定的键的效率更高。数据结构越大，效率差距就越大。

前述第一点（键可以是任何不可变的类型）是字典的主要优点。第二点也很重要，下面的示例说明了这种差别：

```
>>> x = []
>>> x[42] = 'Foobar'
Traceback (most recent call last):
  File "<stdin>", line 1, in ?
IndexError: list assignment index out of range
>>> x = {}
>>> x[42] = 'Foobar'
>>> x
{42: 'Foobar'}
```

首先，我尝试将字符串'Foobar'赋给一个空列表中索引为 42 的元素。这显然不可能，因为没有这样的元素。要让这种操作可行，初始化 x 时，必须使用[None] * 43 之类的代码，而不能使用[]。然而，接下来的尝试完全可行。这次我将'Foobar'赋给一个空字典的键 42；如你所见，这样做一点问题都没有：在这个字典中添加了一个新项，我得逞了。

代码清单 4-1 列出了创建电话簿数据库的代码。

代码清单 4-1 字典示例

```
# 一个简单的数据库

# 一个将人名用作键的字典。每个人都用一个字典表示，
# 字典包含键'phone'和'addr'，它们分别与电话号码和地址相关联
people = {

    'Alice': {
        'phone': '2341',
        'addr': 'Foo drive 23'
    },

    'Beth': {
        'phone': '9102',
```

```
        'addr': 'Bar street 42'
    },

    'Cecil': {
        'phone': '3158',
        'addr': 'Baz avenue 90'
    }

}

# 电话号码和地址的描述性标签，供打印输出时使用
labels = {
    'phone': 'phone number',
    'addr': 'address'
}

name = input('Name: ')

# 要查找电话号码还是地址？
request = input('Phone number (p) or address (a)? ')

# 使用正确的键：
if request == 'p': key = 'phone'
if request == 'a': key = 'addr'

# 仅当名字是字典包含的键时才打印信息：
if name in people: print("{}'s {} is {}.".format(name, labels[key], people[name][key]))
```

这个程序的运行情况类似于下面这样：

```
Name: Beth
Phone number (p) or address (a)? p
Beth's phone number is 9102.
```

4.2.3 将字符串格式设置功能用于字典

第 3 章介绍过，可使用字符串格式设置功能来设置值的格式，这些值是作为命名或非命名参数提供给方法 format 的。在有些情况下，通过在字典中存储一系列命名的值，可让格式设置更容易些。例如，可在字典中包含各种信息，这样只需在格式字符串中提取所需的信息即可。为此，必须使用 format_map 来指出你将通过一个映射来提供所需的信息。

```
>>> phonebook = {'Beth': '9102', 'Alice': '2341', 'Cecil': '3258'}
>>> "Cecil's phone number is {Cecil}.".format_map(phonebook)
"Cecil's phone number is 3258."
```

像这样使用字典时，可指定任意数量的转换说明符，条件是所有的字段名都是包含在字典中的键。在模板系统中，这种字符串格式设置方式很有用（下面的示例使用的是 HTML）。

```
>>> template = '''<html>
... <head><title>{title}</title></head>
... <body>
... <h1>{title}</h1>
```

```
... <p>{text}</p>
... </body>'''
>>> data = {'title': 'My Home Page', 'text': 'Welcome to my home page!'}
>>> print(template.format_map(data))
<html>
<head><title>My Home Page</title></head>
<body>
<h1>My Home Page</h1>
<p>Welcome to my home page!</p>
</body>
```


4.2.4　字典方法

与其他内置类型一样，字典也有方法。字典的方法很有用，但其使用频率可能没有列表和字符串的方法那样高。你可大致浏览一下本节，了解字典提供了哪些方法，等需要使用特定方法时再回过头来详细研究其工作原理。

1. clear

方法 clear 删除所有的字典项，这种操作是就地执行的（就像 list.sort 一样），因此什么都不返回（或者说返回 None）。

```
>>> d = {}
>>> d['name'] = 'Gumby'
>>> d['age'] = 42
>>> d
{'age': 42, 'name': 'Gumby'}
>>> returned_value = d.clear()
>>> d
{}
>>> print(returned_value)
None
```

这为何很有用呢？我们来看两个场景。下面是第一个场景：

```
>>> x = {}
>>> y = x
>>> x['key'] = 'value'
>>> y
{'key': 'value'}
>>> x = {}
>>> y
{'key': 'value'}
```

下面是第二个场景：

```
>>> x = {}
>>> y = x
>>> x['key'] = 'value'
>>> y
{'key': 'value'}
>>> x.clear()
>>> y
{}
```

在这两个场景中，x 和 y 最初都指向同一个字典。在第一个场景中，我通过将一个空字典赋给 x 来"清空"它。这对 y 没有任何影响，它依然指向原来的字典。这种行为可能正是你想要的，但要删除原来字典的所有元素，必须使用 clear。如果这样做，y 也将是空的，如第二个场景所示。

2. copy

方法 copy 返回一个新字典，其包含的键-值对与原来的字典相同（这个方法执行的是**浅复制**，因为值本身是原件，而非副本）。

```
>>> x = {'username': 'admin', 'machines': ['foo', 'bar', 'baz']}
>>> y = x.copy()
>>> y['username'] = 'mlh'
>>> y['machines'].remove('bar')
>>> y
{'username': 'mlh', 'machines': ['foo', 'baz']}
>>> x
{'username': 'admin', 'machines': ['foo', 'baz']}
```

如你所见，当替换副本中的值时，原件不受影响。然而，如果**修改**副本中的值（就地修改而不是替换），原件也将发生变化，因为原件指向的也是被修改的值（如这个示例中的'machines'列表所示）。

为避免这种问题，一种办法是执行**深复制**，即同时复制值及其包含的所有值，等等。为此，可使用模块 copy 中的函数 deepcopy。

```
>>> from copy import deepcopy
>>> d = {}
>>> d['names'] = ['Alfred', 'Bertrand']
>>> c = d.copy()
>>> dc = deepcopy(d)
>>> d['names'].append('Clive')
>>> c
{'names': ['Alfred', 'Bertrand', 'Clive']}
>>> dc
{'names': ['Alfred', 'Bertrand']}
```

3. fromkeys

方法 fromkeys 创建一个新字典，其中包含指定的键，且每个键对应的值都是 None。

```
>>> {}.fromkeys(['name', 'age'])
{'age': None, 'name': None}
```

这个示例首先创建了一个空字典，再对其调用方法 fromkeys 来创建**另一个**字典，这显得有点多余。你可以不这样做，而是直接对 dict（前面说过，dict 是所有字典所属的**类型**。类和类型将在第 7 章详细讨论）调用方法 fromkeys。

```
>>> dict.fromkeys(['name', 'age'])
{'age': None, 'name': None}
```

如果你不想使用默认值 None，可提供特定的值。

```
>>> dict.fromkeys(['name', 'age'], '(unknown)')
{'age': '(unknown)', 'name': '(unknown)'}
```

4. get

方法 get 为访问字典项提供了宽松的环境。通常，如果你试图访问字典中没有的项，将引发错误。

```
>>> d = {}
>>> print(d['name'])
Traceback (most recent call last):
  File "<stdin>", line 1, in ?
KeyError: 'name'
```

而使用 get 不会这样：

```
>>> print(d.get('name'))
None
```

如你所见，使用 get 来访问不存在的键时，没有引发异常，而是返回 None。你可指定“默认”值，这样将返回你指定的值而不是 None。

```
>>> d.get('name', 'N/A')
'N/A'
```

如果字典包含指定的键，get 的作用将与普通字典查找相同。

```
>>> d['name'] = 'Eric'
>>> d.get('name')
'Eric'
```

代码清单 4-2 是代码清单 4-1 所示程序的修改版本，它使用了方法 get 来访问“数据库”条目。

代码清单 4-2 字典方法示例

```
# 一个使用 get()的简单数据库

# 在这里插入代码清单 4-1 中的数据库（字典 people）

labels = {
    'phone': 'phone number',
    'addr': 'address'
}

name = input('Name: ')

# 要查找电话号码还是地址?
request = input('Phone number (p) or address (a)? ')

# 使用正确的键:
key = request # 如果 request 既不是'p'也不是'a'
if request == 'p': key = 'phone'
if request == 'a': key = 'addr'

# 使用 get 提供默认值
person = people.get(name, {})
label = labels.get(key, key)
result = person.get(key, 'not available')

print("{}'s {} is {}.".format(name, label, result))
```

下面是这个程序的运行情况。注意到 get 提高了灵活性，让程序在用户输入的值出乎意料时也能妥善处理。

```
Name: Gumby
Phone number (p) or address (a)? batting average
Gumby's batting average is not available.
```

5. items

方法 items 返回一个包含所有字典项的列表，其中每个元素都为(key, value)的形式。字典项在列表中的排列顺序不确定。

```
>>> d = {'title': 'Python Web Site', 'url': 'http://www.python.org', 'spam': 0}
>>> d.items()
dict_items([('url', 'http://www.python.org'), ('spam', 0), ('title', 'Python Web Site')])
```

返回值属于一种名为**字典视图**的特殊类型。字典视图可用于迭代（迭代将在第 5 章详细介绍）。另外，你还可确定其长度以及对其执行成员资格检查。

```
>>> it = d.items()
>>> len(it)
3
>>> ('spam', 0) in it
True
```

视图的一个优点是不复制，它们始终是底层字典的反映，即便你修改了底层字典亦如此。

```
>>> d['spam'] = 1
>>> ('spam', 0) in it
False
>>> d['spam'] = 0
>>> ('spam', 0) in it
True
```

然而，如果你要将字典项复制到列表中（在较旧的 Python 版本中，方法 items 就是这样做的），可自己动手做。

```
>>> list(d.items())
[('spam', 0), ('title', 'Python Web Site'), ('url', 'http://www.python.org')]
```

6. keys

方法 keys 返回一个字典视图，其中包含指定字典中的键。

7. pop

方法 pop 可用于获取与指定键相关联的值，并将该键-值对从字典中删除。

```
>>> d = {'x': 1, 'y': 2}
>>> d.pop('x')
1
>>> d
{'y': 2}
```

8. popitem

方法 popitem 类似于 list.pop，但 list.pop 弹出列表中的最后一个元素，而 popitem 随机地弹出一个字典项，因为字典项的顺序是不确定的，没有“最后一个元素”的概念。如果你要以高效地方式逐个删除并处理所有字典项，这可能很有用，因为这样无须先获取键列表。

```
>>> d = {'url': 'http://www.python.org', 'spam': 0, 'title': 'Python Web Site'}
>>> d.popitem()
('url', 'http://www.python.org')
>>> d
{'spam': 0, 'title': 'Python Web Site'}
```

虽然 popitem 类似于列表方法 pop，但字典没有与 append（它在列表末尾添加一个元素）对应的方法。这是因为字典是无序的，类似的方法毫无意义。

提示 如果希望方法 popitem 以可预测的顺序弹出字典项，请参阅模块 collections 中的 OrderedDict 类。

9. setdefault

方法 setdefault 有点像 get，因为它也获取与指定键相关联的值，但除此之外，setdefault 还在字典不包含指定的键时，在字典中添加指定的键-值对。

```
>>> d = {}
>>> d.setdefault('name', 'N/A')
'N/A'
>>> d
{'name': 'N/A'}
>>> d['name'] = 'Gumby'
>>> d.setdefault('name', 'N/A')
'Gumby'
>>> d
{'name': 'Gumby'}
```

如你所见，指定的键不存在时，setdefault 返回指定的值并相应地更新字典。如果指定的键存在，就返回其值，并保持字典不变。与 get 一样，值是可选的；如果没有指定，默认为 None。

```
>>> d = {}
>>> print(d.setdefault('name'))
None
>>> d
{'name': None}
```

提示 如果希望有用于整个字典的全局默认值，请参阅模块 collections 中的 defaultdict 类。

10. update

方法 update 使用一个字典中的项来更新另一个字典。

```
>>> d = {
...     'title': 'Python Web Site',
```

```
...     'url': 'http://www.python.org',
...     'changed': 'Mar 14 22:09:15 MET 2023'
... }
>>> x = {'title': 'Python Language Website'}
>>> d.update(x)
>>> d
{'url': 'http://www.python.org', 'changed':
'Mar 14 22:09:15 MET 2023', 'title': 'Python Language Website'}
```

对于通过参数提供的字典，将其项添加到当前字典中。如果当前字典包含键相同的项，就替换它。

可像调用本章前面讨论的函数 dict（类型构造函数）那样调用方法 update。这意味着调用 update 时，可向它提供一个映射、一个由键–值对组成的序列（或其他可迭代对象）或关键字参数。

11. values

方法 values 返回一个由字典中的值组成的字典视图。不同于方法 keys，方法 values 返回的视图可能包含重复的值。

```
>>> d = {}
>>> d[1] = 1
>>> d[2] = 2
>>> d[3] = 3
>>> d[4] = 1
>>> d.values()
dict_values([1, 2, 3, 1])
```

4.3 小结

本章介绍了如下内容。

- **映射**：映射让你能够使用任何不可变的对象（最常用的是字符串和元组）来标识其元素。Python 只有一种内置的映射类型，那就是字典。
- **将字符串格式设置功能用于字典**：要对字典执行字符串格式设置操作，不能使用 format 和命名参数，而必须使用 format_map。
- **字典方法**：字典有很多方法的调用方式与列表和字符串的方法相同。

4.3.1 本章介绍的新函数

函　数	描　述
dict(seq)	从键–值对、映射或关键字参数创建字典

4.3.2 预告

至此，你对 Python 基本数据类型以及如何使用它们来创建表达式有了深入的认识。你可能还记得，第 1 章提到计算机程序还包含另一个要素——语句。下一章将详细讨论。

第 5 章 条件、循环及其他语句

你现在肯定有点不耐烦了。这些数据类型确实好，可你却没法使用它们来做什么，不是吗？

下面加快点速度。你已见过几种语句（print 语句、import 语句和赋值语句），先来看看这些语句的其他一些用法，再深入探讨**条件语句**和**循环语句**。然后，我们将介绍**列表推导**，它们虽然是表达式，但工作原理几乎与条件语句和循环语句相同。最后，我们将介绍 pass、del 和 exec。

5.1 再谈 print 和 import

随着你对 Python 的认识越来越深入，可能发现有些你自以为很熟悉的方面隐藏着让人惊喜的特性。下面就来看看 print 和 import 隐藏的几个特性。虽然 print 现在实际上是一个函数，但以前却是一种语句，因此在这里进行讨论。

5.1.1 打印多个参数

你知道，print 可用于打印一个表达式，这个表达式要么是字符串，要么将自动转换为字符串。但实际上，你可同时打印多个表达式，条件是用逗号分隔它们：

```
>>> print('Age:', 42)
Age: 42
```

如你所见，在参数之间插入了一个空格字符。在你要合并文本和变量值，而又不想使用字符串格式设置功能时，这种行为很有帮助。

```
>>> name = 'Gumby'
>>> salutation = 'Mr.'
>>> greeting = 'Hello,'
>>> print(greeting, salutation, name)
Hello, Mr. Gumby
```

如果字符串变量 greeting 不包含逗号，如何在结果中添加呢？你不能像下面这样做：

```
print(greeting, ',', salutation, name)
```

因为这将在逗号前添加一个空格。下面是一种可行的解决方案：

```
print(greeting + ',', salutation, name)
```

它将逗号和变量greeting相加。如果需要，可自定义分隔符：

```
>>> print("I", "wish", "to", "register", "a", "complaint", sep="_")
I_wish_to_register_a_complaint
```

你还可自定义结束字符串，以替换默认的换行符。例如，如果将结束字符串指定为空字符串，以后就可继续打印到当前行。

```
print('Hello,', end='')
print('world!')
```

上述代码打印Hello, world![①]。

5.1.2　导入时重命名

从模块导入时，可以使用以下4种方式。

```
# 方式1
import 模块名

# 方式2
from 模块名 import 函数名

# 方式3
from 模块名 import 函数名1, 函数名2, 函数名3
# 方式4
from 模块名 import *
```

仅当你确定要导入模块中的一切时，才使用最后一种方式。但如果有两个模块，它们都包含函数open，该如何办呢？你可使用第一种方式导入这两个模块，并像下面这样调用函数：

```
module1.open(...)
module2.open(...)
```

但还有一种办法：在语句末尾添加as子句并指定别名。下面是一个导入整个模块并给它指定别名的例子：

```
>>> import math as foobar
>>> foobar.sqrt(4)
2.0
```

下面是一个导入特定函数并给它指定别名的例子：

```
>>> from math import sqrt as foobar
>>> foobar(4)
2.0
```

对于前面的函数open，可像下面这样导入它们：

```
from module1 import open as open1
from module2 import open as open2
```

---

① 仅当这些代码包含在脚本中时才如此。在交互式Python会话中，将分别执行每条语句并打印其内容。

注意 有些模块（如 os.path）组成了层次结构（一个模块位于另一个模块中）。

5.2 赋值魔法

即便是不起眼的赋值语句也蕴藏着一些使用窍门。

5.2.1 序列解包

赋值语句你见过很多，有的给变量赋值，还有的给数据结构的一部分（如列表中的元素和切片，或者字典项）赋值，但还有其他类型的赋值语句。例如，可同时（并行）给多个变量赋值：

```
>>> x, y, z = 1, 2, 3
>>> print(x, y, z)
1 2 3
```

看似用处不大？看好了，使用这种方式还可交换多个变量的值。

```
>>> x, y = y, x
>>> print(x, y, z)
2 1 3
```

实际上，这里执行的操作称为**序列解包**（或**可迭代对象解包**）：将一个序列（或任何可迭代对象）解包，并将得到的值存储到一系列变量中。下面用例子进行解释。

```
>>> values = 1, 2, 3
>>> values
(1, 2, 3)
>>> x, y, z = values
>>> x
1
```

这在使用返回元组（或其他序列或可迭代对象）的函数或方法时很有用。假设要从字典中随便获取（或删除）一个键-值对，可使用方法 popitem，它随便获取一个键-值对并以元组的方式返回。接下来，可直接将返回的元组解包到两个变量中。

```
>>> scoundrel = {'name': 'Robin', 'girlfriend': 'Marion'}
>>> key, value = scoundrel.popitem()
>>> key
'girlfriend'
>>> value
'Marion'
```

scoundrel.popitem()返回的是一个元组：('girlfriend', 'Marion')。然后 key,value=scoundrel.popitem()使用解包的方式，将元组中的值一一赋值给左边的变量。要解包的序列包含的元素个数必须与你在等号左边列出的目标个数相同，否则 Python 将引发异常。

```
>>> x, y, z = 1, 2
Traceback (most recent call last):
  File "<stdin>", line 1, in <module>
```

```
ValueError: need more than 2 values to unpack
>>> x, y, z = 1, 2, 3, 4
Traceback (most recent call last):
  File "<stdin>", line 1, in <module>
ValueError: too many values to unpack
```

可使用星号运算符（*）来收集多余的值，这样无须确保值和变量的个数相同，如下例所示：

```
>>> a, b, *rest = [1, 2, 3, 4]
>>> rest
[3, 4]
```

还可将带星号的变量放在其他位置。

```
>>> name = "Albus Percival Wulfric Brian Dumbledore"
>>> first, *middle, last = name.split()
>>> middle
['Percival', 'Wulfric', 'Brian']
```

赋值语句的右边可以是任何类型的序列，但带星号的变量最终包含的总是一个列表。在变量和值的个数相同时亦如此。

```
>>> a, *b, c = "abc"
>>> a, b, c
('a', ['b'], 'c')
```

这种收集方式也可用于函数参数列表中（参见第6章）。

5.2.2　链式赋值

链式赋值是一种快捷方式，用于将多个变量关联到同一个值。这有点像前一节介绍的并行赋值，但只涉及一个值：

```
x = y = somefunction()
```

上述代码与下面的代码等价：

```
y = somefunction()
x = y
```

请注意，这两条语句可能与下面的语句不等价：

```
x = somefunction()
y = somefunction()
```

有关这方面的详细信息，请参阅5.4.6节介绍相同运算符（is）的部分。

5.2.3　增强赋值

可以不编写代码 x = x + 1，而将右边表达式中的运算符（这里是+）移到赋值运算符（=）的前面，从而写成 x += 1。这称为**增强赋值**，适用于所有标准运算符，如*、/、%等。

```
>>> x = 2
>>> x += 1
>>> x *= 2
```

```
>>> x
6
```

增强赋值也可用于其他数据类型（只要使用的双目运算符可用于这些数据类型）。

```
>>> fnord = 'foo'
>>> fnord += 'bar'
>>> fnord *= 2
>>> fnord
'foobarfoobar'
```

使用增强赋值，可让代码更紧凑、更简洁，同时在很多情况下的可读性更强。

5.3 代码块：缩进的乐趣

代码块其实并不是一种语句，但要理解接下来两节的内容，你必须熟悉代码块。

代码块是一组语句，可在满足条件时执行（if 语句），可执行多次（循环），等等。代码块是通过缩进代码（即在前面加空格）来创建的。

注意 也可使用制表符来缩进代码块。Python 将制表符解释为移到下一个制表位（相邻制表位相距 8 个空格），但标准（也是更佳的）做法是只使用空格（而不使用制表符）来缩进，且每级缩进 4 个空格。

在同一个代码块中，各行代码的缩进量必须相同。下面的伪代码（并非真正的 Python 代码）演示了如何缩进：

```
this is a line
this is another line:
    this is another block
    continuing the same block
    the last line of this block
phew, there we escaped the inner block
```

在很多语言中，都使用一个特殊的单词或字符（如 begin 或{）来标识代码块的起始位置，并使用另一个特殊的单词或字符（如 end 或}）来标识结束位置。在 Python 中，使用冒号（:）指出接下来是一个代码块，并将该代码块中的每行代码都缩进相同的程度。发现缩进量与之前相同时，你就知道当前代码块到此结束了。（很多用于编程的编辑器和 IDE 知道如何缩进代码块，可帮助你轻松地正确缩进。）

下面来看看代码块的用途。

5.4 条件和条件语句

到目前为止，在你编写的程序中，语句都是逐条执行的。现在更进一步，让程序选择是否执行特定的语句块。

5.4.1 这正是布尔值的用武之地

在本书前面，你多次遇到了**真值**，现在终于需要用到它们了。真值也称布尔值，是以在真值方面做出了巨大贡献的 George Boole 命名的。

注意　如果你始终聚精会神，肯定注意到了第 1 章的旁注"先睹为快：if 语句"，其中已经描述了 if 语句。然而，到目前为止，还没有正式介绍 if 语句。你将看到，有关 if 语句，还有很多我没有介绍的地方。

用作布尔表达式（如用作 if 语句中的条件）时，下面的值都将被解释器视为假：

```
False    None    0    ""    ()    []    {}
```

换而言之，标准值 False 和 None、各种类型（包括浮点数、复数等）的数值 0、空序列（如空字符串、空元组和空列表）以及空映射（如空字典）都被视为假，而其他各种值都被视为真①，包括特殊值 True。

明白了吗？这意味着任何 Python 值都可解释为真值。乍一看这有点令人迷惑，但也很有用。虽然可供选择的真值非常多，但标准真值为 True 和 False。在有些语言（如 C 语言和 2.3 之前的 Python 版本）中，标准真值为 0（表示假）和 1（表示真）。实际上，True 和 False 不过是 0 和 1 的别名，虽然看起来不同，但作用是相同的。

```
>>> True
True
>>> False
False
>>> True == 1
True
>>> False == 0
True
>>> True + False + 42
43
```

因此，如果你看到一个返回 1 或 0 的表达式（可能是使用较旧的 Python 版本编写的），就知道这实际上意味着 True 或 False。

布尔值 True 和 False 属于类型 bool，而 bool 与 list、str 和 tuple 一样，可用来转换其他的值。

```
>>> bool('I think, therefore I am')
True
>>> bool(42)
True
>>> bool('')
False
>>> bool(0)
False
```

---

① 至少对内置类型值来说如此。你在第 9 章将看到，对于自己创建的对象，解释为真还是假由你决定。

鉴于任何值都可用作布尔值，因此你几乎不需要显式地进行转换（Python会自动转换）。

注意 虽然[]和""都为假（即bool([]) == bool("") == False），但它们并不相等（即[] != ""）。对其他各种为假的对象来说，情况亦如此（一个更显而易见的例子是() != False）。

5.4.2 有条件地执行和if语句

真值可合并，至于如何合并稍后再讲，先来看看真值可用来做什么。请尝试运行下面的脚本：

```
name = input('What is your name? ')
if name.endswith('Gumby'):
    print('Hello, Mr. Gumby')
```

这就是if语句，让你能够有**条件地执行**代码。这意味着如果**条件**（if和冒号之间的表达式）为前面定义的**真**，就执行后续代码块（这里是一条print语句）；如果条件为**假**，就不执行。

注意 在第1章的旁注“先睹为快：if语句”中，将有条件执行的语句与if语句放在同一行中。这与前一个示例中使用单行代码块的做法等价。

5.4.3 else子句

在前一节的示例中，如果你输入以Gumby结尾的名字，方法name.endswith将返回True，导致后续代码块执行——打印问候语。如果你愿意，可使用else子句增加一种选择（之所以叫**子句**是因为else不是独立的语句，而是if语句的一部分）。

```
name = input('What is your name?')
if name.endswith('Gumby'):
    print('Hello, Mr. Gumby')
else:
    print('Hello, stranger')
```

在这里，如果没有执行第一个代码块（因为条件为假），将进入第二个代码块。这个示例表明，Python代码很容易理解，不是吗？如果从if开始将代码大声朗读出来，听起来将像普通句子一样。

还有一个与if语句很像的“亲戚”，它就是**条件表达式**——C语言中三目运算符的Python版本。下面的表达式使用if和else确定其值：

```
status = "friend" if name.endswith("Gumby") else "stranger"
```

如果条件（紧跟在if后面）为真，表达式的结果为提供的第一个值（这里为"friend"），否则为第二个值（这里为"stranger"）。

5.4.4 elif 子句

要检查多个条件，可使用elif。elif是else if的缩写，由一个if子句和一个else子句组合而成，也就是包含条件的else子句。

```
num = int(input('Enter a number: '))
if num > 0:
    print('The number is positive')
elif num < 0:
    print('The number is negative')
else:
    print('The number is zero')
```

5.4.5 代码块嵌套

下面穿插点额外的内容。你可将if语句放在其他if语句块中，如下所示：

```
name = input('What is your name? ')
if name.endswith('Gumby'):
    if name.startswith('Mr.'):
        print('Hello, Mr. Gumby')
    elif name.startswith('Mrs.'):
        print('Hello, Mrs. Gumby')
    else:
        print('Hello, Gumby')
else:
    print('Hello, stranger')
```

在这里，如果名字以Gumby结尾，就同时检查名字开头，这是在第一个代码块中使用一条独立的if语句完成的。请注意，这里还使用了elif。最后一个分支（else子句）没有指定条件——如果没有选择其他分支，就选择最后一个分支。如果需要，这里的两个else子句都可省略。如果省略里面的else子句，将忽略并非以Mr.或Mrs.打头的名字（假设名字为Gumby）。如果省略外面的else子句，将忽略陌生人。

5.4.6 更复杂的条件

这就是你需要知道的有关if语句的全部知识。下面来说说条件本身，因为它们是有条件执行中最有趣的部分。

1. 比较运算符

在条件表达式中，最基本的运算符可能是**比较运算符**，它们用于执行比较。表5-1对比较运算符做了总结。

表 5-1 Python 比较运算符

表 达 式	描 述
x == y	x 等于 y
x < y	x 小于 y
x > y	x 大于 y
x >= y	x 大于或等于 y
x <= y	x 小于或等于 y
x != y	x 不等于 y
x is y	x 和 y 是同一个对象
x is not y	x 和 y 是不同的对象
x in y	x 是容器（如序列）y 的成员
x not in y	x 不是容器（如序列）y 的成员

与赋值一样，Python 也支持**链式比较**：可同时使用多个比较运算符，如 0 < age < 100。有些比较运算符需要特别注意，下面就来详细介绍。

- **相等运算符**

要确定两个对象是否相等，可使用比较运算符，用两个等号（==）表示。

```
>>> "foo" == "foo"
True
>>> "foo" == "bar"
False
```

两个等号？为何不像数学中那样使用一个等号呢？相信你很聪明，自己就能够明白其中的原因，但这里还是试试一个等号吧。

```
>>> "foo" = "foo"
SyntaxError: can't assign to literal
```

一个等号是赋值运算符，用于**修改**值，而进行比较时你可不想这样做。

- **is：相同运算符**

这个运算符很有趣，其作用看似与==一样，但实际上并非如此。

```
>>> x = y = [1, 2, 3]
>>> z = [1, 2, 3]
>>> x == y
True
>>> x == z
True
>>> x is y
True
>>> x is z
False
```

在前几个示例中，看不出什么问题，但最后一个示例的结果很奇怪：x 和 z 相等，但 x is z

的结果却为 False。为何会这样呢？因为 is 检查两个对象是否**相同**（而不是**相等**）。变量 x 和 y 指向同一个列表，而 z 指向另一个列表（其中包含的值以及这些值的排列顺序都与前一个列表相同）。这两个列表虽然相等，但并非**同一个对象**。

这好像不可理喻？请看下面的示例：

```
>>> x = [1, 2, 3]
>>> y = [2, 4]
>>> x is not y
True
>>> del x[2]
>>> y[1] = 1
>>> y.reverse()
```

在这个示例中，我首先创建了两个不同的列表 x 和 y。如你所见，x is not y（与 x is y 相反）的结果为 True，这一点你早已知道。接下来，我稍微修改了这两个列表，现在它们虽然相等，但依然是两个不同的列表。

```
>>> x == y
True
>>> x is y
False
```

显然，这两个列表相等但不相同。

总之，==用来检查两个对象是否**相等**，而 is 用来检查两个对象是否**相同**（是同一个对象）。

警告　不要将 is 用于数和字符串等不可变的基本值。鉴于 Python 在内部处理这些对象的方式，这样做的结果是不可预测的。

- **in：成员资格运算符**

运算符 in 在 2.2.5 节介绍过，与其他比较运算符一样，它也可用于条件表达式中。

```
name = input('What is your name?')
if 's' in name:
    print('Your name contains the letter "s".')
else:
    print('Your name does not contain the letter "s".')
```

- **字符串和序列的比较**

字符串是根据字符的字母排列顺序进行比较的。

```
>>> "alpha" < "beta"
True
```

虽然基于的是字母排列顺序，但字母都是 Unicode 字符，它们是按码点排列的。

```
>>> "🙈🙉🙊" < "🙈🙊🙉"
True
```

实际上，字符是根据顺序值排列的。要获悉字母的顺序值，可使用函数 ord。这个函数的作用与函数 chr 相反：

```
>>> ord("🙉")
128585
>>> ord("🙊")
128586
>>> chr(128584)
'🙈'
```

这种方法既合理又一致，但可能与你排序的方式相反。例如，涉及大写字母时，排列顺序就可能与你想要的不同。

```
>>> "a" < "B"
False
```

一个诀窍是忽略大小写。为此可使用字符串方法 lower，如下所示（参见第 3 章）：

```
>>> "a".lower() < "B".lower()
True
>>> 'FnOrD'.lower() == 'Fnord'.lower()
True
```

其他序列的比较方式与此相同，但这些序列包含的元素可能不是字符，而是其他类型的值。

```
>>> [1, 2] < [2, 1]
True
```

如果序列的元素为其他序列，将根据同样的规则对这些元素进行比较。

```
>>> [2, [1, 4]] < [2, [1, 5]]
True
```

2. 布尔运算符

至此，你已见过很多返回真值的表达式（实际上，考虑到所有值都可解释为真值，因此所有的表达式都返回真值），但你可能需要检查多个条件。例如，假设你要编写一个程序，让它读取一个数，并检查这个数是否位于 1 ~ 10（含）。为此，可像下面这样做：

```
number = int(input('Enter a number between 1 and 10: '))
if number <= 10:
    if number >= 1:
        print('Great!')
    else:
        print('Wrong!')
else:
    print('Wrong!')
```

这可行，但有点笨拙，因为你输入了 print('Wrong!')两次。重复劳动可不是好事，那么该如何办呢？很简单。

```
number = int(input('Enter a number between 1 and 10: '))
if number <= 10 and number >= 1:
    print('Great!')
else:
    print('Wrong!')
```

注意　使用链式比较 1 <= number <= 10 可进一步简化这个示例。也许原本就应该这样做。

运算符 and 是一个布尔运算符。它接受两个真值，并在这两个值都为真时返回真，否则返回假。还有另外两个布尔运算符：or 和 not。使用这三个运算符，能以任何方式组合真值。

```
if ((cash > price) or customer_has_good_credit) and not out_of_stock:
    give_goods()
```

短路逻辑和条件表达式

布尔运算符有个有趣的特征：只做必要的计算。例如，仅当 x 和 y 都为真时，表达式 x and y 才为真。因此如果 x 为假，这个表达式将立即返回假，而不关心 y。实际上，如果 x 为假，这个表达式将返回 x，否则返回 y。（这将提供预期的结果，你明白了其中的原理吗？）这种行为称为**短路逻辑**（或者**延迟求值**）：布尔运算符常被称为逻辑运算符，如你所见，在有些情况下将“绕过”第二个值。对于运算符 or，情况亦如此。在表达式 x or y 中，如果 x 为真，就返回 x，否则返回 y。（你明白这样做合理的原因吗？）请注意，这意味着位于布尔运算符后面的代码（如函数调用）可能根本不会执行。像下面这样的代码就利用了这种行为：

```
name = input('Please enter your name: ') or '<unknown>'
```

如果没有输入名字，上述 or 表达式的结果将为'<unknown>'。在很多情况下，你都宁愿使用条件表达式，而不要这样的短路花样。不过前面这样的语句确实有其用武之地。

5.4.7　断言

if 语句有一个很有用的“亲戚”，其工作原理类似于下面的伪代码：

```
if not condition:
    crash program
```

问题是，为何要编写类似于这样的代码呢？因为让程序在错误条件出现时立即崩溃胜过以后再崩溃。基本上，你可要求某些条件得到满足（如核实函数参数满足要求或为初始测试和调试提供帮助），为此可在语句中使用关键字 assert。

```
>>> age = 10
>>> assert 0 < age < 100
>>> age = -1
>>> assert 0 < age < 100
Traceback (most recent call last):
  File "<stdin>", line 1, in ?
AssertionError
```

如果知道必须满足特定条件，程序才能正确地运行，可在程序中添加 assert 语句充当检查点，这很有帮助。

还可在条件后面添加一个字符串，对断言做出说明。

```
>>> age = -1
>>> assert 0 < age < 100, 'The age must be realistic'
Traceback (most recent call last):
  File "<stdin>", line 1, in ?
AssertionError: The age must be realistic
```

5.5 循环

至此，你知道了如何在条件为真（或假）时执行操作，但如何重复操作多次呢？例如，你可能想创建一个程序，每月都提醒支付房租。如果只使用已介绍过的工具，必须像下面这样编写这个程序（伪代码）：

```
send mail
wait one month send mail
wait one month send mail
wait one month
(... and so on)
```

但是如果希望程序这样不断执行下去，直到人为停止，该如何办呢？基本上，你需要编写类似于下面的代码（也是伪代码）：

```
while we aren't stopped:
    send mail
    wait one month
```

再来看一个更简单的例子，假设要打印 1 ~ 100 的所有数。同样，你可采用笨办法。

```
print(1)
print(2)
print(3)
...
print(99)
print(100)
```

但如果你愿意使用笨办法，就不会求助于 Python 了，不是吗？

5.5.1 while 循环

为避免前述示例所示的烦琐代码，能够像下面这样做很有帮助：

```
x = 1
while x <= 100:
    print(x)
    x += 1
```

那么如何使用 Python 来实现的？你猜对了，就像上面那样做。不太复杂，不是吗？你还可以使用循环来确保用户输入名字，如下所示：

```
name = ''
while not name:
     name = input('Please enter your name: ')
print('Hello, {}!'.format(name))
```

请尝试运行这些代码，并在要求你输入名字时直接按回车键。你会看到提示信息再次出现，因为name还是为空字符串，这相当于假。

提示　如果你只是输入一个空格字符（将其作为你的名字），结果将如何呢？试试看。程序将接受这个名字，因为包含一个空格字符的字符串不是空的，因此不会将name视为假。这无疑是这个小程序的一个瑕疵，但很容易修复：只需将while not name改为while not name or name.isspace()或while not name.strip()即可。

5.5.2　for循环

while语句非常灵活，可用于在条件为真时反复执行代码块。这在通常情况下很好，但有时候你可能想根据需要进行定制。一种这样的需求是为序列（或其他可迭代对象）中每个元素执行代码块。

注意　基本上，**可迭代**对象是可使用for循环进行遍历的对象。

为此，可使用for语句：

```
words = ['this', 'is', 'an', 'ex', 'parrot']
for word in words:
    print(word)
```

或

```
numbers = [0, 1, 2, 3, 4, 5, 6, 7, 8, 9]
for number in numbers:
    print(number)
```

鉴于迭代（也就是**遍历**）特定范围内的数是一种常见的任务，Python提供了一个创建范围的内置函数。

```
>>> range(0, 10)
range(0, 10)
>>> list(range(0, 10))
[0, 1, 2, 3, 4, 5, 6, 7, 8, 9]
```

范围类似于切片。它们包含起始位置（这里为0），但不包含结束位置（这里为10）。在很多情况下，你都希望范围的起始位置为0。实际上，如果只提供了一个位置，将把这个位置视为结束位置，并假定起始位置为0。

```
>>> range(10)
range(0, 10)
```

下面的程序打印数1～100：

```
for number in range(1,101):
    print(number)
```

注意，相比前面使用的while循环，这些代码要紧凑得多。

提示 只要能够使用for循环，就不要使用while循环。

5.5.3 迭代字典

要遍历字典的所有关键字，可像遍历序列那样使用普通的for语句。

```
d = {'x': 1, 'y': 2, 'z': 3}
for key in d:
    print(key, 'corresponds to', d[key])
```

也可使用keys等字典方法来获取所有的键。如果只对值感兴趣，可使用d.values。你可能还记得，d.items以元组的方式返回键-值对。for循环的优点之一是，可在其中使用序列解包。

```
for key, value in d.items():
    print(key, 'corresponds to', value)
```

5.5.4 一些迭代工具

Python提供了多个可帮助迭代序列（或其他可迭代对象）的函数，其中一些位于第10章将介绍的模块itertools中，但还有一些内置函数使用起来也很方便。

1. 并行迭代

有时候，你可能想同时迭代两个序列。假设有下面两个列表：

```
names = ['anne', 'beth', 'george', 'damon']
ages = [12, 45, 32, 102]
```

如果要打印名字和对应的年龄，可以像下面这样做：

```
for i in range(len(names)):
    print(names[i], 'is', ages[i], 'years old')
```

i是用作循环索引的变量的标准名称。一个很有用的并行迭代工具是内置函数zip，它将两个序列"缝合"起来，并返回一个由元组组成的序列。返回值是一个适合迭代的对象，要查看其内容，可使用list将其转换为列表。

```
>>> list(zip(names, ages))
[('anne', 12), ('beth', 45), ('george', 32), ('damon', 102)]
```

"缝合"后，可在循环中将元组解包。

```
for name, age in zip(names, ages):
    print(name, 'is', age, 'years old')
```

函数zip可用于"缝合"任意数量的序列。需要指出的是，当序列的长度不同时，函数zip将在最短的序列用完后停止"缝合"。

```
>>> list(zip(range(5), range(100000000)))
[(0, 0), (1, 1), (2, 2), (3, 3), (4, 4)]
```

2. 迭代时获取索引

在有些情况下，你需要在迭代对象序列的同时获取当前对象的索引。例如，你可能想替换一个字符串列表中所有包含子串'xxx'的字符串。当然，完成这种任务的方法有很多，但这里假设你要像下面这样做：

```
for string in strings:
    if 'xxx' in string:
        index = strings.index(string) # 在字符串列表中查找字符串
        strings[index] = '[censored]'
```

这可行，但替换前的搜索好像没有必要。另外，如果没有替换，搜索返回的索引可能不对（即返回的是该字符串首次出现处的索引）。下面是一种更佳的解决方案：

```
index = 0
for string in strings:
    if 'xxx' in string:
        strings[index] = '[censored]'
    index += 1
```

这个解决方案虽然可以接受，但看起来也有点笨拙。另一种解决方案是使用内置函数 enumerate。

```
for index, string in enumerate(strings):
    if 'xxx' in string:
        strings[index] = '[censored]'
```

这个函数让你能够迭代索引–值对，其中的索引是自动提供的。

3. 反向迭代和排序后再迭代

来看另外两个很有用的函数：reversed 和 sorted。它们类似于列表方法 reverse 和 sort（sorted 接受的参数也与 sort 类似），但可用于任何序列或可迭代的对象这两个函数不会修改原对象，而是返回反转后和排序后的结果。

```
>>> sorted([4, 3, 6, 8, 3])
[3, 3, 4, 6, 8]
>>> sorted('Hello, world!')
[' ', '!', ',', 'H', 'd', 'e', 'l', 'l', 'l', 'o', 'o', 'r', 'w']
>>> list(reversed('Hello, world!'))
['!', 'd', 'l', 'r', 'o', 'w', ' ', ',', 'o', 'l', 'l', 'e', 'H']
>>> ''.join(reversed('Hello, world!'))
'!dlrow ,olleH'
```

请注意，sorted 返回一个列表，而 reversed 像 zip 那样返回一个更神秘的可迭代对象。你无须关心这到底意味着什么，只管在 for 循环或 join 等方法中使用它，不会有任何问题。只是你不能对它执行索引或切片操作，也不能直接对它调用列表的方法。要执行这些操作，可先使用 list 对返回的对象进行转换。

提示 要按字母表排序，可先转换为小写。为此，可将 sort 或 sorted 的 key 参数设置为 str.lower。例如，sorted("aBc", key=str.lower)返回['a', 'B', 'c']。

5.5.5 跳出循环

通常，循环会不断地执行代码块，直到条件为假或使用完序列中的所有元素。但在有些情况下，你可能想中断循环、开始新迭代（进入“下一轮”代码块执行流程）或直接结束循环。

1. break

要结束（跳出）循环，可使用 break。假设你要找出小于 100 的最大平方值（整数与自己相乘的结果），可从 100 开始向下迭代。找到一个平方值后，无须再迭代，因此直接跳出循环。

```
from math import sqrt
for n in range(99, 0, -1):
    root = sqrt(n)
    if root == int(root):
        print(n)
        break
```

如果你运行这个程序，它将打印 81 并结束。注意到我向 range 传递了第三个参数——**步长**，即序列中相邻数的差。通过将步长设置为负数，可让 range 向下迭代，如上面的示例所示；还可让它跳过一些数：

```
>>> range(0, 10, 2)
[0, 2, 4, 6, 8]
```

2. continue

语句 continue 没有 break 用得多。它结束当前迭代，并跳到下一次迭代开头。这基本上意味着跳过循环体中余下的语句，但不结束循环。这在循环体庞大而复杂，且存在多个要跳过它的原因时很有用。在这种情况下，可使用 continue，如下所示：

```
for x in seq:
    if condition1: continue
    if condition2: continue
    if condition3: continue

    do_something()
    do_something_else()
    do_another_thing()
    etc()
```

然而，在很多情况下，使用一条 if 语句就足够了。

```
for x in seq:
    if not (condition1 or condition2 or condition3):
        do_something()
        do_something_else()
```

```
    do_another_thing()
    etc()
```

continue 虽然是一个很有用的工具，但并非不可或缺的。然而，你必须熟悉 break 语句，因为在 while True 循环中经常用到它，这将在下一小节讨论。

3. while True/break 成例

在 Python 中，for 和 while 循环非常灵活，但偶尔遇到的一些问题可能让你禁不住想：如果这些循环的功能更强些就好了。例如，假设你要在用户根据提示输入单词时执行某种操作，并在用户没有提供单词时结束循环。为此，一种办法如下：

```
word = 'dummy'
while word:
    word = input('Please enter a word: ')
    # 使用这个单词做些事情：
    print('The word was', word)
```

这些代码的运行情况如下：

```
Please enter a word: first
The word was first
Please enter a word: second
The word was second
Please enter a word:
```

这与你希望的一致，但你可能想使用单词做些比打印它更有用的事情。然而，如你所见，这些代码有点难看。为进入循环，你需要将一个哑值（未用的值）赋给 word。像这样的哑值通常昭示着你的做法不太对。下面来尝试消除这个哑值。

```
word = input('Please enter a word: ')
while word:
    # 使用这个单词做些事情：
    print('The word was ', word)
    word = input('Please enter a word: ')
```

哑值消除了，但包含重复的代码（这样也不好）：需要在两个地方使用相同的赋值语句并调用 input。如何避免这样的重复呢？可使用成例 while True/break。

```
while True:
    word = input('Please enter a word: ')
    if not word: break
    # 使用这个单词做些事情：
    print('The word was ', word)
```

while True 导致循环永不结束，但你将条件放在了循环体内的一条 if 语句中，而这条 if 语句将在条件满足时调用 break。这说明并非只能像常规 while 循环那样在循环开头结束循环，而是可在循环体的任何地方结束循环。if/break 行将整个循环分成两部分：第一部分负责设置（如果使用常规 while 循环，将重复这部分），第二部分在循环条件为真时使用第一部分初始化的数据。

虽然应避免在代码中过多使用 break（因为这可能导致循环难以理解，在一个循环中包含多个 break 时尤其如此），但这里介绍的技巧很常见，因此大多数 Python 程序员（包括你自己）都能够明白你的意图。

5.5.6 循环中的 else 子句

通常，在循环中使用 break 是因为你“发现”了什么或“出现”了什么情况。要在循环提前结束时采取某种措施很容易，但有时候你可能想在循环正常结束时才采取某种措施。如何判断循环是提前结束还是正常结束的呢？可在循环开始前定义一个布尔变量并将其设置为 False，再在跳出循环时将其设置为 True。这样就可在循环后面使用一条 if 语句来判断循环是否是提前结束的。

```
broke_out = False
for x in seq:
    do_something(x)
    if condition(x):
        broke_out = True
        break
    do_something_else(x)
if not broke_out:
    print("I didn't break out!")
```

一种更简单的办法是在循环之后添加一条 else 子句，它仅在没有调用 break 时才执行。继续前面讨论 break 时的示例。

```
from math import sqrt
for n in range(99, 81, -1):
    root = sqrt(n)
    if root == int(root):
        print(n)
        break
else:
    print("Didn't find it!")
```

请注意，为测试 else 子句，我将下限改成了 81（不包含）。如果你运行这个程序，它将打印 "Didn't find it!"，因为正如你在前面讨论 break 时看到的，小于 100 的最大平方值为 81。无论是在 for 循环还是 while 循环中，都可使用 continue、break 和 else 子句。

5.6 简单推导

列表推导是一种从其他列表创建列表的方式，类似于数学中的**集合推导**。列表推导的工作原理非常简单，有点类似于 for 循环。

```
>>> [x * x for x in range(10)]
[0, 1, 4, 9, 16, 25, 36, 49, 64, 81]
```

这个列表由 range(10)内每个值的平方组成，非常简单吧？如果只想打印那些能被 3 整除的平方值，该如何办呢？可使用求模运算符：如果 y 能被 3 整除，y % 3 将返回 0（请注意，仅当 x

能被3整除时，x*x才能被3整除）。为实现这种功能，可在列表推导中添加一条if语句。

```
>>> [x*x for x in range(10) if x % 3 == 0]
[0, 9, 36, 81]
```

还可添加更多的for部分。

```
>>> [(x, y) for x in range(3) for y in range(3)]
[(0, 0), (0, 1), (0, 2), (1, 0), (1, 1), (1, 2), (2, 0), (2, 1), (2, 2)]
```

作为对比，下面的两个for循环创建同样的列表：

```
result = []
for x in range(3):
    for y in range(3):
        result.append((x, y))
```

与以前一样，使用多个for部分时，也可添加if子句。

```
>>> girls = ['alice', 'bernice', 'clarice']
>>> boys = ['chris', 'arnold', 'bob']
>>> [b+'+'+g for b in boys for g in girls if b[0] == g[0]]
['chris+clarice', 'arnold+alice', 'bob+bernice']
```

这些代码将名字的首字母相同的男孩和女孩配对。

更佳的解决方案

前述男孩/女孩配对示例的效率不太高，因为它要检查每种可能的配对。使用Python解决这个问题的方法有很多，下面是Alex Martelli推荐的解决方案：

```
girls = ['alice', 'bernice', 'clarice']
boys = ['chris', 'arnold', 'bob']
letterGirls = {}
for girl in girls:
    letterGirls.setdefault(girl[0], []).append(girl)
print([b+'+'+g for b in boys for g in letterGirls[b[0]]])
```

这个程序创建一个名为letterGirls的字典，其中每项的键都是一个字母，而值为以这个字母打头的女孩名字组成的列表（字典方法setdefault在前一章介绍过）。创建这个字典后，列表推导遍历所有的男孩，并查找名字首字母与当前男孩相同的所有女孩。这样，这个列表推导就无须尝试所有的男孩和女孩组合并检查他们的名字首字母是否相同了。

使用圆括号代替方括号并不能实现元组推导，而是将创建**生成器**，详细信息请参阅第9章的旁注“简单生成器”。然而，可使用花括号来执行**字典推导**。

```
>>> squares = {i:"{} squared is {}".format(i, i**2) for i in range(10)}
>>> squares[8]
'8 squared is 64'
```

在列表推导中，for前面只有一个表达式，而在字典推导中，for前面有两个用冒号分隔的表达式。这两个表达式分别为键及其对应的值。

5.7 三人行

结束本章前，大致介绍一下另外三条语句：pass、del 和 exec。

5.7.1 什么都不做

有时候什么都不用做。这种情况不多，但一旦遇到，知道可使用 pass 语句大有裨益。

```
>>> pass
>>>
```

这里什么都没有发生。

那么为何需要一条什么都不做的语句呢？在你编写代码时，可将其用作占位符。例如，你可能编写了一条 if 语句并想尝试运行它，但其中缺少一个代码块，如下所示：

```
if name == 'Ralph Auldus Melish':
    print('Welcome!')
elif name == 'Enid':
    # 还未完成……
elif name == 'Bill Gates':
    print('Access Denied')
```

这些代码不能运行，因为在 Python 中代码块不能为空。要修复这个问题，只需在中间的代码块中添加一条 pass 语句即可。

```
if name == 'Ralph Auldus Melish':
    print('Welcome!')
elif name == 'Enid':
    # 还未完成……
    pass
elif name == 'Bill Gates':
    print('Access Denied')
```

注意 也可不使用注释和 pass 语句，而是插入一个字符串。这种做法尤其适用于未完成的函数和类，因为这种字符串将充当**文档字符串**。

5.7.2 使用 del 删除

对于你不再使用的对象，Python 通常会将其删除（因为没有任何变量或数据结构成员指向它）。

```
>>> scoundrel = {'age': 42, 'first name': 'Robin', 'last name': 'of Locksley'}
>>> robin = scoundrel
>>> scoundrel
{'age': 42, 'first name': 'Robin', 'last name': 'of Locksley'}
>>> robin
{'age': 42, 'first name': 'Robin', 'last name': 'of Locksley'}
>>> scoundrel = None
```

```
>>> robin
{'age': 42, 'first name': 'Robin', 'last name': 'of Locksley'}
>>> robin = None
```

最初，robin 和 scoundrel 指向同一个字典，因此将 None 赋给 scoundrel 后，依然可以通过 robin 来访问这个字典。但将 robin 也设置为 None 之后，这个字典就漂浮在计算机内存中，没有任何名称与之相关联，再也无法获取或使用它了。因此，智慧无穷的 Python 解释器直接将其删除。这被称为**垃圾收集**。请注意，在前面的代码中，也可将其他任何值（而不是 None）赋给两个变量，这样字典也将消失。

另一种办法是使用 del 语句。第 2 章和第 4 章使用这条语句来删除序列和字典，还记得吗？这不仅会删除到对象的引用，还会删除名称本身。

```
>>> x = 1
>>> del x
>>> x
Traceback (most recent call last):
  File "<pyshell#255>", line 1, in ?
    x
NameError: name 'x' is not defined
```

这看似简单，但有时不太好理解。例如，在下面的示例中，x 和 y 指向同一个列表：

```
>>> x = ["Hello", "world"]
>>> y = x
>>> y[1] = "Python"
>>> x
['Hello', 'Python']
```

你可能认为通过删除 x，也将删除 y，但情况并非如此。

```
>>> del x
>>> y
['Hello', 'Python']
```

这是为什么呢？x 和 y 指向同一个列表，但删除 x 对 y 没有任何影响，因为你只删除名称 x，而没有删除列表本身（值）。事实上，在 Python 中，根本就没有办法删除值，而且你也不需要这样做，因为对于你不再使用的值，Python 解释器会立即将其删除。

5.7.3　使用 exec 和 eval 执行字符串及计算其结果

有时候，你可能想动态地编写 Python 代码，并将其作为语句进行执行或作为表达式进行计算。这可能犹如黑暗魔法，一定要小心。exec 和 eval 现在都是函数，但 exec 以前是一种语句，而 eval 与它紧密相关。这就是我在这里讨论它们的原因所在。

警告　本节介绍如何执行存储在字符串中的 Python 代码，这样做可能带来严重的安全隐患。如果将部分内容由用户提供的字符串作为代码执行，将无法控制代码的行为。在网络应用程序，如第 15 章将介绍的通用网关接口（CGI）脚本中，这样做尤其危险。

1. exec

函数 exec 将字符串作为代码执行。

```
>>> exec("print('Hello, world!')")
Hello, world!
```

然而，调用函数 exec 时只给它提供一个参数绝非好事。在大多数情况下，还应向它传递一个命名空间——用于放置变量的地方；否则代码将污染你的命名空间，即修改你的变量。例如，假设代码使用了名称 sqrt，结果将如何呢？

```
>>> from math import sqrt
>>> exec("sqrt = 1")
>>> sqrt(4)
Traceback (most recent call last):
  File "<pyshell#18>", line 1, in ?
    sqrt(4)
TypeError: object is not callable: 1
```

既然如此，为何要将字符串作为代码执行呢？函数 exec 主要用于动态地创建代码字符串。如果这种字符串来自其他地方（可能是用户），就几乎无法确定它将包含什么内容。因此为了安全起见，要提供一个字典以充当命名空间。

注意 命名空间（**作用域**）是个重要的概念，将在下一章深入讨论，但就目前而言，你可将命名空间视为放置变量的地方，类似于一个看不见的字典。因此，当你执行赋值语句 x = 1 时，将在当前命名空间存储键 x 和值 1。当前命名空间通常是全局命名空间（到目前为止，我们使用的大都是全局命名空间），但并非必然如此。

为此，你添加第二个参数——字典，用作代码字符串的命名空间①。

```
>>> from math import sqrt
>>> scope = {}
>>> exec('sqrt = 1', scope)
>>> sqrt(4)
2.0
>>> scope['sqrt']
1
```

如你所见，可能带来破坏的代码并非覆盖函数 sqrt。函数 sqrt 该怎样还怎样，而通过 exec 执行赋值语句创建的变量位于 scope 中。

请注意，如果你尝试将 scope 打印出来，将发现它包含很多内容，这是因为自动在其中添加了包含所有内置函数和值的字典__builtins__。

```
>>> len(scope)
2
>>> scope.keys()
['sqrt', '__builtins__']
```

① 实际上，可向 exec 提供两个命名空间：一个全局的和一个局部的。提供的全局命名空间必须是字典，而提供的局部命名空间可以是任何映射。这一点也适用于 eval。

2. eval

eval 是一个类似于 exec 的内置函数。exec 执行一系列 Python 语句，而 eval 计算用字符串表示的 Python 表达式的值，并返回结果（exec 什么都不返回，因为它本身是条语句）。例如，你可使用如下代码来创建一个 Python 计算器：

```
>>> eval(input("Enter an arithmetic expression: "))
Enter an arithmetic expression: 6 + 18 * 2
42
```

与 exec 一样，也可向 eval 提供一个命名空间，虽然表达式通常不会像语句那样给变量重新赋值。

警告　虽然表达式通常不会给变量重新赋值，但绝对能够这样做，如调用给全局变量重新赋值的函数。因此，将 eval 用于不可信任的代码并不比使用 exec 安全。当前，在 Python 中执行不可信任的代码时，没有安全的办法。一种替代解决方案是使用 Jython（参见第 17 章）等 Python 实现，以使用 Java 沙箱等原生机制。

浅谈作用域

向 exec 或 eval 提供命名空间时，可在使用这个命名空间前在其中添加一些值。

```
>>> scope = {}
>>> scope['x'] = 2
>>> scope['y'] = 3
>>> eval('x * y', scope)
6
```

同样，同一个命名空间可用于多次调用 exec 或 eval。

```
>>> scope = {}
>>> exec('x = 2', scope)
>>> eval('x * x', scope)
4
```

采用这种做法可编写出非常复杂的程序，但你也许不应这样做。

5.8 小结

本章介绍了多种语句。

- **打印语句**：你可使用 print 语句来打印多个用逗号分隔的值。如果 print 语句以逗号结尾，后续 print 语句将在当前行接着打印。
- **导入语句**：有时候，你不喜欢要导入的函数的名称——可能是因为你已将这个名称用作他用。在这种情况下，可使用 import ... as ...语句在本地重命名函数。

- **赋值语句**：使用奇妙的序列解包和链式赋值，可同时给多个变量赋值；而使用增强赋值，可就地修改变量。
- **代码块**：代码块用于通过缩进将语句编组。代码块可用于条件语句和循环中，还可用于函数和类定义中。
- **条件语句**：条件语句根据条件（布尔表达式）决定是否执行后续代码块。使用 if/elif/else，可将多个条件语句组合起来。条件语句的一个变种是条件表达式，如 a if b else c。
- **断言**：断言断定某件事（一个布尔表达式）为真，可包含说明为何必须如此的字符串。如果指定的表达式为假，断言将导致程序停止执行（或引发第 8 章将介绍的异常）。最好尽早将错误揪出来，免得它潜藏在程序中，直到带来麻烦。
- **循环**：你可针对序列中的每个元素（如特定范围内的每个数）执行代码块，也可在条件为真时反复执行代码块。要跳过代码块中余下的代码，直接进入下一次迭代，可使用 continue 语句；要跳出循环，可使用 break 语句。另外，你还可在循环末尾添加一个 else 子句，它将在没有执行循环中的任何 break 语句时执行。
- **推导**：推导并不是语句，而是表达式。它们看起来很像循环，因此我将它们放在循环中讨论。通过列表推导，可从既有列表创建出新列表，这是通过对列表元素调用函数、剔除不想要的函数等实现的。推导功能强大，但在很多情况下，使用普通循环和条件语句也可完成任务，且代码的可读性可能更高。使用类似于列表推导的表达式可创建出字典。
- **pass、del、exec 和 eval**：pass 语句什么都不做，但适合用作占位符。del 语句用于删除变量或数据结构的成员，但不能用于删除值。函数 exec 用于将字符串作为 Python 程序执行。函数 eval 计算用字符串表示的表达式并返回结果。

5.8.1 本章介绍的新函数

函　数	描　述
chr(n)	返回一个字符串，其中只包含一个字符，这个字符对应于传入的顺序值 n（$0 \leq n < 256$）
eval(source[,globals[,locals]])	计算并返回字符串表示的表达式的结果
exec(source[, globals[, locals]])	将字符串作为语句执行
enumerate(seq)	生成可迭代的索引–值对
ord(c)	接受一个只包含一个字符的字符串，并返回这个字符的顺序值（一个整数）
range([start,] stop[, step])	创建一个由整数组成的列表
reversed(seq)	按相反的顺序返回 seq 中的值，以便用于迭代
sorted(seq[,cmp][,key][,reverse])	返回一个列表，其中包含 seq 中的所有值且这些值是经过排序的
xrange([start,] stop[, step])	创建一个用于迭代的 xrange 对象
zip(seq1, seq2,...)	创建一个适合用于并行迭代的新序列

5.8.2 预告

至此，你学完了基础知识，能够实现任何想象得到的算法，还能够读取参数并打印结果。在接下来的两章中，你将学习抽象（即函数、面向对象）。在编写较大的程序时，抽象可避免你只见树木不见森林。

第6章 函数

本章介绍如何将语句组合成函数，这让你能够告诉计算机如何完成任务，且只需说一次，无须反复向计算机传达详细指令。本章详细介绍参数和作用域，还将讨论递归是什么及其在程序中的用途。

6.1 懒惰是一种美德

前面编写的程序都很小，但如果要编写大型程序，你很快就会遇到麻烦。想想看，如果你在一个地方编写了一些代码，但需要在另一个地方再次使用，该如何办呢？例如，假设你编写了一段代码，它计算一些**斐波那契数**（一种数列，其中每个数都是前两个数的和）。

```
fibs = [0, 1]
for i in range(8):
    fibs.append(fibs[-2] + fibs[-1])
```

运行上述代码后，fibs 将包含前 10 个斐波那契数。

```
>>> fibs
[0, 1, 1, 2, 3, 5, 8, 13, 21, 34]
```

如果你想一次计算前 10 个斐波那契数，上述代码刚好能满足需求。你甚至可以修改前述 for 循环，使其处理动态的范围，即让用户指定最终要得到的序列的长度。

```
fibs = [0, 1]
num = int(input('How many Fibonacci numbers do you want? '))
for i in range(num-2):
    fibs.append(fibs[-2] + fibs[-1])
print(fibs)
```

如果要使用这些数字做其他事情，该如何办呢？当然，你可以在需要时再次编写这个循环，但如果已编写好的代码更复杂呢（如下载一组网页并计算所有单词的使用频率）？在这种情况下，你还愿意多次编写这些代码吗？不，真正的程序员是不会这样做的。真正的程序员很懒。这里说的懒不是贬义词，而是说不做无谓的工作。

那么真正的程序员会如何做呢？让程序更抽象。要让前面的程序更抽象，可以像下面这样做：

```
num = input('How many numbers do you want? ')
print(fibs(num))
```

在这里，只具体地编写了这个程序独特的部分（读取数字并打印结果）。实际上，斐波那契数的计算是以抽象的方式完成的：你只是让计算机这样做，而没有具体地告诉它如何做。你创建了一个名为 fibs 的函数，并在需要计算斐波那契数时调用它。如果需要在多个地方计算斐波那契数，这样做可节省很多精力。

6.2 抽象和结构

抽象可节省人力，但实际上还有个更重要的优点：抽象是程序能够被人理解的关键所在（无论对编写程序还是阅读程序来说，这都至关重要）。计算机本身喜欢具体而明确的指令，但人通常不是这样的。例如，如果你向人打听怎么去电影院，就不希望对方回答："向前走10步，向左转90度，接着走5步，再向右转45度，然后走123步。"听到这样的回答，你肯定一头雾水。

如果对方回答："沿这条街往前走，看到过街天桥后走到马路对面，电影院就在你左边。"你肯定能明白。这里的关键是你知道如何沿街往前走，也知道如何过天桥，因此不需要有关这些方面的具体说明。

组织计算机程序时，你也采取类似的方式。程序应非常抽象，如下载网页、计算使用频率、打印每个单词的使用频率。这很容易理解。下面就将前述简单描述转换为一个 Python 程序。

```
page = download_page()
freqs = compute_frequencies(page)
for word, freq in freqs:
    print(word, freq)
```

看到这些代码，任何人都知道这个程序是做什么的。然而，至于具体该**如何**做，你未置一词。你只是让计算机去下载网页并计算使用频率，至于这些操作的具体细节，将在其他地方（独立的**函数定义**）中给出。

6.3 自定义函数

函数执行特定的操作并返回一个值[①]，你可以调用它（调用时可能需要提供一些参数——放在圆括号中的内容）。一般而言，要判断某个对象是否可调用，可使用内置函数 callable。

```
>>> import math
>>> x = 1
>>> y = math.sqrt
>>> callable(x)
False
>>> callable(y)
True
```

前一节说过，函数是结构化编程的核心。那么如何定义函数呢？使用 def（表示定义函数）语句。

① 实际上，在 Python 中并非所有的函数都返回值，这将在本章后面详细介绍。

```
def hello(name):
    return 'Hello, ' + name + '!'
```

运行这些代码后，将有一个名为 hello 的新函数。它返回一个字符串，其中包含向唯一参数指定的人发出的问候语。你可像使用内置函数那样使用这个函数。

```
>>> print(hello('world'))
Hello, world!
>>> print(hello('Gumby'))
Hello, Gumby!
```

很不错吧？如果编写一个函数，返回一个由斐波那契数组成的列表呢？很容易！只需使用前面介绍的代码，但不从用户那里读取数字，而是通过参数来获取。

```
def fibs(num):
    result = [0, 1]
    for i in range(num-2):
        result.append(result[-2] + result[-1])
    return result
```

执行这些代码后，解释器就知道如何计算斐波那契数了。现在你不用再关心这些细节，而只需调用函数 fibs。

```
>>> fibs(10)
[0, 1, 1, 2, 3, 5, 8, 13, 21, 34]
>>> fibs(15)
[0, 1, 1, 2, 3, 5, 8, 13, 21, 34, 55, 89, 144, 233, 377]
```

在这个示例中，num 和 result 也可以使用其他名字，但 return 语句非常重要。return 语句用于从函数返回值（在前面的 hello 函数中，return 语句的作用也是一样的）。

6.3.1 给函数编写文档

要给函数编写文档，以确保其他人能够理解，可添加注释（以#打头的内容）。还有另一种编写注释的方式，就是添加独立的字符串。在有些地方，如 def 语句后面（以及模块和类的开头，这将在第 7 章和第 10 章详细介绍），添加这样的字符串很有用。放在函数开头的字符串称为**文档字符串**（docstring），将作为函数的一部分存储起来。下面的代码演示了如何给函数添加文档字符串：

```
def square(x):
    'Calculates the square of the number x.'
    return x * x
```

可以像下面这样访问文档字符串：

```
>>> square.__doc__
'Calculates the square of the number x.'
```

注意 __doc__是函数的一个属性。属性将在第 7 章详细介绍。

特殊的内置函数 help 很有用。在交互式解释器中，可使用它获取有关函数的信息，其中包含函数的文档字符串。

```
>>> help(square)
Help on function square in module __main__:

square(x)
Calculates the square of the number x.
```

在第10章，你还会遇到函数 help。

6.3.2　其实并不是函数的函数

数学意义上的函数总是返回根据参数计算得到的结果。在 Python 中，有些函数什么都不返回。在诸如 Pascal 等的语言中，这样的函数可能另有其名（如过程），但在 Python 中，函数就是函数，即使它严格来说并非函数。什么都不返回的函数不包含 return 语句，或者包含 return 语句，但没有在 return 后面指定值。

```
def test():
    print('This is printed')
    return
    print('This is not')
```

这里使用 return 语句只是为了结束函数。

```
>>> x = test()
This is printed
```

如你所见，跳过了第二条 print 语句。（这有点像在循环中使用 break，但跳出的是函数。）既然 test 什么都不返回，那么 x 指向的是什么呢？下面就来看看：

```
>>> x
>>>
```

什么都没有。再仔细地看看。

```
>>> print(x)
None
```

这是一个你熟悉的值：None。由此可知，所有的函数都返回值。如果你没有告诉它们该返回什么，将返回 None。

警告　不要让这种默认行为带来麻烦。如果你在 if 之类的语句中返回值，务必确保其他分支也返回值，以免在调用者期望函数返回一个序列时（举个例子），不小心返回了 None。

6.4　参数魔法

函数使用起来很简单，创建起来也不那么复杂，但要习惯参数的工作原理就不那么容易了。先从简单的着手。

6.4.1 值从哪里来

定义函数时，你可能心存疑虑：参数的值是怎么来的呢？

通常，你不用为此操心。编写函数旨在为当前程序（甚至其他程序）提供服务，你的职责是确保它在提供的参数正确时完成任务，并在参数不对时以显而易见的方式失败。为此，通常使用断言或异常。异常将在第 8 章详细介绍。

注意 在def语句中，位于函数名后面的变量通常称为**形参**，而调用函数时提供的值称为**实参**，但本书基本不对此做严格的区分。在很重要的情况下，我会将实参称为**值**，以便将其与类似于变量的形参区分开来。

6.4.2 我能修改参数吗

函数通过参数获得了一系列的值，你能对其进行修改吗？如果这样做，结果将如何？参数不过是变量而已，行为与你预期的完全相同。在函数内部给参数赋值对外部没有任何影响。

```
>>> def try_to_change(n):
...     n = 'Mr. Gumby'
...
>>> name = 'Mrs. Entity'
>>> try_to_change(name)
>>> name
'Mrs. Entity'
```

在try_to_change内，将新值赋给了参数n，但如你所见，这对变量name没有影响。说到底，这是一个完全不同的变量。传递并修改参数的效果类似于下面这样：

```
>>> name = 'Mrs. Entity'
>>> n = name              # 与传递参数的效果几乎相同
>>> n = 'Mr. Gumby'       # 这是在函数内进行的
>>> name
'Mrs. Entity'
```

这里的结果显而易见：变量n变了，但变量name没变。同样，在函数内部重新关联参数（即给它赋值）时，函数外部的变量不受影响。

注意 参数存储在**局部作用域**内。作用域将在本章稍后讨论。

字符串（以及数和元组）是不可变的（immutable），这意味着你不能修改它们（即只能替换为新值）。因此这些类型作为参数没什么可说的。但如果参数为可变的数据结构（如列表）呢？

```
>>> def change(n):
...     n[0] = 'Mr. Gumby'
...
>>> names = ['Mrs. Entity', 'Mrs. Thing']
>>> change(names)
```

```
>>> names
['Mr. Gumby', 'Mrs. Thing']
```

在这个示例中，也在函数内修改了参数，但这个示例与前一个示例之间存在一个重要的不同。在前一个示例中，只是给局部变量赋了新值，而在这个示例中，修改了变量关联到的列表。这很奇怪吧？其实不那么奇怪。下面再这样做一次，但这次不使用函数调用。

```
>>> names = ['Mrs. Entity', 'Mrs. Thing']
>>> n = names              # 再次假装传递名字作为参数
>>> n[0] = 'Mr. Gumby'     # 修改列表
>>> names
['Mr. Gumby', 'Mrs. Thing']
```

这样的情况你早就见过。将同一个列表赋给两个变量时，这两个变量将同时指向这个列表。就这么简单。要避免这样的结果，必须创建列表的**副本**。对序列执行切片操作时，返回的切片都是副本。因此，如果你创建覆盖**整个列表**的切片，得到的将是列表的副本。

```
>>> names = ['Mrs. Entity', 'Mrs. Thing']
>>> n = names[:]
```

现在n和names包含两个**相等但不同的列表**。

```
>>> n is names
False
>>> n == names
True
```

现在如果（像在函数change中那样）修改n，将不会影响names。

```
>>> n[0] = 'Mr. Gumby'
>>> n
['Mr. Gumby', 'Mrs. Thing']
>>> names
['Mrs. Entity', 'Mrs. Thing']
```

下面来尝试结合使用这种技巧和函数change。

```
>>> change(names[:])
>>> names
['Mrs. Entity', 'Mrs. Thing']
```

注意到参数n包含的是副本，因此原始列表是安全的。

注意　你可能会问，函数内的局部名称（包括参数）会与函数外的名称（即全局名称）冲突吗？答案是不会。有关这方面的详细信息，请参阅本章后面对作用域的讨论。

1. 为何要修改参数

在提高程序的抽象程度方面，使用函数来修改数据结构（如列表或字典）是一种不错的方式。假设你要编写一个程序，让它存储姓名，并让用户能够根据名字、中间名或姓找人。为此，你可能使用一个类似于下面的数据结构：

```
storage = {}
storage['first'] = {}
storage['middle'] = {}
storage['last'] = {}
```

数据结构 storage 是一个字典，包含 3 个键：'first'、'middle'和'last'。在每个键下都存储了一个字典。这些子字典的键为姓名（名字、中间名或姓），而值为人员列表。例如，要将作者加入这个数据结构中，可以像下面这样做：

```
>>> me = 'Magnus Lie Hetland'
>>> storage['first']['Magnus'] = [me]
>>> storage['middle']['Lie'] = [me]
>>> storage['last']['Hetland'] = [me]
```

每个键下都存储了一个人员列表。在这个例子里，这些列表只包含作者。

现在，要获取中间名为 Lie 的人员名单，可像下面这样做：

```
>>> storage['middle']['Lie']
['Magnus Lie Hetland']
```

如你所见，将人员添加到这个数据结构中有点烦琐，在多个人的名字、中间名或姓相同时尤其如此，因为在这种情况下需要对存储在名字、中间名或姓下的列表进行扩展。下面来添加我的妹妹，并假设我们不知道数据库中存储了什么内容。

```
>>> my_sister = 'Anne Lie Hetland'
>>> storage['first'].setdefault('Anne', []).append(my_sister)
>>> storage['middle'].setdefault('Lie', []).append(my_sister)
>>> storage['last'].setdefault('Hetland', []).append(my_sister)
>>> storage['first']['Anne']
['Anne Lie Hetland']
>>> storage['middle']['Lie']
['Magnus Lie Hetland', 'Anne Lie Hetland']
```

可以想见，编写充斥着这种更新的大型程序时，代码将很快变得混乱不堪。

抽象的关键在于隐藏所有的更新细节，为此可使用函数。下面首先来创建一个初始化数据结构的函数。

```
def init(data):
    data['first'] = {}
    data['middle'] = {}
    data['last'] = {}
```

这里只是将初始化语句移到了一个函数中。你可像下面这样使用这个函数：

```
>>> storage = {}
>>> init(storage)
>>> storage
{'middle': {}, 'last': {}, 'first': {}}
```

如你所见，这个函数承担了初始化职责，让代码的可读性高了很多。

6

注意 从 Python 3.7 之后，字典中元素的排列顺序与定义时的相同。如果将字典打印出来，将发现元素的排列顺序与添加顺序相同。

下面先来编写获取人员姓名的函数，再接着编写存储人员姓名的函数。

```
def lookup(data, label, name):
    return data[label].get(name)
```

函数 lookup 接受参数 label（如'middle'）和 name（如'Lie'），并返回一个由全名组成的列表。换而言之，如果已经存储了作者的姓名，就可以像下面这样做：

```
>>> lookup(storage, 'middle', 'Lie')
['Magnus Lie Hetland']
```

请注意，返回的是存储在数据结构中的列表。因此如果对返回的列表进行修改，将影响数据结构。（未找到任何人时除外，因为在这种情况下返回的是 None。）

下面来编写将人员存储到数据结构中的函数。

```
def store(data, full_name):
    names = full_name.split()
    if len(names) == 2: names.insert(1, '')
    labels = 'first', 'middle', 'last'

    for label, name in zip(labels, names):
        people = lookup(data, label, name)
        if people:
            people.append(full_name)
        else:
            data[label][name] = [full_name]
```

函数 store 执行如下步骤。

(1) 将参数 data 和 full_name 提供给这个函数。这些参数被设置为从外部获得的值。

(2) 通过拆分 full_name 创建一个名为 names 的列表。

(3) 如果 names 的长度为 2（只有名字和姓），就将中间名设置为空字符串。

(4) 将'first'、'middle'和'last'存储在元组 labels 中。也可使用列表，这里使用元组只是为了省略方括号。

(5) 使用函数 zip 将标签和对应的名字合并，以便对每个标签–名字对执行如下操作：

- 获取属于该标签和名字的列表；
- 将 full_name 附加到该列表末尾或插入一个新列表。

下面来尝试运行该程序：

```
>>> MyNames = {}
>>> init(MyNames)
>>> store(MyNames, 'Magnus Lie Hetland')
>>> lookup(MyNames, 'middle', 'Lie')
['Magnus Lie Hetland']
```

看起来能正确地运行。下面再来尝试几次。

```
>>> store(MyNames, 'Robin Hood')
>>> store(MyNames, 'Robin Locksley')
>>> lookup(MyNames, 'first', 'Robin')
['Robin Hood', 'Robin Locksley']
>>> store(MyNames, 'Mr. Gumby')
>>> lookup(MyNames, 'middle', '')
['Robin Hood', 'Robin Locksley', 'Mr. Gumby']
```

如你所见，如果多个人的名字、中间名或姓相同，可同时获取这些人员。

注意 这种程序非常适合使用面向对象编程，这将在下一章介绍。

2. 如果参数是不可变的

在有些语言（如 C++、Pascal 和 Ada）中，经常需要给参数赋值并让这种修改影响函数外部的变量。在 Python 中，没法直接这样做，只能修改参数对象本身。但如果参数是不可变的（如数）呢？

不好意思，没办法。在这种情况下，应从函数返回所有需要的值（如果需要返回多个值，就以元组的方式返回它们）。例如，可以像下面这样编写将变量的值加 1 的函数：

```
>>> def inc(x): return x + 1
...
>>> foo = 10
>>> foo = inc(foo)
>>> foo
11
```

如果一定要修改参数，可玩点花样，比如将值放在列表中，如下所示：

```
>>> def inc(x): x[0] = x[0] + 1
...
>>> foo = [10]
>>> inc(foo)
>>> foo
[11]
```

但更清晰的解决方案是返回修改后的值。

6.4.3 关键字参数和默认值

前面使用的参数都是**位置参数**，因为它们的位置至关重要——事实上比名称还重要。本节介绍的技巧让你能够完全忽略位置。要熟悉这种技巧需要一段时间，但随着程序规模的增大，你很快就会发现它很有用。

请看下面两个函数：

```
def hello_1(greeting, name):
    print('{}, {}!'.format(greeting, name))

def hello_2(name, greeting):
    print('{}, {}!'.format(name, greeting))
```

这两个函数的功能完全相同，只是参数的排列顺序相反。

```
>>> hello_1('Hello', 'world')
Hello, world!
>>> hello_2('Hello', 'world')
Hello, world!
```

有时候，参数的排列顺序可能难以记住，尤其是参数很多时。为了简化调用工作，可指定参数的**名称**。

```
>>> hello_1(greeting='Hello', name='world')
Hello, world!
```

在这里，参数的顺序无关紧要。

```
>>> hello_1(name='world', greeting='Hello')
Hello, world!
```

不过名称很重要（你可能猜到了）。

```
>>> hello_2(greeting='Hello', name='world')
world, Hello!
```

像这样使用名称指定的参数称为**关键字参数**，主要优点是有助于澄清各个参数的作用。这样，函数调用不再像下面这样怪异而神秘：

```
>>> store('Mr. Brainsample', 10, 20, 13, 5)
```

可以像下面这样做：

```
>>> store(patient='Mr. Brainsample', hour=10, minute=20, day=13, month=5)
```

虽然这样做的输入量多些，但每个参数的作用清晰明了。另外，参数的顺序错了也没关系。

然而，关键字参数最大的优点在于，可以指定默认值。

```
def hello_3(greeting='Hello', name='world'):
    print('{}, {}!'.format(greeting, name))
```

像这样给参数指定默认值后，调用函数时可不提供它！可以根据需要，一个参数值也不提供、提供部分参数值或提供全部参数值。

```
>>> hello_3()
Hello, world!
>>> hello_3('Greetings')
Greetings, world!
>>> hello_3('Greetings', 'universe')
Greetings, universe!
```

如你所见，仅使用位置参数就很好，只不过如果要提供参数 name，必须同时提供参数 greeting。如果只想提供参数 name，并让参数 greeting 使用默认值呢？相信你已猜到该怎么做了。

```
>>> hello_3(name='Gumby')
Hello, Gumby!
```

很巧妙吧？还不止这些。你可结合使用位置参数和关键字参数，但必须先指定所有的位置参数，否则解释器将不知道它们是哪个参数（即不知道参数对应的位置）。

注意 通常不应结合使用位置参数和关键字参数，除非你知道这样做的后果。一般而言，除非必不可少的参数很少，而带默认值的可选参数很多，否则不应结合使用关键字参数和位置参数。

例如，函数 hello 可能要求必须指定姓名，而问候语和标点是可选的。

```
def hello_4(name, greeting='Hello', punctuation='!'):
    print('{}, {}{}'.format(greeting, name, punctuation))
```

调用这个函数的方式很多，下面是其中的一些：

```
>>> hello_4('Mars')
Hello, Mars!
>>> hello_4('Mars', 'Howdy')
Howdy, Mars!
>>> hello_4('Mars', 'Howdy', '...')
Howdy, Mars...
>>> hello_4('Mars', punctuation='.')
Hello, Mars.
>>> hello_4('Mars', greeting='Top of the morning to ya')
Top of the morning to ya, Mars!
>>> hello_4()
Traceback (most recent call last):
  File "<stdin>", line 1, in <module>
TypeError: hello_4() missing 1 required positional argument: 'name'
```

注意 如果给参数 name 也指定了默认值，最后一个调用就不会引发异常。

非常灵活，不是吗？而且无须做太多的工作就能获得这样的灵活性。在下一节中，我们将提供更大的灵活性。

6.4.4 收集参数

有时候，允许用户提供任意数量的参数很有用。例如，在本章前面的姓名存储示例中，每次只能存储一个姓名。如果能够像下面这样同时存储多个姓名就好了：

```
>>> store(data, name1, name2, name3)
```

为此，应允许用户提供任意数量的姓名。实际上，这实现起来并不难。

请尝试使用下面这样的函数定义：

```
def print_params(*params):
    print(params)
```

这里好像只指定了一个参数，但它前面有一个星号。这是什么意思呢？尝试使用一个参数来调用这个函数，看看结果如何。

```
>>> print_params('Testing')
('Testing',)
```

注意到打印的是一个元组，因为里面有一个逗号。这么说，前面有星号的参数将被放在元组中？复数 params 应该提供了线索。

```
>>> print_params(1, 2, 3)
(1, 2, 3)
```

参数前面的星号将提供的所有值都放在一个元组中，也就是将这些值收集起来。这样的行为我们在 5.2.1 节见过：赋值时带星号的变量收集多余的值。不过它是将收集的值存放在列表中而不是元组中，但除此之外，这两种用法很像。下面再来编写一个函数：

```
def print_params_2(title, *params):
    print(title)
    print(params)
```

并尝试调用它：

```
>>> print_params_2('Params:', 1, 2, 3)
Params:
(1, 2, 3)
```

因此星号意味着收集余下的位置参数。如果没有可供收集的参数，params 将是一个空元组。

```
>>> print_params_2('Nothing:')
Nothing:
()
```

与赋值时一样，带星号的参数也可放在其他位置（而不是最后），但不同的是，在这种情况下你需要做些额外的工作：使用名称来指定后续参数。

```
>>> def in_the_middle(x, *y, z):
...     print(x, y, z)
...
>>> in_the_middle(1, 2, 3, 4, 5, z=7)
1 (2, 3, 4, 5) 7
>>> in_the_middle(1, 2, 3, 4, 5, 7)
Traceback (most recent call last):
  File "<stdin>", line 1, in <module>
TypeError: in_the_middle() missing 1 required keyword-only argument: 'z'
```

星号不会收集关键字参数。

```
>>> print_params_2('Hmm...', something=42)
Traceback (most recent call last):
  File "<stdin>", line 1, in <module>
TypeError: print_params_2() got an unexpected keyword argument 'something'
```

要收集关键字参数，可使用两个星号。

```
>>> def print_params_3(**params):
...     print(params)
...
>>> print_params_3(x=1, y=2, z=3)
{'z': 3, 'x': 1, 'y': 2}
```

如你所见，这样得到的是一个字典而不是元组。可结合使用这些技术。

```
def print_params_4(x, y, z=3, *pospar, **keypar):
    print(x, y, z)
    print(pospar)
    print(keypar)
```

其效果与预期的相同。

```
>>> print_params_4(1, 2, 3, 5, 6, 7, foo=1, bar=2)
1 2 3
(5, 6, 7)
{'foo': 1, 'bar': 2}
>>> print_params_4(1, 2)
1 2 3
()
{}
```

通过结合使用这些技术，可做的事情很多。如果你想知道结合方式的工作原理（或是否可以这样结合），动手试一试即可！在下一节你将看到，不管在函数定义中是否使用了*和**，都可在函数调用中使用它们。

现在回到最初的问题：如何在姓名存储示例中使用这种技术？解决方案如下：

```
def store(data, *full_names):
    for full_name in full_names:
        names = full_name.split()
        if len(names) == 2: names.insert(1, '')
        labels = 'first', 'middle', 'last'
        for label, name in zip(labels, names):
            people = lookup(data, label, name)
            if people:
                people.append(full_name)
            else:
                data[label][name] = [full_name]
```

这个函数调用起来与只接受一个姓名的前一版一样容易。

```
>>> d = {}
>>> init(d)
>>> store(d, 'Han Solo')
```

但现在你也可以这样做：

```
>>> store(d, 'Luke Skywalker', 'Anakin Skywalker')
>>> lookup(d, 'last', 'Skywalker')
['Luke Skywalker', 'Anakin Skywalker']
```

6.4.5　分配参数

前面介绍了如何将参数收集到元组和字典中，但用同样的两个运算符（*和**）也可执行相反的操作。与收集参数相反的操作是什么呢？假设有如下函数：

```
def add(x, y):
    return x + y
```

注意　内置模块operator提供了这个函数的高效版本。

6

同时假设还有一个元组，其中包含两个你要相加的数。

```
params = (1, 2)
```

这与前面执行的操作差不多是相反的：不是收集参数，而是**分配**参数。这是通过在调用函数（而不是定义函数）时使用运算符*实现的。

```
>>> add(*params)
3
```

这种做法也可用于参数列表的一部分，条件是这部分位于参数列表末尾。使用运算符**，可将字典中的值分配给关键字参数。如果你像前面那样定义了函数 hello_3，就可像下面这样做：

```
>>> params = {'name': 'Sir Robin', 'greeting': 'Well met'}
>>> hello_3(**params)
Well met, Sir Robin!
```

如果在定义和调用函数时都使用*或**，将只传递元组或字典。因此还不如不使用它们，还可省却些麻烦。

```
>>> def with_stars(**kwds):
...     print(kwds['name'], 'is', kwds['age'], 'years old')
...
>>> def without_stars(kwds):
...     print(kwds['name'], 'is', kwds['age'], 'years old')
...
>>> args = {'name': 'Mr. Gumby', 'age': 42}
>>> with_stars(**args)
Mr. Gumby is 42 years old
>>> without_stars(args)
Mr. Gumby is 42 years old
```

如你所见，对于函数 with_stars，我在定义和调用它时都使用了星号，而对于函数 without_stars，我在定义和调用它时都没有使用，但这两种做法的效果相同。因此，只有在定义函数（允许可变数量的参数）或调用函数时（拆分字典或序列）使用，星号才能发挥作用。

提示 使用这些拆分运算符来传递参数很有用，因为这样无须操心参数个数之类的问题，如下所示：

```
def foo(x, y, z, m=0, n=0):
    print(x, y, z, m, n)
def call_foo(*args, **kwds):
    print("Calling foo!")
    foo(*args, **kwds)
```

这在调用超类的构造函数时特别有用（有关这方面的详细信息，请参阅第9章）。

6.4.6 练习使用参数

面对如此之多的参数提供和接受方式，很容易犯晕。下面来看一个综合示例。首先来定义一些函数。

```
def story(**kwds):
    return 'Once upon a time, there was a ' \
           '{job} called {name}.'.format_map(kwds)

def power(x, y, *others):
    if others:
        print('Received redundant parameters:', others)
    return pow(x, y)

def interval(start, stop=None, step=1):
    'Imitates range() for step > 0'
    if stop is None:                 # 如果没有给参数stop指定值，
        start, stop = 0, start       # 就调整参数start和stop的值
    result = []

    i = start                        # 从start开始往上数
    while i < stop:                  # 数到stop位置
        result.append(i)             # 将当前数的数附加到result末尾
        i += step                    # 增加到当前数和step (> 0) 之和
    return result
```

下面来尝试调用这些函数。

```
>>> print(story(job='king', name='Gumby'))
Once upon a time, there was a king called Gumby.
>>> print(story(name='Sir Robin', job='brave knight'))
Once upon a time, there was a brave knight called Sir Robin.
>>> params = {'job': 'language', 'name': 'Python'}
>>> print(story(**params))
Once upon a time, there was a language called Python.
>>> del params['job']
>>> print(story(job='stroke of genius', **params))
Once upon a time, there was a stroke of genius called Python.
>>> power(2, 3)
8
>>> power(3, 2)
9
>>> power(y=3, x=2)
8
>>> params = (5,) * 2
>>> power(*params)
3125
>>> power(3, 3, 'Hello, world')
Received redundant parameters: ('Hello, world',)
27
>>> interval(10)
[0, 1, 2, 3, 4, 5, 6, 7, 8, 9]
>>> interval(1, 5)
[1, 2, 3, 4]
>>> interval(3, 12, 4)
[3, 7, 11]
>>> power(*interval(3, 7))
Received redundant parameters: (5, 6)
81
```

请大胆尝试使用这些函数以及自己创建的函数，直到你觉得自己掌握了所有相关的工作原理。

6.5　作用域

变量到底是什么呢？可将其视为指向值的名称。因此，执行赋值语句 x = 1 后，名称 x 指向值 1。这几乎与使用字典时一样（字典中的键指向值），只是你使用的是“看不见”的字典。实际上，这种解释已经离真相不远。有一个名为 vars 的内置函数，它返回这个不可见的字典：

```
>>> x = 1
>>> scope = vars()
>>> scope['x']
1
>>> scope['x'] += 1
>>> x
2
```

警告　一般而言，不应修改 vars 返回的字典，因为根据 Python 官方文档的说法，这样做的结果是不确定的。换而言之，可能得不到你想要的结果。

这种“看不见的字典”称为**命名空间**或**作用域**。那么有多少个命名空间呢？除全局作用域外，每个函数调用都将创建一个。

```
>>> def foo(): x = 42
...
>>> x = 1
>>> foo()
>>> x
1
```

在这里，函数 foo 修改（重新关联）了变量 x，但当你最终查看时，它根本没变。这是因为调用 foo 时创建了一个新的命名空间，供 foo 中的代码块使用。赋值语句 x = 42 是在这个内部作用域（**局部**命名空间）中执行的，不影响外部（**全局**）作用域内的 x。在函数内使用的变量称为**局部变量**（与之相对的是全局变量）。参数类似于局部变量，因此参数与全局变量同名不会有任何问题。

```
>>> def output(x): print(x)
...
>>> x = 1
>>> y = 2
>>> output(y)
2
```

到目前为止一切顺利。但如果要在函数中访问全局变量呢？如果只是想读取这种变量的值（不重新关联它），通常不会有任何问题。

```
>>> def combine(parameter): print(parameter + external)
...
>>> external = 'berry'
>>> combine('Shrub')
Shrubberry
```

警告 像这样访问全局变量是众多bug的根源。务必慎用全局变量。

"遮盖"的问题

读取全局变量的值通常不会有问题，但还是存在出现问题的可能性。如果有一个局部变量或参数与你要访问的全局变量同名，就无法直接访问全局变量，因为它被局部变量**遮住**了。

如果需要，可使用函数 globals 来访问全局变量。这个函数类似于 vars，返回一个包含全局变量的字典。（locals 返回一个包含局部变量的字典。）

例如，在前面的示例中，如果有一个名为parameter的全局变量，就无法在函数combine中访问它，因为有一个与之同名的参数。然而，必要时可使用globals()['parameter']来访问它。

```
>>> def combine(parameter):
...     print(parameter + globals()['parameter'])
...
>>> parameter = 'berry'
>>> combine('Shrub')
Shrubberry
```

重新关联全局变量（使其指向新值）是另一码事。在函数内部给变量赋值时，该变量默认为局部变量，除非你明确地告诉 Python 它是全局变量。那么如何将这一点告知 Python 呢？

```
>>> x = 1
>>> def change_global():
...     global x
...     x = x + 1
...
>>> change_global()
>>> x
2
```

小菜一碟！

作用域嵌套

Python 函数可以嵌套，即可将一个函数放在另一个函数内，如下所示：

```
def foo():
    def bar():
        print("Hello, world!")
    bar()
```

嵌套通常用处不大，但有一个很突出的用途：使用一个函数来创建另一个函数。这意味着可像下面这样编写函数：

```
def multiplier(factor):
    def multiplyByFactor(number):
        return number * factor
    return multiplyByFactor
```

在这里，一个函数位于另一个函数中，且外面的函数**返回里面的函数**。也就是返回一个函数，而不是调用它。重要的是，返回的函数能够访问其定义所在的作用域。换而言之，它携带着自己所在的环境（和相关的局部变量）！

每当外部函数被调用时，都将重新定义内部的函数，而变量 factor 的值也可能不同。由于 Python 的嵌套作用域，可在内部函数中访问这个来自外部局部作用域（multiplier）的变量，如下所示：

```
>>> double = multiplier(2)
>>> double(5)
10
>>> triple = multiplier(3)
>>> triple(3)
9
>>> multiplier(5)(4)
20
```

像 multiplyByFactor 这样存储其所在作用域的函数称为**闭包**。

通常，不能给外部作用域内的变量赋值，但如果一定要这样做，可使用关键字 nonlocal。这个关键字的用法与 global 很像，让你能够给外部作用域（非全局作用域）内的变量赋值。

6.6 递归

前面深入介绍了如何创建和调用函数。你知道，函数可调用其他函数，但可能让你感到惊讶的是，函数还可调用自己。

如果你以前没有遇到这种情况，可能想知道**递归**是什么意思。简单地说，递归意味着引用（这里是调用）自身。下面是一个常见的递归定义（但必须承认，这种定义很愚蠢）：

递归[名词]：参见“递归”。

如果你在网上搜索“递归”，将看到类似的定义。

递归式定义（包括递归式函数定义）引用了当前定义的术语。递归可能难以理解，也可能非常简单，这取决于你对它的熟悉程度。要更深入地认识递归，可能应该参阅优秀的计算机教材，但尝试 Python 解释器也大有裨益。

一般而言，你不想要递归式定义（像前面的“递归”那样），因为这毫无意义：你查找“递归”，它告诉你去查找“递归”，如此这般没完没了。下面是一个递归式函数定义：

```
def recursion():
    return recursion()
```

这个定义显然什么都没有做，与刚才的“递归”定义一样傻。如果你运行它，结果将如何呢？你将发现运行一段时间后，这个程序崩溃了（引发异常）。从理论上说，这个程序将不断运行下去，但每次调用函数时，都将消耗一些内存。因此函数调用次数达到一定的程度（且之前的函数调用未返回）后，将耗尽所有的内存空间，导致程序终止并显示错误消息“超过最大递归深度”。

这个函数中的递归称为**无穷递归**（就像以 while True 打头且不包含 break 和 return 语句的循环被称为**无限循环**一样），因为它从理论上说永远不会结束。你想要的是能对你有所帮助的递归函数，这样的递归函数通常包含下面两部分。

- **基线条件**（针对最小的问题）：满足这种条件时函数将直接返回一个值。
- **递归条件**：包含一个或多个调用，这些调用旨在解决问题的一部分。

这里的关键是，通过将问题分解为较小的部分，可避免递归没完没了，因为问题终将被分解成基线条件可以解决的最小问题。

那么如何让函数调用自身呢？这没有看起来那么难懂。前面说过，每次调用函数时，都将为此创建一个新的命名空间。这意味着函数调用自身时，是两个不同的函数［更准确地说，是不同版本（即命名空间不同）的同一个函数］在交流。你可将此视为两个属于相同物种的动物在彼此交流。

6.6.1 两个经典案例：阶乘和幂

本节探讨两个经典的递归函数。首先，假设你要计算数字 n 的阶乘。n 的阶乘为 $n \times (n-1) \times (n-2) \times \cdots \times 1$，在数学领域的用途非常广泛。例如，计算将 n 个人排成一队有多少种方式。如何计算阶乘呢？可使用循环。

```
def factorial(n):
    result = n
    for i in range(1, n):
        result *= i
    return result
```

这种实现可行，而且直截了当。大致而言，它是这样做的：首先将 result 设置为 n，再将其依次乘以 1 到 $n-1$ 的每个数字，最后返回 result。但如果你愿意，可采取不同的做法。关键在于阶乘的数学定义，可表述如下。

- 1 的阶乘为 1。
- 对于大于 1 的数字 n，其阶乘为 $n-1$ 的阶乘再乘以 n。

如你所见，这个定义与本节开头的定义完全等价。

下面来考虑如何使用函数来实现这个定义。理解这个定义后，实现起来其实非常简单。

```
def factorial(n):
    if n == 1:
       return 1
    else:
       return n * factorial(n - 1)
```

这是前述定义的直接实现，只是别忘了函数调用 factorial(n)和 factorial(n - 1)是不同的实体。

再来看一个示例。假设你要计算幂，就像内置函数 pow 和运算符**所做的那样。要定义一个数字的整数次幂，有多种方式，但先来看一个简单的定义：power(x, n)（x 的 n 次幂）是将数字 x 自乘 n - 1 次的结果，即将 n 个 x 相乘的结果。换而言之，power(2, 3)是 2 自乘两次的结果，即 $2 \times 2 \times 2 = 8$。

这实现起来很容易。

```
def power(x, n):
    result = 1
    for i in range(n):
        result *= x
    return result
```

这是一个非常简单的小型函数，但也可将定义修改成递归式的。

- 对于任何数字 x，power(x, 0)都为 1。
- n>0 时，power(x, n)为 power(x, n-1)与 x 的乘积。

如你所见，这种定义提供的结果与更简单的迭代定义完全相同。理解定义是最难的，而实现起来很容易。

```
def power(x, n):
    if n == 0:
        return 1
    else:
        return x * power(x, n - 1)
```

我再次将定义从较为正规的文字描述转换成了编程语言（Python）。

提示　如果函数或算法复杂难懂，在实现前用自己的话进行明确的定义将大有裨益。以这种“准编程语言”编写的程序通常称为**伪代码**。

那么使用递归有何意义呢？难道不能转而使用循环吗？答案是肯定的，而且在大多数情况下，使用循环的效率可能更高。然而，在很多情况下，使用递归的可读性更高，且有时要高得多，在你理解了函数的递归式定义时尤其如此。另外，虽然你完全能够避免编写递归函数，但作为程序员，你必须能够读懂其他人编写的递归算法和函数。

6.6.2　另一个经典案例：二分查找

下面来看看最后一个递归示例——**二分查找**算法。

你可能熟悉猜心游戏。这个游戏要求猜对对方心里想的是什么，且整个猜测过程提出的“是否”问题不能超过 20 个。为充分利用每个问题，你力图让每个问题的答案将可能的范围减半。例如，如果你知道对方心里想的是一个人，可能问：“你心里想的是个女人吗？”除非你有很强的第六感，不然不会一开始就问：“你心里想的是 John Cleese 吗？”对喜欢数字的人来说，这个游戏的另一个版本是猜数。例如，对方心里想着一个 1 ~ 100 的数字，你必须猜出是哪个。当然，猜 100 次肯定猜对，但最少需要猜多少次呢？

实际上只需猜 7 次。首先问：“这个数字大于 50 吗？”如果答案是肯定的，再问：“这个数字大于 75 吗？”不断将可能的区间减半，直到猜对为止。你无须过多地思考就能成功。

这种策略适用于众多其他不同的情形。一个常见的问题是：指定的数字是否包含在已排序的序列中？如果包含，在什么位置？为解决这个问题，可采取同样的策略：“这个数字是否在序列中央的右边？”如果答案是否定的，再问：“它是否在序列的第二个四分之一区间内（左半部分的右边）？”依此类推。明确数字所处区间的上限和下限，并且每一个问题都将区间分成两半。

这里的关键是，这种算法自然而然地引出了递归式定义和实现。先来回顾一下定义，确保你知道该如何做。

- 如果上限和下限相同，就说明它们都指向数字所在的位置，因此将这个数字返回。
- 否则，找出区间的中间位置（上限和下限的平均值），再确定数字在左半部分还是右半部分。然后在继续在数字所在的那部分中查找。

在这个递归案例中，关键在于元素是经过排序的。找出中间的元素后，只需将其与要查找的数字进行比较即可。如果要查找的数字更大，肯定在右边；如果更小，它必然在左边。递归部分为“继续在数字所在的那部分中查找”，因为查找方式与定义所指定的完全相同。（请注意，这种查找算法返回数字应该在的位置。如果这个数字不在序列中，那么这个位置上的自然是另一个数字。）

现在可以实现二分查找了。

```
def search(sequence, number, lower, upper):
    if lower == upper:
        assert number == sequence[upper]
        return upper
    else:
        middle = (lower + upper) // 2
        if number > sequence[middle]:
            return search(sequence, number, middle + 1, upper)
        else:
            return search(sequence, number, lower, middle)
```

这些代码所做的与定义完全一致：如果 lower == upper，就返回 upper，即上限。请注意，你假设（断言）找到的确实是要找的数字（number == sequence[upper]）。如果还未达到基线条件，就找出中间位置，确定数字在它左边还是右边，再使用新的上限和下限递归地调用 search。为方便调用，还可将上限和下限设置为可选的。为此，只需给参数 lower 和 upper 指定默认值，并在函数开头添加如下条件语句：

```
def search(sequence, number, lower=0, upper=None):
    if upper is None: upper = len(sequence) - 1
    ...
```

现在，如果你没有提供上限和下限，它们将分别设置为序列的第一个位置和最后一个位置。下面来看看这是否可行。

```
>>> seq = [34, 67, 8, 123, 4, 100, 95]
>>> seq.sort()
>>> seq
[4, 8, 34, 67, 95, 100, 123]
>>> search(seq, 34)
2
>>> search(seq, 100)
5
```

然而，为何要如此麻烦呢？首先，你可使用列表方法 index 来查找。其次，即便你要自己实现这种功能，也可创建一个循环，让它从序列开头开始迭代，直至找到指定的数字。

确实，使用 index 挺好，但使用简单循环可能效率低下。前面说过，要在100个数字中找到指定的数字，只需问7次；但使用循环时，在最糟的情况下需要问100次。你可能觉得“没什么大不了的”。但如果列表包含 100 000 000 000 000 000 000 000 000 000 000 000 个元素（对 Python 列表来说，这样的长度可能不现实），使用循环也将需要问这么多次，情况开始变得“很大”了。然而，如果使用二分查找，只需问117次。

效率非常高吧[①]？

提示 实际上，模块 bisect 提供了标准的二分查找实现。

函数式编程

至此，你可能习惯了像使用其他对象（字符串、数、序列等）一样使用函数：将其赋给变量，将其作为参数进行传递，以及从函数返回它们。在有些语言（如 scheme 和 Lisp）中，几乎所有的任务都是以这种方式使用函数来完成的。在 Python 中，通常不会如此倚重函数（而是创建自定义对象，这将在下一章详细介绍），但完全可以这样做。

Python 提供了一些有助于进行这种函数式编程的函数：map、filter 和 reduce。在较新的 Python 版本中，函数 map 和 filter 的用途并不大，应该使用列表推导来替代它们。你可使用 map 将序列的所有元素传递给函数。

```
>>> list(map(str, range(10))) # 与[str(i) for i in range(10)]等价
['0', '1', '2', '3', '4', '5', '6', '7', '8', '9']
```

你可使用 filter 根据布尔函数的返回值来对元素进行过滤。

```
>>> def func(x):
...     return x.isalnum()
...
>>> seq = ["foo", "x41", "?!", "***"]
>>> list(filter(func, seq))
['foo', 'x41']
```

就这个示例而言，如果转而使用列表推导，就无须创建前述自定义函数。

```
>>> [x for x in seq if x.isalnum()]
['foo', 'x41']
```

实际上，Python 提供了一种名为 lambda 表达式[②]的功能，让你能够创建内嵌的简单函数（主要供 map、filter 和 reduce 使用）。

```
>>> filter(lambda x: x.isalnum(), seq)
['foo', 'x41']
```

---

① 事实上，在可观察到的宇宙中，包含的粒子数大约为 10^{87} 个。要找出其中的一个粒子，只需问大约290次！

② lambda 来源于希腊字母，在数学中用于表示匿名函数。

然而，使用列表推导的可读性不是更高吗?

要使用列表推导来替换函数 reduce 不那么容易，而这个函数提供的功能即便能用到，也用得不多。它使用指定的函数将序列的前两个元素合二为一，再将结果与第 3 个元素合二为一，依此类推，直到处理完整个序列并得到一个结果。例如，如果你要将序列中的所有数相加，可结合使用 reduce 和 lambda x, y: x+y①。

```
>>> numbers = [72, 101, 108, 108, 111, 44, 32, 119, 111, 114, 108, 100, 33]
>>> from functools import reduce
>>> reduce(lambda x, y: x + y, numbers)
1161
```

当然，就这个示例而言，还不如使用内置函数 sum。

6.7 小结

本章介绍了抽象的基本知识以及函数。

- **抽象**：抽象是隐藏不必要细节的艺术。通过定义处理细节的函数，可让程序更抽象。
- **函数定义**：函数是使用 def 语句定义的。函数由语句块组成，它们从外部接受值（参数），并可能返回一个或多个值（计算结果）。
- **参数**：函数通过参数（调用函数时被设置的变量）接收所需的信息。在 Python 中，参数有两类：位置参数和关键字参数。通过给参数指定默认值，可使其变成可选的。
- **作用域**：变量存储在作用域（也叫**命名空间**）中。在 Python 中，作用域分两大类：全局作用域和局部作用域。作用域可以嵌套。
- **递归**：函数可调用自身，这称为**递归**。可使用递归完成的任何任务都可使用循环来完成，但有时使用递归函数的可读性更高。
- **函数式编程**：Python 提供了一些函数式编程工具，其中包括 lambda 表达式以及函数 map、filter 和 reduce。

6.7.1 本章介绍的新函数

函　数	描　述
map(func, seq[, seq, ...])	对序列中的所有元素执行函数
filter(func, seq)	返回一个列表，其中包含对其执行函数时结果为真的所有元素
reduce(func, seq[, initial])	等价于 func(func(func(seq[0], seq[1]), seq[2]), ...)
sum(seq)	返回 seq 中所有元素的和
apply(func[, args[, kwargs]])	调用函数（还提供要传递给函数的参数）

① 实际上，可不使用这个 lambda 函数，而是导入模块 operator 中的函数 add（这个模块包含对应于每个内置运算符的函数）。与使用自定义函数相比，使用模块 operator 中的函数总是效率更高。

6.7.2　预告

下一章将介绍面向对象编程，让你能够进一步提高程序的抽象程度。你将学习如何创建自定义类型（类），并将其与 Python 提供的类型（如字符串、列表和字典）一起使用，这让你能够编写出质量更高的程序。阅读完下一章后，你将能够编写出大型程序，同时不会在源代码中迷失方向。

第7章

面向对象

7

在前几章，你学习了Python内置的主要对象类型（数、字符串、列表、元组和字典），大致了解了众多的内置函数和标准库，还创建了自定义函数。不过有一点还没有学习，那就是创建自定义对象，而这正是本章的主题。

你可能会问，自定义对象到底多有用呢？创建自定义对象好像很酷，但能使用它们来做什么呢？你有字典、序列、数和字符串可用，难道仅使用它们不能创建出满足需求的函数吗？当然能，但创建自定义对象（尤其是对象类型或类）是一个 Python 核心概念。事实上，这个概念非常重要，以至于Python与Smalltalk、C++、Java等众多语言一样，被视为一种**面向对象**的语言。在本章中，你将学习如何创建对象，还将学习多态、封装、方法、属性、超类和继承。需要学习的内容很多，现在就开始吧。

7.1 对象魔法

在面向对象编程中，术语**对象**大致意味着一系列数据（属性）以及一套访问和操作这些数据的方法。使用对象而非全局变量和函数的原因有多个，下面列出了使用对象的最重要的好处。

- **多态**：可对不同类型的对象执行相同的操作，而这些操作就像“被施了魔法”一样能够正常运行。
- **封装**：对外部隐藏有关对象工作原理的细节。
- **继承**：可基于通用类创建出专用类。

在很多介绍面向对象编程的资料中，都以不同于这里的顺序介绍上述概念。一般先介绍封装和继承，再使用这些概念来模拟现实世界的对象。这没什么不好，但在我看来，多态才是面向对象编程最有趣的特性。根据我的经验，这也是让大多数人感到迷惑的特性。有鉴于此，我将首先介绍多态，并力图证明仅凭这个概念就足以让你喜欢上面向对象编程。

7.1.1 多态

术语多态（polymorphism）源自希腊语，意思是“有多种形态”。这大致意味着即便你不知道变量指向的是哪种对象，也能够对其执行操作，且操作的行为将随对象所属的类型（类）而异。例如，假设你要为一个销售食品的电子商务网站创建在线支付系统，程序将接收来自系统另一部分（或之后设计的类似系统）的购物车。因此你只需计算总价并从信用卡扣除费用即可。

你首先想到的可能是，指定程序收到商品时必须如何表示。例如，你可能要求用元组表示收到的商品，如下所示：

```
('SPAM', 2.50)
```

如果你只需要描述性标签和价格，这样的表示很好，但不太灵活。假设该网站新增了拍卖服务，即不断降低商品的价格，直到有人购买为止。在这种情况下，如果能够允许用户像下面这样做就好了：将商品放入购物车并进入结算页面（你所开发系统的一部分），等到价格合适时再单击“支付”按钮。

然而，使用简单的元组表示商品无法做到这一点。要做到这一点，表示商品的对象必须在你编写的代码询问价格时通过网络检查其当前价格，也就是说不能像在元组中那样固定价格。要解决这个问题，可创建一个函数。

```
# 不要像下面这样做：
def get_price(object):
    if isinstance(object, tuple):
        return object[1]
    else:
        return magic_network_method(object)
```

注意　这里使用 isinstance 来执行类型/类检查旨在说明：使用类型检查通常是馊主意，应尽可能避免。函数 isinstance 将在 7.2.7 节介绍。

前面的代码使用函数 isinstance 来检查 object 是否是元组。如果是，就返回其第二个元素，否则调用一个神奇的网络方法。

如果网络方法已就绪，问题就暂时解决了。但这种解决方案还是不太灵活。如果有位程序员很聪明，决定用十六进制的字符串表示价格，并将其存储在字典的'price'键下呢？没问题，你只需更新相应的函数。

```
# 不要像下面这样做：
def get_price(object):
    if isinstance(object, tuple):
        return object[1]
    elif isinstance(object, dict):
        return int(object['price'])
    else:
        return magic_network_method(object)
```

你确定现在考虑到了所有的可能性吗？假设有人决定添加一种新字典，并在其中将价格存储在另一个键下，你该如何办呢？当然，可再次更新 get_price，但这种应对之策能在多长时间内有效呢？每当有人以不同的方式实现对象时，你都需要重新实现你的模块。如果你将该模块卖给了别人，转而从事其他项目的开发，客户该如何办呢？显然，这种实现不同行为的方式既不灵活也不切实际。

那么该如何做呢？让对象自己去处理这种操作。这好像没什么大不了，但仔细想想将发现，这样事情将简单得多：每种新对象都能够获取或计算其价格并返回结果，而你只需向它们询问价格即可。这正是多态（从某种程度上说还有封装）的用武之地。

7.1.2 多态和方法

你收到一个对象，却根本不知道它是如何实现的——它可能是众多“形态”中的任何一种。你只知道可以询问其价格，但这就够了。至于询问价格的方式，你应该很熟悉。

```
>>> object.get_price()
2.5
```

像这样与对象属性相关联的函数称为**方法**。你在本书前面见过这样的函数：字符串、列表和字典的方法。多态你其实也见过。

```
>>> 'abc'.count('a')
1
>>> [1, 2, 'a'].count('a')
1
```

如果有一个变量 x，你无须知道它是字符串还是列表就能调用方法 count：只要你向这个方法提供一个字符作为参数，它就能正常运行。

下面来做个实验。标准库模块 random 包含一个名为 choice 的函数，它从序列中随机选择一个元素。下面使用这个函数给变量提供一个值。

```
>>> from random import choice
>>> x = choice(['Hello, world!', [1, 2, 'e', 'e', 4]])
```

执行这些代码后，x 可能包含字符串'Hello, world!'，也可能包含列表[1, 2, 'e', 'e', 4]。具体是哪一个，你不知道也不关心。你只关心 x 包含多少个'e'，而不管 x 是字符串还是列表你都能找到答案。为找到答案，可像前面那样调用 count。

```
>>> x.count('e')
2
```

从上述结果看，x 包含的应该是列表。但关键在于你无须执行相关的检查，只要 x 有一个名为 count 的方法，它将单个字符作为参数并返回一个整数就行。如果有人创建了包含这个方法的对象，你也可以像使用字符串和列表一样使用这种对象。

多态形式多样

每当无须知道对象是什么样的就能对其执行操作时，都是多态在起作用。这不仅仅适用于方法，我们还通过内置运算符和函数大量使用了多态。请看下面的代码：

```
>>> 1 + 2
3
>>> 'Fish' + 'license'
'Fishlicense'
```

上述代码表明，加法运算符（+）既可用于数（这里是整数），也可用于字符串（以及其他类型的序列）。为证明这一点，假设你要创建一个将两个对象相加的 add 函数，可像下面这样定义它（这与模块 operator 中的函数 add 等价，但效率更低）：

```
def add(x, y):
    return x + y
```

可使用众多不同类型的参数来调用这个函数。

```
>>> add(1, 2)
3
>>> add('Fish', 'license')
'Fishlicense'
```

这也许有点傻，但重点在于参数可以是**任何支持加法**的对象[①]。如果要编写一个函数，通过打印一条消息来指出对象的长度，可以像下面这样做（它对参数的唯一要求是有长度，可对其执行函数 len）。

```
def length_message(x):
    print("The length of", repr(x), "is", len(x))
```

如你所见，这个函数还使用了 repr。repr 是多态的集大成者之一，可用于任何对象，下面就来看看：

```
>>> length_message('Fnord')
The length of 'Fnord' is 5
>>> length_message([1, 2, 3])
The length of [1, 2, 3] is 3
```

很多函数和运算符都是多态的，你编写的大多数函数也可能如此，即便你不是有意为之。每当你使用多态的函数和运算符时，多态都将发挥作用。事实上，要破坏多态，唯一的办法是使用诸如 type、issubclass 等函数显式地执行类型检查，但你应尽可能避免以这种方式破坏多态。重要的是，对象按你希望的那样行事，而非它是否是正确的类型（类）。然而，不要使用类型检查的禁令已不像以前那么严格。引入本章后面将讨论的**抽象基类**和模块 abc 后，函数 issubclass 本身也是多态的了！

注意　这里讨论的多态形式是 Python 编程方式的核心，有时称为**鸭子类型**。这个术语源自如下说法：“如果走起来像鸭子，叫起来像鸭子，那么它就是鸭子。”

7.1.3　封装

封装（encapsulation）指的是向外部隐藏不必要的细节。这听起来有点像多态（无须知道对象的内部细节就可使用它）。这两个概念很像，因为它们都是**抽象的原则**。它们都像函数一样，可帮助你处理程序的组成部分，让你无须关心不必要的细节。

但封装不同于多态。多态让你无须知道对象所属的类（对象的类型）就能调用其方法，而封装让你无须知道对象的构造就能使用它。听起来还是有点像？下面来看一个使用了多态但没有使

① 请注意，这些对象必须支持它们之间的加法，因此调用 add(1, 'license')不可行。

用封装的示例。假设你有一个名为 OpenObject 的类（如何创建类将在本章后面介绍）。

```
>>> o = OpenObject() # 对象就是这样创建的
>>> o.set_name('Sir Lancelot')
>>> o.get_name()
'Sir Lancelot'
```

你（通过像调用函数一样调用类）创建一个对象，并将其关联到变量 o，然后就可以使用方法 set_name 和 get_name 了（假设 OpenObject 支持这些方法）。一切都看起来完美无缺。然而，如果 o 将其名称存储在全局变量 global_name 中呢？

```
>>> global_name
'Sir Lancelot'
```

这意味着使用 OpenObject 类的实例（对象）时，你需要考虑 global_name 的内容。事实上，必须确保无人能修改它。

```
>>> global_name = 'Sir Gumby'
>>> o.get_name()
'Sir Gumby'
```

如果尝试创建多个 OpenObject 对象，将出现问题，因为它们共用同一个变量。

```
>>> o1 = OpenObject()
>>> o2 = OpenObject()
>>> o1.set_name('Robin Hood')
>>> o2.get_name()
'Robin Hood'
```

如你所见，设置一个对象的名称时，将自动设置另一个对象的名称。这可不是你想要的结果。

基本上，你希望对象是抽象的：当调用方法时，无须操心其他的事情，如避免干扰全局变量。如何将名称“封装”在对象中呢？没问题，将其作为一个属性即可。

属性是归属于对象的变量，就像方法一样。实际上，方法差不多就是与函数相关联的属性（7.2.3 节将介绍方法和函数之间的一个重要差别）。如果你使用属性而非全局变量重新编写前面的类，并将其重命名为 ClosedObject，就可像下面这样使用它：

```
>>> c = ClosedObject()
>>> c.set_name('Sir Lancelot')
>>> c.get_name()
'Sir Lancelot'
```

到目前为止一切顺利，但这并不能证明名称不是存储在全局变量中的。下面再来创建一个对象。

```
>>> r = ClosedObject()
>>> r.set_name('Sir Robin')
>>> r.get_name()
'Sir Robin'
```

从中可知正确地设置了新对象的名称（这可能在你的意料之中），但第一个对象现在怎么样了呢？

```
>>> c.get_name()
'Sir Lancelot'
```

其名称还在！因为这个对象有自己的**状态**。对象的状态由其属性（如名称）描述。对象的方法可能修改这些属性，因此对象将一系列函数（方法）组合起来，并赋予它们访问一些变量（属性）的权限，而属性可用于在两次函数调用之间存储值。

7.2.4 节将更详细地讨论 Python 的封装机制。

7.1.4　继承

继承是另一种偷懒的方式（这里是褒义）。程序员总是想避免多次输入同样的代码。本书前面通过创建函数来达成这个目标，但现在要解决一个更微妙的问题。如果你已经有了一个类，并要创建一个与之很像的类（可能只是新增了几个方法），该如何办呢？创建这个新类时，你不想复制旧类的代码，将其粘贴到新类中。

例如，你可能已经有了一个名为 Shape 的类，它知道如何将自己绘制到屏幕上。现在你想创建一个名为 Rectangle 的类，但它不仅知道如何将自己绘制到屏幕上，而且还知道如何计算其面积。你不想重新编写方法 draw，因为 Shape 已经有一个这样的方法，且效果很好。那么该如何办呢？让 Rectangle 继承 Shape 的方法，使得对 Rectangle 对象调用方法 draw 时，将自动调用 Shape 类的这个方法（参见 7.2.6 节）。

7.2　类

至此，你对类是什么应该有了大体的感觉，还可能有点急不可耐，希望我马上介绍如何创建类。介绍这些内容前，先来看看类是什么。

7.2.1　类到底是什么

本书前面反复提到了**类**，并将其用作**类型**的同义词。从很多方面来说，这正是类的定义——一种对象。每个对象都**属于**特定的类，并被称为该类的**实例**。

例如，如果你在窗外看到一只鸟，这只鸟就是“鸟类”的一个实例。鸟类是一个非常通用（抽象）的类，它有多个子类：你看到的那只鸟可能属于子类“云雀”。你可将“鸟类”视为由所有鸟组成的集合，而“云雀”是其一个子集。一个类的对象为另一个类的对象的子集时，前者就是后者的**子类**。因此“云雀”为“鸟类”的子类，而“鸟类”为“云雀”的**超类**。

注意　在英语日常交谈中，使用复数来表示类，如 birds（鸟类）和 larks（云雀）。在 Python 中，约定使用单数并将首字母大写，如 Bird 和 Lark。

通过这样的陈述，子类和超类就很容易理解。但在面向对象编程中，子类关系意味深长，因为类是由其支持的方法定义的。类的所有实例都有该类的所有方法，因此子类的所有实例都有超类的所有方法。有鉴于此，要定义子类，只需定义多出来的方法（还可能重写一些既有的方法）。

例如，Bird 类可能提供方法 fly，而 Penguin 类（Bird 的一个子类）可能新增方法 eat_fish。创建 Penguin 类时，你还可能想重写超类的方法，即方法 fly。鉴于企鹅不能飞，因此在 Penguin 的实例中，方法 fly 应什么都不做或引发异常（参见第 8 章）。

7.2.2 创建自定义类

终于要创建自定义类了！下面是一个简单的示例：

```
class Person:

    def set_name(self, name):
        self.name = name

    def get_name(self):
        return self.name

    def greet(self):
        print("Hello, world! I'm {}.".format(self.name))
```

注意 旧式类和新式类是有差别的。现在实在没有理由再使用旧式类了，但在 Python 3 之前，默认创建的是旧式类。

这个示例包含三个方法定义，它们类似于函数定义，但位于 class 语句内。Person 当然是类的名称。class 语句创建独立的命名空间，用于在其中定义函数（参见 7.2.5 节）。一切看起来都挺好，但你可能想知道参数 self 是什么。它指向对象本身。那么是哪个对象呢？下面通过创建两个实例来说明这一点。

```
>>> foo = Person()
>>> bar = Person()
>>> foo.set_name('Luke Skywalker')
>>> bar.set_name('Anakin Skywalker')
>>> foo.greet()
Hello, world! I'm Luke Skywalker.
>>> bar.greet()
Hello, world! I'm Anakin Skywalker.
```

这个示例可能有点简单，但澄清了 self 是什么。对 foo 调用 set_name 和 greet 时，foo 都会作为第一个参数自动传递给它们。我将这个参数命名为 self，这非常贴切。实际上，可以随便给这个参数命名，但鉴于它总是指向对象本身，因此习惯上将其命名为 self。

显然，self 很有用，甚至必不可少。如果没有它，所有的方法都无法访问对象本身——要操作的属性所属的对象。与以前一样，也可以从外部访问这些属性。

```
>>> foo.name
'Luke Skywalker'
>>> bar.name = 'Yoda'
```

```
>>> bar.greet()
Hello, world! I'm Yoda.
```

提示　如果 foo 是一个 Person 实例，可将 foo.greet()视为 Person.greet(foo)的简写，但后者的多态性更低。

7.2.3　属性、函数和方法

实际上，方法和函数的区别表现在前一节提到的参数 self 上。方法（更准确地说是**关联的**方法）将其第一个参数关联到它所属的实例，因此无须提供这个参数。无疑可以将属性关联到一个普通函数，但这样就没有特殊的 self 参数了。

```
>>> class Class:
...     def method(self):
...         print('I have a self!')
...
>>> def function():
...     print("I don't...")
...
>>> instance = Class()
>>> instance.method() I have a self!
>>> instance.method = function
>>> instance.method() I don't...
```

请注意，有没有参数 self 并不取决于是否以刚才使用的方式（如 instance.method）调用方法。实际上，完全可以让另一个变量指向同一个方法。

```
>>> class Bird:
...     song = 'Squaawk!'
...     def sing(self):
...         print(self.song)
...
>>> bird = Bird()
>>> bird.sing()
Squaawk!
>>> birdsong = bird.sing
>>> birdsong()
Squaawk!
```

虽然最后一个方法调用看起来很像函数调用，但变量 birdsong 指向的是关联的方法 bird.sing，这意味着它也能够访问参数 self（即它也被关联到类的实例）。

7.2.4　再谈隐藏

默认情况下，可从外部访问对象的属性。再来看一下前面讨论封装时使用的示例。

```
>>> c.name
'Sir Lancelot'
>>> c.name = 'Sir Gumby'
>>> c.get_name()
'Sir Gumby'
```

有些程序员认为这没问题，但有些程序员（如 Smalltalk[①]之父）认为这违反了封装原则。他们认为应该对外部**完全隐藏**对象的状态（即不能从外部访问它们）。你可能会问，为何他们的立场如此极端？由每个对象管理自己的属性还不够吗？为何要向外部隐藏属性？毕竟，如果能直接访问 ClosedObject（对象 c 所属的类）的属性 name，就不需要创建方法 setName 和 getName 了。

关键是其他程序员可能不知道（也不应知道）对象内部发生的情况。例如，ClosedObject 可能在对象修改其名称时向管理员发送电子邮件。这种功能可能包含在方法 set_name 中。但如果直接设置 c.name，结果将如何呢？什么都不会发生——根本不会发送电子邮件。为避免这类问题，可将属性定义为**私有**。私有属性不能从对象外部访问，而只能通过**存取器**方法（如 get_name 和 set_name）来访问。

Python 没有为私有属性提供直接的支持，而是要求程序员知道在什么情况下从外部修改属性是安全的。毕竟，你必须在知道如何使用对象之后才能使用它。然而，通过玩点小花招，可获得类似于私有属性的效果。

要让方法或属性成为私有的（不能从外部访问），只需让其名称以两个下划线打头即可。

```
class Secretive:

    def __inaccessible(self):
        print("Bet you can't see me ...")

    def accessible(self):
        print("The secret message is:")
        self.__inaccessible()
```

现在从外部不能访问__inaccessible，但在类中（如 accessible 中）依然可以使用它。

```
>>> s = Secretive()
>>> s.__inaccessible()
Traceback (most recent call last):
  File "<stdin>", line 1, in <module>
AttributeError: Secretive instance has no attribute '__inaccessible'
>>> s.accessible()
The secret message is:
Bet you can't see me ...
```

虽然以两个下划线打头有点怪异，但这样的方法类似于其他语言中的标准私有方法。然而，幕后的处理手法并不标准：在类定义中，对所有以两个下划线打头的名称都进行转换，即在开头加上一个下划线和类名。

```
>>> Secretive._Secretive__inaccessible
<unbound method Secretive.__inaccessible>
```

只要知道这种幕后处理手法，就能从类外访问私有方法，然而不应这样做。

```
>>> s._Secretive__inaccessible()
Bet you can't see me ...
```

① 在 Smalltalk 中，只能通过对象的方法来访问其属性。

总之，你无法禁止别人访问对象的私有方法和属性，但这种名称修改方式发出了强烈的信号，让他们不要这样做。

如果你不希望名称被修改，又想发出不要从外部修改属性或方法的信号，可用一个下划线打头。这虽然只是一种约定，但也有些作用。例如，from module import *不会导入以一个下划线打头的名称①。

7.2.5　类的命名空间

下面两条语句大致等价：

```
def foo(x): return x * x
foo = lambda x: x * x
```

它们都创建一个返回参数平方的函数，并将这个函数关联到变量 foo。可以在全局（模块）作用域内定义名称 foo，也可以在函数或方法内定义。定义类时情况亦如此：在 class 语句中定义的代码都是在一个特殊的命名空间（**类的命名空间**）内执行的，而类的所有成员都可访问这个命名空间。类定义其实就是要执行的代码段，并非所有的 Python 程序员都知道这一点，但知道这一点很有帮助。例如，在类定义中，并非只能包含 def 语句。

```
>>> class C:
...     print('Class C being defined...')
...
Class C being defined...
>>>
```

这有点傻，但请看下面的代码：

```
class MemberCounter:
    members = 0
    def init(self):
        MemberCounter.members += 1

>>> m1 = MemberCounter()
>>> m1.init()
>>> MemberCounter.members
1
>>> m2 = MemberCounter()
>>> m2.init()
>>> MemberCounter.members
2
```

上述代码在类作用域内定义了一个变量，所有的成员（实例）都可访问它，这里使用它来计算类实例的数量。注意到这里使用了 init 来初始化所有实例，第 9 章将把这个初始化过程自动化，也就是将 init 转换为合适的构造函数。

每个实例都可访问这个类作用域内的变量，就像方法一样。

---

① 对于成员变量（属性），有些语言支持多种私有程度。例如，Java 支持 4 种不同的私有程度。Python 没有提供这样的支持，不过从某种程度上说，以一个和两个下划线打头相当于两种不同的私有程度。

```
>>> m1.members
2
>>> m2.members
2
```

如果你在一个实例中给属性 members 赋值，结果将如何呢?

```
>>> m1.members = 'Two'
>>> m1.members
'Two'
>>> m2.members
2
```

新值被写入 m1 的一个属性中，这个属性遮住了类级变量。这类似于第 6 章的旁注“遮盖的问题”所讨论的，函数中局部变量和全局变量之间的关系。

7.2.6 指定超类

本章前面讨论过，子类扩展了超类的定义。要指定超类，可在 class 语句中的类名后加上超类名，并将其用圆括号括起。

```
class Filter:
    def init(self):
        self.blocked = []
    def filter(self, sequence):
        return [x for x in sequence if x not in self.blocked]

class SPAMFilter(Filter): # SPAMFilter 是 Filter 的子类
    def init(self): # 重写超类 Filter 的方法 init
        self.blocked = ['SPAM']
```

Filter 是一个过滤序列的通用类。实际上，它不会过滤掉任何东西。

```
>>> f = Filter()
>>> f.init()
>>> f.filter([1, 2, 3])
[1, 2, 3]
```

Filter 类的用途在于可用作其他类（如将'SPAM'从序列中过滤掉的 SPAMFilter 类）的基类（超类）。

```
>>> s = SPAMFilter()
>>> s.init()
>>> s.filter(['SPAM', 'SPAM', 'SPAM', 'SPAM', 'eggs', 'bacon', 'SPAM'])
['eggs', 'bacon']
```

请注意 SPAMFilter 类的定义中有两个要点。

- 以提供新定义的方式重写了 Filter 类中方法 init 的定义。
- 直接从 Filter 类继承了方法 filter 的定义，因此无须重新编写其定义。

第二点说明了继承很有用的原因：可以创建大量不同的过滤器类，它们都从 Filter 类派生而来，并且都使用已编写好的方法 filter。这就是懒惰的好处。

7.2.7　深入探讨继承

要确定一个类是否是另一个类的子类，可使用内置方法 issubclass。

```
>>> issubclass(SPAMFilter, Filter)
True
>>> issubclass(Filter, SPAMFilter)
False
```

如果你有一个类，并想知道它的基类，可访问其特殊属性__bases__。

```
>>> SPAMFilter.__bases__
(<class __main__.Filter at 0x171e40>,)
>>> Filter.__bases__
(<class 'object'>,)
```

同样，要确定对象是否是特定类的实例，可使用 isinstance。

```
>>> s = SPAMFilter()
>>> isinstance(s, SPAMFilter)
True
>>> isinstance(s, Filter)
True
>>> isinstance(s, str)
False
```

注意　使用 isinstance 通常不是良好的做法，依赖多态在任何情况下都是更好的选择。一个重要的例外情况是使用抽象基类和模块 abc 时。

如你所见，s 是 SPAMFilter 类的（直接）实例，但它也是 Filter 类的间接实例，因为 SPAMFilter 是 Filter 的子类。换而言之，所有 SPAMFilter 对象都是 Filter 对象。从前一个示例可知，isinstance 也可用于类型，如字符串类型（str）。

如果你要获悉对象属于哪个类，可使用属性__class__。

```
>>> s.__class__
<class __main__.SPAMFilter at 0x1707c0>
```

7.2.8　多个超类

在前一节，你肯定注意到了一个有点奇怪的细节：复数形式的__bases__。前面说过，你可使用它来获悉类的基类，而基类可能有多个。为说明如何继承多个类，下面来创建几个类。

```
class Calculator:
    def calculate(self, expression):
        self.value = eval(expression)

class Talker:
    def talk(self):
        print('Hi, my value is', self.value)
```

```
class TalkingCalculator(Calculator, Talker):
    pass
```

子类 TalkingCalculator 本身无所作为，其所有的行为都是从超类那里继承的。关键是通过从 Calculator 那里继承 calculate，并从 Talker 那里继承 talk，它成了会说话的计算器。

```
>>> tc = TalkingCalculator()
>>> tc.calculate('1 + 2 * 3')
>>> tc.talk()
Hi, my value is 7
```

这被称为**多重继承**，是一个功能强大的工具。然而，除非万不得已，否则应避免使用多重继承，因为在有些情况下，它可能带来意外的“并发症”。

使用多重继承时，有一点务必注意：如果多个超类以不同的方式实现了同一个方法（即有多个同名方法），必须在 class 语句中小心排列这些超类，因为位于前面的类的方法将覆盖位于后面的类的方法。因此，在前面的示例中，如果 Calculator 类包含方法 talk，那么这个方法将覆盖 Talker 类的方法 talk（导致它不可访问）。如果像下面这样反转超类的排列顺序：

```
class TalkingCalculator(Talker, Calculator): pass
```

将导致 Talker 的方法 talk 是可以访问的。多个超类的超类相同时，查找特定方法或属性时访问超类的顺序称为**方法解析顺序**（MRO），它使用的算法非常复杂。所幸其效果很好，你可能根本无须担心。

7.2.9 接口和内省

接口这一概念与多态相关。处理多态对象时，你只关心其接口（协议）——对外暴露的方法和属性。在 Python 中，不显式地指定对象必须包含哪些方法才能用作参数。例如，你不会像在 Java 中那样显式编写接口，而是假定对象能够完成你要求它完成的任务。如果不能完成，程序将失败。

通常，你要求对象遵循特定的接口（即实现特定的方法），但如果需要，也可非常灵活地提出要求：不是直接调用方法并期待一切顺利，而是检查所需的方法是否存在；如果不存在，就改弦易辙。

```
>>> hasattr(tc, 'talk')
True
>>> hasattr(tc, 'fnord')
False
```

在上述代码中，你发现 tc（本章前面介绍的 TalkingCalculator 类的实例）包含属性 talk（指向一个方法），但没有属性 fnord。如果你愿意，还可以检查属性 talk 是否是可调用的。

```
>>> callable(getattr(tc, 'talk', None))
True
>>> callable(getattr(tc, 'fnord', None))
False
```

请注意，这里没有在 if 语句中使用 hasattr 并直接访问属性，而是使用了 getattr（它让我能够指定属性不存在时使用的默认值，这里为 None），然后对返回的对象调用 callable。

注意　setattr 与 getattr 功能相反，可用于设置对象的属性：

```
>>> setattr(tc, 'name', 'Mr. Gumby')
>>> tc.name
'Mr. Gumby'
```

要查看对象中存储的所有值，可检查其__dict__属性。如果要确定对象是由什么组成的，应研究模块 inspect。这个模块主要供高级用户创建对象浏览器（让用户能够以图形方式浏览 Python 对象的程序）以及其他需要这种功能的类似程序。有关对象和模块的详细信息，请参阅 10.2 节。

7.2.10　抽象基类

然而，有比手工检查各个方法更好的选择。在历史上的大部分时间内，Python 几乎都只依赖于鸭子类型，即假设所有对象都能完成其工作，同时偶尔使用 hasattr 来检查所需的方法是否存在。很多其他语言（如 Java 和 Go）都采用显式指定接口的理念，而有些第三方模块提供了这种理念的各种实现。最终，Python 通过引入模块 abc 提供了官方解决方案。这个模块为所谓的抽象基类提供了支持。一般而言，抽象类是不能（至少是不应该）实例化的类，其职责是定义子类应实现的一组抽象方法。下面是一个简单的示例：

```
from abc import ABC, abstractmethod

class Talker(ABC):
    @abstractmethod
    def talk(self):
        pass
```

形如@this 的东西被称为装饰器，其用法将在第 9 章详细介绍。这里的要点是你使用@abstractmethod 来将方法标记为抽象的——在子类中必须实现的方法。

抽象类（即包含抽象方法的类）最重要的特征是不能实例化。

```
>>> Talker()
Traceback (most recent call last):
  File "<stdin>", line 1, in <module>
TypeError: Can't instantiate abstract class Talker with abstract methods talk
```

假设像下面这样从它派生出一个子类：

```
class Knigget(Talker):
    pass
```

由于没有重写方法 talk，因此这个类也是抽象的，不能实例化。如果你试图这样做，将出现类似于前面的错误消息。然而，你可重新编写这个类，使其实现要求的方法。

```
class Knigget(Talker):
    def talk(self):
        print("Ni!")
```

现在实例化它没有任何问题。这是抽象基类的主要用途，而且只有在这种情形下使用 isinstance 才是妥当的：如果先检查给定的实例确实是 Talker 对象，就能相信这个实例在需要的情况下有方法 talk。

```
>>> k = Knigget()
>>> isinstance(k, Talker)
True
>>> k.talk()
Ni!
```

然而，还缺少一个重要的部分——让 isinstance 的多态程度更高的部分。正如你看到的，抽象基类让我们能够本着鸭子类型的精神使用这种实例检查！我们不关心对象是什么，只关心对象能做什么（它实现了哪些方法）。因此，只要实现了方法 talk，即便不是 Talker 的子类，依然能够通过类型检查。下面来创建另一个类。

```
class Herring:
    def talk(self):
        print("Blub.")
```

这个类的实例能够通过是否为 Talker 对象的检查，可它并不是 Talker 对象。

```
>>> h = Herring()
>>> isinstance(h, Talker)
False
```

诚然，你可从 Talker 派生出 Herring，这样就万事大吉了，但 Herring 可能是从他人的模块中导入的。在这种情况下，就无法采取这样的做法。为解决这个问题，你可将 Herring 注册为 Talker（而不从 Herring 和 Talker 派生出子类），这样所有的 Herring 对象都将被视为 Talker 对象。

```
>>> Talker.register(Herring)
<class '__main__.Herring'>
>>> isinstance(h, Talker)
True
>>> issubclass(Herring, Talker)
True
```

然而，这种做法存在一个缺点，就是直接从抽象类派生提供的保障没有了。

```
>>> class Clam:
...     pass
...
>>> Talker.register(Clam)
<class '__main__.Clam'>
>>> issubclass(Clam, Talker)
True
>>> c = Clam()
>>> isinstance(c, Talker)
True
>>> c.talk()
```

```
Traceback (most recent call last):
  File "<stdin>", line 1, in <module>
AttributeError: 'Clam' object has no attribute 'talk'
```

换而言之，应将 isinstance 返回 True 视为一种意图表达。在这里，Clam 有成为 Talker 的意图。本着鸭子类型的精神，我们相信它能承担 Talker 的职责，但可悲的是它失败了。

标准库（如模块 collections.abc）提供了多个很有用的抽象类，有关模块 abc 的详细信息，请参阅标准库参考手册。

7.3 关于面向对象设计的一些思考

专门探讨面向对象程序设计的图书很多，虽然这并非本书的重点，但还是要提供一些指南。

- 将相关的东西放在一起。如果一个函数操作一个全局变量，最好将它们作为一个类的属性和方法。
- 不要让对象之间过于亲密。方法应只关心其所属实例的属性，对于其他实例的状态，让它们自己去管理就好了。
- 慎用继承，尤其是多重继承。继承有时很有用，但在有些情况下可能带来不必要的复杂性。要正确地使用多重继承很难，要排除其中的 bug 更难。
- 保持简单。让方法短小紧凑。一般而言，应确保大多数方法都能在 30 秒内读完并理解。对于其余的方法，尽可能将其篇幅控制在一页或一屏内。

确定需要哪些类以及这些类应包含哪些方法时，尝试像下面这样做。

(1) 将有关问题的描述（程序需要做什么）记录下来，并给所有的名词、动词和形容词加上标记。

(2) 在名词中找出可能的类。

(3) 在动词中找出可能的方法。

(4) 在形容词中找出可能的属性。

(5) 将找出的方法和属性分配给各个类。

有了**面向对象模型**的草图后，还需考虑类和对象之间的关系（如继承或协作）以及它们的职责。为进一步改进模型，可像下面这样做。

(1) 记录（或设想）一系列**用例**，即使用程序的场景，并尽力确保这些用例涵盖了所有的功能。

(2) 透彻而仔细地考虑每个场景，确保模型包含了所需的一切。如果有遗漏，就加上；如果有不太对的地方，就修改。不断地重复这个过程，直到对模型满意为止。

有了你认为行之有效的模型后，就可以着手编写程序了。你很可能需要修改模型或程序的某些部分，所幸这在 Python 中很容易，请不用担心。只管按这里说的去做就好。

7.4 小结

本章不仅介绍了有关 Python 语言的知识，还介绍了多个你可能一点都不熟悉的概念。下面来总结一下。

- **对象**：对象由属性和方法组成。属性不过是属于对象的变量，而方法是存储在属性中的函数。相比于其他函数，（关联的）方法有一个不同之处，那就是它总是将其所属的对象作为第一个参数，而这个参数通常被命名为 self。
- **类**：类表示一组（或一类）对象，而每个对象都属于特定的类。类的主要任务是定义其实例将包含的方法。
- **多态**：多态指的是能够同样地对待不同类型和类的对象，即无须知道对象属于哪个类就可调用其方法。
- **封装**：对象可能隐藏（封装）其内部状态。在有些语言中，这意味着对象的状态（属性）只能通过其方法来访问。在 Python 中，所有的属性都是公有的，但直接访问对象的状态时程序员应谨慎行事，因为这可能在不经意间导致状态不一致。
- **继承**：一个类可以是一个或多个类的子类，在这种情况下，子类将继承超类的所有方法。你可指定多个超类，通过这样做可组合正交（独立且不相关）的功能。为此，一种常见的做法是使用一个核心超类以及一个或多个混合超类。
- **接口和内省**：一般而言，你无须过于深入地研究对象，而只依赖于多态来调用所需的方法。然而，如果要确定对象包含哪些方法或属性，有一些函数可供你用来完成这种工作。
- **抽象基类**：使用模块 abc 可创建抽象基类。抽象基类用于指定子类必须提供哪些功能，却不实现这些功能。
- **面向对象设计**：关于该如何进行面向对象设计以及是否该采用面向对象设计，有很多不同的观点。无论你持什么样的观点，都必须深入理解问题，进而创建出易于理解的设计。

7

7.4.1 本章介绍的新函数

函　数	描　述
callable(object)	判断对象是否是可调用的（如是否是函数或方法）
getattr(object,name[,default])	获取属性的值，还可提供默认值
hasattr(object, name)	确定对象是否有指定的属性
isinstance(object, class)	确定对象是否是指定类的实例
issubclass(A, B)	确定 A 是否是 B 的子类
random.choice(sequence)	从一个非空序列中随机地选择一个元素
setattr(object, name, value)	将对象的指定属性设置为指定的值
type(object)	返回对象的类型

7.4.2 预告

你深入地学习了如何创建自定义对象，并知道这很有用。下一章介绍异常处理，其篇幅较小，让你能够歇口气。然后，将深入介绍 Python 的特殊方法（第 9 章）。

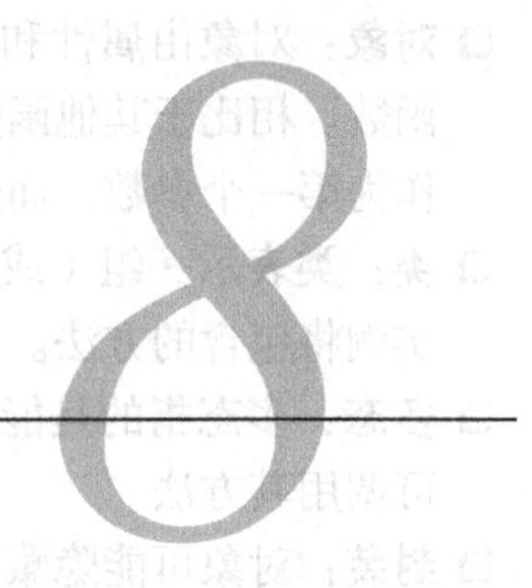

第 8 章　异　常

编写计算机程序时，通常能够区分正常和异常（不正常）情况。异常事件可能是错误（如试图除以零），也可能是通常不会发生的事情。为处理这些异常事件，可在每个可能发生这些事件的地方都使用条件语句。例如，对于每个除法运算，都检查除数是否为零。然而，这样做不仅效率低下、缺乏灵活性，还可能导致程序难以卒读。你可能很想忽略这些异常事件，希望它们不会发生，但 Python 提供功能强大的替代解决方案——**异常处理机制**。

在本章中，你将学习如何创建和引发异常，以及各种异常处理方式。

8.1　异常是什么

Python 使用**异常对象**来表示异常状态，并在遇到错误时**引发**异常。异常对象未被处理（或**捕获**）时，程序将终止并显示一条错误消息（traceback）。

```
>>> 1 / 0
Traceback (most recent call last):
  File "<stdin>", line 1, in ?
ZeroDivisionError: integer division or modulo by zero
```

如果异常只能用来显示错误消息，就没多大意思了。但事实上，每个异常都是某个类（这里是 ZeroDivisionError）的实例。你能以各种方式引发和捕获这些实例，从而逮住错误并采取措施，而不是放任整个程序失败。

8.2　让事情沿你指定的轨道出错

正如你看到的，出现问题时，将自动引发异常。先来看看如何自主地引发异常，还有如何创建异常，然后再学习如何处理这些异常。

8.2.1　raise 语句

要引发异常，可使用 raise 语句，并将一个类（必须是 Exception 的子类）或实例作为参数。将类作为参数时，将自动创建一个实例。下面的示例使用的是内置异常类 Exception：

```
>>> raise Exception
Traceback (most recent call last):
  File "<stdin>", line 1, in ?
Exception
>>> raise Exception('hyperdrive overload')
Traceback (most recent call last):
  File "<stdin>", line 1, in ?
Exception: hyperdrive overload
```

在第一个示例（raise Exception）中，引发的是通用异常，没有指出出现了什么错误。在第二个示例中，添加了错误消息 hyperdrive overload。

有很多内置的异常类，表 8-1 描述了最重要的几个。在“Python 库参考手册”的 Built-in Exceptions 一节，可找到有关所有内置异常类的描述。这些异常类都可用于 raise 语句中。

```
>>> raise ArithmeticError
Traceback (most recent call last):
  File "<stdin>", line 1, in ?
ArithmeticError
```

表 8-1 一些内置的异常类

类　名	描　述
Exception	几乎所有的异常类都是从它派生而来的
AttributeError	引用属性或给它赋值失败时引发
OSError	操作系统不能执行指定的任务（如打开文件）时引发，有多个子类
IndexError	使用序列中不存在的索引时引发，为 LookupError 的子类
KeyError	使用映射中不存在的键时引发，为 LookupError 的子类
NameError	找不到名称（变量）时引发
SyntaxError	代码不正确时引发
TypeError	将内置操作或函数用于类型不正确的对象时引发
ValueError	将内置操作或函数用于这样的对象时引发：其类型正确但包含的值不合适
ZeroDivisionError	在除法或求模运算的第二个参数为零时引发

8.2.2 自定义的异常类

虽然内置异常涉及的范围很广，能够满足很多需求，但有时你可能想自己创建异常类。例如，在前面的超光速推进装置过载（hyperdrive overload）示例中，使用专用的 HyperdriveError 类来表示超光速推进装置的错误状态不是更自然吗？好像提供了错误消息就足够了，但在 8.3 节你将看到，可基于异常所属的类选择性地处理异常。因此，如果你要使用特殊的错误处理代码对超光速推进装置错误进行处理，就必须有一个专门用于表示这些异常的类。

那么如何创建异常类呢？就像创建其他类一样，但务必直接或间接地继承 Exception（这意味着从任何内置异常类派生都可以）。因此，自定义异常类的代码类似于下面这样：

```
class SomeCustomException(Exception): pass
```

工作量真的不大。（当然，如果你愿意，也可在自定义异常类中添加方法。）

8.3 捕获异常

前面说过，异常比较有趣的地方是可对其进行处理，通常称之为**捕获异常**。为此，可使用 try/except 语句。假设你创建了一个程序，让用户输入两个数，再将它们相除，如下所示：

```
x = int(input('Enter the first number: '))
y = int(input('Enter the second number: '))
print(x / y)
```

这个程序运行正常，直到用户输入的第二个数为零。

```
Enter the first number: 10
Enter the second number: 0
Traceback (most recent call last):
  File "exceptions.py", line 3, in ?
    print(x / y)
ZeroDivisionError: integer division or modulo by zero
```

为捕获这种异常并对错误进行处理（这里只是打印一条对用户更友好的错误消息），可像下面这样重写这个程序：

```
try:
    x = int(input('Enter the first number: '))
    y = int(input('Enter the second number: '))
    print(x / y)
except ZeroDivisionError:
    print("The second number can't be zero!")
```

使用一条 if 语句来检查 y 的值好像简单些，就本例而言，这可能也是更佳的解决方案。然而，如果这个程序执行的除法运算更多，则每个除法运算都需要一条 if 语句，而使用 try/except 的话只需要一个错误处理程序。

注意　异常从函数向外传播到调用函数的地方。如果在这里也没有被捕获，异常将向程序的最顶层传播。这意味着你可使用 try/except 来捕获他人所编写函数引发的异常。有关这方面的详细信息，请参阅 8.4 节。

8.3.1 不用提供参数

捕获异常后，如果要重新引发它（即继续向上传播），可调用 raise 且不提供任何参数（也可显式地提供捕获到的异常，参见 8.3.4 节）。

为说明这很有用，来看一个能够“抑制”异常 ZeroDivisionError 的计算器类。如果启用了这种功能，计算器将打印一条错误消息，而不让异常继续传播。在与用户交互的会话中使用这个计算器时，抑制异常很有用；但在程序内部使用时，引发异常是更佳的选择（此时应关闭“抑制”功能）。下面是这样一个类的代码：

```
class MuffledCalculator:
    muffled = False
    def calc(self, expr):
        try:
            return eval(expr)
        except ZeroDivisionError:
            if self.muffled:
                print('Division by zero is illegal')
            else:
                raise
```

注意 发生除零行为时，如果启用了“抑制”功能，方法calc将（隐式地）返回None。换而言之，如果启用了“抑制”功能，就不应依赖返回值。

下面的示例演示了这个类的用法（包括启用和关闭了抑制功能的情形）：

```
>>> calculator = MuffledCalculator()
>>> calculator.calc('10 / 2')
5.0
>>> calculator.calc('10 / 0') # 关闭了抑制功能
Traceback (most recent call last): File "<stdin>", line 1, in ?
  File "MuffledCalculator.py", line 6, in calc
     return eval(expr)
  File "<string>", line 0, in ?
ZeroDivisionError: integer division or modulo by zero
>>> calculator.muffled = True
>>> calculator.calc('10 / 0')
Division by zero is illegal
```

如你所见，关闭抑制功能时，捕获了异常ZeroDivisionError，但继续向上传播它。

如果无法处理异常，在except子句中使用不带参数的raise通常是不错的选择，但有时你可能想引发别的异常。在这种情况下，导致进入except子句的异常将被作为异常上下文存储起来，并出现在最终的错误消息中，如下所示：

```
>>> try:
...     1/0
... except ZeroDivisionError:
...     raise ValueError
...
Traceback (most recent call last):
  File "<stdin>", line 2, in <module>
ZeroDivisionError: division by zero

During handling of the above exception, another exception occurred:

Traceback (most recent call last):
  File "<stdin>", line 4, in <module>
ValueError
```

你可使用raise ... from ...语句来提供自己的异常上下文，也可使用None来禁用上下文。

```
>>> try:
...     1/0
... except ZeroDivisionError:
...     raise ValueError from None
...
Traceback (most recent call last):
  File "<stdin>", line 4, in <module>
ValueError
```

8.3.2　多个 except 子句

如果你运行前一节的程序，并在提示时输入一个非数字值，将引发另一种异常。

```
Enter the first number: 10
Enter the second number: "Hello, world!"
Traceback (most recent call last):
  File "exceptions.py", line 4, in ?
    print(x / y)
TypeError: unsupported operand type(s) for /: 'int' and 'str'
```

由于该程序中的 except 子句只捕获 ZeroDivisionError 异常，这种异常将成为漏网之鱼，导致程序终止。为同时捕获这种异常，可在 try/except 语句中再添加一个 except 子句。

```
try:
    x = int(input('Enter the first number: '))
    y = int(input('Enter the second number: '))
    print(x / y)
except ZeroDivisionError:
    print("The second number can't be zero!")
except TypeError:
    print("That wasn't a number, was it?")
```

现在使用 if 语句来处理将更加困难。如何检查一个值能否用于除法运算呢？方法有很多，但最佳的方法无疑是尝试将两个值相除，看看是否可行。

另外，注意到异常处理并不会导致代码混乱，而添加大量的 if 语句来检查各种可能的错误状态将导致代码的可读性极差。

8.3.3　一箭双雕

如果要使用一个 except 子句捕获多种异常，可在一个元组中指定这些异常，如下所示：

```
try:
    x = int(input('Enter the first number: '))
    y = int(input('Enter the second number: '))
    print(x / y)
except (ZeroDivisionError, TypeError, NameError):
    print('Your numbers were bogus ...')
```

在上述代码中，如果用户输入字符串、其他非数字值或输入的第二个数为零，都将打印同样的错误消息。当然，仅仅打印错误消息帮助不大。另一种解决方案是不断地要求用户输入数字，直到能够执行除法运算为止，8.3.6 节将介绍如何这样做。

在 except 子句中，异常两边的圆括号很重要。一种常见的错误是省略这些括号，这可能导致你不想要的结果，其中的原因请参阅下一节。

8.3.4 捕获对象

要在 except 子句中访问异常对象本身，可使用两个而不是一个参数。（请注意，即便是在你捕获多个异常时，也只向 except 提供了一个参数——一个元组。）需要让程序继续运行并记录错误（可能只是向用户显示）时，这很有用。下面的示例程序打印发生的异常并继续运行：

```
try:
    x = int(input('Enter the first number: '))
    y = int(input('Enter the second number: '))
    print(x / y)
except (ZeroDivisionError, TypeError) as e:
    print(e)
```

在这个小程序中，except 子句也捕获两种异常，但由于你同时显式地捕获了对象本身，因此可将其打印出来，让用户知道发生了什么情况。8.3.6 节将介绍这种技术的另一种更有用的用途。

8.3.5 一网打尽

即使程序处理了好几种异常，还是可能有一些漏网之鱼。例如，对于前面执行除法运算的程序，如果用户在提示时不输入任何内容就按回车键，将出现一条错误消息，还有一些相关问题出在什么地方的信息（**栈跟踪**），如下所示：

```
Traceback (most recent call last):
  ...
ValueError: invalid literal for int() with base 10: ''
```

这种异常未被 try/except 语句捕获，这理所当然，因为你没有预测到这种问题，也没有采取相应的措施。在这些情况下，与其使用并非要捕获这些异常的 try/except 语句将它们隐藏起来，还不如让程序马上崩溃，因为这样你就知道什么地方出了问题。

然而，如果你就是要使用一段代码捕获所有的异常，只需在 except 语句中不指定任何异常类即可。

```
try:
    x = int(input('Enter the first number: '))
    y = int(input('Enter the second number: '))
    print(x / y)
except:
   print('Something wrong happened ...')
```

现在，用户想怎么做都可以。

```
Enter the first number: "This" is *completely* illegal 123
Something wrong happened ...
```

像这样捕获所有的异常很危险，因为这不仅会隐藏你有心理准备的错误，还会隐藏你没有考

8

虑过的错误。这还将捕获用户使用Ctrl+C终止执行的企图、调用函数 sys.exit 来终止执行的企图等。在大多数情况下，更好的选择是使用 except Exception as e 并对异常对象进行检查。这样做将让不是从 Exception 派生而来的为数不多的异常成为漏网之鱼，其中包括 SystemExit 和 KeyboardInterrupt，因为它们是从 BaseException（Exception 的超类）派生而来的。

8.3.6　万事大吉时

在有些情况下，在没有出现异常时执行一个代码块很有用。为此，可像条件语句和循环一样，给 try/except 语句添加一个 else 子句。

```
try:
    print('A simple task')
except:
    print('What? Something went wrong?')
else:
    print('Ah ... It went as planned.')
```

如果你运行这些代码，输出将如下：

```
A simple task
Ah ... It went as planned.
```

使用 else 子句，可实现 8.3.3 节所说的循环。

```
while True:
    try:
        x = int(input('Enter the first number: '))
        y = int(input('Enter the second number: '))
        value = x / y
        print('x / y is', value)
    except:
        print('Invalid input. Please try again.')
    else:
        break
```

在这里，仅当没有引发异常时，才会跳出循环（这是由 else 子句中的 break 语句实现的）。换而言之，只要出现错误，程序就会要求用户提供新的输入。下面是这些代码的运行情况：

```
Enter the first number: 1
Enter the second number: 0
Invalid input. Please try again.
Enter the first number: 'foo'
Enter the second number: 'bar'
Invalid input. Please try again.
Enter the first number: baz
Invalid input. Please try again.
Enter the first number: 10
Enter the second number: 2
x / y is 5
```

前面说过，相比使用空的 except 子句，一种更佳的替代方案是捕获所有属于类 Exception（或其子类）的异常。你不能完全确定这将捕获所有异常，因为 try/except 语句中的代码可能使用旧式的字符串异常或引发并非从 Exception 派生而来的异常。然而，如果使用 except Exception as e，就可利用 8.3.4 节介绍的技巧在这个小型除法程序中打印更有用的错误消息。

```
while True:
    try:
        x = int(input('Enter the first number: '))
        y = int(input('Enter the second number: '))
        value = x / y
        print('x / y is', value)
    except Exception as e:
        print('Invalid input:', e)
        print('Please try again')
    else:
        break
```

下面是这个程序的运行情况：

```
Enter the first number: 1
Enter the second number: 0
Invalid input: integer division or modulo by zero
Please try again
Enter the first number: 'x' Enter the second number: 'y'
Invalid input: unsupported operand type(s) for /: 'str' and 'str'
Please try again
Enter the first number: quuux
Invalid input: name 'quuux' is not defined
Please try again
Enter the first number: 10
Enter the second number: 2
x / y is 5
```

8.3.7 最后

最后，还有 finally 子句，可用于在发生异常时执行清理工作。这个子句是与 try 子句配套的。

```
x = None
try:
    x = 1 / 0
finally:
    print('Cleaning up ...')
    del x
```

在上述示例中，不管 try 子句中发生什么异常，都将执行 finally 子句。为何在 try 子句之前初始化 x 呢？因为如果不这样做，ZeroDivisionError 将导致根本没有机会给它赋值，进而导致在 finally 子句中对其执行 del 时引发未捕获的异常。

如果运行这个程序，它将在执行清理工作后崩溃。

```
Cleaning up ...
Traceback (most recent call last):
  File "C:\python\div.py", line 4, in ?
    x = 1 / 0
ZeroDivisionError: integer division or modulo by zero
```

虽然使用 del 来删除变量是相当愚蠢的清理措施，但 finally 子句非常适合用于确保文件或网络套接字等得以关闭，这将在第 14 章详细介绍。

也可在一条语句中同时包含 try、except、finally 和 else（或其中的 3 个）。

```
try:
    1 / 0
except NameError:
    print("Unknown variable")
else:
    print("That went well!")
finally:
    print("Cleaning up.")
```

8.4　异常和函数

异常和函数有着天然的联系。如果不处理函数中引发的异常，它将向上传播到调用函数的地方。如果在那里也未得到处理，异常将继续传播，直至到达主程序（全局作用域）。如果主程序中也没有异常处理程序，程序将终止并显示栈跟踪消息。来看一个示例：

```
>>> def faulty():
...     raise Exception('Something is wrong')
...
>>> def ignore_exception():
...     faulty()
...
>>> def handle_exception():
...     try:
...         faulty()
...     except:
...         print('Exception handled')
...
>>> ignore_exception()
Traceback (most recent call last):
  File '<stdin>', line 1, in ?
  File '<stdin>', line 2, in ignore_exception
  File '<stdin>', line 2, in faulty
Exception: Something is wrong
>>> handle_exception()
Exception handled
```

如你所见，faulty 中引发的异常依次从 faulty 和 ignore_exception 向外传播，最终导致显示一条栈跟踪消息。调用 handle_exception 时，异常最终传播到 handle_exception，并被这里的 try/except 语句处理。

8.5　异常之禅

异常处理并不是很复杂。如果你知道代码可能引发某种异常，且不希望出现这种异常时程序终止并显示栈跟踪消息，可添加必要的 try/except 或 try/finally 语句（或结合使用）来处理它。

有时候，可使用条件语句来达成异常处理实现的目标，但这样编写出来的代码可能不那么自然，可读性也没那么高。另一方面，有些任务使用 if/else 完成时看似很自然，但实际上使用 try/except 来完成要好得多。下面来看两个示例。

假设有一个字典，你要在指定的键存在时打印与之相关联的值，否则什么都不做。实现这种功能的代码可能类似于下面这样：

```
def describe_person(person):
    print('Description of', person['name'])
    print('Age:', person['age'])
    if 'occupation' in person:
        print('Occupation:', person['occupation'])
```

如果你调用这个函数，并向它提供一个包含姓名 Throatwobbler Mangrove 和年龄 42（但不包含职业）的字典，输出将如下：

```
Description of Throatwobbler Mangrove
Age: 42
```

如果你在这个字典中添加职业 camper，输出将如下：

```
Description of Throatwobbler Mangrove
Age: 42
Occupation: camper
```

这段代码很直观，但效率不高（虽然这里的重点是代码简洁），因为它必须两次查找'occupation'键：一次检查这个键是否存在（在条件中），另一次获取这个键关联的值，以便将其打印出来。下面是另一种解决方案：

```
def describe_person(person):
    print('Description of', person['name'])
    print('Age:', person['age'])
    try:
        print('Occupation:', person['occupation'])
    except KeyError: pass
```

在这里，函数直接假设存在'occupation'键。如果这种假设正确，就能省点事：直接获取并打印值，而无须检查这个键是否存在。如果这个键不存在，将引发 KeyError 异常，而 except 子句将捕获这个异常。

你可能发现，检查对象是否包含特定的属性时，try/except 也很有用。例如，假设你要检查一个对象是否包含属性 write，可使用类似于下面的代码：

```
try:
    obj.write
except AttributeError:
    print('The object is not writeable')
else:
    print('The object is writeable')
```

在这里，try 子句只是访问属性 write，而没有使用它来做任何事情。如果引发了 AttributeError 异常，说明对象没有属性 write，否则就说明有这个属性。这种解决方案可替代 7.2.9 节介绍的使用 getattr 的解决方案，而且更自然。具体使用哪种解决方案，在很大程度上取决于个人喜好。

请注意，这里在效率方面的提高并不大（实际上是微乎其微）。一般而言，除非程序存在性能方面的问题，否则不应过多考虑这样的优化。关键是在很多情况下，相比于使用 if/else，使用 try/except 语句更自然，也更符合 Python 的风格。因此你应养成尽可能使用 try/except 语句的习惯。

8.6　不那么异常的情况

如果你只想发出**警告**，指出情况偏离了正轨，可使用模块 warnings 中的函数 warn。

```
>>> from warnings import warn
>>> warn("I've got a bad feeling about this.")
__main__:1: UserWarning: I've got a bad feeling about this.
>>>
```

警告只显示一次。如果再次运行最后一行代码，什么事情都不会发生。

如果其他代码在使用你的模块，可使用模块 warnings 中的函数 filterwarnings 来抑制你发出的警告（或特定类型的警告），并指定要采取的措施，如"error"或"ignore"。

```
>>> from warnings import filterwarnings
>>> filterwarnings("ignore")
>>> warn("Anyone out there?")
>>> filterwarnings("error")
>>> warn("Something is very wrong!")
Traceback (most recent call last):
  File "<stdin>", line 1, in <module>
UserWarning: Something is very wrong!
```

如你所见，引发的异常为 UserWarning。发出警告时，可指定将引发的异常（即警告类别），但必须是 Warning 的子类。如果将警告转换为错误，将使用你指定的异常。另外，还可根据异常来过滤掉特定类型的警告。

```
>>> filterwarnings("error")
>>> warn("This function is really old...", DeprecationWarning)
Traceback (most recent call last):
  File "<stdin>", line 1, in <module>
DeprecationWarning: This function is really old...
>>> filterwarnings("ignore", category=DeprecationWarning)
>>> warn("Another deprecation warning.", DeprecationWarning)
>>> warn("Something else.")
Traceback (most recent call last):
  File "<stdin>", line 1, in <module>
UserWarning: Something else.
```

除上述基本用途外，模块 warnings 还提供了一些高级功能。如果你对此感兴趣，请参阅库参考手册。

8.7 小结

本章介绍了如下重要主题。

- **异常对象**：异常情况（如发生错误）是用异常对象表示的。对于异常情况，有多种处理方式；如果忽略，将导致程序终止。
- **引发异常**：可使用 raise 语句来引发异常。它将一个异常类或异常实例作为参数，但你也可提供两个参数（异常和错误消息）。如果在 except 子句中调用 raise 时没有提供任何参数，它将重新引发该子句捕获的异常。
- **自定义的异常类**：你可通过从 Exception 派生来创建自定义的异常。
- **捕获异常**：要捕获异常，可在 try 语句中使用 except 子句。在 except 子句中，如果没有指定异常类，将捕获所有的异常。你可指定多个异常类，方法是将它们放在元组中。如果向 except 提供两个参数，第二个参数将关联到异常对象。在同一条 try/except 语句中，可包含多个 except 子句，以便对不同的异常采取不同的措施。
- **else 子句**：除 except 子句外，你还可使用 else 子句，它在主 try 块没有引发异常时执行。
- **finally**：要确保代码块（如清理代码）无论是否引发异常都将执行，可使用 try/finally，并将代码块放在 finally 子句中。
- **异常和函数**：在函数中引发异常时，异常将传播到调用函数的地方（对方法来说亦如此）。
- **警告**：警告类似于异常，但（通常）只打印一条错误消息。你可指定**警告类别**，它们是 Warning 的子类。

8.7.1 本章介绍的新函数

函数	描述
warnings.filterwarnings(action,category=Warning, ...)	用于过滤警告
warnings.warn(message, category=None)	用于发出警告

8.7.2 预告

你可能认为本章的内容很特别，但下一章才真的是魔法——准确地说，是近乎魔法。

第 9 章

魔法方法、特性和迭代器

在 Python 中，有些名称很特别，它的开头和结尾都是两个下划线，比如之前接触的__future__、__doc__等。使用这种拼写来表示的名称有特殊意义，因此绝对不要在程序中创建这样的名称。如果你的对象实现了这些方法，它们将在特定情况下（具体哪种情况取决于方法的名称）被 Python 调用，而不需要你去手动调用。

本章讨论几个重要的魔法方法，其中最重要的是__init__以及一些处理元素访问的方法（它们让你能够创建序列或映射）。本章还将讨论两个相关的主题：特性（property）和迭代器（iterator）。前者以前是通过魔法方法处理的，但现在通过函数 property 处理，而后者使用魔法方法__iter__，这让其可用于 for 循环中。在本章最后，将通过一个内容丰富的示例演示如何使用已有知识来解决非常棘手的问题。

9.1 构造函数

我们要介绍的第一个魔法方法是构造函数。你可能从未听说过**构造函数**（constructor），它其实就是本书前面一些示例中使用的初始化方法，只是命名为__init__。然而，构造函数不同于普通方法的地方在于，在对象创建后会自动调用它们。因此，无须采用本书前面一直使用的做法：

```
>>> f = FooBar()
>>> f.init()
```

构造函数让你只需像下面这样做：

```
>>> f = FooBar()
```

在 Python 中，创建构造函数很容易，只需将方法 init 的名称从普通的 init 改为魔法版__init__即可。

```
class FooBar:
    def __init__(self):
        self.somevar = 42

>>> f = FooBar()
>>> f.somevar
42
```

到目前为止一切顺利。但你可能会问，如果给构造函数添加几个参数，结果将如何呢？请看下面的代码：

```
class FooBar:
    def __init__(self, value=42):
        self.somevar = value
```

你认为该如何使用这个构造函数呢？由于参数是可选的，你可以当什么事都没发生，还像原来那样做。但如果要指定这个参数（或者说如果这个参数不是可选的）呢？你肯定猜到了，不过这里还是演示一下。

```
>>> f = FooBar('This is a constructor argument')
>>> f.somevar
'This is a constructor argument'
```

在所有的 Python 魔法方法中，__init__绝对是你用得最多的。

注意 Python 提供了魔法方法__del__，也称作**析构函数**（destructor）。这个方法在对象被销毁（作为垃圾被收集）前被调用，但鉴于你无法知道准确的调用时间，建议尽可能不要使用__del__。

9.1.1 重写普通方法和特殊的构造函数

第 7 章介绍了继承。每个类都有一个或多个超类，并从它们那里继承行为。对类 B 的实例调用方法（或访问其属性）时，如果找不到该方法（或属性），将在其超类 A 中查找。请看下面两个类：

```
class A:
    def hello(self):
        print("Hello, I'm A.")

class B(A):
    pass
```

类 A 定义了一个名为 hello 的方法，并被类 B 继承。下面的示例演示了这些类是如何工作的：

```
>>> a = A()
>>> b = B()
>>> a.hello()
Hello, I'm A.
>>> b.hello()
Hello, I'm A.
```

由于类 B 自己没有定义方法 hello，因此对其调用方法 hello 时，打印的是消息"Hello, I'm A."。

要在子类中添加功能，一种基本方式是添加方法。然而，你可能想重写超类的某些方法，以定制继承而来的行为。例如，B 可以重写方法 hello，如下述修改后的类 B 定义所示：

```
class B(A):
    def hello(self):
        print("Hello, I'm B.")
```

这样修改定义后，b.hello()的结果将不同。

```
>>> b = B()
>>> b.hello()
Hello, I'm B.
```

重写是继承机制的一个重要方面，对构造函数来说尤其重要。构造函数用于初始化新建对象的状态，而对大多数子类来说，除超类的初始化代码外，还需要有自己的初始化代码。虽然所有方法的重写机制都相同，但与重写普通方法相比，重写构造函数时更有可能遇到一个特别的问题：重写构造函数时，必须调用超类（继承的类）的构造函数，否则可能无法正确地初始化对象。

请看下面的 Bird 类：

```
class Bird:
    def __init__(self):
        self.hungry = True
    def eat(self):
        if self.hungry:
            print('Aaaah ...')
            self.hungry = False
        else:
            print('No, thanks!')
```

这个类定义了所有鸟都具备的一种基本能力：进食。下面的示例演示了如何使用这个类：

```
>>> b = Bird()
>>> b.eat()
Aaaah ...
>>> b.eat()
No, thanks!
```

从这个示例可知，鸟进食后就不再饥饿。下面来看子类 SongBird，它新增了鸣叫功能。

```
class SongBird(Bird):
    def __init__(self):
        self.sound = 'Squawk!'
    def sing(self):
        print(self.sound)
```

SongBird 类使用起来与 Bird 类一样容易：

```
>>> sb = SongBird()
>>> sb.sing()
Squawk!
```

SongBird 是 Bird 的子类，继承了方法 eat，但如果你尝试调用它，将发现一个问题。

```
>>> sb.eat()
Traceback (most recent call last):
  File "<stdin>", line 1, in ?
  File "birds.py", line 6, in eat
    if self.hungry:
AttributeError: SongBird instance has no attribute 'hungry'
```

异常清楚地指出了问题出在什么地方：SongBird 没有属性 hungry。为何会这样呢？因为在 SongBird 中重写了构造函数，但新的构造函数没有包含任何初始化属性 hungry 的代码。要消除这种错误，SongBird的构造函数必须调用其超类（Bird）的构造函数，以确保基本的初始化得以执行。为此，有两种方法：调用未关联的超类构造函数，以及使用函数super。接下来的两节将介绍这两种方法。

9.1.2 调用未关联的超类构造函数

本节介绍的方法主要用于解决历史遗留问题。在较新的Python版本中，显然应使用函数super（这将在下一节讨论）。然而，很多既有代码使用的都是本节介绍的方法，因此你必须对其有所了解。另外，这种方法也极具启迪意义，淋漓尽致地说明了关联方法和未关联方法之间的差别。

言归正传。如果你觉得本节的标题有点吓人，请放松心情。调用超类的构造函数实际上很容易，也很有用。下面先给出前一节末尾问题的解决方案。

```
class SongBird(Bird):
    def __init__(self):
        Bird.__init__(self)
        self.sound = 'Squawk!'
    def sing(self):
        print(self.sound)
```

在SongBird类中，只添加了一行，其中包含代码Bird.__init__(self)。先来证明这确实管用，再解释这到底意味着什么。

```
>>> sb = SongBird()
>>> sb.sing()
Squawk!
>>> sb.eat()
Aaaah ...
>>> sb.eat()
No, thanks!
```

这样做为何管用呢？对实例调用方法时，方法的参数self将自动关联到实例（称为关联的方法），这样的示例你见过多个。然而，如果你通过类调用方法（如Bird.__init__），就没有实例与其相关联。在这种情况下，你可随便设置参数self。这样的方法称为**未关联的**。这就对本节的标题做出了解释。

通过将这个未关联方法的self参数设置为当前实例，将使用超类的构造函数来初始化SongBird对象。这意味着将设置其属性hungry。

9.1.3 使用函数super

如果你使用的不是旧版Python，就应使用函数super。这个函数只适用于新式类，而你无论如何都应使用新式类。调用这个函数时，将当前类和当前实例作为参数。对其返回的对象调用方法时，调用的将是超类（而不是当前类）的方法。因此，在SongBird的构造函数中，可不使用Bird，而是使用super(SongBird, self)。另外，可像通常那样（也就是像调用关联的方法那样）调用方法__init__。在Python 3中调用函数super时，可不提供任何参数（通常也应该这样做），而它将像变魔术一样完成任务。

下面是前述示例的修订版本：

```
class Bird:
    def __init__(self):
        self.hungry = True
    def eat(self):
        if self.hungry:
            print('Aaaah ...')
            self.hungry = False
        else:
            print('No, thanks!')

class SongBird(Bird):
    def __init__(self):
        super().__init__()
        self.sound = 'Squawk!'
    def sing(self):
        print(self.sound)
```

这个新式版本与旧式版本等效：

```
>>> sb = SongBird()
>>> sb.sing()
Squawk!
>>> sb.eat()
Aaaah ...
>>> sb.eat()
No, thanks!
```

使用函数 super 有何优点

在我看来，相比于直接对超类调用未关联方法，使用函数 super 更直观，但这并非其唯一的优点。实际上，函数 super 很聪明，因此即便有多个超类，也只需调用函数 super 一次（条件是所有超类的构造函数也使用函数 super）。另外，对于使用旧式类时处理起来很棘手的问题（如两个超类从同一个类派生而来），在使用新式类和函数 super 时将自动得到处理。你无须知道函数 super 的内部工作原理，但必须知道的是，使用函数 super 比调用超类的未关联构造函数（或其他方法）要好得多。

函数 super 返回的到底是什么呢？通常，你无须关心这个问题，只管假定它返回你所需的超类即可。实际上，它返回的是一个 super 对象，这个对象将负责为你执行方法解析。当你访问它的属性时，它将在所有的超类（以及超类的超类，等等）中查找，直到找到指定的属性或引发 AttributeError 异常。

9.2　元素访问

虽然__init__无疑是你目前遇到的最重要的特殊方法，但还有不少其他的特殊方法，让你能够完成很多很酷的任务。本节将介绍一组很有用的魔法方法，让你能够创建行为类似于序列或映射的对象。

基本的序列和映射协议非常简单，但要实现序列和映射的所有功能，需要实现很多魔法方法。所幸有一些捷径可走，我马上就会介绍。

注意 在 Python 中，**协议**通常指的是规范行为的规则，有点类似于第 7 章提及的**接口**。协议指定应实现哪些方法以及这些方法应做什么。在 Python 中，多态仅仅基于对象的行为（而不基于**祖先**，如属于哪个类或其超类等），因此这个概念很重要：其他的语言可能要求对象属于特定的类或实现了特定的接口，而 Python 通常只要求对象遵循特定的协议。因此，要成为序列，只需遵循序列协议即可。

9.2.1 基本的序列和映射协议

序列和映射基本上是**元素**（item）的集合，要实现它们的基本行为（协议），不可变对象需要实现 2 个方法，而可变对象需要实现 4 个。

- `__len__(self)`：这个方法应返回集合包含的项数，对序列来说为元素个数，对映射来说为键-值对数。如果`__len__`返回零（且没有实现覆盖这种行为的`__nonzero__`），对象在布尔上下文中将被视为假（就像空的列表、元组、字符串和字典一样）。
- `__getitem__(self, key)`：这个方法应返回与指定键相关联的值。对序列来说，键应该是 0~$n-1$ 的整数（也可以是负数，这将在后面说明），其中 n 为序列的长度。对映射来说，键可以是任何类型。
- `__setitem__(self, key, value)`：这个方法应以与键相关联的方式存储值，以便以后能够使用`__getitem__`来获取。当然，仅当对象可变时才需要实现这个方法。
- `__delitem__(self, key)`：这个方法在对对象的组成部分使用`__del__`语句时被调用，应删除与 key 相关联的值。同样，仅当对象可变（且允许其项被删除）时，才需要实现这个方法。

对于这些方法，还有一些额外的要求。

- 对于序列，如果键为负整数，应从末尾往前数。换而言之，x[-n]应与 x[len(x)-n]等效。
- 如果键的类型不合适（如对序列使用字符串键），可能引发 TypeError 异常。
- 对于序列，如果索引的类型是正确的，但不在允许的范围内，应引发 IndexError 异常。

要了解更复杂的接口和使用的抽象基类（Sequence），请参阅有关模块 collections 的文档。

下面来试一试，看看能否创建一个无穷序列。

```
def check_index(key):
    """
    指定的键是否是可接受的索引？

    键必须是非负整数，才是可接受的。如果不是整数，
    将引发 TypeError 异常；如果是负数，将引发 Index
    Error 异常（因为这个序列的长度是无穷的）
    """
    if not isinstance(key, int): raise TypeError
    if key < 0: raise IndexError
```

```
class ArithmeticSequence:

    def __init__(self, start=0, step=1):
        """
        初始化这个算术序列

        start   -序列中的第一个值
        step    -两个相邻值的差
        changed -一个字典，包含用户修改后的值
        """
        self.start = start                          # 存储起始值
        self.step = step                            # 存储步长值
        self.changed = {}                           # 没有任何元素被修改

    def __getitem__(self, key):
        """
        从算术序列中获取一个元素
        """
        check_index(key)

        try: return self.changed[key]               # 修改过?
        except KeyError:                            # 如果没有修改过，
            return self.start + key * self.step     # 就计算元素的值

    def __setitem__(self, key, value):
        """
        修改算术序列中的元素
        """

        check_index(key)

        self.changed[key] = value                   # 存储修改后的值
```

这些代码实现的是一个**算术序列**，其中任何两个相邻数字的差都相同。第一个值是由构造函数的参数 start（默认为 0）指定的，而相邻值之间的差是由参数 step（默认为 1）指定的。你允许用户修改某些元素，这是通过将不符合规则的值保存在字典 changed 中实现的。如果元素未被修改，就使用公式 self.start + key * self.step 来计算它的值。

下面的示例演示了如何使用这个类：

```
>>> s = ArithmeticSequence(1, 2)
>>> s[4]
9
>>> s[4] = 2
>>> s[4]
2
>>> s[5]
11
```

请注意，我要禁止删除元素，因此没有实现__del__：

```
>>> del s[4]
Traceback (most recent call last):
  File "<stdin>", line 1, in ?
AttributeError: ArithmeticSequence instance has no attribute '__delitem__'
```

另外，这个类没有方法__len__，因为其长度是无穷的。

如果所使用索引的类型非法，将引发 TypeError 异常；如果索引的类型正确，但不在允许的范围内（即为负数），将引发 IndexError 异常。

```
>>> s["four"]
Traceback (most recent call last):
  File "<stdin>", line 1, in ?
  File "arithseq.py", line 31, in __getitem__
    check_index(key)
  File "arithseq.py", line 10, in checkIndex
    if not isinstance(key, int): raise TypeError
TypeError
>>> s[-42]
Traceback (most recent call last):
  File "<stdin>", line 1, in ?
  File "arithseq.py", line 31, in __getitem__
    check_index(key)
  File "arithseq.py", line 11, in checkIndex
    if key < 0: raise IndexError
IndexError
```

索引检查是由我为此编写的辅助函数 check_index 负责的。

9.2.2 从 list、dict 和 str 派生

基本的序列/映射协议指定的 4 个方法能够让你走很远，但序列还有很多其他有用的魔法方法和普通方法，其中包括将在 9.6 节介绍的方法__iter__。要实现所有这些方法，不仅工作量大，而且难度不小。如果只想定制某种操作的行为，就没有理由去重新实现其他所有方法。这就是程序员的懒惰（也是常识）。

那么该如何做呢？“咒语”就是**继承**。在能够继承的情况下为何要重新实现呢？在标准库中，模块 collections 提供了抽象和具体的基类，但你也可以继承内置类型。因此，如果要实现一种行为类似于内置列表的序列类型，可直接继承 list。

来看一个简单的示例——一个带访问计数器的列表。

```
class CounterList(list):
    def __init__(self, *args):
        super().__init__(*args)
        self.counter = 0
    def __getitem__(self, index):
        self.counter += 1
        return super(CounterList, self).__getitem__(index)
```

CounterList 类深深地依赖于其超类（list）的行为。CounterList 没有重写的方法（如 append、extend、index 等）都可直接使用。在两个被重写的方法中，使用 super 来调用超类的相应方法，并添加了必要的行为：初始化属性 counter（在__init__中）和更新属性 counter（在__getitem__中）。

注意　重写__getitem__并不能保证一定会捕捉用户的访问操作，因为还有其他访问列表内容的方式，如通过方法pop。

下面的示例演示了CounterList的可能用法：

```
>>> cl = CounterList(range(10))
>>> cl
[0, 1, 2, 3, 4, 5, 6, 7, 8, 9]
>>> cl.reverse()
>>> cl
[9, 8, 7, 6, 5, 4, 3, 2, 1, 0]
>>> del cl[3:6]
>>> cl
[9, 8, 7, 3, 2, 1, 0]
>>> cl.counter
0
>>> cl[4] + cl[2]
9
>>> cl.counter
2
```

如你所见，CounterList的行为在大多数方面都类似于列表，但它有一个counter属性（其初始值为0）。每当你访问列表元素时，这个属性的值都加1。执行加法运算cl[4] + cl[2]后，counter的值递增两次，变成了2。

9.3 其他魔法方法

特殊（魔法）名称的用途很多，前面展示的只是冰山一角。魔法方法大多是为非常高级的用途准备的，因此这里不详细介绍。然而，如果你感兴趣，可以模拟数字，让对象像函数一样被调用，影响对象的比较方式，等等。要更详细地了解有哪些魔法方法，可参阅“Python参考手册”的Special method names一节。

9.4 特性

第7章提到了**存取方法**，它们是名称类似于getHeight和setHeight的方法，用于获取或设置属性（这些属性可能是私有的，详情请参阅7.2.4节）。如果访问给定属性时必须采取特定的措施，那么像这样封装状态变量（属性）很重要。例如，请看下面的Rectangle类：

```
class Rectangle:
    def __init__(self):
        self.width = 0
        self.height = 0
    def set_size(self, size):
        self.width, self.height = size
    def get_size(self):
        return self.width, self.height
```

下面的示例演示了如何使用这个类：

```
>>> r = Rectangle()
>>> r.width = 10
>>> r.height = 5
>>> r.get_size()
(10, 5)
>>> r.set_size((150, 100))
>>> r.width
150
```

get_size 和 set_size 是假想属性 size 的存取方法，这个属性是一个由 width 和 height 组成的元组。（可随便将这个属性替换为更有趣的属性，如矩形的面积或其对角线长度。）这些代码并非完全错误，但存在缺陷。使用这个类时，程序员应无须关心它是如何实现的（封装）。如果有一天你想修改实现，让 size 成为真正的属性，而 width 和 height 是动态计算出来的，就需要提供用于访问 width 和 height 的存取方法，使用这个类的程序也必须重写。应让客户端代码（使用你所编写代码的代码）能够以同样的方式对待所有的属性。

那么如何解决这个问题呢？给所有的属性都提供存取方法吗？这当然并非不可能，但如果有大量简单的属性，这样做就不现实（而且有点傻），因为将需要编写大量这样的存取方法，除了获取或设置属性外什么都不做。这将引入复制并粘贴（重复代码）的坏味，显然很糟糕（虽然在有些语言中，这样的问题很常见）。所幸 Python 能够替你隐藏存取方法，让所有的属性看起来都一样。通过存取方法定义的属性通常称为**特性**（property）。

在 Python 中，实际上有两种创建特性的机制，我将重点介绍较新的那种——函数 property，它只能用于新式类。随后，我将简单说明如何使用魔法方法来实现特性。

9

9.4.1 函数 property

函数 property 使用起来很简单。如果你编写了一个类，如前一节的 Rectangle 类，只需再添加一行代码。

```
class Rectangle:
    def __init__ (self):
        self.width = 0
        self.height = 0
    def set_size(self, size):
        self.width, self.height = size
    def get_size(self):
        return self.width, self.height
    size = property(get_size, set_size)
```

在这个新版的 Rectangle 中，通过调用函数 property 并将存取方法作为参数（**获取方法**在前，**设置方法**在后）创建了一个特性，然后将名称 size 关联到这个特性。这样，你就能以同样的方式对待 width、height 和 size，而无须关心它们是如何实现的。

```
>>> r = Rectangle()
>>> r.width = 10
>>> r.height = 5
```

```
>>> r.size
(10, 5)
>>> r.size = 150, 100
>>> r.width
150
```

如你所见，属性 size 依然受制于 get_size 和 set_size 执行的计算，但看起来就像普通属性一样。

实际上，调用函数 property 时，还可不指定参数、指定一个参数、指定三个参数或指定四个参数。如果没有指定任何参数，创建的特性将既不可读也不可写。如果只指定一个参数（获取方法），创建的特性将是只读的。第三个参数是可选的，指定用于删除属性的方法（这个方法不接受任何参数）。第四个参数也是可选的，指定一个文档字符串。这些参数分别名为 fget、fset、fdel 和 doc。如果你要创建一个只可写且带文档字符串的特性，可使用它们作为关键字参数来实现。

本节虽然很短（旨在说明函数 property 很简单），却非常重要。这里要说明的是，对于新式类，应使用特性而不是存取方法。

函数 property 的工作原理

你可能很好奇，想知道特性是如何完成其魔法的，下面就来说一说。如果你对此不感兴趣，可跳过这些内容。

property 其实并不是函数，而是一个类。它的实例包含一些魔法方法，而所有的魔法都是由这些方法完成的。这些魔法方法为__get__、__set__和__delete__，它们一道定义了所谓的描述符协议。只要对象实现了这些方法中的任何一个，它就是一个描述符。描述符的独特之处在于其访问方式。例如，读取属性（具体来说，是在实例中访问类中定义的属性）时，如果它关联的是一个实现了__get__的对象，将不会返回这个对象，而是调用方法__get__并将其结果返回。实际上，这是隐藏在特性、关联的方法、静态方法和类方法（详细信息请参阅下一小节）以及 super 后面的机制。

有关描述符的详细信息，请参阅 Python 官方文档。

9.4.2　静态方法和类方法

讨论旧的特性实现方式之前，先来说说另外两种实现方式类似于新式特性的功能。静态方法和类方法是这样创建的：将它们分别包装在 staticmethod 和 classmethod 类的对象中。静态方法的定义中没有参数 self，可直接通过类来调用。类方法的定义中包含类似于 self 的参数，通常被命名为 cls。对于类方法，也可通过对象直接调用，但参数 cls 将自动关联到类。下面是一个简单的示例：

```
class MyClass:

    def smeth():
        print('This is a static method')
    smeth = staticmethod(smeth)
```

```
    def cmeth(cls):
        print('This is a class method of', cls)
    cmeth = classmethod(cmeth)
```

像这样手工包装和替换方法有点烦琐。Python引入了一种名为装饰器的新语法，可用于像这样包装方法。（实际上，装饰器可用于包装任何可调用的对象，并且可用于方法和函数。）可指定一个或多个装饰器，为此可在方法（或函数）前面使用运算符@列出这些装饰器（指定了多个装饰器时，应用的顺序与列出的顺序相反）。

```
class MyClass:

    @staticmethod
    def smeth():
        print('This is a static method')

    @classmethod
    def cmeth(cls):
        print('This is a class method of', cls)
```

定义这些方法后，就可像下面这样使用它们（无须实例化类）：

```
>>> MyClass.smeth()
This is a static method
>>> MyClass.cmeth()
This is a class method of <class '__main__.MyClass'>
```

在 Python 中，静态方法和类方法以前一直都不太重要，主要是因为从某种程度上说，总是可以使用函数或关联的方法替代它们，而且早期的 Python 版本并不支持它们。因此，虽然较新的代码没有大量使用它们，但它们确实有用武之地（如工厂函数），因此你或许应该考虑使用它们。

注意 实际上，装饰器语法也可用于特性，详情请参阅有关函数 property 的文档。

9.4.3 __getattr__、__setattr__等方法

可以拦截对对象属性的所有访问企图，其用途之一是在旧式类中实现特性（在旧式类中，函数 property 的行为可能不符合预期）。要在属性被访问时执行一段代码，必须使用一些魔法方法。下面的四个魔法方法提供了你需要的所有功能（在旧式类中，只需使用后面三个）。

- __getattribute__(self, name)：在属性被访问时自动调用（只适用于新式类）。
- __getattr__(self, name)：在属性被访问而对象没有这样的属性时自动调用。
- __setattr__(self, name, value)：试图给属性赋值时自动调用。
- __delattr__(self, name)：试图删除属性时自动调用。

相比函数 property，这些魔法方法使用起来要棘手些（从某种程度上说，效率也更低），但它们很有用，因为你可在这些方法中编写处理多个特性的代码。然而，在可能的情况下，还是使用函数 property 吧。

再来看前面的Rectangle示例，但这里使用的是魔法方法：

```
class Rectangle:
    def __init__ (self):
        self.width = 0
        self.height = 0
    def __setattr__(self, name, value):
        if name == 'size':
            self.width, self.height = value
        else:
            self.__dict__[name] = value
    def __getattr__(self, name):
        if name == 'size':
            return self.width, self.height
        else:
            raise AttributeError()
```

如你所见，这个版本需要处理额外的管理细节。对于这个代码示例，需要注意如下两点。

- 即便涉及的属性不是size，也将调用方法__setattr__。因此这个方法必须考虑如下两种情形：如果涉及的属性为size，就执行与以前一样的操作；否则就使用魔法属性__dict__。__dict__属性是一个字典，其中包含所有的实例属性。之所以使用它而不是执行常规属性赋值，是因为旨在避免再次调用__setattr__，进而导致无限循环。
- 仅当没有找到指定的属性时，才会调用方法__getattr__。这意味着如果指定的名称不是size，这个方法将引发AttributeError异常。这在要让类能够正确地支持hasattr和getattr等内置函数时很重要。如果指定的名称为size，就使用前一个实现中的表达式。

注意　前面说过，编写方法__setattr__时需要避开无限循环陷阱，编写__getattribute__时亦如此。由于它拦截对所有属性的访问（在新式类中），因此将拦截对__dict__的访问！在__getattribute__中访问当前实例的属性时，唯一安全的方式是使用超类的方法__getattribute__（使用super）。

9.5　迭代器

本书前面粗略地提及了迭代器（和可迭代对象），本节将更详细地介绍。对于魔法方法，这里只介绍__iter__，它是迭代器协议的基础。

9.5.1　迭代器协议

迭代（iterate）意味着重复多次，就像循环那样。本书前面只使用for循环迭代过序列和字典，但实际上也可迭代其他对象：实现了方法__iter__的对象。

方法__iter__返回一个迭代器，它是包含方法__next__的对象，而调用这个方法时可不提供任何参数。当你调用方法__next__时，迭代器应返回其下一个值。如果迭代器没有可供返回的值，应引发StopIteration异常。你还可使用内置的便利函数next，在这种情况下，next(it)与

it.__next__()等效。

这有什么意义呢？为何不使用列表呢？因为在很多情况下，使用列表都有点像用大炮打蚊子。例如，如果你有一个可逐个计算值的函数，你可能只想逐个地获取值，而不是使用列表一次性获取。这是因为如果有很多值，列表可能占用太多的内存。但还有其他原因：使用迭代器更通用、更简单、更优雅。下面来看一个不能使用列表的示例，因为如果使用，这个列表的长度必须是无穷大的！

这个“列表”为斐波那契数列，表示该数列的迭代器如下：

```
class Fibs:
    def __init__(self):
        self.a = 0
        self.b = 1
    def __next__(self):
        self.a, self.b = self.b, self.a + self.b
        return self.a
    def __iter__(self):
        return self
```

注意到这个迭代器实现了方法__iter__，而这个方法返回迭代器本身。在很多情况下，都在另一个对象中实现返回迭代器的方法__iter__，并在for循环中使用这个对象。但推荐在迭代器中也实现方法__iter__（并像刚才那样让它返回self），这样迭代器就可直接用于for循环中。

注意 更正规的定义是，实现了方法__iter__的对象是**可迭代的**，而实现了方法__next__的对象是**迭代器**。

首先，创建一个Fibs对象。

```
>>> fibs = Fibs()
```

然后就可在for循环中使用这个对象，如找出第一个大于1000的斐波那契数。

```
>>> for f in fibs:
...     if f > 1000:
...         print(f)
...         break
...
1597
```

这个循环之所以会停止，是因为其中包含break语句；否则，这个for循环将没完没了地执行。

提示 通过对可迭代对象调用内置函数iter，可获得一个迭代器。

```
>>> it = iter([1, 2, 3])
>>> next(it)
1
>>> next(it)
2
```

还可使用它从函数或其他可调用对象创建可迭代对象，详情请参阅库参考手册。

9.5.2　从迭代器创建序列

除了对迭代器和可迭代对象进行迭代（通常这样做）之外，还可将它们转换为序列。在可以使用序列的情况下，大多也可使用迭代器或可迭代对象（诸如索引和切片等操作除外）。一个这样的例子是使用构造函数 list 显式地将迭代器转换为列表。

```
>>> class TestIterator:
...     value = 0
...     def __next__(self):
...         self.value += 1
...         if self.value > 10: raise StopIteration
...         return self.value
...     def __iter__(self):
...         return self
...
>>> ti = TestIterator()
>>> list(ti)
[1, 2, 3, 4, 5, 6, 7, 8, 9, 10]
```

9.6　生成器

生成器是一个相对较新的 Python 概念。由于历史原因，它也被称为**简单生成器**（simple generator）。生成器和迭代器可能是近年来引入的最强大的功能，但生成器是一个相当复杂的概念，你可能需要花些功夫才能明白其工作原理和用途。虽然生成器让你能够编写出非常优雅的代码，但请放心，无论编写什么程序，都完全可以不使用生成器。

生成器是一种使用普通函数语法定义的迭代器。生成器的工作原理到底是什么呢？通过示例来说明最合适。下面先来看看如何创建和使用生成器，然后再看看幕后的情况。

9.6.1　创建生成器

生成器创建起来与函数一样简单。你现在肯定厌烦了老套的斐波那契数列，所以下面换换口味，创建一个将嵌套列表展开的函数。这个函数将一个类似于下面的列表作为参数：

```
nested = [[1, 2], [3, 4], [5]]
```

换而言之，这是一个列表的列表。函数应按顺序提供这些数字，下面是一种解决方案：

```
def flatten(nested):
    for sublist in nested:
        for element in sublist:
            yield element
```

这个函数的大部分代码都很简单。它首先迭代所提供嵌套列表中的所有子列表，然后按顺序迭代每个子列表的元素。倘若最后一行为 print(element)，这个函数将容易理解得多，不是吗？

在这里，你没有见过的是 yield 语句。包含 yield 语句的函数都被称为**生成器**。这可不仅仅是名称上的差别，生成器的行为与普通函数截然不同。差别在于，生成器不是使用 return 返回一个值，而是可以生成多个值，每次一个。每次使用yield生成一个值后，函数都将冻结，即在此停止执行，等待被重新唤醒。被重新唤醒后，函数将从停止的地方开始继续执行。

为使用所有的值，可对生成器进行迭代。

```
>>> nested = [[1, 2], [3, 4], [5]]
>>> for num in flatten(nested):
...     print(num)
...
1
2
3
4
5
```

或

```
>>> list(flatten(nested))
[1, 2, 3, 4, 5]
```

简单生成器

Python引入了一个类似于列表推导（参见第5章）的概念：**生成器推导**（也叫**生成器表达式**）。其工作原理与列表推导相同，但不是创建一个列表（即不立即执行循环），而是返回一个生成器，让你能够逐步执行计算。

```
>>> g = ((i + 2) ** 2 for i in range(2, 27))
>>> next(g)
16
```

如你所见，不同于列表推导，这里使用的是圆括号。在像这样的简单情形下，还不如使用列表推导；但如果要包装可迭代对象（可能生成大量的值），使用列表推导将立即实例化一个列表，从而丧失迭代的优势。

另一个好处是，直接在一对既有的圆括号内（如在函数调用中）使用生成器推导时，无须再添加一对圆括号。换而言之，可编写下面这样非常漂亮的代码：

```
sum(i ** 2 for i in range(10))
```

9.6.2 递归式生成器

前一节设计的生成器只能处理两层的嵌套列表，这是使用两个for循环来实现的。如果要处理任意层嵌套的列表，该如何办呢？例如，你可能使用这样的列表来表示树结构（也可以使用特定的树类，但策略是相同的）。对于每层嵌套，都需要一个for循环，但由于不知道有多少层嵌套，你必须修改解决方案，使其更灵活。该求助于递归了。

```
def flatten(nested):
    try:
        for sublist in nested:
            for element in flatten(sublist):
```

```
                yield element
        except TypeError:
            yield nested
```

调用 flatten 时，有两种可能性（处理递归时都如此）：**基线**条件和**递归**条件。在基线条件下，要求这个函数展开单个元素（如一个数）。在这种情况下，for 循环将引发 TypeError 异常（因为你试图迭代一个数），而这个生成器只生成一个元素。

然而，如果要展开的是一个列表（或其他任何可迭代对象），你就需要做些工作：遍历所有的子列表（其中有些可能并不是列表）并对它们调用 flatten，然后使用另一个 for 循环生成展开后的子列表中的所有元素。这可能看起来有点不可思议，但确实可行。

```
>>> list(flatten([[[1], 2], 3, 4, [5, [6, 7]], 8]))
[1, 2, 3, 4, 5, 6, 7, 8]
```

然而，这个解决方案存在一个问题。如果 nested 是字符串或类似于字符串的对象，它就属于序列，因此不会引发 TypeError 异常，可你并不想对其进行迭代。

注意 在函数 flatten 中，不应该对类似于字符串的对象进行迭代，主要原因有两个。首先，你想将类似于字符串的对象视为原子值，而不是应该展开的序列。其次，对这样的对象进行迭代会导致无穷递归，因为字符串的第一个元素是一个长度为 1 的字符串，而长度为 1 的字符串的第一个元素是字符串本身！

要处理这种问题，必须在生成器开头进行检查。要检查对象是否类似于字符串，最简单、最快捷的方式是，尝试将对象与一个字符串拼接起来，并检查这是否会引发 TypeError 异常。添加这种检查后的生成器如下：

```
def flatten(nested):
    try:
        # 不迭代类似于字符串的对象：
        try: nested + ''
        except TypeError: pass
        else: raise TypeError
        for sublist in nested:
            for element in flatten(sublist):
                yield element
    except TypeError:
        yield nested
```

如你所见，如果表达式 nested + ''引发了 TypeError 异常，就忽略这种异常；如果没有引发 TypeError 异常，内部 try 语句中的 else 子句将引发 TypeError 异常，这样将在外部的 except 子句中原封不动地生成类似于字符串的对象。明白了吗？

下面的示例表明，这个版本也可用于字符串：

```
>>> list(flatten(['foo', ['bar', ['baz']]]))
['foo', 'bar', 'baz']
```

请注意，这里没有执行类型检查：我没有检查 nested 是否是字符串，而只是检查其行为是否类似于字符串，即能否与字符串拼接。对于这种检查，一种更自然的替代方案是，使用 isinstance 以及字符串和类似于字符串的对象的一些抽象超类，但遗憾的是没有这样的标准类。另外，即便是对 UserString 来说，也无法检查其类型是否为 str。

9.6.3 通用生成器

如果你按前面的例子做了，就差不多知道了如何使用生成器。你知道，生成器是包含关键字 yield 的函数，但被调用时不会执行函数体内的代码，而是返回一个迭代器。每次请求值时，都将执行生成器的代码，直到遇到 yield 或 return。yield 意味着应生成一个值，而 return 意味着生成器应停止执行（即不再生成值；仅当在生成器调用 return 时，才能不提供任何参数）。

换而言之，生成器由两个单独的部分组成：**生成器的函数**和**生成器的迭代器**。生成器的函数是由 def 语句定义的，其中包含 yield。生成器的迭代器是这个函数返回的结果。用不太准确的话说，这两个实体通常被视为一个，统称为**生成器**。

```
>>> def simple_generator():
        yield 1
...
>>> simple_generator
<function simple_generator at 153b44>
>>> simple_generator()
<generator object at 1510b0>
```

对于生成器的函数返回的迭代器，可以像使用其他迭代器一样使用它。

9.6.4 生成器的方法

在生成器开始运行后，可使用生成器和外部之间的通信渠道向它提供值。这个通信渠道包含如下两个端点。

- **外部世界**：外部世界可访问生成器的方法 send，这个方法类似于 next，但接受一个参数（要发送的“消息”，可以是任何对象）。
- **生成器**：在挂起的生成器内部，yield 可能用作**表达式**而不是**语句**。换而言之，当生成器重新运行时，yield 返回一个值——通过 send 从外部世界发送的值。如果使用的是 next，yield 将返回 None。

请注意，仅当生成器被挂起（即遇到第一个 yield）后，使用 send（而不是 next）才有意义。要在此之前向生成器提供信息，可使用生成器的函数的参数。

注意 如果一定要在生成器刚启动时对其调用方法 send，可向它传递参数 None。

下面的示例很傻，但说明了这种机制：

```
def repeater(value):
    while True:
        new = (yield value)
        if new is not None: value = new
```

9

下面使用了这个生成器：

```
>>> r = repeater(42)
>>> next(r)
42
>>> r.send("Hello, world!")
"Hello, world!"
```

注意到使用圆括号将 yield 表达式括起来了。在有些情况下，并非必须这样做，但小心驶得万年船。如果要以某种方式使用返回值，就不管三七二十一，将其用圆括号括起吧。

生成器还包含另外两个方法。

方法 throw：用于在生成器中（yield 表达式处）引发异常，调用时可提供一个异常类型、一个可选值和一个 traceback 对象。

方法 close：用于停止生成器，调用时无须提供任何参数。

方法 close（由 Python 垃圾收集器在需要时调用）也是基于异常的：在 yield 处引发 GeneratorExit 异常。因此如果要在生成器中提供一些清理代码，可将 yield 放在一条 try/finally 语句中。如果愿意，也可捕获 GeneratorExit 异常，但随后必须重新引发它（可能在清理后）、引发其他异常或直接返回。对生成器调用 close 后，再试图从它那里获取值将导致 RuntimeError 异常。

9.6.5　模拟生成器

你也可以使用普通函数模拟生成器。首先，在函数体开头插入如下一行代码：

```
result = []
```

如果代码已使用名称 result，应改用其他名称。（在任何情况下，使用更具描述性的名称都是不错的主意。）接下来，将类似于 yield some_expression 的代码行替换为如下代码行：

```
yield some_expression with this:
result.append(some_expression)
```

最后，在函数末尾添加如下代码行：

```
return result
```

尽管使用这种方法并不能模拟所有的生成器，但可模拟大部分生成器。例如，这无法模拟无穷生成器，因为显然不能将这种生成器的值都存储到一个列表中。

下面使用普通函数重写了生成器 flatten：

```
def flatten(nested):
    result = []
    try:
        # 不迭代类似于字符串的对象：
        try: nested + ''
        except TypeError: pass
        else: raise TypeError
        for sublist in nested:
            for element in flatten(sublist):
```

```
                result.append(element)
    except TypeError:
        result.append(nested)
    return result
```

9.7 八皇后问题

学习各种魔法方法后，该付诸应用了。本节将演示如何使用生成器来解决一个经典的编程问题。

9.7.1 生成器的回溯

对于逐步得到结果的复杂递归算法，非常适合使用生成器来实现。要在不使用生成器的情况下实现这些算法，通常必须通过额外的参数来传递部分结果，让递归调用能够接着往下计算。使用生成器，所有的递归调用都只需生成其负责部分的结果。前面的递归版 flatten 就是这样做的，你可使用这种策略来遍历图结构和树结构。

然而，在有些应用程序中，你不能马上得到答案。你必须尝试多次，且在每个递归层级中都如此。打个现实生活中的比方吧，假设你要去参加一个很重要的会议。你不知道会议在哪里召开，但前面有两扇门，而会议室就在其中一扇门的后面。你选择进入左边那扇门后，又看到两扇门。你再次选择进入左边那扇门，但发现走错了。因此你往回走，并进入右边那扇门，但发现也走错了。因此你继续往回走到起点，现在可以尝试进入右边那扇门。

如果你以前从未听说过图和树，应尽快学习，因为它们是编程和计算机科学中非常重要的概念。想要深入了解图和树，可以自行查阅“数据结构”相关的图书。

对于需要尝试所有组合直到找到答案的问题，这种回溯策略对其解决很有帮助。这种问题的解决方案类似于下面这样：

```
# 伪代码
for each possibility at level 1:
    for each possibility at level 2:
        ...
           for each possibility at level n:
               is it viable?
```

要直接使用 for 循环来实现，必须知道有多少层。如果无法知道，可使用递归。

9.7.2 问题

这是一个深受大家喜爱的计算机科学谜题：你需要将 8 个皇后放在棋盘上，条件是任何一个皇后都不能威胁其他皇后，即任何两个皇后都不能吃掉对方。怎样才能做到这一点呢？应将这些皇后放在什么地方呢？

这是一个典型的回溯问题：在棋盘的第一行尝试为第一个皇后选择一个位置，再在第二行尝试为第二个皇后选择一个位置，依次类推。在发现无法为一个皇后选择合适的位置后，回溯到前一个皇后，并尝试为它选择另一个位置。最后，要么尝试完所有的可能性，要么找到了答案。

在前面描述的问题中，只有8个皇后，但这里假设可以有任意数量的皇后，从而更像现实世界的回溯问题。如何解决这个问题呢？如果你想自己试一试，就不要再往下读了，因为马上就会提供解决方案。

注意 对于这个问题，可找到效率高得多的解决方案。如果你想深入了解，在网上搜索就可找到大量的信息。

9.7.3 状态表示

可简单地使用元组（或列表）来表示可能的解（或其一部分），其中每个元素表示相应行中皇后所在的位置（即列）。因此，如果 state[0] == 3，就说明第1行的皇后放在第4列（还记得吧，我们从0开始计数）。在特定的递归层级（特定的行），你只知道上面各皇后的位置，因此状态元组的长度小于8（即皇后总数）。

注意 完全可以使用列表（而不是元组）来表示状态，具体使用哪个完全取决于你的喜好。一般而言，如果序列较小且是静态的，使用元组可能是不错的选择。

9.7.4 检测冲突

先来做些简单的抽象。要找出没有冲突（即任何一个皇后都吃不到其他皇后）的位置组合，首先必须定义冲突是什么。为何不使用一个函数来定义呢？

函数 conflict 接受（用状态元组表示的）既有皇后的位置，并确定下一个皇后的位置是否会导致冲突。

```
def conflict(state, nextX):
    nextY = len(state)
    for i in range(nextY):
        if abs(state[i] - nextX) in (0, nextY - i):
            return True
    return False
```

参数 nextX 表示下一个皇后的水平位置（x 坐标，即列），而 nextY 为下一个皇后的垂直位置（y 坐标，即行）。这个函数对既有的每个皇后执行简单的检查：如果下一个皇后与当前皇后的 x 坐标相同或在同一条对角线上，将发生冲突，因此返回 True；如果没有发生冲突，就返回 False。比较难理解的是下面的表达式：

```
abs(state[i] - nextX) in (0, nextY - i)
```

如果下一个皇后和当前皇后的水平距离为0（在同一列）或与它们的垂直距离相等（位于一条对角线上），这个表达式就为真；否则为假。

9.7.5 基线条件

八皇后问题解决起来有点棘手，但使用生成器并不太难。然而，如果你不熟悉递归，就很难自己想出这里的解决方案。另外，这个解决方案的效率不是特别高，因此皇后非常多时，其速度可能有点慢。

下面先来看基线条件：最后一个皇后。对于这个皇后，你想如何处理呢？假设你想找出所有可能的解——给定其他皇后的位置，可将这个皇后放在什么位置（可能什么位置都不行）。可以这样编写代码：

```
def queens(num, state):
    if len(state) == num-1:
        for pos in range(num):
            if not conflict(state, pos):
                yield pos
```

这段代码的意思是，如果只剩下最后一个皇后没有放好，就遍历所有可能的位置，并返回那些不会引发冲突的位置。参数 num 为皇后总数，而参数 state 是一个元组，包含已放好的皇后的位置。例如，假设总共有 4 个皇后，而前 3 个皇后的位置分别为 1、3 和 0，如图 9-1 所示。（现在不用关心白色的皇后。）

图 9-1 在一个 4 行 4 列的棋盘上放置 4 个皇后

从该图可知，每个皇后都占据一行，而皇后的位置是从 0 开始编号的（Python 中通常如此）。

```
>>> list(queens(4, (1, 3, 0)))
[2]
```

代码的效果很好。这里使用 list 旨在让生成器生成所有的值。在这个示例中，只有一个位置符合条件。在图 9-1 中，在这个位置放置了一个白色皇后。（请注意，颜色没有什么特殊含义，不是程序的一部分。）

9.7.6 递归条件

现在来看看这个解决方案的递归部分。处理好基线条件后，可在递归条件中假设来自更低层级（编号更大的皇后）的结果都是正确的。因此，只需在函数 queens 的前述实现中给 if 语句添加一个 else 子句。

你希望递归调用返回什么样的结果呢？你希望它返回当前行下面所有皇后的位置，对吧？假设位置是以元组的方式返回的，因此需要修改基线条件，使其返回一个（长度为 1 的）元组，但这将在后面处理。

因此，对于递归调用，向它提供的是由当前行上面的皇后位置组成的元组。对于当前皇后的每个合法位置，递归调用返回的是由下面的皇后位置组成的元组。为了让这个过程不断进行下去，只需将当前皇后的位置插入返回的结果开头，如下所示：

```
...
else:
    for pos in range(num):
        if not conflict(state, pos):
           for result in queens(num, state + (pos,)):
               yield (pos,) + result
```

这里的 for pos 和 if not conflict 部分与前面相同，因此可以稍微简化一下代码。另外，还可给参数指定默认值。

```
def queens(num=8, state=()):
    for pos in range(num):
        if not conflict(state, pos):
           if len(state) == num-1:
              yield (pos,)
           else:
              for result in queens(num, state + (pos,)):
                  yield (pos,) + result
```

如果你觉得这些代码难以理解，用自己的话来描述其作用可能会有所帮助。另外，你可能还记得(pos,)中的逗号必不可少（不能仅用圆括号将 pos 括起），这样得到的才是元组。

生成器 queens 提供了所有的解（即所有合法的皇后位置组合）。

```
>>> list(queens(3))
[]
>>> list(queens(4))
[(1, 3, 0, 2), (2, 0, 3, 1)]
>>> for solution in queens(8):
...   print(solution)
...
(0, 4, 7, 5, 2, 6, 1, 3)
(0, 5, 7, 2, 6, 3, 1, 4)
...
(7, 2, 0, 5, 1, 4, 6, 3)
(7, 3, 0, 2, 5, 1, 6, 4)
>>>
```

如果运行 queens 时将参数 num 设置为 8，将快速显示大量的解。下面看看有多少个解。

```
>>> len(list(queens(8)))
92
```

9.7.7 扫尾工作

结束本节之前，可以让输出更容易理解些。在任何情况下，清晰的输出都是好事，因为这让查找 bug 等工作更容易。

```
def prettyprint(solution):
    def line(pos, length=len(solution)):
        return '. ' * (pos) + 'X ' + '. ' * (length-pos-1)
    for pos in solution:
        print(line(pos))
```

请注意，我在 prettyprint 中创建了一个简单的辅助函数。之所以将它放在 prettyprint 中，是因为我认为在其他地方都用不到它。下面随机地选择一个解，并将其打印出来，以确定它是正确的。

```
>>> import random
>>> prettyprint(random.choice(list(queens(8))))
. . . . . X . .
. X . . . . . .
. . . . . . X .
X . . . . . . .
. . . X . . . .
. . . . . . . X
. . . . X . . .
. . X . . . . .
```

图 9-2 显示了这个解。

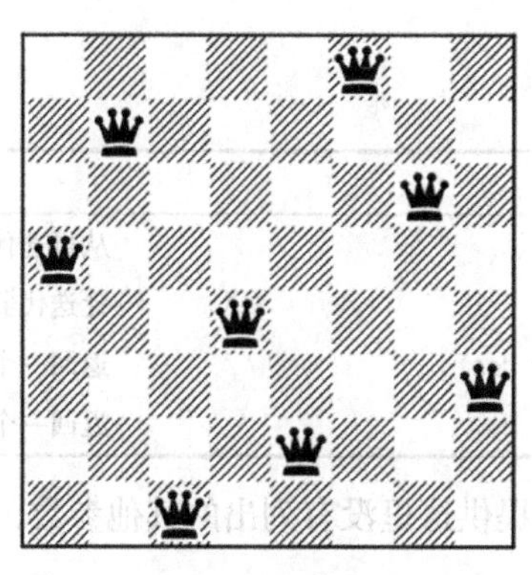

图 9-2 八皇后问题的众多解之一

9.8 小结

本章介绍的内容很多，下面来总结一下。

- **新式类和旧式类**：Python 类的工作方式在不断变化。较新的 Python 版本有两种类，其中旧式类正在快速退出舞台。新式类提供了一些额外的功能，如支持函数 super 和 property，而旧式类不支持。要创建新式类，必须直接或间接地继承 object 或设置__metaclass__。

- **魔法方法**：Python 中有很多特殊方法，其名称以两个下划线开头和结尾。这些方法的功能各不相同，但大都由 Python 在特定情况下自动调用。例如__init__是在对象创建后调用的。
- **构造函数**：很多面向对象语言中都有构造函数，对于你自己编写的每个类，都可能需要为它实现一个构造函数。构造函数名为__init__，在对象创建后被自动调用。
- **重写**：类可重写其超类中定义的方法（以及其他任何属性），为此只需实现这些方法即可。要调用被重写的版本，可直接通过超类调用未关联版本（旧式类），也可使用函数 super 来调用（新式类）。
- **序列和映射**：要创建自定义的序列或映射，必须实现序列和映射协议指定的所有方法，其中包括__getitem__和__setitem__等魔法方法。通过从 list（或 UserList）和 dict（或 UserDict）派生，可减少很多工作量。
- **迭代器**：简单地说，**迭代器**是包含方法__next__的对象，可用于迭代一组值。没有更多的值可供迭代时，方法__next__应引发 StopIteration 异常。**可迭代**对象包含方法__iter__，它返回一个像序列一样可用于 for 循环中的迭代器。通常，迭代器也是可迭代的，即包含返回迭代器本身的方法__iter__。
- **生成器**：**生成器的函数**是包含关键字 yield 的函数，它在被调用时返回一个**生成器**，即一种特殊的迭代器。要与活动的生成器交互，可使用方法 send、throw 和 close。
- **八皇后问题**：八皇后问题是个著名的计算机科学问题，使用生成器可轻松地解决它。这个问题要求在棋盘上放置 8 个皇后，并确保任何两个皇后都不能相互攻击。

9.8.1　本章介绍的新函数

函　数	描　述
iter(obj)	从可迭代对象创建一个迭代器
next(it)	让迭代器前进一步并返回下一个元素
property(fget, fset, fdel, doc)	返回一个特性；所有参数都是可选的
super(class, obj)	返回一个超类的关联实例

调用 iter 和 super 时，还可提供这里没有列出的其他参数，更详细的信息请参阅标准 Python 文档。

9.8.2　预告

至此，你学习了 Python 语言的大部分知识，但为何本书后面还有这么多章呢？因为需要学习的知识还有很多，大都是关于 Python 如何以各种方式与外部联系的。另外，还有测试、扩展、打包和一些具体项目。本书还远没有到结束的时候。

第 10 章

模　块

10

至此，你掌握了 Python 语言的大部分基础知识。Python 不仅语言核心非常强大，还提供了其他工具以供使用。标准安装包含一组称为**标准库**（standard library）的模块，你见过其中的一些（如 math 和 cmath），但还有其他很多。本章简要介绍模块的工作原理以及如何探索模块以获悉其提供的功能，然后概述标准库，重点是几个很有用的模块。

10.1 模块概述

你已知道如何创建和执行程序（或**脚本**），还知道如何使用 import 将函数从外部模块导入程序中。

```
>>> import math
>>> math.sin(0)
0.0
```

下面来看看如何编写自己的模块。

10.1.1 模块就是程序

任何 Python 程序都可作为模块导入。假设你编写了代码清单 10-1 所示的程序，并将其保存在文件 hello.py 中，这个文件的名称（不包括扩展名.py）将成为模块的名称。

代码清单 10-1　一个简单的模块

```
# hello.py
print("Hello, world!")
```

文件的存储位置也很重要，将在下一节详细介绍。这里假设这个文件存储在目录 C:\python（Windows）或~/python（UNIX/macOS）中。

要告诉解释器去哪里查找这个模块，可执行如下命令（以 Windows 目录为例）：

```
>>> import sys
>>> sys.path.append('C:/python')
```

提示　在 UNIX 中，不能直接将字符串'~/python'附加到 sys.path 末尾，而必须使用完整的路径（如'/home/yourusername/python'）。如果你要自动创建完整的路径，可使用 sys.path.expanduser('~/python')。

这告诉解释器，除了通常将查找的位置外，还应到目录 C:\python 中去查找这个模块。这样做后，就可以导入这个模块了（它存储在文件 C:\python\hello.py 中）。

```
>>> import hello
Hello, world!
```

注意　当你导入模块时，可能发现其所在目录中除源代码文件外，还新建了一个名为__pycache__的子目录。这个目录包含处理后的文件，Python 能够更高效地处理它们。以后再导入这个模块时，如果.py 文件未发生变化，Python 将导入处理后的文件，否则将重新生成处理后的文件。删除目录__pycache__不会有任何害处，因为必要时会重新创建它。

如你所见，导入这个模块时，执行了其中的代码。但如果再次导入它，什么事情都不会发生。

```
>>> import hello
>>>
```

这次为何没有执行代码呢？因为模块并不是用来执行操作（如打印文本）的，而是用于**定义**变量、函数、类等。鉴于定义只需做一次，因此导入模块多次和导入一次的效果相同。

为何只导入一次

在大多数情况下，只导入一次是重要的优化，且在下述特殊情况下显得尤为重要：两个模块彼此导入对方。

在很多情况下，你可能编写两个这样的模块：需要彼此访问对方的函数和类才能正确地发挥作用。例如，你可能创建了两个模块 clientdb 和 billing，分别包含客户数据库和记账系统的代码。客户数据库可能包含对记账系统的调用（如每月自动向客户发送账单），而记账系统可能需要访问客户数据库的功能才能正确地完成记账。

在这里，如果每个模块都可导入多次，就会出现问题。模块 clientdb 导入 billing，而 billing 又导入 clientdb，结果可想而知：最终将形成无穷的导入循环（还记得无穷递归吗）。然而，由于第二次导入时什么都不会发生，这种循环被打破。

如果一定要重新加载模块，可使用模块 importlib 中的函数 reload，它接受一个参数（要重新加载的模块），并返回重新加载的模块。如果在程序运行时修改了模块，并希望这种修改反映到程序中，这将很有用。要重新加载前述简单的模块 hello（它只包含一条 print 语句），可像下面这样做：

```
>>> import importlib
>>> hello = importlib.reload(hello)
Hello, world!
```

这里假设 hello 已导入（一次）。通过将函数 reload 的结果赋给 hello，用重新加载的版本替换了以前的版本。由于打印出了问候语，说明这里确实导入了这个模块。

通过实例化模块 bar 中的类 Foo 创建对象 x 后，如果重新加载模块 bar，并不会重新创建 x 指向的对象，即 x 依然是（来自旧版 bar 的）旧版 Foo 的对象。要让 x 指向基于重新加载的模块中的 Foo 创建的对象，需要重新创建它。

10.1.2 模块是用来下定义的

模块在首次被导入程序时执行。这看似有点用，但用处不大。让模块值得被创建的原因在于它们像类一样，有自己的作用域。这意味着在模块中定义的类和函数以及对其进行赋值的变量都将成为模块的属性。这看似复杂，但实际上非常简单。

1. 在模块中定义函数

假设你编写了一个类似于代码清单 10-2 所示的模块，并将其存储在文件 hello2.py 中。另外，假设你将这个文件放在了 Python 解释器能够找到的地方（可像前一节介绍的那样使用 sys.path，也可使用 10.1.3 节介绍的传统方式）。

提示 像处理模块那样，让程序（这意味着将被执行，而不是用作模块）可用后，可使用 Python 解释器开关-m 来执行它。如果随其他模块一起安装了文件 progname.py（请注意扩展名），即导入了 progname，命令 python -m progname args 将使用命令行参数 args 来执行程序 progname。

代码清单 10-2 只包含一个函数的简单模块

```
# hello2.py
def hello():
    print("Hello, world!")
```

现在可以像下面这样导入它：

```
>>> import hello2
```

这将执行这个模块，也就是在这个模块的作用域内定义函数 hello，因此可像下面这样访问这个函数：

```
>>> hello2.hello()
Hello, world!
```

在模块的全局作用域内定义的名称都可像上面这样访问。为何要这样做呢？为何不在主程序中定义一切呢？

主要是为了**重用代码**。通过将代码放在模块中，就可在多个程序中使用它们。这意味着如果你编写了一个出色的客户数据库，并将其放在模块 clientdb 中，就可在记账时、群发广告邮件

（但愿你不会这样做）时以及任何需要访问客户数据的程序中使用它。如果没有把它放在独立的模块中，就需在每个这样的程序中重新编写它。因此，要让代码是可重用的，务必将其模块化！（这也与抽象紧密相关。）

2. 在模块中添加测试代码

模块用于定义函数和类等，但在有些情况下（实际上是经常），添加一些测试代码来检查情况是否符合预期很有用。例如，如果要确认函数 hello 管用，你可能将模块 hello2 重写为代码清单 10-3 所示的模块 hello3。

代码清单 10-3　一个简单的模块，其中的测试代码有问题

```
# hello3.py
def hello():
    print("Hello, world!")

# 一个测试：
hello()
```

这看似合理：如果将这个模块作为普通程序运行，将发现它运行正常。然而，如果在另一个程序中将其作为模块导入，以便能够使用函数 hello，也将执行测试代码，就像本章的第一个 hello 模块一样。

```
>>> import hello3
Hello, world!
>>> hello3.hello()
Hello, world!
```

这不是你想要的结果。要避免这种行为，关键是检查模块是作为程序运行还是被导入另一个程序。为此，需要使用变量__name__。

```
>>> __name__
'__main__'
>>> hello3.__name__
'hello3'
```

如你所见，在主程序中（包括解释器的交互式提示符），变量__name__的值是'__main__'，而在导入的模块中，这个变量被设置为该模块的名称。因此，要让模块中测试代码的行为更合理，可将其放在一条 if 语句中，如代码清单 10-4 所示。

代码清单 10-4　一个包含有条件地执行的测试代码的模块

```
# hello4.py

def hello():
    print("Hello, world!")

def test():
    hello()

if __name__ == '__main__': test()
```

如果将这个模块作为程序运行，将执行函数 hello；如果导入它，其行为将像普通模块一样。

```
>>> import hello4
>>> hello4.hello()
Hello, world!
```

如你所见，我将测试代码放在了函数 test 中。原本可以将这些代码直接放在 if 语句中，但通过将其放在一个独立的测试函数中，可在程序中导入模块并对其进行测试。

```
>>> hello4.test()
Hello, world!
```

注意 如果要编写更详尽的测试代码，将其放在一个独立的程序中可能是个不错的主意。有关如何编写测试的详细信息，请参阅第 16 章。

10.1.3 让模块可用

在前面的示例中，我修改了 sys.path。sys.path 包含一个目录（表示为字符串）列表，解释器将在这些目录中查找模块。然而，通常你不想这样做。最理想的情况是，sys.path 一开始就包含正确的目录（你的模块所在的目录）。为此有两种办法：将模块放在正确的位置；告诉解释器到哪里去查找。接下来的两节将分别讨论这两种解决方案。如果要让别人能够轻松地使用你的模块，那就是另外一码事了。Python 打包技术一度日益复杂、各自为政，尽管现已被 Python Packaging Authority 控制并简化，但需要学习的还是有很多。

1. 将模块放在正确的位置

将模块放在正确的位置很容易，只需找出 Python 解释器到哪里去查找模块，再将文件放在这个地方即可。在你使用的计算机中，如果 Python 解释器是管理员安装的，而你又没有管理员权限，就可能无法将模块保存到 Python 使用的目录中。在这种情况下，需要采用随后要介绍的另一种解决方案：告诉解释器去哪里查找。

你可能还记得，可在模块 sys 的变量 path 中找到目录列表（即搜索路径）。

```
>>> import sys, pprint
>>> pprint.pprint(sys.path)
['C:\\Python3.11\\Lib\\idlelib',
 'C:\\Python3.11\\python311.zip',
 'C:\\Python3.11\\DLLs',
 'C:\\Python3.11\\Lib',
 'C:\\Python3.11',
 'C:\\Python3.11\\Lib\\site-packages']
```

提示 如果要打印的数据结构太大，一行容纳不下，可使用内置模块 pprint 中的函数 pprint（而不是普通 print 语句）。pprint 是个卓越的打印函数，能够更妥善地打印输出。

当然，你得到的打印结果可能与这里显示的不完全相同。这里的要点是，每个字符串都表示一个位置，如果要让解释器能够找到模块，可将其放在其中任何一个位置中。虽然放在这里显示的任何一个位置中都可行，但目录 site-packages 是最佳的选择，因为它就是用来放置模块的。请在你的计算机中查看 sys.path，找到目录 site-packages，并将代码清单 10-4 所示的模块保存到这里，但要使用另一个名称，如 another_hello.py。然后，尝试像下面这样做：

```
>>> import another_hello
>>> another_hello.hello()
Hello, world!
```

只要模块位于类似于 site-packages 这样的地方，所有的程序就都能够导入它。

2. 告诉解释器到哪里去查找

将模块放在正确的位置可能不是合适的解决方案，其中的原因很多。

- 不希望 Python 解释器的目录中充斥着你编写的模块。
- 没有必要的权限，无法将文件保存到 Python 解释器的目录中。
- 想将模块放在其他地方。

最重要的是，如果将模块放在其他地方，就必须告诉解释器到哪里去查找。前面说过，要告诉解释器到哪里去查找模块，办法之一是直接修改 sys.path，但这种做法不常见。标准做法是将模块所在的目录包含在环境变量 PYTHONPATH 中。

环境变量 PYTHONPATH 的内容随操作系统而异（参见旁注“环境变量”），但它基本上类似于 sys.path，也是一个目录列表。

环境变量

环境变量并不是 Python 解释器的一部分，而是操作系统的一部分。大致而言，它们类似于 Python 变量，但是在 Python 解释器外面设置的。如果你使用的是 bash shell（在大多数类 UNIX 系统、macOS 和较新的 Windows 版本中都有），就可使用如下命令将~/python 附加到环境变量 PYTHONPATH 末尾：

```
export PYTHONPATH=$PYTHONPATH:~/python
```

如果要对所有启动的 shell 都执行这个命令，可将其添加到主目录中的.bashrc 文件中。关于如何以其他方式编辑环境变量，请参阅操作系统文档。

除使用环境变量 PYTHONPATH 外，还可使用路径配置文件。这些文件的扩展名为.pth，位于一些特殊目录中，包含要添加到 sys.path 中的目录。有关这方面的详细信息，请参阅有关模块 site 的标准库文档。

10.1.4　包

为组织模块，可将其编组为**包**（package）。包其实就是另一种模块，但有趣的是它们可包含其他模块。模块存储在扩展名为.py 的文件中，而包则是一个目录。要被 Python 视为包，目录必须包含文件__init__.py。如果像普通模块一样导入包，文件__init__.py 的内容就将是包的内容。例如，如果有一个名为 constants 的包，而文件 constants/__init__.py 包含语句 PI = 3.14，就可以像下面这样做：

```
import constants
print(constants.PI)
```

要将模块加入包中，只需将模块文件放在包目录中即可。你还可以在包中嵌套其他包。例如，要创建一个名为 drawing 的包，其中包含模块 shapes 和 colors，需要创建如表 10-1 所示的文件和目录（UNIX 路径名）。

表 10-1 一种简单的包布局

文件/目录	描 述
~/python/	PYTHONPATH 中的目录
~/python/drawing/	包目录（包 drawing）
~/python/drawing/__init__.py	包代码（模块 drawing）
~/python/drawing/colors.py	模块 colors
~/python/drawing/shapes.py	模块 shapes

完成这些准备工作后，下面的语句都是合法的：

```
import drawing                  # (1) 导入drawing包
import drawing.colors           # (2) 导入drawing包中的模块colors
from drawing import shapes      # (3) 导入模块shapes
```

执行第 1 条语句后，便可使用目录 drawing 中文件__init__.py 的内容，但不能使用模块 shapes 和 colors 的内容。执行第 2 条语句后，便可使用模块 colors，但只能通过全限定名 drawing.colors 来使用。执行第 3 条语句后，便可使用简化名（即 shapes）来使用模块 shapes。请注意，这些语句只是示例，并不用像这里做的那样，先导入包再导入其中的模块。换而言之，完全可以只使用第 2 条语句，第 3 条语句亦如此。

10

10.2 探索模块

介绍一些标准库模块前，先来说说如何探索模块。这是一种很有用的技能，因为在你的 Python 程序员职业生涯中，将遇到很多很有用的模块，而这里无法一一介绍。当前的标准库很大，足以编写专著来论述（市面上也确实有这样的专著），而且还在不断增大。每个新 Python 版本都新增了模块，通常还会对一些既有模块进行细微的修改和改进。另外，你在网上肯定会找到一些很有用的模块。如果能快速而轻松地理解它们，编程工作将有趣得多。

10.2.1 模块包含什么

要探索模块，最直接的方式是使用 Python 解释器进行研究。为此，首先需要将模块导入。假设你听说有一个名为 copy 的标准模块。

```
>>> import copy
```

没有引发异常，说明确实有这样的模块。但这个模块是做什么用的呢？它都包含些什么呢？

1. 使用 dir

要查明模块包含哪些东西，可使用函数 dir，它列出对象的所有属性（对于模块，它列出所有的函数、类、变量等）。如果将 dir(copy)的结果打印出来，将是一个很长的名称列表（请试试看）。在这些名称中，有几个以下划线打头。根据约定，这意味着它们并非供外部使用。有鉴于此，我们使用一个简单的列表推导将这些名称过滤掉（如果你忘记了列表推导的工作原理，请参阅 5.6 节）。

```
>>> [n for n in dir(copy) if not n.startswith('_')]
['Error', 'PyStringMap', 'copy', 'deepcopy', 'dispatch_table', 'error', 'name', 't', 'weakref']
```

结果包含 dir(copy)返回的不以下划线打头的名称，这比完整清单要好懂些。

2. 变量__all__

在前一节中，我使用简单的列表推导来猜测可在模块 copy 中看到哪些内容，然而可直接咨询这个模块来获得正确的答案。你可能注意到了，在 dir(copy)返回的完整清单中，包含名称__all__。这个变量包含一个列表，它与前面使用列表推导创建的列表类似，但是在模块内部设置的。下面来看看这个列表包含的内容：

```
>>> copy.__all__
['Error', 'copy', 'deepcopy']
```

前面的猜测不算太离谱，只是多了几个并非供用户使用的名称。这个__all__列表是怎么来的呢？为何要提供它？第一个问题很容易回答：它是在模块 copy 中像下面这样设置的（这些代码是直接从 copy.py 复制而来的）：

```
__all__ = ["Error", "copy", "deepcopy"]
```

为何要提供它呢？旨在定义模块的公有接口。具体地说，它告诉解释器从这个模块导入所有的名称意味着什么。因此，如果你使用如下代码：

```
from copy import *
```

将只能得到变量__all__中列出的 3 个函数。要导入 PyStringMap，必须显式地：导入 copy 并使用 copy.PyStringMap；或者使用 from copy import PyStringMap。

编写模块时，像这样设置__all__也很有用。因为模块可能包含大量其他程序不需要的变量、函数和类，比较周全的做法是将它们过滤掉。如果不设置__all__，则会在以 import *方式导入时，导入所有不以下划线打头的全局名称。

10.2.2　使用 help 获取帮助

前面一直在巧妙地利用你熟悉的各种 Python 函数和特殊属性来探索模块 copy。对这种探索来说，交互式解释器是一个强大的工具，因为使用它来探测模块时，探测的深度仅受限于你对 Python 语言的掌握程度。然而，有一个标准函数可提供你通常需要的所有信息，它就是 help。

下面来尝试使用它获取有关函数 copy 的信息：

```
>>> help(copy.copy)
Help on function copy in module copy:

copy(x)
    Shallow copy operation on arbitrary Python objects.

    See the module's __doc__ string for more info.
```

上述帮助信息指出，函数 copy 只接受一个参数 x，且执行的是浅复制。在帮助信息中，还提到了模块的__doc__字符串。__doc__字符串是什么呢？你可能还记得，第 6 章提到了文档字符串。文档字符串就是在函数开头编写的字符串，用于对函数进行说明，而函数的属性__doc__可能包含这个字符串。从前面的帮助信息可知，模块也可能有文档字符串（它们位于模块的开头），而类也可能如此（位于类的开头）。

实际上，前面的帮助信息是从函数 copy 的文档字符串中提取的：

```
>>> print(copy.copy.__doc__)
Shallow copy operation on arbitrary Python objects.

    See the module's __doc__ string for more info.
```

相比于直接查看文档字符串，使用 help 的优点是可获取更多的信息，如函数的特征标（即它接受的参数）。请尝试对模块 copy 本身调用 help，看看将显示哪些信息。这将打印大量的信息，包括对 copy 和 deepcopy 之间差别的详细讨论（大致而言，deepcopy(x)创建 x 的属性的副本并依此类推；而 copy(x)只复制 x，并将副本的属性关联到 x 的属性值）。

10.2.3 文档

显然，文档是有关模块信息的自然来源。我之所以到现在才讨论文档，是因为查看模块本身要快得多。例如，你可能想知道 range 的参数是什么？在这种情况下，与其在 Python 图书或标准 Python 文档中查找对 range 的描述，不如直接检查这个函数。

```
>>> print(range.__doc__)
range(stop) -> range object
range(start, stop[, step]) -> range object

Return an object that produces a sequence of integers from start (inclusive)
to stop (exclusive) by step. range(i, j) produces i, i+1, i+2, ..., j-1.
start defaults to 0, and stop is omitted! range(4) produces 0, 1, 2, 3.
These are exactly the valid indices for a list of 4 elements.
When step is given, it specifies the increment (or decrement).
```

这样就获得了函数 range 的准确描述。另外，由于通常是在编程时想了解函数的功能，而此时 Python 解释器很可能正在运行，因此获取这些信息只需几秒钟。

然而，并非每个模块和函数都有详尽的文档字符串（虽然应该如此），且有时需要有关工作原理的更详尽描述。从网上下载的大多数模块有配套文档。就学习 Python 编程而言，最有用的文档是“Python库参考手册”，它描述了标准库中的所有模块。对于Python库参考手册，你可以在Python官方网站中找到（即Python Libray）。

10.2.4　使用源代码

在大多数情况下，前面讨论的探索技巧都够用了。但要真正理解Python语言，可能需要了解一些不阅读源代码就无法了解的事情。事实上，要学习Python，阅读源代码是除动手编写代码外的最佳方式。

实际阅读源代码应该不成问题，但源代码在哪里呢？假设你要阅读标准模块copy的代码，可以在什么地方找到呢？一种办法是像解释器那样通过sys.path来查找，但更快捷的方式是查看模块的特性__file__。

```
>>> print(copy.__file__)
C:\Python3.11\lib\copy.py
```

找到了！你可在代码编辑器（如IDLE）中打开文件copy.py，并开始研究其工作原理。如果列出的文件名以.pyc结尾，可打开以.py结尾的相应文件。

警告　在文本编辑器中打开标准库文件时，存在不小心修改它的风险。这可能会破坏文件。因此关闭文件时，千万不要保存你可能对其所做的修改。

请注意，有些模块的源代码你完全无法读懂。它们可能是解释器的组成部分（如模块sys），还可能是使用C语言编写的[①]。（有关如何使用C语言扩展Python的详细信息，请参阅第17章。）

10.3　标准库：一些深受欢迎的模块

在Python中，短语“开箱即用”（batteries included）最初是由Frank Stajano提出的，指的是Python丰富的标准库。安装Python后，你就免费获得了大量很有用的模块。鉴于有很多方式可以获取有关这些模块的详细信息（本章前面介绍过），这里不打算提供完整的参考手册，而只是描述几个我喜欢的标准模块，以激发你的探索兴趣。在本书后面介绍项目的章节中，你将遇到其他的标准模块。这里对模块的描述并非面面俱到，只是将重点放在模块的一些有趣功能上。

10.3.1　sys

模块sys让你能够访问与Python解释器紧密相关的变量和函数，表10-2列出了其中的一些。

① 如果模块是使用C语言编写的，应该能够获取其C语言源代码。

表 10-2　模块 sys 中一些重要的函数和变量

函数/变量	描　述
argv	命令行参数，包括脚本名
exit([arg])	退出当前程序，可通过可选参数指定返回值或错误消息
modules	一个字典，将模块名映射到加载的模块
path	一个列表，包含要在其中查找模块的目录的名称
platform	一个平台标识符，如 sunos5 或 win32
stdin	标准输入流—— 一个类似于文件的对象
stdout	标准输出流—— 一个类似于文件的对象
stderr	标准错误流—— 一个类似于文件的对象

变量 sys.argv 包含传递给 Python 解释器的参数，其中包括脚本名。

函数 sys.exit 退出当前程序。（在第 8 章讨论的 try/finally 块中调用它时，finally 子句依然会执行。）你可向它提供一个整数，指出程序是否成功，这是一种 UNIX 约定。在大多数情况下，使用该参数的默认值（0，表示成功）即可。也可向它提供一个字符串，这个字符串将成为错误消息，对用户找出程序终止的原因很有帮助。在这种情况下，程序退出时将显示指定的错误消息以及一个表示失败的编码。

映射 sys.modules 将模块名映射到模块（仅限于当前已导入的模块）。

变量 sys.path 在本章前面讨论过，它是一个字符串列表，其中的每个字符串都是一个目录名，执行 import 语句时将在这些目录中查找模块。

变量 sys.platform（一个字符串）是运行解释器的“平台”名称。这可能是表示操作系统的名称（如 sunos5 或 win32），也可能是表示其他平台类型（如 Java 虚拟机）的名称（如 java1.4.0）——如果你运行的是 Jython。

变量 sys.stdin、sys.stdout 和 sys.stderr 是类似于文件的流对象，表示标准的 UNIX 概念：标准输入、标准输出和标准错误。简单地说，Python 从 sys.stdin 获取输入（例如，用于 input 中），并将输出打印到 sys.stdout。有关文件和这三个流的详细信息，请参阅第 11 章。

举个例子，来看看按相反顺序打印参数的问题。从命令行调用 Python 脚本时，你可能指定一些参数，也就是所谓的命令行参数。这些参数将放在列表 sys.argv 中，其中 sys.argv[0]为 Python 脚本名。按相反的顺序打印这些参数非常容易，如代码清单 10-5 所示。

代码清单 10-5　反转并打印命令行参数

```
# reverseargs.py
import sys
args = sys.argv[1:]
args.reverse()
print(' '.join(args))
```

如你所见，我创建了一个 sys.argv 的副本。也可修改 sys.argv，但一般而言，不这样做更安全，因为程序的其他部分可能依赖于包含原始参数的 sys.argv。另外，注意到我跳过了 sys.argv

的第一个元素，即脚本的名称。我使用args.reverse()反转这个列表，但不能打印这个操作的返回值，因为它就地修改列表并返回None。下面是另一种解决方案：

```
print(' '.join(reversed(sys.argv[1:])))
```

最后，为美化输出，我使用了字符串的方法join。下面来尝试运行这个程序（假设使用的是bash shell）。

```
$ python reverseargs.py this is a test
test a is this
```

10.3.2 os

模块os让你能够访问多个操作系统服务。它包含的内容很多，表10-3只描述了其中几个最有用的函数和变量。除此之外，os及其子模块os.path还包含多个查看、创建和删除目录及文件的函数，以及一些操作路径的函数（例如，os.path.split和os.path.join让你在大多数情况下都可忽略os.pathsep）。有关这个模块的详细信息，请参阅标准库文档。在标准库文档中，还可找到有关模块pathlib的描述，它提供了一个面向对象的路径操作接口。

表10-3　模块os中一些重要的函数和变量

函数/变量	描　述
environ	包含环境变量的映射
system(command)	在子shell中执行操作系统命令
sep	路径中使用的分隔符
pathsep	分隔不同路径的分隔符
linesep	行分隔符（'\n'、'\r'或'\r\n'）
urandom(n)	返回n个字节的强加密随机数据

映射os.environ包含本章前面介绍的环境变量。例如，要访问环境变量PYTHONPATH，可使用表达式os.environ['PYTHONPATH']。这个映射也可用于修改环境变量，但并非所有的平台都支持这样做。

函数os.system用于运行外部程序。还有其他用于执行外部程序的函数，如execv和popen。前者退出Python解释器，并将控制权交给被执行的程序，而后者创建一个到程序的连接（这个连接类似于文件）。

有关这些函数的详细信息，请参阅标准库文档。

提示　请参阅模块subprocess，它融合了模块os.system以及函数execv和popen的功能。

变量os.sep是用于路径名中的分隔符。在UNIX（以及macOS的命令行Python版本）中，标准分隔符为/。在Windows中，标准分隔符为\\（这种Python语法表示单个反斜杠）。在旧式

macOS中，标准分隔符为:。（在有些平台中，os.altsep包含替代路径分隔符，如Windows中的/。）

可使用os.pathsep来组合多条路径，就像PYTHONPATH中那样。pathsep用于分隔不同的路径名：在UNIX/macOS中为:，而在Windows中为;。

变量os.linesep是用于文本文件中的行分隔符：在UNIX/OS X中为单个换行符（\n），在Windows中为回车和换行符（\r\n）。

函数urandom使用随系统而异的“真正”（至少是强加密）随机源。如果平台没有提供这样的随机源，将引发NotImplementedError异常。

例如，看看启动Web浏览器的问题。命令system可用于执行任何外部程序，这在UNIX等环境中很有用，因为你可从命令行执行程序（或命令）来列出目录的内容、发送电子邮件等。它还可用于启动图形用户界面程序，如Web浏览器。在UNIX中，可像下面这样做（这里假定/usr/bin/firefox处有浏览器）：

```
os.system('/usr/bin/firefox')
```

在Windows中，可以这样做（同样，这里指定的是你安装浏览器的路径）：

```
os.system(r'C:\"Program Files (x86)"\"Mozilla Firefox"\firefox.exe')
```

请注意，这里用引号将Program Files和Mozilla Firefox括起来了。如果不这样做，底层shell将受阻于空白处（对于PYTHONPATH中的路径，也必须这样做）。另外，这里必须使用反斜杆，因为Windows shell无法识别斜杠。如果你执行这个命令，将发现浏览器试图打开名为Files"\Mozilla…（空白后面的命令部分）的网站。另外，如果你在IDLE中执行这个命令，将出现一个DOS窗口，关闭这个窗口后浏览器才会启动。总之，结果不太理想。

另一个函数更适合用于完成这项任务，它就是Windows特有的函数os.startfile。

```
os.startfile(r'C:\Program Files (x86)\Mozilla Firefox\firefox.exe')
```

如你所见，os.startfile接受一个普通路径，即便该路径包含空白也没关系（无须像os.system示例中那样用引号将Program Files括起）。

请注意，在Windows中，使用os.system或os.startfile启动外部程序后，当前Python程序将继续运行；而在UNIX中，当前Python程序将等待命令os.system结束。

更佳的解决方案：webbrowser

函数os.system可用于完成很多任务，但就启动Web浏览器这项任务而言，有一种更佳的解决方案：使用模块webbrowser。这个模块包含一个名为open的函数，让你能够启动Web浏览器并打开指定的URL。例如，要让程序在Web浏览器中打开Python网站（启动浏览器或使用正在运行的浏览器，只需像下面这样做：

```
import webbrowser
webbrowser.open('http://www.python.org')
```

这将弹出指定的网页。

10.3.3 fileinput

第 11 章将深入介绍如何读写文件，这里先来预演一下。模块 fileinput 让你能够轻松地迭代一系列文本文件中的所有行。如果你这样调用脚本（假设是在 UNIX 命令行中）：

```
$ python some_script.py file1.txt file2.txt file3.txt
```

就能够依次迭代文件 file1.txt 到 file3.txt 中的行。你还可在 UNIX 管道中对使用 UNIX 标准命令 cat 提供给标准输入（sys.stdin）的行进行迭代。

```
$ cat file.txt | python some_script.py
```

如果使用模块 fileinput，在 UNIX 管道中使用 cat 调用脚本的效果将与以命令行参数的方式向脚本提供文件名一样。表 10-4 描述了模块 fileinput 中最重要的函数。

表 10-4　模块 fileinput 中一些重要的函数

函　数	描　述
input([files[, inplace[, backup]]])	帮助迭代多个输入流中的行
filename()	返回当前文件的名称
lineno()	返回（累计的）当前行号
filelineno()	返回在当前文件中的行号
isfirstline()	检查当前行是否是文件中的第一行
isstdin()	检查最后一行是否来自 sys.stdin
nextfile()	关闭当前文件并移到下一个文件
close()	关闭序列

fileinput.input 是其中最重要的函数，它返回一个可在 for 循环中进行迭代的对象。如果要覆盖默认行为（确定要迭代哪些文件），可以序列的方式向这个函数提供一个或多个文件名。还可将参数 inplace 设置为 True（inplace=True），这样将就地进行处理。对于你访问的每一行，都需打印出替代内容，这些内容将被写回到当前输入文件中。就地进行处理时，可选参数 backup 用于给从原始文件创建的备份文件指定扩展名。

函数 fileinput.filename 返回当前文件（即当前处理的行所属文件）的文件名。

函数 fileinput.lineno 返回当前行的编号。这个值是累计的，因此处理完一个文件并接着处理下一个文件时，不会重置行号，而是从前一个文件最后一行的行号加 1 开始。

函数 fileinput.filelineno 返回当前行在当前文件中的行号。每次处理完一个文件并接着处理下一个文件时，将重置这个行号并从 1 重新开始。

函数 fileinput.isfirstline 在当前行为当前文件中的第一行时返回 True，否则返回 False。

函数 fileinput.isstdin 在当前文件为 sys.stdin 时返回 True，否则返回 False。

函数 fileinput.nextfile 关闭当前文件并跳到下一个文件，且计数时忽略跳过的行。这在你知道无须继续处理当前文件时很有用。例如，如果每个文件包含的单词都是按顺序排列的，而你要查找特定的单词，则过了这个单词所在的位置后，就可放心地跳到下一个文件。

函数 fileinput.close 关闭整个文件链并结束迭代。

来看一个 fileinput 使用示例。假设你编写了一个 Python 脚本，并想给其中的代码行加上行号。鉴于你希望这样处理后程序依然能够正常运行，因此必须在每行末尾以注释的方式添加行号。为让这些行号对齐，可使用字符串格式设置功能。假设只允许每行代码最多包含 40 个字符，并在第 41 个字符处开始添加注释。代码清单 10-6 演示了一种使用模块 fileinput 和参数 inplace 来完成这种任务的简单方式。

代码清单 10-6 在 Python 脚本中添加行号

```
# numberlines.py

import fileinput

for line in fileinput.input(inplace=True):
    line = line.rstrip()
    num = fileinput.lineno()
    print('{:<50} # {:2d}'.format(line, num))
```

如果像下面这样运行这个程序，并将其作为参数传入：

```
$ python numberlines.py numberlines.py
```

这个程序将变成代码清单 10-7 那样。注意到程序本身被修改了，如果像上面这样运行它多次，每行都将包含多个行号。本书前面介绍过，rstrip 是一个字符串方法，它将删除指定字符串右边的空白，并返回结果（参见 3.4 节以及附录 B 的表 B-6）。

代码清单 10-7 添加行号后的行号添加程序

```
# numberlines.py                                    # 1
                                                    # 2
import fileinput                                    # 3
                                                    # 4
for line in fileinput.input(inplace=True):          # 5
    line = line.rstrip()                            # 6
    num = fileinput.lineno()                        # 7
    print('{:<50} # {:2d}'.format(line, num))       # 8
```

警告 务必慎用参数 inplace，因为这很容易破坏文件。你应在不设置 inplace 的情况下仔细测试程序（这样将只打印结果），确保程序能够正确运行后再让它修改文件。

在 10.3.6 节，提供了另一个 fileinput 使用示例。

10.3.4 集合、堆和双端队列

有用的数据结构有很多。Python 支持一些较常用的，其中的字典（散列表）和列表（动态数组）是 Python 语言的有机组成部分。还有一些虽然不那么重要，但有时也能派上用场。

1. 集合

很久以前，集合是由模块 sets 中的 Set 类实现的。虽然在既有代码中可能遇到 Set 实例，但除非要向后兼容，否则真的没有理由再使用它。在较新的版本中，集合是由内置类 set 实现的，这意味着你可直接创建集合，而无须导入模块 sets。

```
>>> set(range(10))
{0, 1, 2, 3, 4, 5, 6, 7, 8, 9}
```

可使用序列（或其他可迭代对象）来创建集合，也可使用花括号显式地指定。请注意，不能仅使用花括号来创建空集合，因为这将创建一个空字典。

```
>>> type({})
<class 'dict'>
```

相反，必须在不提供任何参数的情况下调用 set。集合主要用于成员资格检查，因此将忽略重复的元素：

```
>>> {0, 1, 2, 3, 0, 1, 2, 3, 4, 5}
{0, 1, 2, 3, 4, 5}
```

与字典一样，集合中元素的排列顺序是不确定的，因此不能依赖于这一点。

```
>>> {'fee', 'fie', 'foe'}
{'foe', 'fee', 'fie'}
```

除成员资格检查外，还可执行各种标准集合操作（你可能在数学课上学过），如并集和交集，为此可使用对整数执行按位操作的运算符（参见附录 B）。例如，要计算两个集合的并集，可对其中一个集合调用方法 union，也可使用按位或运算符|。

```
>>> a = {1, 2, 3}
>>> b = {2, 3, 4}
>>> a.union(b)
{1, 2, 3, 4}
>>> a | b
{1, 2, 3, 4}
```

还有其他一些方法和对应的运算符，这些方法的名称清楚地指出了其功能：

```
>>> c = a & b
>>> c.issubset(a)
True
>>> c <= a
True
>>> c.issuperset(a)
False
>>> c >= a
False
>>> a.intersection(b)
{2, 3}
>>> a & b
{2, 3}
>>> a.difference(b)
{1}
```

```
>>> a - b
{1}
>>> a.symmetric_difference(b)
{1, 4}
>>> a ^ b
{1, 4}
>>> a.copy()
{1, 2, 3}
>>> a.copy() is a
False
```

另外，还有对应于各种就地操作的方法以及基本方法 add 和 remove。有关这些方法的详细信息，请参阅“Python 库参考手册”中讨论集合类型的部分。

提示 需要计算两个集合的并集的函数时，可使用 set 中方法 union 的未关联版本。这可能很有用，如与 reduce 一起使用。

```
>>> my_sets = []
>>> for i in range(10):
...     my_sets.append(set(range(i, i+5)))
...
>>> reduce(set.union, my_sets)
{0, 1, 2, 3, 4, 5, 6, 7, 8, 9, 10, 11, 12, 13}
```

集合是可变的，因此不能用作字典中的键。另一个问题是，集合只能包含不可变（可散列）的值，因此不能包含其他集合。由于在现实世界中经常会遇到集合的集合，因此这可能是个问题。所幸还有 frozenset 类型，它表示**不可变**（可散列）的集合。

```
>>> a = set()
>>> b = set()
>>> a.add(b)
Traceback (most recent call last):
  File "<stdin>", line 1, in ?
TypeError: set objects are unhashable
>>> a.add(frozenset(b))
```

构造函数 frozenset 创建给定集合的副本。在需要将集合作为另一个集合的成员或字典中的键时，frozenset 很有用。

2. 堆

另一种著名的数据结构是**堆**（heap），它是一种优先队列。优先队列让你能够以任意顺序添加对象，并随时（可能是在两次添加对象之间）找出（并删除）最小的元素。相比于列表方法 min，这样做的效率要高得多。

实际上，Python 没有独立的堆类型，而只有一个包含一些堆操作函数的模块。这个模块名为 heapq（其中的 q 表示队列），它包含 6 个函数（如表 10-5 所示），其中前 4 个与堆操作直接相关。必须使用列表来表示堆对象本身。

表 10-5　模块 heapq 中一些重要的函数

函　　数	描　　述
heappush(heap, x)	将 x 压入堆中
heappop(heap)	从堆中弹出最小的元素
heapify(heap)	让列表具备堆特征
heapreplace(heap, x)	弹出最小的元素，并将 x 压入堆中
nlargest(n, iter)	返回 iter 中 n 个最大的元素
nsmallest(n, iter)	返回 iter 中 n 个最小的元素

函数 heappush 用于在堆中添加一个元素。请注意，不能将它用于普通列表，而只能用于使用各种堆函数创建的列表。原因是元素的顺序很重要（虽然元素的排列顺序看起来有点随意，并没有严格地排序）。

```
>>> from heapq import *
>>> from random import shuffle
>>> data = list(range(10))
>>> shuffle(data)
>>> heap = []
>>> for n in data:
...     heappush(heap, n)
...
>>> heap
[0, 1, 3, 6, 2, 8, 4, 7, 9, 5]
>>> heappush(heap, 0.5)
>>> heap
[0, 0.5, 3, 6, 1, 8, 4, 7, 9, 5, 2]
```

元素的排列顺序并不像看起来那么随意。它们虽然不是严格排序的，但必须保证一点：位置 i 处的元素总是大于位置 i // 2 处的元素（反过来说就是小于位置 2 * i 和 2 * i + 1 处的元素）。这是底层堆算法的基础，称为**堆特征**（heap property）。

函数 heappop 弹出最小的元素（总是位于索引 0 处），并确保剩余元素中最小的那个位于索引 0 处（保持堆特征）。虽然弹出列表中第一个元素的效率通常不是很高，但这不是问题，因为 heappop 会在幕后做些巧妙的移位操作。

```
>>> heappop(heap)
0
>>> heappop(heap)
0.5
>>> heappop(heap)
1
>>> heap
[2, 5, 3, 6, 9, 8, 4, 7]
```

函数 heapify 通过执行尽可能少的移位操作将列表变成合法的堆（即具备堆特征）。如果你的堆并不是使用 heappush 创建的，应在使用 heappush 和 heappop 之前使用这个函数。

```
>>> heap = [5, 8, 0, 3, 6, 7, 9, 1, 4, 2]
>>> heapify(heap)
>>> heap
[0, 1, 5, 3, 2, 7, 9, 8, 4, 6]
```

函数 heapreplace 用得没有其他函数那么多。它从堆中弹出最小的元素，再压入一个新元素。相比于依次执行函数 heappop 和 heappush，这个函数的效率更高。

```
>>> heapreplace(heap, 0.5)
0
>>> heap
[0.5, 1, 5, 3, 2, 7, 9, 8, 4, 6]
>>> heapreplace(heap, 10)
0.5
>>> heap
[1, 2, 5, 3, 6, 7, 9, 8, 4, 10]
```

至此，模块 heapq 中还有两个函数没有介绍：nlargest(n, iter)和 nsmallest(n, iter)，分别用于找出可迭代对象 iter 中最大和最小的 n 个元素。这种任务也可通过先排序（如使用函数 sorted）再切片来完成，但堆算法的速度更快，使用的内存更少（而且使用起来也更容易）。

3. 双端队列（及其他集合）

在需要按添加元素的顺序进行删除时，双端队列很有用。在模块 collections 中，包含类型 deque 以及其他几个集合（collection）类型。

与集合（set）一样，双端队列也是从可迭代对象创建的，它包含多个很有用的方法。

```
>>> from collections import deque
>>> q = deque(range(5))
>>> q.append(5)
>>> q.appendleft(6)
>>> q
deque([6, 0, 1, 2, 3, 4, 5])
>>> q.pop()
5
>>> q.popleft()
6
>>> q.rotate(3)
>>> q
deque([2, 3, 4, 0, 1])
>>> q.rotate(-1)
>>> q
deque([3, 4, 0, 1, 2])
```

双端队列很有用，因为它支持在队首（左端）高效地附加和弹出元素，而使用列表无法这样做。另外，还可高效地旋转元素（将元素向右或向左移，并在到达一端时环绕到另一端）。双端队列对象还包含方法 extend 和 extendleft，其中 extend 类似于相应的列表方法，而 extendleft 类似于 appendleft。请注意，用于 extendleft 的可迭代对象中的元素将按相反的顺序出现在双端队列中。

10.3.5　time

模块 time 包含用于获取当前时间、操作时间和日期、从字符串中读取日期、将日期格式化为字符串的函数。日期可表示为实数（从“新纪元”1月1日0时起过去的秒数。“新纪元”是一个随平台而异的年份，在UNIX中为1970年），也可表示为包含9个整数的元组。表10-6解释了这些整数。例如，元组(2008, 1, 21, 12, 2, 56, 0, 21, 0)表示2008年1月21日12时2分56秒。这一天是星期一，2008年的第21天（不考虑夏令时）。

表10-6　Python日期元组中的字段

索　引	字　段	值
0	年	如2000、2001等
1	月	范围为1~12
2	日	范围为1~31
3	时	范围为0~23
4	分	范围为0~59
5	秒	范围为0~61
6	星期	范围为0~6，其中0表示星期一
7	儒略日	范围为1~366
8	夏令时	0、1或-1

秒的取值范围为0~61，这考虑到了闰一秒和闰两秒的情况。夏令时数字是一个布尔值（True或False），但如果你使用-1，那么mktime［将时间元组转换为时间戳（从新纪元开始后的秒数）的函数］可能得到正确的值。表10-7描述了模块time中一些最重要的函数。

表10-7　模块time中一些重要的函数

函　数	描　述
asctime([tuple])	将时间元组转换为字符串
localtime([secs])	将秒数转换为表示当地时间的日期元组
mktime(tuple)	将时间元组转换为当地时间
sleep(secs)	休眠（什么都不做）secs秒
strptime(string[, format])	将字符串转换为时间元组
time()	当前时间（从新纪元开始后的秒数，以UTC为准）

函数 time.asctime 将当前时间转换为字符串，如下所示：

```
>>> time.asctime()
'Sun Apr  9 20:58:46 2023'
```

如果不想使用当前时间，也可向它提供一个日期元组（如 localtime 创建的日期元组）。要设置更复杂的格式，可使用函数 strftime，标准文档对此做了介绍。

函数 time.localtime 将一个实数（从新纪元开始后的秒数）转换为日期元组（本地时间）。如果要转换为国际标准时间，应使用 gmtime。

函数 time.mktime 将日期元组转换为从新纪元后的秒数，这与 localtime 的功能相反。

函数 time.sleep 让解释器等待指定的秒数。

函数 time.strptime 将一个字符串（其格式与 asctime 所返回字符串的格式相同）转换为日期元组。（可选参数 format 遵循的规则与 strftime 相同，详情请参阅标准文档。）

函数 time.time 返回当前的国际标准时间，以从新纪元开始的秒数表示。虽然新纪元随平台而异，但可这样进行可靠的计时：存储事件（如函数调用）发生前后 time 的结果，再计算它们的差。有关这些函数的使用示例，请参阅 10.3.6 节。

表 10-7 只列出了模块 time 的一部分函数。这个模块的大部分函数执行的任务都与本节介绍的任务类似或相关。如果要完成这里介绍的函数无法执行的任务，请查看“Python 库参考手册”中介绍模块 time 的部分，在那里你很可能找到刚好能完成这种任务的函数。

另外，还有两个较新的与时间相关的模块：datetime 和 timeit。前者提供了日期和时间算术支持，而后者可帮助你计算代码段的执行时间。“Python 库参考手册”提供了有关这两个模块的详细信息。另外，第 16 章将简要地讨论 timeit。

10.3.6 random

模块 random 包含生成伪随机数的函数，有助于编写模拟程序或生成随机输出的程序。请注意，虽然这些函数生成的数字好像是完全随机的，但它们背后的系统是可预测的。如果你要求真正的随机（如用于加密或实现与安全相关的功能），应考虑使用模块 os 中的函数 urandom。模块 random 中的 SystemRandom 类基于的功能与 urandom 类似，可提供接近于真正随机的数据。

表 10-8 列出了这个模块中一些重要的函数。

表 10-8 模块 random 中一些重要的函数

函 数	描 述
random()	返回一个 0~1（含）的随机实数
getrandbits(n)	以长整数方式返回 n 个随机的二进制位
uniform(a, b)	返回一个 a~b（含）的随机实数
randrange([start], stop, [step])	从 range(start, stop, step)中随机地选择一个数
choice(seq)	从序列 seq 中随机地选择一个元素
shuffle(seq[, random])	就地打乱序列 seq
sample(seq, n)	从序列 seq 中随机地选择 n 个值不同的元素

函数 random.random 是最基本的随机函数之一，它返回一个 0~1（含）的伪随机数。除非这正是你需要的，否则可能应使用其他提供了额外功能的函数。函数 random.getrandbits 以一个整数的方式返回指定数量的二进制位。

向函数 random.uniform 提供了两个数字参数 a 和 b 时，它返回一个 a~b（含）的随机（均匀分布的）实数。例如，如果你需要一个随机角度，可使用 uniform(0, 360)。

函数 random.randrange 是生成随机整数的标准函数。为指定这个随机整数所在的范围，你可像调用 range 那样给这个函数提供参数。例如，要生成一个 1~10（含）的随机整数，可使用 randrange(1, 11)或 randrange(10) + 1。要生成一个小于 20 的随机正奇数，可使用 randrange(1, 20, 2)。

函数 random.choice 从给定序列中随机（均匀）地选择一个元素。

函数 random.shuffle 随机地打乱一个可变序列中的元素，并确保每种可能的排列顺序出现的概率相同。

函数 random.sample 从给定序列中随机（均匀）地选择指定数量的元素，并确保所选择元素的值各不相同。

注意　编写与统计相关的程序时，可使用其他类似于 uniform 的函数，它们返回按各种分布随机采集的数字，如贝塔分布、指数分布、高斯分布等。

来看几个使用模块 random 的示例。在这些示例中，我将使用前面介绍的模块 time 中的几个函数。首先，获取表示时间段（2023 年）上限和下限的实数。为此，可使用时间元组来表示日期（将星期、儒略日和夏令时都设置为-1，让 Python 去计算它们的正确值），并对这些元组调用 mktime：

```
from random import *
from time import *
date1 = (2023, 1, 1, 0, 0, 0, -1, -1, -1)
time1 = mktime(date1)
date2 = (2024, 1, 1, 0, 0, 0, -1, -1, -1)
time2 = mktime(date2)
```

接下来，以均匀的方式生成一个位于该范围内（不包括上限）的随机数：

```
>>> random_time = uniform(time1, time2)
```

然后，将这个数转换为易于理解的日期。

```
>>> print(asctime(localtime(random_time)))
Tue Aug 16 10:11:04 2023
```

在接下来的示例中，我们询问用户要掷多少个骰子、每个骰子有多少面。掷骰子的机制是使用 randrange 和 for 循环实现的。

```
from random import randrange
num   = int(input('How many dice? '))
sides = int(input('How many sides per die? '))
sum = 0
for i in range(num): sum += randrange(sides) + 1
print('The result is', sum)
```

如果将这些代码放在一个脚本文件中并运行它，将看到类似于下面的交互过程：

```
How many dice? 3
How many sides per die? 6
The result is 10
```

现在假设你创建了一个文本文件，其中每行都包含一种运气情况（fortune），那么就可使用前面介绍的模块 fileinput 将这些情况放到一个列表中，再随机地选择一种。

```
# fortune.py
import fileinput, random
fortunes = list(fileinput.input())
print(random.choice(fortunes))
```

在 UNIX 和 macOS 中，可使用标准字典文件/usr/share/dict/words 来测试这个程序，这将获得一个随机的单词。

```
$ python fortune.py /usr/share/dict/words
dodge
```

来看最后一个示例。假设你要编写一个程序，在用户每次按回车键时都发给他一张牌。另外，你还要确保发给用户的每张牌都不同。为此，首先创建“一副牌”，也就是一个字符串列表。

```
>>> values = list(range(1, 11)) + 'Jack Queen King'.split()
>>> suits = 'diamonds clubs hearts spades'.split()
>>> deck = ['{} of {}'.format(v, s) for v in values for s in suits]
```

刚才创建的这副牌并不太适合玩游戏。我们来看看其中一些牌：

```
>>> from pprint import pprint
>>> pprint(deck[:12])
['1 of diamonds',
 '1 of clubs',
 '1 of hearts',
 '1 of spades',
 '2 of diamonds',
 '2 of clubs',
 '2 of hearts',
 '2 of spades',
 '3 of diamonds',
 '3 of clubs',
 '3 of hearts',
 '3 of spades']
```

太有规律了，对吧？这个问题很容易修复。

```
>>> from random import shuffle
>>> shuffle(deck)
>>> pprint(deck[:12])
['3 of spades',
 '2 of diamonds',
 '5 of diamonds',
 '6 of spades',
 '8 of diamonds',
 '1 of clubs',
 '5 of hearts',
 'Queen of diamonds',
 'Queen of hearts',
```

```
'King of hearts',
'Jack of diamonds',
'Queen of clubs']
```

请注意，这里只打印了开头12张牌，旨在节省篇幅。如果你愿意，完全可以自己查看整副牌。

最后，要让Python在用户每次按回车键时都给他发一张牌，直到牌发完为止，只需创建一个简单的while循环。如果将创建整副牌的代码放在了一个程序文件中，那么只需在这个文件末尾添加如下代码即可：

```
while deck: input(deck.pop())
```

请注意，如果在交互式解释器中尝试运行这个while循环，那么每当你按回车键时都将打印一个空字符串。这是因为input返回你输入的内容（什么都没有），然后这些内容将被打印出来。在普通程序中，将忽略input返回的值。要在交互式解释器中也忽略input返回的值，只需将其赋给一个你不会再理会的变量，并将这个变量命名为ignore。

10.3.7　shelve和json

下一章将介绍如何将数据存储到文件中，但如果需要的是简单的存储方案，模块shelve可替你完成大部分工作——你只需提供一个文件名即可。对于模块shelve，你唯一感兴趣的是函数open。这个函数将一个文件名作为参数，并返回一个Shelf对象，供你用来存储数据。你可像操作普通字典那样操作它（只是键必须为字符串），操作完毕（并将所做的修改存盘）时，可调用其方法close。

1. 一个潜在的陷阱

至关重要的一点是认识到shelve.open返回的对象并非普通映射，如下例所示：

```
>>> import shelve
>>> s = shelve.open('test.dat')
>>> s['x'] = ['a', 'b', 'c']
>>> s['x'].append('d')
>>> s['x']
['a', 'b', 'c']
```

'd'到哪里去了呢？

这很容易解释：当你查看shelf对象中的元素时，将使用存储版重建该对象，而当你将一个元素赋给键时，该元素将被存储。在上述示例中，发生的事情如下。

- 列表['a', 'b', 'c']被存储到s的'x'键下。
- 获取存储的表示，并使用它创建一个新列表，再将'd'附加到这个新列表末尾，但这个修改后的版本未被存储！
- 最后，再次获取原来的版本——其中没有'd'。

要正确地修改使用模块shelve存储的对象，必须将获取的副本赋给一个临时变量，并在修改这个副本后再次存储：

```
>>> temp = s['x']
>>> temp.append('d')
>>> s['x'] = temp
>>> s['x']
['a', 'b', 'c', 'd']
```

还有另一种避免这个问题的办法：将函数 open 的参数 writeback 设置为 True。这样，从 shelf 对象读取或赋给它的所有数据结构都将保存到内存（缓存）中，并等到你关闭 shelf 对象时才将它们写入磁盘中。如果你处理的数据不多，且不想操心这些问题，将参数 writeback 设置为 True 可能是个不错的主意。在这种情况下，你必须确保在处理完毕后将 shelf 对象关闭。为此，一种办法是像处理打开的文件那样，将 shelf 对象用作上下文管理器，这将在下一章讨论。

2. 一个简单的数据库示例

代码清单 10-8 是一个使用模块 shelve 的简单数据库应用程序。

代码清单 10-8　一个简单的数据库应用程序

```
# database.py
import sys, shelve

def store_person(db):
    """
    让用户输入数据并将其存储到shelf对象中
    """
    pid = input('Enter unique ID number: ')
    person = {}
    person['name'] = input('Enter name: ')
    person['age'] = input('Enter age: ')
    person['phone'] = input('Enter phone number: ')
    db[pid] = person

def lookup_person(db):
    """
    让用户输入ID和所需的字段，并从shelf对象中获取相应的数据
    """
    pid = input('Enter ID number: ')
    field = input('What would you like to know? (name, age, phone) ')
    field = field.strip().lower()

    print(field.capitalize() + ':', db[pid][field])

def print_help():
    print('The available commands are:')
    print('store : Stores information about a person')
    print('lookup : Looks up a person from ID number')
    print('quit : Save changes and exit')
    print('? : Prints this message')

def enter_command():
    cmd = input('Enter command (? for help): ')
    cmd = cmd.strip().lower()
```

```
    return cmd

def main():
    database = shelve.open('C:\\database.dat') # 你可能想修改这个名称
    try:
        while True:
            cmd = enter_command()
            if  cmd == 'store':
                store_person(database)
            elif cmd == 'lookup':
                lookup_person(database)
            elif cmd == '?':
                print_help()
            elif cmd == 'quit':
                return
    finally:
        database.close()

if __name__ == '__main__': main()
```

代码清单 10-8 所示的程序有几个有趣的特征。

- 所有代码都放在函数中，这提高了程序的结构化程度（一个可能的改进是将这些函数作为一个类的方法）。
- 主程序位于函数 main 中，这个函数仅在__name__ == '__main__'时才会被调用。这意味着可在另一个程序中将这个程序作为模块导入，再调用函数 main。
- 在函数 main 中，我打开一个数据库（shelf），再将其作为参数传递给其他需要它的函数。由于这个程序很小，我原本可以使用一个全局变量，但在大多数情况下，最好不要使用全局变量——除非你有理由这样做。
- 读入一些值后，我调用 strip 和 lower 来修改它们，因为仅当提供的键与存储的键完全相同时，它们才匹配。如果对用户输入的内容都调用 strip 和 lower，用户输入时就无须太关心大小写，且在输入开头和末尾有多余的空白也没有关系。另外，注意到打印字段名时使用了 capitalize。
- 为确保数据库得以妥善的关闭，我使用了 try 和 finally。不知道什么时候就会出现问题，进而引发异常。如果程序终止时未妥善地关闭数据库，数据库文件可能受损，变得毫无用处。使用 try 和 finally，可避免这样的情况发生。我原本也可像第 11 章介绍的那样，将 shelf 用作上下文管理器。

我们来试试这个数据库。下面是一个示例交互过程：

```
Enter command (? for help): ?
The available commands are:
store  : Stores information about a person
lookup : Looks up a person from ID number
quit   : Save changes and exit
?      : Prints this message
Enter command (? for help): store
Enter unique ID number: 001
```

```
Enter name: Mr. Gumby
Enter age: 42
Enter phone number: 555-1234
Enter command (? for help): lookup
Enter ID number: 001
What would you like to know? (name, age, phone) phone
Phone: 555-1234
Enter command (? for help): quit
```

这个交互过程并不是很有趣。我原本可以使用普通字典（而不是shelf对象）来完成这个任务。退出这个程序后，来看看再次运行它时（这也许是在第二天）发生的情况。

```
Enter command (? for help): lookup
Enter ID number: 001
What would you like to know? (name, age, phone) name
Name: Mr. Gumby
Enter command (? for help): quit
```

如你所见，这个程序读取前面运行它时创建的文件，该文件依然包含Mr. Gumby!

请随便实验这个程序，看看你能否扩展其功能并让它对用户更友好。你或许能够设计出一个可为你所用的版本。

提示 如果要以这样的格式保存数据，也就是让使用其他语言编写的程序能够轻松地读取它们，可考虑使用JSON格式。Python标准库提供了用于处理JSON字符串（在这种字符串和Python值之间进行转换）的模块json。

10.3.8 re

> 有些人面临问题时会想："我知道，我将使用正则表达式来解决这个问题。"这让他们面临的问题变成了两个。
>
> ——Jamie Zawinski

模块re提供了对正则表达式的支持。如果你听说过正则表达式，就可能知道它们有多厉害；如果没有，就等着大吃一惊吧。

然而，需要指出的是，要掌握正则表达式有点难。关键是每次学习一点点：只考虑完成特定任务所需的知识。预先将所有的知识牢记在心毫无意义。本节描述模块re和正则表达式的主要功能，让你能够快速上手。

1. 正则表达式是什么

正则表达式是可匹配文本片段的模式。最简单的正则表达式为普通字符串，与它自己匹配。换而言之，正则表达式'python'与字符串'python'匹配。你可使用这种匹配行为来完成如下工作：在文本中查找模式，将特定的模式替换为计算得到的值，以及将文本分割成片段。

10

- 通配符

正则表达式可与多个字符串匹配，你可使用特殊字符来创建这种正则表达式。例如，句点与除换行符外的其他字符都匹配，因此正则表达式'.ython'与字符串'python'和'jython'都匹配。它还与'qython'、'+ython'和' ython'（第一个字符为空格）等字符串匹配，但不与'cpython'、'ython'等字符串匹配，因为句点只与一个字符匹配，而不与零或两个字符匹配。

句点与除换行符外的任何字符都匹配，因此被称为**通配符**（wildcard）。

- 对特殊字符进行转义

普通字符只与自己匹配，但特殊字符的情况完全不同。例如，假设要匹配字符串'python.org'，可以直接使用模式'python.org'吗？可以，但它也与'pythonzorg'匹配（还记得吗？句点与除换行符外的其他字符都匹配），这可能不是你想要的结果。要让特殊字符的行为与普通字符一样，可对其进行**转义**：像第 1 章对字符串中的引号进行转义时所做的那样，在它前面加上一个反斜杠。因此，在这个示例中，可使用模式'python\\.org'，它只与'python.org'匹配。

请注意，为表示模块 re 要求的单个反斜杠，需要在字符串中书写两个反斜杠，让解释器对其进行转义。换而言之，这里包含两层转义：解释器执行的转义和模块 re 执行的转义。实际上，在有些情况下也可使用单个反斜杠，让解释器自动对其进行转义，但请不要这样依赖解释器。如果你厌烦了两个反斜杆，可使用原始字符串，如 r'python\.org'。

- 字符集

匹配任何字符很有用，但有时你需要更细致地控制。为此，可以用方括号将一个子串括起，创建一个所谓的字符集。这样的字符集与其包含的字符都匹配，例如'[pj]ython'与'python'和'jython'都匹配，但不与其他字符串匹配。你还可使用范围，例如'[a-z]'与 a~z 的任何字母都匹配。你还可组合多个访问，方法是依次列出它们，例如'[a-zA-Z0-9]'与大写字母、小写字母和数字都匹配。请注意，字符集只能匹配一个字符。

要指定排除字符集，可在开头添加一个^字符，例如'[^abc]'与除 a、b 和 c 外的其他任何字符都匹配。

字符集中的特殊字符

一般而言，对于诸如句点、星号和问号等特殊字符，要在模式中将其用作字面字符而不是正则表达式运算符，必须使用反斜杠对其进行转义。在字符集中，通常无须对这些字符进行转义，但进行转义也是完全合法的。然而，你应牢记如下规则。

- 脱字符（^）位于字符集开头时，除非要将其用作排除运算符，否则必须对其进行转义。换而言之，除非有意为之，否则不要将其放在字符集开头。
- 同样，对于右方括号（]）和连字符（-），要么将其放在字符集开头，要么使用反斜杠对其进行转义。实际上，如果你愿意，也可将连字符放在字符集末尾。

- 二选一和子模式

需要以不同的方式处理每个字符时，字符集很好，但如果只想匹配字符串'python'和'perl'，该如何办呢？使用字符集或通配符无法指定这样的模式，而必须使用表示二选一的特殊字符：管道字符（|）。所需的模式为'python|perl'。

然而，有时候你不想将二选一运算符用于整个模式，而只想将其用于模式的一部分。为此，可将这部分（子模式）放在圆括号内。对于前面的示例，可重写为'p(ython|erl)'。请注意，单个字符也可称为**子模式**。

- 可选模式和重复模式

通过在子模式后面加上问号，可将其指定为可选的，即可包含可不包含。例如，下面这个不太好懂的模式：

```
r'(http://)?(www\.)?python\.org'
```

只与下面这些字符串匹配：

```
'http://www.python.org'
'http://python.org'
'www.python.org'
'python.org'
```

对于这个示例，需要注意如下几点。

- 我对句点进行了转义，以防它充当通配符。
- 为减少所需的反斜杠数量，我使用了原始字符串。
- 每个可选的子模式都放在圆括号内。
- 每个可选的子模式都可以出现，也可以不出现。

问号表示可选的子模式可出现一次，也可不出现。还有其他几个运算符用于表示子模式可重复多次。

- (pattern)*：pattern 可重复 0、1 或多次。
- (pattern)+：pattern 可重复 1 或多次。
- (pattern){m,n}：模式可重复 m~n 次。

例如，r'w*\.python\.org'与'www.python.org'匹配，也与'.python.org'、'ww.python.org'和'wwwwwww.python.org'匹配。同样，r'w+\.python\.org'与'w.python.org'匹配，但与'.python.org'不匹配，而 r'w{3,4}\.python\.org'只与'www.python.org'和'wwww.python.org'匹配。

注意 在这里，术语**匹配**指的是与整个字符串匹配，而函数 match（参见表 10-9）只要求模式与字符串开头匹配。

- 字符串的开头和末尾

到目前为止，讨论的都是模式是否与整个字符串匹配，但也可查找与模式匹配的子串，如字符串'www.python.org'中的子串'www'与模式'w+'匹配。像这样查找字符串时，有时在整个字符串开头或末尾查找很有用。例如，你可能想确定字符串的开头是否与模式'ht+p'匹配，为此可使用脱字符（'^'）来指出这一点。例如，'^ht+p'与'http://python.org'和'htttttp://python.org'匹配，但与'www.http.org'不匹配。同样，要指定字符串末尾，可使用美元符号（$）。

注意 完整的正则表达式运算符清单请参阅 Python 库中的 Regular Expression Syntax 部分。

2. 模块 re 的内容

如果没有用武之地，知道如何书写正则表达式也没多大意义。模块 re 包含多个使用正则表达式的函数，表 10-9 描述了其中最重要的一些。

表 10-9 模块 re 中一些重要的函数

函 数	描 述
compile(pattern[, flags])	根据包含正则表达式的字符串创建模式对象
search(pattern, string[, flags])	在字符串中查找模式
match(pattern, string[, flags])	在字符串开头匹配模式
split(pattern, string[, maxsplit=0])	根据模式来分割字符串
findall(pattern, string)	返回一个列表，其中包含字符串中所有与模式匹配的子串
sub(pat, repl, string[, count=0])	将字符串中与模式 pat 匹配的子串都替换为 repl
escape(string)	对字符串中所有的正则表达式特殊字符都进行转义

函数 re.compile 将用字符串表示的正则表达式转换为模式对象，以提高匹配效率。调用 search、match 等函数时，如果提供的是用字符串表示的正则表达式，都必须在内部将它们转换为模式对象。使用函数 compile 对正则表达式进行转换后，每次使用它时都无须再进行转换。模式对象也有搜索/匹配方法，因此 re.search(pat, string)（其中 pat 是一个使用字符串表示的正则表达式）等价于 pat.search(string)（其中 pat 是使用 compile 创建的模式对象）。编译后的正则表达式对象也可用于模块 re 中的普通函数中。

函数 re.search 在给定字符串中查找第一个与指定正则表达式匹配的子串。如果找到这样的子串，将返回 MatchObject（结果为真），否则返回 None（结果为假）。鉴于返回值的这种特征，可在条件语句中使用这个函数，如下所示：

```
if re.search(pat, string):
    print('Found it!')
```

然而，如果你需要获悉有关匹配的子串的详细信息，可查看返回的 MatchObject。下一节将更详细地介绍 MatchObject。

函数 re.match 尝试在给定字符串开头查找与正则表达式匹配的子串，因此 re.match('p', 'python')返回真（MatchObject），而 re.match('p', 'www.python.org')返回假（None）。

注意　函数 match 在模式与字符串开头匹配时就返回 True，而不要求模式与整个字符串匹配。如果要求与整个字符串匹配，需要在模式末尾加上一个美元符号。美元符号要求与字符串末尾匹配，从而将匹配检查延伸到整个字符串。

函数 re.split 根据与模式匹配的子串来分割字符串。这类似于字符串方法 split，但使用正则表达式来指定分隔符，而不是指定固定的分隔符。例如，使用字符串方法 split 时，可以字符串', '为分隔符来分割字符串，但使用 re.split 时，可以空格和逗号为分隔符来分割字符串。

```
>>> some_text = 'alpha, beta,,,,gamma    delta'
>>> re.split('[, ]+', some_text)
['alpha', 'beta', 'gamma', 'delta']
```

注意　如果模式包含圆括号，将在分割得到的子串之间插入括号中的内容。例如，re.split('o(o)', 'foobar')的结果为['f', 'o', 'bar']。

从这个示例可知，返回值为子串列表。参数 maxsplit 指定最多分割多少次。

```
>>> re.split('[, ]+', some_text, maxsplit=2)
['alpha', 'beta', 'gamma    delta']
>>> re.split('[, ]+', some_text, maxsplit=1)
['alpha', 'beta,,,,gamma    delta']
```

函数 re.findall 返回一个列表，其中包含所有与给定模式匹配的子串。例如，要找出字符串包含的所有单词，可像下面这样做：

```
>>> pat = '[a-zA-Z]+'
>>> text = '"Hm... Err -- are you sure?" he said, sounding insecure.'
>>> re.findall(pat, text)
['Hm', 'Err', 'are', 'you', 'sure', 'he', 'said', 'sounding', 'insecure']
```

要查找所有的标点符号，可像下面这样做：

```
>>> pat = r'[.?\-",]+'
>>> re.findall(pat, text)
['"', '...', '--', '?"', ',', '.']
```

请注意，这里对连字符（-）进行了转义，因此 Python 不会认为它是用来指定字符范围的（如 a-z）。

函数 re.sub 从左往右将与模式匹配的子串替换为指定内容。请看下面的示例：

```
>>> pat = '{name}'
>>> text = 'Dear {name}...'
>>> re.sub(pat, 'Mr. Gumby', text)
'Dear Mr. Gumby...'
```

有关如何更有效地使用这个函数，请参阅随后的一节。

re.escape 是一个工具函数，用于对字符串中所有可能被视为正则表达式运算符的字符进行转义。使用这个函数的情况有：字符串很长，其中包含大量特殊字符，而你不想输入大量的反斜杠；你从用户那里获取了一个字符串（例如，通过函数 input），想将其用于正则表达式中。下面的示例说明了这个函数的工作原理：

```
>>> re.escape('www.python.org')
'www\\.python\\.org'
>>> re.escape('But where is the ambiguity?')
'But\\ where\\ is\\ the\\ ambiguity\\?'
```

注意　在表 10-9 中，注意到有些函数接受一个名为 flags 的可选参数。这个参数可用于修改正则表达式的解读方式。有关这方面的详细信息，请参阅“Python 库参考手册”中讨论模块 re 的部分。

3. 匹配对象和编组

在模块 re 中，查找与模式匹配的子串的函数都在找到时返回 MatchObject 对象。这种对象包含与模式匹配的子串的信息，还包含模式的哪部分与子串的哪部分匹配的信息。这些子串部分称为编组（group）。

编组就是放在圆括号内的子模式，它们是根据左边的括号数编号的，其中编组 0 指的是整个模式。因此，在下面的模式中：

```
'There (was a (wee) (cooper)) who (lived in Fyfe)'
```

包含如下编组：

```
0 There was a wee cooper who lived in Fyfe
1 was a wee cooper
2 wee
3 cooper
4 lived in Fyfe
```

通常，编组包含诸如通配符和重复运算符等特殊字符，因此你可能想知道与给定编组匹配的内容。例如，在下面的模式中：

```
r'www\.(.+)\.com$'
```

编组 0 包含整个字符串，而编组 1 包含'www.'和'.com'之间的内容。通过创建类似于这样的模式，可提取字符串中你感兴趣的部分。

表 10-10 描述了 re 匹配对象的一些重要方法。

表 10-10　re 匹配对象的重要方法

方　法	描　述
group([group1, ...])	获取与给定子模式（编组）匹配的子串
start([group])	返回与给定编组匹配的子串的起始位置
end([group])	返回与给定编组匹配的子串的终止位置（与切片一样，不包含终止位置）
span([group])	返回与给定编组匹配的子串的起始和终止位置

方法 group 返回与模式中给定编组匹配的子串。如果没有指定编组号，则默认为 0。如果只指定了一个编组号（或使用默认值 0），将只返回一个字符串；否则返回一个元组，其中包含与给定编组匹配的子串。

注意 除整个模式（编组 0）外，最多还可以有 99 个编组，编号为 1~99。

方法 start 返回与给定编组（默认为 0，即整个模式）匹配的子串的起始索引。

方法 end 类似于 start，但返回终止索引加 1

方法 span 返回一个元组，其中包含与给定编组（默认为 0，即整个模式）匹配的子串的起始索引和终止索引。

下面的示例说明了这些方法的工作原理：

```
>>> m = re.match(r'www\.(.*)\..{3}', 'www.python.org')
>>> m.group(1)
'python'
>>> m.start(1)
4
>>> m.end(1)
10
>>> m.span(1)
(4, 10)
```

4. 替换中的组号和函数

在第一个 re.sub 使用示例中，我只是将一个子串替换为另一个。这也可使用字符串方法 replace（参见 3.4 节）轻松地完成。当然，正则表达式很有用，因为它们让你能够以更灵活的方式进行搜索，还让你能够执行更复杂的替换。

为利用 re.sub 的强大功能，最简单的方式是在替代字符串中使用组号。在替换字符串中，任何类似于'\\n'的转义序列都将被替换为与模式中编组 n 匹配的字符串。例如，假设要将'*something*'替换为'<em>something</em>'，其中前者是在纯文本文档（如电子邮件）中表示突出的普通方式，而后者是相应的 HTML 代码（用于网页中）。下面先来创建一个正则表达式。

```
>>> emphasis_pattern = r'\*([^\*]+)\*'
```

请注意，正则表达式容易变得难以理解，因此为方便其他人（也包括你自己）以后阅读代码，使用有意义的变量名很重要。

提示 要让正则表达式更容易理解，一种办法是在调用模块 re 中的函数时使用标志 VERBOSE。这让你能够在模式中添加空白（空格、制表符、换行符等），而 re 将忽略它们——除非将它放在字符类中或使用反斜杠对其进行转义。在这样的正则表达式中，你还可添加注释。下述代码创建的模式对象与 emphasis_pattern 等价，但使用了 VERBOSE 标志：

```
>>> emphasis_pattern = re.compile(r'''
... \*                  # 起始突出标志——一个星号
```

```
... (                  # 与要突出的内容匹配的编组的起始位置
... [^\*]+             # 与除星号外的其他字符都匹配
... )                  # 编组到此结束
... \*                 # 结束突出标志
...             ''', re.VERBOSE)
...
```

创建模式后，就可使用re.sub来完成所需的替换了。

```
>>> re.sub(emphasis_pattern, r'<em>\1</em>', 'Hello, *world*!')
'Hello, <em>world</em>!'
```

如你所见，成功地将纯文本转换成了HTML代码。

然而，通过将函数用作替换内容，可执行更复杂的替换。这个函数将MatchObject作为唯一的参数，它返回的字符串将用作替换内容。换而言之，你可以对匹配的字符串做任何处理，并通过细致的处理来生成替换内容。你可能会问，这有何用途呢？等你开始尝试使用正则表达式后，将发现这种机制的用途非常多，随后会介绍其中的一个。

贪婪和非贪婪模式

重复运算符默认是**贪婪**的，这意味着它们将匹配尽可能多的内容。例如，假设重写了前面的突出程序，在其中使用了如下模式：

```
>>> emphasis_pattern = r'\*(.+)\*'
```

这个模式与以星号打头和结尾的内容匹配。好像很完美，不是吗？但情况并非如此。

```
>>> re.sub(emphasis_pattern, r'<em>\1</em>', '*This* is *it*!')
'<em>This* is *it</em>!'
```

如你所见，这个模式匹配了从第一个星号到最后一个星号的全部内容，其中包含另外两个星号！这就是贪婪的意思：能匹配多少就匹配多少。

在这里，你想要的显然不是这种过度贪婪的行为。在你知道不应将某个特定的字符包含在内时，本章前面的解决方案（使用一个匹配任何非星号字符的字符集）很好。下面再来看另一个场景：如果使用'**something**'来表示突出呢？在这种情形下，在要强调的内容中包含单个星号不是问题，但如何避免过度贪婪呢？

这实际上很容易，只需使用重复运算符的非贪婪版即可。对于所有的重复运算符，都可在后面加上问号来将其指定为非贪婪的。

```
>>> emphasis_pattern = r'\*\*(.+?)\*\*'
>>> re.sub(emphasis_pattern, r'<em>\1</em>', '**This** is **it**!')
'<em>This</em> is <em>it</em>!'
```

这里使用的是运算符+?而不是+。这意味着与以前一样，这个模式将匹配一个或多个通配符，但匹配尽可能少的内容，因为它是非贪婪的。因此，这个模式只匹配到下一个'**'，即它末尾的内容。如你所见，效果很好。

5. 找出发件人

你曾将邮件保存为文本文件吗？如果这样做过，你可能注意到文件开头有大量难以理解的文本，如代码清单 10-9 所示。

代码清单 10-9 一组虚构的邮件头

```
From foo@bar.baz Thu Dec 20 01:22:50 2008
Return-Path: <foo@bar.baz>
Received: from xyzzy42.bar.com (xyzzy.bar.baz [123.456.789.42])
        by frozz.bozz.floop (8.9.3/8.9.3) with ESMTP id BAA25436
        for <magnus@bozz.floop>; Thu, 20 Dec 2004 01:22:50 +0100 (MET)
Received: from [43.253.124.23] by bar.baz
        (InterMail vM.4.01.03.27 201-229-121-127-20010626) with ESMTP
        id <20041220002242.ADASD123.bar.baz@[43.253.124.23]>; Thu, 20 Dec 2004 00:22:42 +0000
User-Agent: Microsoft-Outlook-Express-Macintosh-Edition/5.02.2022
Date: Wed, 19 Dec 2008 17:22:42 -0700
Subject: Re: Spam
From: Foo Fie <foo@bar.baz>
To: Magnus Lie Hetland <magnus@bozz.floop>
CC: <Mr.Gumby@bar.baz>
Message-ID: <B8467D62.84F%foo@baz.com>
In-Reply-To: <20041219013308.A2655@bozz.floop> Mime- version: 1.0
Content-type: text/plain; charset="US-ASCII" Content-transfer-encoding: 7bit
Status: RO
Content-Length: 55
Lines: 6
So long, and thanks for all the spam!

Yours,
Foo Fie
```

我们来尝试找出这封邮件的发件人。如果你仔细查看上面的文本，肯定能找出发件人（尤其是看到邮件末尾的签名时）。但你能找出普适的规律吗？如何提取发件人姓名（不包含邮件地址）呢？如何列出邮件头中提及的所有邮件地址呢？先来解决第一个问题。

包含发件人的文本行以'From: '打头，并以包含在尖括号（<和>）内的邮件地址结尾，你要提取的是这两部分之间的文本。如果使用模块 fileinput，这个任务应该很容易完成。解决这个问题的程序如代码清单 10-10 所示。

注意 如果你愿意，也可在不使用正则表达式的情况下解决这个问题。还可使用模块 email 来解决这个问题。

代码清单 10-10 找出发件人的程序

```
# find_sender.py
import fileinput, re
pat = re.compile('From: (.*) <.*?>$')
for line in fileinput.input():
    m = pat.match(line)
    if m: print(m.group(1))
```

可像下面这样运行这个程序（假设电子邮件保存在文本文件 message.eml 中）：

```
$ python find_sender.py message.eml
Foo Fie
```

对于这个程序，应注意如下几点。

- 为提高处理效率，我编译了正则表达式。
- 我将用于匹配要提取文本的子模式放在圆括号内，使其变成了一个编组。
- 我使用了一个非贪婪模式，使其只匹配最后一对尖括号（以防姓名也包含尖括号）。
- 我使用了美元符号指出要使用这个模式来匹配整行（直到行尾）。
- 我使用了 if 语句来确保匹配后才提取与特定编组匹配的内容。

要列出邮件头中提及的所有邮件地址，需要创建一个只与邮件地址匹配的正则表达式，然后使用方法 findall 找出所有与之匹配的内容。为避免重复，可将邮件地址存储在本章前面介绍的集合中。最后，提取键，将它们排序并打印出来。

```
import fileinput, re
pat = re.compile(r'[a-z\-\.]+@[a-z\-\.]+', re.IGNORECASE)
addresses = set()

for line in fileinput.input():
    for address in pat.findall(line):
        addresses.add(address)
for address in sorted(addresses):
    print address
```

将代码清单 10-9 所示的邮件作为输入时，这个程序的输出如下：

```
Mr.Gumby@bar.baz
foo@bar.baz
foo@baz.com
magnus@bozz.floop
```

请注意，排序时大写字母在小写字母之前。

> **注意**　这里并没有完全按问题的要求做。问题要求找出邮件头中的地址，但这个程序找出了整个文件中的所有地址。为避免这一点，可在遇到空行后调用 fileinput.close()，因为邮件头不可能包含空行。如果有多个文件，也可在遇到空行后调用 fileinput.nextfile() 来处理下一个文件。

6. 模板系统示例

模板（template）是一种文件，可在其中插入具体的值来得到最终的文本。例如，可能有一个只需插入收件人姓名的邮件模板。Python 提供了一种高级模板机制：字符串格式设置。使用正则表达式可让这个系统更加高级。假设要把所有的'[something]'（字段）都替换为将 something 作为 Python 表达式计算得到的结果。因此，下面的字符串：

```
'The sum of 7 and 9 is [7 + 9].'
```

应转换为：

```
'The sum of 7 and 9 is 16.'
```

另外，你还希望能够在字段中进行赋值，使得下面的字符串：

```
'[name="Mr. Gumby"]Hello, [name]'
```

转换成：

```
'Hello, Mr. Gumby'
```

这看似很复杂，我们来看看可供使用的工具。

- 可使用正则表达式来匹配字段并提取其内容。
- 可使用 eval 来计算表达式字符串，并提供包含作用域的字典。可在 try/except 语句中执行这种操作。如果出现 SyntaxError 异常，就说明你处理的可能是语句（如赋值语句）而不是表达式，应使用 exec 来执行它。
- 可使用 exec 来执行语句字符串（和其他语句），并将模板的作用域存储到字典中。
- 可使用 re.sub 将被处理的字符串替换为计算得到的结果。突然间，这看起来并不那么吓人了，不是吗？

提示 如果任务看起来吓人，将其分解为较小的部分几乎总是大有裨益。另外，要对手头的工具进行评估，确定如何解决面临的问题。

代码清单 10-11 提供了一个示例实现。

代码清单 10-11 一个模板系统

```
# templates.py

import fileinput, re

# 与使用方括号括起的字段匹配
field_pat = re.compile(r'\[(.+?)\]')

# 我们将把变量收集到这里：
scope = {}

# 用于调用 re.sub：
def replacement(match):
    code = match.group(1)
    try:
        # 如果字段为表达式，就返回其结果：
        return str(eval(code, scope))
    except SyntaxError:
        # 否则在当前作用域内执行该赋值语句
        exec(code, scope)
        # 并返回一个空字符串
        return ''

# 获取所有文本并合并成一个字符串：
```

```
# (还可采用其他办法来完成这项任务，详情请参见第 11 章)
lines = []
for line in fileinput.input():
    lines.append(line)
text = ''.join(lines)

# 替换所有与字段模式匹配的内容：
print(field_pat.sub(replacement, text))
```

简而言之，这个程序做了如下事情。

- 定义一个用于匹配字段的模式。
- 创建一个用作模板作用域的字典。
- 定义一个替换函数，其功能如下。
  - 从 match 中获取与编组 1 匹配的内容，并将其存储到变量 code 中。
  - 将作用域字典作为命名空间，并尝试计算 code，再将结果转换为字符串并返回它。如果成功，就说明这个字段是表达式，因此万事大吉；否则（即引发了 SyntaxError 异常），就进入下一步。
  - 在对表达式进行求值时使用的命名空间（作用域字典）中执行这个字段，并返回一个空字符串（因为赋值语句没有结果）。
- 使用 fileinput 读取所有的行，将它们放在一个列表中，再将其合并成一个大型字符串。
- 调用 re.sub 来使用替换函数来替换所有与模式 field_pat 匹配的字段，并将结果打印出来。

只用 15 行代码（不包括空白和注释），就创建了一个强大的模板系统。但愿你已认识到，使用标准库，Python 的功能变得非常强大。为结束这个示例，下面来测试一下这个模板系统：尝试对代码清单 10-12 所示的简单文件运行它。

代码清单 10-12　一个简单的模板示例

```
[x = 2]
[y = 3]
The sum of [x] and [y] is [x + y].
```

你应看到如下输出：

```
The sum of 2 and 3 is 5.
```

别急，还可以做得更好！由于使用了 fileinput，因此可依次处理多个文件。这意味着可以使用一个文件来定义变量的值，并将另一个文件用作模板，以便在其中插入这些值。例如，可能有一个包含定义的文件（magnus.txt，如代码清单 10-13 所示），还有一个模板文件（template.txt，如代码清单 10-14 所示）。

代码清单 10-13　一些模板定义

```
[name     = 'Magnus Lie Hetland' ]
[email    = 'magnus@foo.bar' ]
[language = 'python' ]
```

代码清单 10-14 一个模板

```
[import time]
Dear [name],

I would like to learn how to program. I hear you
 use the [language] language a lot -- is it something I
 should consider?

And, by the way, is [email] your correct email address?

Fooville, [time.asctime()]

Oscar Frozzbozz
```

import time 并非赋值语句（而是用于做准备工作的语句），但由于程序没那么挑剔（使用了一条简单的 try/except 语句），它支持任何可使用 eval 和 exec 进行处理的表达式和语句。可像下面这样运行这个程序（假设是在 UNIX 命令行中）：

```
$ python templates.py magnus.txt template.txt
```

你将看到类似于下面的输出：

```
Dear Magnus Lie Hetland,

I would like to learn how to program. I hear you use the python language a lot -- is it something I
should consider?

And, by the way, is magnus@foo.bar your correct email address?

Fooville, Mon Jul 18 15:24:10 2023

Oscar Frozzbozz
```

虽然这个模板系统能够执行非常复杂的替换，但也存在一些缺陷。例如，如果能够以更灵活的方式编写定义文件就好了。如果使用 execfile 来执行它，就可使用普通 Python 语法了。这样还将修复输出开头包含空行的问题。

你还能想出其他改进这个程序的方式吗？对于这个程序使用的概念，你还能想到它们的其他用途吗？无论要精通哪种编程语言，最佳的方式都是尝试使用它——找出其局限性和长处。看看你能不能重写这个程序，让它做得更好，并满足你的需求。

10.3.9 其他有趣的标准模块

虽然本章介绍的内容很多，但这只是标准库的冰山一角。为激发你深入探索的兴趣，下面简单说说其他几个很棒的库。

- argparse：在 UNIX 中，运行命令行程序时常常需要指定各种选项（开关），Python 解释器就是这样的典范。这些选项都包含在 sys.argv 中，但要正确地处理它们绝非容易。模块 argparse 使得提供功能齐备的命令行界面易如反掌。

- cmd：这个模块让你能够编写类似于Python交互式解释器的命令行解释器。你可定义命令，让用户能够在提示符下执行它们。或许可使用这个模块为你编写的程序提供用户界面？
- csv：CSV指的是逗号分隔的值（comma-seperated values），很多应用程序（如很多电子表格程序和数据库程序）都使用这种简单格式来存储表格数据。这种格式主要用于在不同的程序之间交换数据。模块csv让你能够轻松地读写CSV文件，它还以非常透明的方式处理CSV格式的一些棘手部分。
- datetime：如果模块time不能满足你的时间跟踪需求，模块datetime很可能能够满足。datetime支持特殊的日期和时间对象，并让你能够以各种方式创建和合并这些对象。相比于模块time，模块datetime的接口在很多方面都更加直观。
- difflib：这个库让你能够确定两个序列的相似程度，还让你能够从很多序列中找出与指定序列最为相似的序列。例如，可使用difflib来创建简单的搜索程序。
- enum：枚举类型是一种只有少数几个可能取值的类型。很多语言都内置了这样的类型，如果你在使用Python时需要这样的类型，模块enum可提供极大的帮助。
- functools：这个模块提供的功能是，让你能够在调用函数时只提供部分参数（部分求值，partial evaluation），以后再填充其他的参数。
- hashlib：使用这个模块可计算字符串的小型"签名"（数）。计算两个不同字符串的签名时，几乎可以肯定得到的两个签名是不同的。你可使用它来计算大型文本文件的签名，这个模块在加密和安全领域有很多用途[1]。
- itertools：包含大量用于创建和合并迭代器（或其他可迭代对象）的工具，其中包括可以串接可迭代对象、创建返回无限连续整数的迭代器（类似于range，但没有上限）、反复遍历可迭代对象以及具有其他作用的函数。
- logging：使用print语句来确定程序中发生的情况很有用。要避免跟踪时出现大量调试输出，可将这些信息写入日志文件中。这个模块提供了一系列标准工具，可用于管理一个或多个中央日志，它还支持多种优先级不同的日志消息。
- statistics：计算一组数的平均值并不那么难，但是要正确地获得中位数，以确定总体标准偏差和样本标准偏差之间的差别，即便对于偶数个元素来说，也需要费点心思。在这种情况下，不要手工计算，而应使用模块statistics！
- timeit、profile和trace：模块timeit（和配套的命令行脚本）是一个测量代码段执行时间的工具。这个模块暗藏玄机，度量性能时你可能应该使用它而不是模块time。模块profile（和配套模块pstats）可用于对代码段的效率进行更全面的分析。模块trace可帮助你进行覆盖率分析（即代码的哪些部分执行了，哪些部分没有执行），这在编写测试代码时很有用。

---

[1] 另请参阅模块md5和sha。

10.4 小结

本章介绍了模块：如何创建模块、如何探索模块以及如何使用Python标准库中的一些模块。

- **模块**：模块基本上是一个子程序，主要作用是定义函数、类和变量等。模块包含测试代码时，应将这些代码放在一条检查 name == '__main__'的 if 语句中。如果模块位于环境变量 PYTHONPATH 包含的目录中，就可直接导入它；要导入存储在文件 foo.py 中的模块，可使用语句 import foo。
- **包**：包不过是包含其他模块的模块。包是使用包含文件__init__.py 的目录实现的。
- **探索模块**：在交互式解释器中导入模块后，就可以众多不同的方式对其进行探索，其中包括使用 dir、查看变量__all__以及使用函数 help。文档和源代码也是获取信息和洞见的极佳来源。
- **标准库**：Python 自带多个模块，统称为标准库。本章介绍了其中的几个。
  - sys：这个模块让你能够访问多个与 Python 解释器关系紧密的变量和函数。
  - os：这个模块让你能够访问多个与操作系统关系紧密的变量和函数。
  - fileinput：这个模块让你能够轻松地迭代多个文件或流的内容行。
  - sets、heapq 和 deque：这三个模块提供了三种很有用的数据结构。内置类型 set 也实现了集合。
  - time：这个模块让你能够获取当前时间、操作时间和日期以及设置它们的格式。
  - random：这个模块包含用于生成随机数，从序列中随机地选择元素，以及打乱列表中元素的函数。
  - shelve：这个模块用于创建永久性映射，其内容存储在使用给定文件名的数据库中。
  - re：支持正则表达式的模块。

10.4.1 本章介绍的新函数

函　数	描　述
dir(obj)	返回一个按字母顺序排列的属性名列表
help([obj])	提供交互式帮助或有关特定对象的帮助信息
imp.reload(module)	返回已导入的模块的重载版本

10.4.2 预告

只要掌握了本章介绍的几个概念，你的 Python 技能就将有极大进步。凭借标准库，Python 从功能强大变得极度强大。有了到目前为止学到的知识后，你就能通过编写程序来解决各种各样的问题。在下一章，你将更深入地学习如何使用 Python 来与文件和网络交互，从而能够解决更多的问题。

第 11 章

文　件

11

到目前为止，我们使用的主要是解释器自带的数据结构，程序与外部的交互很少，且都是通过 input 和 print 进行的。本章将更进一步，让程序能够与更大的外部世界交互：文件和流。本章介绍的函数和对象让你能够永久存储数据以及处理来自其他程序的数据。

11.1　打开文件

要打开文件，可使用函数 open，它位于自动导入的模块 io 中。函数 open 将文件名作为唯一必不可少的参数，并返回一个文件对象。如果当前目录中有一个名为 somefile.txt 的文本文件（可能是使用文本编辑器创建的），则可像下面这样打开它：

```
>>> f = open('somefile.txt')
```

如果文件位于其他地方，可指定完整的路径。如果指定的文件不存在，将看到类似于下面的异常：

```
Traceback (most recent call last):
  File "<stdin>", line 1, in <module>
FileNotFoundError: [Errno 2] No such file or directory: 'somefile.txt'
```

如果要通过写入文本来创建文件，这种调用函数 open 的方式并不能满足需求。为解决这种问题，可使用函数 open 的第二个参数。

文件模式

调用函数 open 时，如果只指定文件名，将获得一个可读取的文件对象。如果要写入文件，必须通过指定模式来显式地指出这一点。函数 open 的参数 mode 的可能取值有多个，表 11-1 对此进行了总结。

表 11-1　函数 open 的参数 mode 的最常见取值

值	描　述
'r'	读取模式（默认值）
'w'	写入模式

（续）

值	描　述
'x'	独占写入模式
'a'	附加模式
'b'	二进制模式（与其他模式结合使用）
't'	文本模式（默认值，与其他模式结合使用）
'+'	读写模式（与其他模式结合使用）

显式地指定读取模式的效果与根本不指定模式相同。写入模式让你能够写入文件，并在文件不存在时创建它。**独占**写入模式更进一步，在文件已存在时引发 FileExistsError 异常。在写入模式下打开文件时，既有内容将被删除（**截断**），并从文件开头处开始写入；如果要在既有文件末尾继续写入，可使用附加模式。

'+'可与其他任何模式结合起来使用，表示既可读取也可写入。例如，要打开一个文本文件进行读写，可使用'r+'。（你可能还想结合使用 seek，详情请参阅本章后面的旁注“随机存取”。）请注意，'r+'和'w+'之间有个重要差别：后者截断文件，而前者不会这样做。

默认模式为'rt'，这意味着将把文件视为经过编码的 Unicode 文本，因此将自动执行解码和编码，且默认使用 UTF-8 编码。要指定其他编码和 Unicode 错误处理策略，可使用关键字参数 encoding 和 errors。（有关 Unicode 的详细信息，请参阅第 1 章。）这还将自动转换换行字符。默认情况下，行以'\n'结尾。读取时将自动替换其他行尾字符（'\r'或'\r\n'）；写入时将'\n'替换为系统的默认行尾字符（os.linesep）。

通常，Python 使用**通用换行模式**。在这种模式下，后面将讨论的 readlines 等方法能够识别所有合法的换行符（'\n'、'\r'和'\r\n'）。如果要使用这种模式，同时禁止自动转换，可将关键字参数 newline 设置为空字符串，如 open(name, newline='')。如果要指定只将'\r'或'\r\n'视为合法的行尾字符，可将参数 newline 设置为相应的行尾字符。这样，读取时不会对行尾字符进行转换，但写入时将把'\n'替换为指定的行尾字符。

如果文件包含**非文本**的二进制数据，如声音剪辑片段或图像，你肯定不希望执行上述自动转换。为此，只需使用二进制模式（如'rb'）来禁用与文本相关的功能。

还有几个更为高级的可选参数，用于控制缓冲以及更直接地处理文件描述符。要获取有关这些参数的详细信息，请参阅 Python 文档或在交互式解释器中运行 help(open)。

11.2 文件的基本方法

知道如何打开文件后，下一步是使用它们来做些有用的事情。本节介绍文件对象的一些基本方法以及其他类似于文件的对象（有时称为**流**）。类似于文件的对象支持文件对象的一些方法，如支持 read 或 write，或者两者都支持。urlopen（参见第 14 章）返回的对象就是典型的类似于文件的对象，它们支持方法 read 和 readline，但不支持方法 write 和 isatty。

三个标准流

在第 10 章讨论模块 sys 的一节中，提到了三个标准流。这些流都是类似于文件的对象，你可将学到的有关文件的知识用于它们。

一个标准数据输入源是 sys.stdin。当程序从标准输入读取时，你可通过输入来提供文本，也可使用管道将标准输入关联到其他程序的标准输出，这将在 11.2.2 节介绍。

你提供给 print 的文本出现在 sys.stdout 中，向 input 提供的提示信息也出现在这里。写入到 sys.stdout 的数据通常出现在屏幕上，但可使用管道将其重定向到另一个程序的标准输入。

错误消息（如栈跟踪）被写入到 sys.stderr，但与写入到 sys.stdout 的内容一样，可对其进行重定向。

11.2.1　读取和写入

文件最重要的功能是提供和接收数据。如果有一个名为 f 的类似于文件的对象，可使用 f.write 来写入数据，还可使用 f.read 来读取数据。与 Python 的其他大多数功能一样，在哪些东西可用作数据方面，也存在一定的灵活性，但在文本和二进制模式下，基本上分别将 str 和 bytes 类用作数据。

每当调用 f.write(string)时，你提供的字符串都将写入到文件中既有内容的后面。

```
>>> f = open('somefile.txt', 'w')
>>> f.write('Hello, ')
7
>>> f.write('World!')
6
>>> f.close()
```

请注意，使用完文件后，我调用了方法 close，这将在 11.2.4 节详细介绍。读取也一样简单，只需告诉流你要读取多少个字符（在二进制模式下是多少字节），如下例所示：

```
>>> f = open('somefile.txt', 'r')
>>> f.read(4)
'Hell'
>>> f.read()
'o, World!'
```

首先，指定了要读取多少（4）个字符。接下来，读取了文件中余下的全部内容（不指定要读取多少个字符）。请注意，调用 open 时，原本可以不指定模式，因为其默认值就是'r'。

11.2.2　使用管道重定向输出

在 bash 等 shell 中，可依次输入多个命令，并使用管道将它们链接起来，如下所示：

```
$ cat somefile.txt | python somescript.py | sort
```

这条管道线包含 3 个命令。

- cat somefile.txt：将文件 somefile.txt 的内容写入到标准输出（sys.stdout）。
- python somescript.py：执行 Python 脚本 somescript。这个脚本从其标准输入中读取，并将结果写入到标准输出。
- sort：读取标准输入（sys.stdin）中的所有文本，将各行按字母顺序排序，并将结果写入到标准输出。

但这些管道字符（|）有何作用呢？脚本 somescript.py 的作用是什么呢？管道将一个命令的标准输出链接到下一个命令的标准输入。很聪明吧？因此可以认为，somescript.py 从其 sys.stdin 中读取数据（这些数据是 somefile.txt 写入的），并将结果写入到其 sys.stdout（sort 将从这里获取数据）。

代码清单 11-1 是一个使用 sys.stdin 的简单脚本（somescript.py）。代码清单 11-2 显示了文件 somefile.txt 的内容。

代码清单 11-1　计算 sys.stdin 中包含多少个单词的简单脚本

```
# somescript.py
import sys
text = sys.stdin.read()
words = text.split()
wordcount = len(words)
print('Wordcount:', wordcount)
```

代码清单 11-2　一个内容荒谬的文本文件

```
Your mother was a hamster and your
father smelled of elderberries.
```

cat somefile.txt | python somescript.py 的结果如下：

```
Wordcount: 11
```

随机存取

在本章中，我将文件都视为流，只能按顺序从头到尾读取。实际上，可在文件中移动，只访问感兴趣的部分（称为**随机存取**）。为此，可使用文件对象的两个方法：seek 和 tell。

方法 seek(offset[, whence])将当前位置（执行读取或写入的位置）移到 offset 和 whence 指定的地方。参数 offset 指定了字节（字符）数，而参数 whence 默认为 io.SEEK_SET（0），这意味着偏移量是相对于文件开头的（偏移量不能为负数）。参数 whence 还可设置为 io.SEEK_CUR（1）或 io.SEEK_END（2），其中前者表示相对于当前位置进行移动（偏移量可以为负），而后者表示相对于文件末尾进行移动。请看下面的示例：

```
>>> f = open(r'C:\text\somefile.txt', 'w')
>>> f.write('01234567890123456789')
20
>>> f.seek(5)
```

```
5
>>> f.write('Hello, World!')
13
>>> f.close()
>>> f = open(r'C:\text\somefile.txt')
>>> f.read()
'01234Hello, World!89'
```

方法tell()返回当前位于文件的什么位置，如下例所示：

```
>>> f = open(r'C:\text\somefile.txt')
>>> f.read(3)
'012'
>>> f.read(2)
'34'
>>> f.tell()
5
```

11.2.3　读取和写入行

实际上，本章前面所做的都不太实用。与其逐个读取流中的字符，不如成行地读取。要读取一行（从当前位置到下一个分行符的文本），可使用方法 readline。调用这个方法时，可不提供任何参数（在这种情况下，将读取一行并返回它）；也可提供一个非负整数，指定 readline 最多可读取多少个字符。因此，如果 some_file.readline()返回的是'Hello, World!\n'，那么some_file.readline(5)返回的将是'Hello'。要读取文件中的所有行，并以列表的方式返回它们，可使用方法 readlines。

方法 writelines 与 readlines 相反：接受一个字符串列表（实际上，可以是任何序列或可迭代对象），并将这些字符串都写入到文件（或流）中。请注意，写入时不会添加换行符，因此你必须自行添加。另外，没有方法 writeline，因为可以使用 write。

11.2.4　关闭文件

别忘了调用方法 close 将文件关闭。通常，程序退出时将自动关闭文件对象（也可能在退出程序前这样做），因此是否将读取的文件关闭并不那么重要。然而，关闭文件没有坏处，在有些操作系统和设置中，还可避免无意义地锁定文件以防修改。另外，这样做还可避免用完系统可能指定的文件打开配额。

对于写入过的文件，一定要将其关闭，因为 Python 可能缓冲你写入的数据（将数据暂时存储在某个地方，以提高效率）。因此如果程序因某种原因崩溃，数据可能根本不会写入到文件中。安全的做法是，使用完文件后就将其关闭。如果要重置缓冲，让所做的修改反映到磁盘文件中，但又不想关闭文件，可使用方法 flush。然而，需要注意的是，根据使用的操作系统和设置，flush 可能出于锁定考虑而禁止其他正在运行的程序访问这个文件。只要能够方便地关闭文件，就应将其关闭。

要确保文件得以关闭，可使用一条 try/finally 语句，并在 finally 子句中调用 close。

```
# 在这里打开文件
try:
    # 将数据写入到文件中
finally:
    file.close()
```

实际上，有一条专门为此设计的语句，那就是 with 语句。

```
with open("somefile.txt") as somefile:
     do_something(somefile)
```

with 语句让你能够打开文件并将其赋给一个变量（这里是 somefile）。在语句体中，你将数据写入文件（还可能做其他事情）。到达该语句末尾时，将自动关闭文件，即便出现异常亦如此。

上下文管理器

with 语句实际上是一个非常通用的结构，允许你使用所谓的**上下文管理器**。上下文管理器是支持两个方法的对象：__enter__和__exit__。

方法__enter__不接受任何参数，在进入 with 语句时被调用，其返回值被赋给关键字 as 后面的变量。

方法__exit__接受三个参数：异常类型、异常对象和异常跟踪。它在离开方法时被调用（通过前述参数将引发的异常提供给它）。如果__exit__返回 False，将抑制所有的异常。

文件也可用作上下文管理器。它们的方法__enter__返回文件对象本身，而方法__exit__关闭文件。

11.2.5 使用文件的基本方法

假设文件 somefile.txt 包含代码清单 11-3 所示的文本，可对其执行哪些操作呢？

代码清单 11-3 一个简单的文本文件

```
Welcome to this file
There is nothing here except
This stupid haiku
```

我们来试试前面介绍过的方法，首先是 read(n)。

```
>>> f = open(r'C:\text\somefile.txt')
>>> f.read(7)
'Welcome'
>>> f.read(4)
' to '
>>> f.close()
```

接下来是 read()：

```
>>> f = open(r'C:\text\somefile.txt')
>>> print(f.read())
```

```
Welcome to this file
There is nothing here except
This stupid haiku
>>> f.close()
```

下面是 readline()：

```
>>> f = open(r'C:\text\somefile.txt')
>>> for i in range(3):
        print(str(i) + ': ' + f.readline(), end='')
0: Welcome to this file
1: There is nothing here except
2: This stupid haiku
>>> f.close()
```

最后是 readlines()：

```
>>> import pprint
>>> pprint.pprint(open(r'C:\text\somefile.txt').readlines())
['Welcome to this file\n',
'There is nothing here except\n',
'This stupid haiku']
```

请注意，这里我利用了文件对象将被自动关闭这一事实。下面来尝试写入，首先是 write(string)。

```
>>> f = open(r'C:\text\somefile.txt', 'w')
>>> f.write('this\nis no\nhaiku')
13
>>> f.close()
```

运行上述代码后，这个文件包含的文本如代码清单 11-4 所示。

代码清单 11-4　修改后的文本文件

```
this
is no
haiku
```

最后是 writelines(list)：

```
>>> f = open(r'C:\text\somefile.txt')
>>> lines = f.readlines()
>>> f.close()
>>> lines[1] = "isn't a\n"
>>> f = open(r'C:\text\somefile.txt', 'w')
>>> f.writelines(lines)
>>> f.close()
```

运行这些代码后，这个文件包含的文本如代码清单 11-5 所示。

代码清单 11-5　再次修改后的文本文件

```
this
isn't a
haiku
```

11.3 迭代文件内容

至此，你见识了文件对象提供的一些方法，还学习了如何获得文件对象。一种常见的文件操作是迭代其内容，并在迭代过程中反复采取某种措施。这样做的方法有很多，你完全可以找到自己喜欢的方法并坚持使用。然而，由于其他人可能使用不同的方法，为了能够理解他们编写的程序，你应熟悉所有的基本方法。

在本节的所有示例中，我都将使用一个名为process的虚构函数来表示对每个字符或行所做的处理，你可以用自己的喜欢的方式实现这个函数。下面是一个简单的示例：

```
def process(string):
    print('Processing:', string)
```

更有用的实现包括将数据存储在数据结构中、计算总和、使用模块re进行模式替换以及添加行号。

另外，要尝试运行这些示例，应将变量filename设置为实际使用的文件的名称。

11.3.1 每次一个字符（或字节）

一种最简单（也可能是最不常见）的文件内容迭代方式是，在while循环中使用方法read。例如，你可能想遍历文件中的每个字符（在二进制模式下是每个字节），为此可像代码清单11-6所示的那样做。如果你每次读取多个字符（字节），可指定要读取的字符（字节）数。

代码清单 11-6 使用read遍历字符

```
with open(filename) as f:
    char = f.read(1)
    while char:
        process(char)
        char = f.read(1)
```

这个程序之所以可行，是因为到达文件末尾时，方法read将返回一个空字符串，但在此之前，返回的字符串都只包含一个字符（对应于布尔值True）。只要char为True，你就知道还没结束。

如你所见，赋值语句char = f.read(1)出现了两次，而代码重复通常被视为坏事。（还记得懒惰是一种美德吗？）为避免这种重复，可使用第5章介绍的while True/break技巧。修改后的代码如代码清单11-7所示。

代码清单 11-7 以不同的方式编写循环

```
with open(filename) as f:
    while True:
        char = f.read(1)
        if not char: break
        process(char)
```

第 5 章说过，不应过多地使用 break 语句，因为这会导致代码更难理解。尽管如此，代码清单 11-7 通常胜过代码清单 11-6，正是因为它避免了重复的代码。

11.3.2　每次一行

处理文本文件时，你通常想做的是迭代其中的行，而不是每个字符。使用 11.2.1 节介绍的方法 readline，可像迭代字符一样轻松地迭代行，如代码清单 11-8 所示。

代码清单 11-8　在 while 循环中使用 readline

```
with open(filename) as f:
    while True:
        line = f.readline()
        if not line: break
        process(line)
```

11.3.3　读取所有内容

如果文件不太大，可一次读取整个文件；为此，可使用方法 read 并不提供任何参数（将整个文件读取到一个字符串中），也可使用方法 readlines（将文件读取到一个字符串列表中，其中每个字符串都是一行）。代码清单 11-9 和代码清单 11-10 表明，通过这样的方式读取文件，可轻松地迭代字符和行。请注意，除进行迭代外，像这样将文件内容读取到字符串或列表中也对完成其他任务很有帮助。例如，可对字符串应用正则表达式，还可将列表存储到某种数据结构中供以后使用。

代码清单 11-9　使用 read 迭代字符

```
with open(filename) as f:
    for char in f.read():
        process(char)
```

代码清单 11-10　使用 readlines 迭代行

```
with open(filename) as f:
    for line in f.readlines():
        process(line)
```

11.3.4　使用 fileinput 实现延迟行迭代

有时候需要迭代大型文件中的行，此时使用 readlines 将占用太多内存。当然，你可转而结合使用 while 循环和 readline，但在 Python 中，在可能的情况下，应首选 for 循环，而这里就属于这种情况。你可使用一种名为延迟行迭代的方法——说它延迟是因为它只读取实际需要的文本部分。

fileinput 在第 10 章介绍过，代码清单 11-11 演示了如何使用它。请注意，模块 fileinput 会负责打开文件，你只需给它提供一个文件名即可。

代码清单 11-11 使用 fileinput 迭代行

```
import fileinput
for line in fileinput.input(filename):
    process(line)
```

11.3.5 文件迭代器

该来看看最酷（也是最常见）的方法了。文件实际上是可迭代的，这意味着可在 for 循环中直接使用它们来迭代行，如代码清单 11-12 所示。

代码清单 11-12 迭代文件

```
with open(filename) as f:
    for line in f:
        process(line)
```

在这些迭代示例中，我都将文件用作了上下文管理器，以确保文件得以关闭。虽然这通常是个不错的主意，但只要不写入文件，就并非一定要这样做。如果你愿意让 Python 去负责关闭文件，可进一步简化这个示例，如代码清单 11-13 所示。在这里，我没有将打开的文件赋给变量（如其他示例中使用的变量 f），因此没法显式地关闭它。

代码清单 11-13 在不将文件对象赋给变量的情况下迭代文件

```
for line in open(filename):
    process(line)
```

请注意，与其他文件一样，sys.stdin 也是可迭代的，因此要迭代标准输入中的所有行，可像下面这样做：

```
import sys
for line in sys.stdin:
    process(line)
```

另外，可对迭代器做的事情基本上都可对文件做，如（使用 list(open(filename))）将其转换为字符串列表，其效果与使用 readlines 相同。

```
>>> f = open('somefile.txt', 'w')
>>> print('First', 'line', file=f)
>>> print('Second', 'line', file=f)
>>> print('Third', 'and final', 'line', file=f)
>>> f.close()
>>> lines = list(open('somefile.txt'))
>>> lines
['First line\n', 'Second line\n', 'Third and final line\n']
>>> first, second, third = open('somefile.txt')
>>> first
'First line\n'
>>> second
'Second line\n'
>>> third
'Third and final line\n'
```

在这个示例中，需要注意如下几点。

- 使用了 print 来写入文件，这将自动在提供的字符串后面添加换行符。
- 对打开的文件进行序列解包，从而将每行存储到不同的变量中。（这种做法不常见，因为通常不知道文件包含多少行，但这演示了文件对象是可迭代的。）
- 写入文件后将其关闭，以确保数据得以写入磁盘。（如你所见，读取文件后并没有将其关闭。这可能有点粗糙，但并非致命的。）

11.4 小结

本章介绍了如何通过文件和类似于文件的对象与外部世界交互，这是 Python 中最重要的 I/O 方法之一。下面列出了本章的一些重点。

- **类似于文件的对象**：类似于文件的对象是支持 read 和 readline（可能还有 write 和 writelines）等方法的对象。
- **打开和关闭文件**：要打开文件，可使用函数 open，并向它提供一个文件名。如果要确保即便发生错误时文件也将被关闭，可使用 with 语句。
- **模式和文件类型**：打开文件时，还可指定**模式**，如'r'（读取模式）或'w'（写入模式）。通过在模式后面加上'b'，可将文件作为二进制文件打开，并关闭 Unicode 编码和换行符替换。
- **标准流**：三个标准流（模块 sys 中的 stdin、stdout 和 stderr）都是类似于文件的对象，它们实现了 UNIX 标准 I/O 机制（Windows 也提供了这种机制）。
- **读取和写入**：要从文件或类似于文件的对象中读取，可使用方法 read；要执行写入操作，可使用方法 write。
- **读取和写入行**：要从文件中读取行，可使用 readline 和 readlines；要写入行，可使用 write- lines。
- **迭代文件内容**：迭代文件内容的方法很多，其中最常见的是迭代文本文件中的行，这可通过简单地对文件本身进行迭代来做到。

11.4.1 本章介绍的新函数

函　数	描　述
open(name, ...)	打开文件并返回一个文件对象

11.4.2 预告

至此，你知道了如何通过文件与外部世界交互，但如何与用户交互呢？到目前为止，我们都是使用 input 和 print 来与用户交互的，因此除非用户将数据写入程序能够读取的文件，否则你真的没有其他可用于创建用户界面的工具。为了改变这种情况，下一章将介绍图形用户界面，包括窗口、按钮等。

第 12 章

图形用户界面

12

本章篇幅极短，将介绍有关为 Python 程序创建图形用户界面（GUI）的基本知识。你知道，GUI 就是包含按钮、文本框等控件的窗口。Tkinter 是事实上的 Python 标准 GUI 工具包，包含在 Python 标准安装中。然而，还有其他多个工具包。这有优点（极大的选择空间），也有缺点（除非其他人安装了你使用的 GUI 工具包，否则无法运行你编写的程序）。所幸各种 Python GUI 工具包并非互斥的，因此想安装多少个不同的 GUI 工具包都可以。

本章简要地介绍 Tkinter 的用法，第 28 章就是建立在这些知识的基础之上的。Tkinter 易于使用，但要使用其所有功能，需要学的东西还有很多。这里只是蜻蜓点水，让你能够快速上手。要获悉更多的细节，请参阅标准库参考手册中介绍图形用户界面的部分，其中有 Tkinter 文档，还有到一些网站的链接，而这些网站提供了有关其他 GUI 包的详细信息和使用建议。

12.1 创建 GUI 示例应用程序

为演示 Tkinter 的用法，我将介绍如何创建一个简单的 GUI 应用程序。你的任务是编写一个简单的程序，让用户能够编辑文本文件。这里并非要开发功能齐备的文本编辑器，而只想提供基本的功能。毕竟这里的目标是演示基本的 Python GUI 编程机制。

这个微型文本编辑器的需求如下。

- 让用户能够打开指定的文本文件。
- 让用户能够编辑文本文件。
- 让用户能够保存文本文件。
- 让用户能够退出。

编写 GUI 程序时，绘制其用户界面草图通常很有帮助。图 12-1 显示了一个可满足前述文本编辑器需求的简单布局。

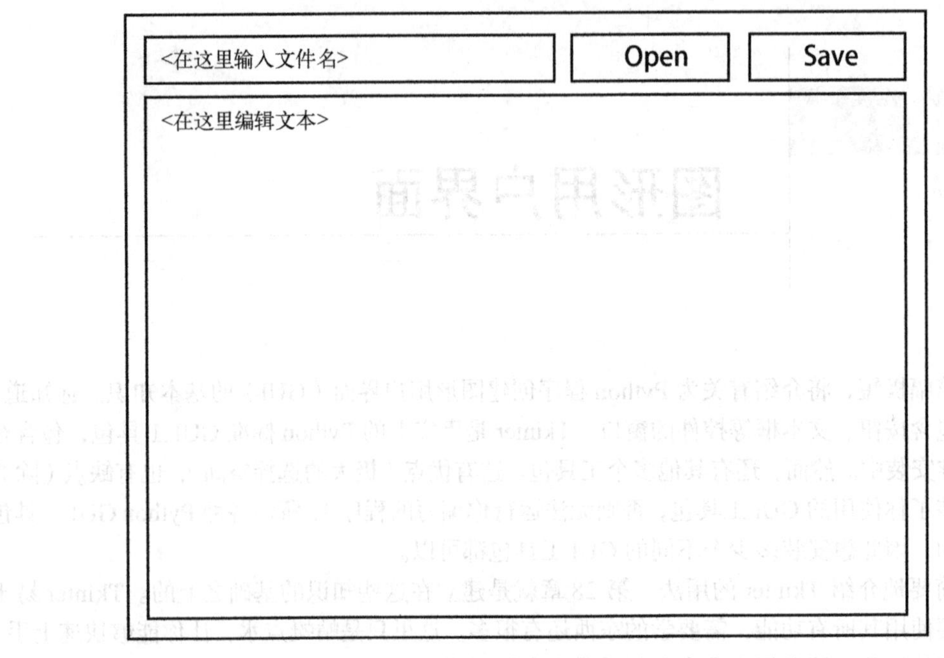

图12-1 文本编辑器用户界面草图

这些界面元素的用法如下。

- 在按钮左边的文本框中输入文件名，再单击Open按钮打开这个文件，它包含的文本将出现在底部的文本框中。
- 在底部的大型文本框中，你可随心所欲地编辑文本。
- 要保存所做的修改，可单击Save按钮，这将把大型文本框的内容写入到顶部文本框指定的文件中。
- 没有Quit（退出）按钮，用户只能使用默认Tkinter菜单中的Quit命令来退出程序。

这项任务看起来有点吓人，但其实不过是小菜一碟。

12.1.1 初探

首先，必须导入tkinter。为保留其命名空间，同时减少输入量，可能需要将其重命名。

```
import tkinter as tk
```

然而，如果你愿意，也可导入这个模块的所有内容。这不会有太大的害处。

```
>>> from tkinter import *
```

我们将使用交互式解释器来做些初探工作。

要创建GUI，可创建一个将充当主窗口的顶级组件（**控件**）。为此，可实例化一个Tk对象。

```
>>> top = Tk()
```

此时将出现一个窗口。在常规程序中，我们将调用函数 mainloop 以进入 Tkinter **主事件循环**，而不是直接退出程序。在交互式解释器中，不需要这样做，但你完全可以试一试。

```
>>> mainloop()
```

解释器像是挂起了，而GUI还在运行。为了继续，请退出GUI并重启解释器。

有很多可用的控件，它们的名称各异。例如，要创建按钮，可实例化 Button 类。如果没有 Tk 实例，创建控件也将实例化 Tk，因此可不先实例化 Tk，而直接创建控件。

```
>>> from tkinter import *
>>> btn = Button()
```

现在这个按钮是不可见的——你需要使用**布局管理器**（也叫**几何体管理器**）来告诉 Tkinter 将它放在什么地方。我们将使用管理器 pack——在最简单的情况下只需调用方法 pack 即可。

```
>>> btn.pack()
```

控件包含各种属性，我们可以使用它们来修改控件的外观和行为。可像访问字典项一样访问属性，因此要给按钮指定一些文本，只需使用一条赋值语句即可。

```
>>> btn['text'] = 'Click me!'
```

至此，应该有一个类似于下面的窗口：

给按钮添加行为也非常简单。

```
>>> def clicked():
...     print('I was clicked!')
...
>>> btn['command'] = clicked
```

现在如果单击这个按钮，将看到指定的消息被打印出来。

可以不分别给属性赋值，而使用方法 config 同时设置多个属性。

```
>>> btn.config(text='Click me!', command=clicked)
```

还可使用控件的构造函数来配置控件。

```
>>> Button(text='Click me too!', command=clicked).pack()
```

12.1.2 布局

对控件调用方法 pack 时，将把控件放在其父控件（**主控件**）中。要指定主控件，可使用构造函数的第一个可选参数；如果没有指定，将把顶级主窗口用作主控件，如下面的代码片段所示：

```
Label(text="I'm in the first window!").pack()
second = Toplevel()
Label(second, text="I'm in the second window!").pack()
```

Toplevel 类表示除主窗口外的另一个顶级窗口，而 Label 就是文本标签。

没有提供任何参数时，pack 从窗口顶部开始将控件堆叠成一列，并让它们在窗口中水平居中。例如，下面的代码生成一个又高又窄的窗口，其中包含一列按钮：

```
for i in range(10):
    Button(text=i).pack()
```

所幸可调整控件的位置和拉伸方式。要指定将控件停靠在哪一条边上，可将参数 side 设置为 LEFT、RIGHT、TOP 或 BOTTOM。要让控件在 *x* 或 *y* 方向上填满分配给它的空间，可将参数 fill 设置为 X、Y 或 BOTH。要让控件随父控件（这里是窗口）一起增大，可将参数 expand 设置为 True。还有其他的选项，如指定锚点和内边距的选项，但这里不会使用它们。要快速了解可用的选项，可执行如下命令：

```
>>> help(Pack.config)
```

还有其他的布局管理器，具体地说是 grid 和 place，它们可能更能满足你的需求。与 pack 布局管理器一样，要使用它们，可对控件调用方法 grid 和 place。为避免麻烦，在一个容器（如窗口）中应只使用一种布局管理器。

方法 grid 让你能够这样排列控件：将它们放在不可见的表格单元格中。为此需要指定参数 row 和 column，还可能要指定参数 rowspan 或 columnspan——如果控件横跨多行或多列。方法 place 让你能够手工放置控件——通过指定控件的 x 和 y 坐标以及高度和宽度来做到。这在大多数情况下都是馊主意，但偶尔可能需要这样做。这两个几何体管理器都还有其他的参数，要详细了解，可使用如下命令：

```
>>> help(Grid.configure)
>>> help(Place.config)
```

12.1.3　事件处理

你知道，可通过设置属性 command 给按钮指定动作（action）。这是一种特殊的**事件处理**，但 Tkinter 还提供了更通用的事件处理机制：方法 bind。要让控件对特定的事件进行处理，可对其调用方法 bind，并指定事件的名称和要使用的函数。下面是一个示例：

```
>>> from tkinter import *
>>> top = Tk()
>>> def callback(event):
...     print(event.x, event.y)
...
>>> top.bind('<Button-1>', callback)
'4322424456callback'
```

其中<Button-1>是使用鼠标左按钮（按钮 1）单击的事件名称。我们将这种事件关联到函数 callback。这样，每当用户在窗口 top 中单击时，都将调用这个函数。向函数 callback 传递一个

event 对象，这个对象包含的属性随事件类型而异。例如，对于鼠标单击事件，它提供了 *x* 和 *y* 坐标，在这个示例中将它们打印出来了。还有很多其他类型的事件，完整的清单可使用下面的命令来获取：

```
>>> help(Tk.bind)
```

要获悉更详细的信息，可参阅前面提到的资源。

12.1.4 最终的程序

至此，我们大致具备了编写前述程序所需的知识，但还需获悉用于创建小型文本框和大型文本区域的控件的名称。通过快速浏览文档可知，要创建单行文本框，可使用控件 Entry。要创建可滚动的多行文本区域，可结合使用控件 Text 和 Scrollbar，但模块 tkinter.scrolledtext 已经提供了一种实现。要提取 Entry 控件的内容，可使用其方法 get。对于 ScrolledText 对象，我们将使用其方法 delete 和 insert 来删除文本。调用方法 delete 和 insert 时，需要使用合适的参数来指定文本的位置；在这里，我们将使用'1.0'来指定第 1 行的第 0 个字符（即第一个字符前面），使用 END 来指定文本末尾，并使用 INSERT 来指定当前插入点。最终的程序如代码清单 12-1 和图 12-2 所示。

代码清单 12-1 简单的 GUI 文本编辑器

```
from tkinter import *
from tkinter.scrolledtext import ScrolledText

def load():
    with open(filename.get()) as file:
        contents.delete('1.0', END)
        contents.insert(INSERT, file.read())

def save():
    with open(filename.get(), 'w') as file:
        file.write(contents.get('1.0', END))

top = Tk()
top.title("Simple Editor")

contents = ScrolledText()
contents.pack(side=BOTTOM, expand=True, fill=BOTH)

filename = Entry()
filename.pack(side=LEFT, expand=True, fill=X)

Button(text='Open', command=load).pack(side=LEFT)
Button(text='Save', command=save).pack(side=LEFT)

mainloop()
```

图 12-2　最终的文本编辑器

你可按如下步骤来尝试使用这个文本编辑器。

(1) 运行这个程序，你将看到一个类似于图 12-2 的窗口。

(2) 在大型文本区域中输入一些内容，如 Hello, world!。

(3) 在小型文本框中输入一个文件名，如 hello.txt。请确保指定的文件不存在，否则原有文件将被覆盖掉。

(4) 单击 Save 按钮。

(5) 退出程序。

(6) 再次启动程序。

(7) 在小型文本框中输入刚才输入的文件名。

(8) 单击 Open 按钮，这个文件包含的文本将出现在大型文本区域中。

(9) 随心所欲地编辑这个文件，再保存它。

现在可以不断地打开、编辑并保存，厌烦后就可开始考虑如何改进了。例如，让这个程序使用模块 urllib 下载文件如何？

当然，还可考虑在程序中采用面向对象程度更高的设计。例如，你可能想自定义一个应用程序类，再通过实例化这个类来创建主应用程序；同时，在这个自定义应用程序类中包含设置各种控件和绑定的方法。有关这样的示例，请参阅第 28 章。与其他 GUI 包一样，Tkinter 也提供了一组卓越的控件和其他类以供使用。对于要使用的图形界面元素，你应使用 help(tkinter)或参阅文档以获悉有关它的详细信息。

12.2　使用其他 GUI 工具包

大部分 GUI 工具包的基本要素都大致相同，但遗憾的是，当你学习使用新包时，必须花时间了解让你能够实现目标的细节。因此，你应花时间来决定使用哪个包（如参阅标准库参考手册中介绍其他 GUI 包的部分），再深入研究其文档并着手开始编写代码。但愿本章介绍的基本概念让你能够理解这些文档。

12.3 小结

同样，下面来复习一下本章介绍的内容。

- **图形用户界面（GUI）**：GUI 有助于让应用程序对用户更友好。并非所有的程序都需要 GUI，但只要程序需要与用户交互，GUI 就可能很有帮助。
- **Tkinter**：Tkinter 是一个跨平台的 Python GUI 工具包，成熟而且使用广泛。

  布局：通过指定组件的几何属性，很容易对其进行定位，但要确保它们在父窗口的大小发生变化时做出正确的反应，就必须使用布局管理器。
- **事件处理**：GUI 工具包中用户触发事件执行的操作。要发挥作用，程序可能需要响应某些事件，否则用户将无法与之交互。在 Tkinter 中，要给组件添加事件处理程序，可使用方法 `bind`。

预告

至此，你知道了如何编写能够通过文件和 GUI 与外部世界交互的程序。在下一章，你将学习很多程序和系统都包含的另一个重要组件：数据库。

12

第 13 章

数 据 库

13

使用简单的纯文本文件可实现的功能有限。诚然，使用它们可做很多事情，但有时可能还需要额外的功能。你可能希望能够自动完成序列化，此时可求助于 shelve（参见第 10 章）和 pickle（类似于 shelve）。不过你可能需要比这更强大的功能。例如，你可能想自动支持数据并发访问，即允许多位用户读写磁盘数据，而不会导致文件受损之类的问题。还有可能希望同时根据多个数据字段或属性进行复杂的搜索，而不是采用 shelve 提供的简单的单键查找。尽管可供选择的解决方案有很多，但如果要处理大量的数据，并希望解决方案易于其他程序员理解，选择较标准的**数据库**可能是个不错的主意。

本章讨论 Python 数据库 API（一种连接到 SQL 数据库的标准化方式），并演示如何使用这个 API 来执行一些基本的 SQL。最后，本章将讨论其他一些数据库技术。

本书并不会提供关系型数据库和 SQL 语言教材，不过你可以通过阅读有关数据库（如 MySQL、SQL Server、Oracle、PostgreSQL 等或本章使用的 SQLite）的文档，就能学到你需要知道的知识。

本章虽然使用的是 SQLite，不过你同样可以使用其他流行的开源数据库（如 MySQL、PostgreSQL 等），或者商用数据库（如 SQL Server 和 Oracle 等）。此外，数据库也并非只有关系型（SQL）这一种，还有对象数据库（如 Zope）、基于表格的紧凑数据库（如 Metakit）、更简单的键值对数据库（如 UNIX DBM）。另外，还有日益流行的各种 NoSQL 数据库（如 MongoDB、Redis 等）。前面提到的这些数据库，都可以使用 Python 来访问。

本章的重点是低级的数据库交互，但有一些高级库能够让你轻松地完成复杂的工作，要获悉这方面的信息，可以在网上搜索“Python 对象-关系映射器”。

13.1 Python 数据库 API

前面说过，有各种 SQL 数据库可供选择，其中很多都有相应的 Python 客户端模块（有些数据库甚至有多个）。所有数据库的大多数基本功能都相同，因此从理论上说，对于使用其中一种数据库的程序，很容易对其进行修改以使用另一种数据库。问题是即便不同模块提供的功能大致相同，它们的接口（API）也是不同的。为解决 Python 数据库模块存在的这种问题，人们一致同意开发一个标准数据库 API（DB API）。这个 API 的最新版本（2.0）是在 PEP 249（Python

Database API Specification v2.0）中定义的。

本节概述有关该 API 的基础知识。这里不会涉及其可选部分，因为它们并不适用于所有数据库。有关该 API 的详细信息，可参阅前面提到的 PEP。如果你对这个 API 的细节不感兴趣，可跳过本节。

13.1.1 全局变量

所有与 DB API2.0 兼容的数据库模块都必须包含三个全局变量，它们描述了模块的特征。这样做的原因是，这个 API 设计得很灵活，无须进行太多包装就能配合多种不同的底层机制使用。如果要让程序能够使用多种不同的数据库，可能会比较麻烦，因为需要考虑众多不同的可能性。在很多情况下，一种更现实的做法是检查这些变量，看看给定的模块是否是程序能够接受的。如果不是，就显示合适的错误消息并退出或者引发异常。表 13-1 总结了这些全局变量。

表 13-1 Python DB API 的模块属性

变 量 名	描 述
apilevel	使用的 Python DB API 版本
threadsafety	模块的线程安全程度如何
paramstyle	在 SQL 查询中使用哪种参数风格

API 级别（apilevel）是一个字符串常量，指出了使用的 API 版本。DB API 2.0 指出，这个变量的值为'1.0'或'2.0'。如果没有这个变量，就说明模块不与 DB API 2.0 兼容，应假定使用的是 DB API 1.0。编写代码时，允许这个变量为其他值也没有害处，因为说不定什么时候 DB API 3.0 就出来了。

线程安全程度（threadsafety）是一个 0~3（含）的整数。0 表示线程不能共享模块，而 3 表示模块是绝对线程安全的。1 表示线程可共享模块本身，但不能共享连接（参见 13.1.3 节），而 2 表示线程可共享模块和连接，但不能共享游标。如果你不使用线程（在大多数情况下可能不会是这样的），就根本不用关心这个变量。

参数风格（paramstyle）表示当你执行多个类似的数据库查询时，如何在 SQL 查询中插入参数。'format'表示标准字符串格式设置方式（使用基本的格式编码），如在要插入参数的地方插入%s。'pyformat'表示扩展的格式编码，即旧式字典插入使用的格式编码，如%(foo)s。除这些 Python 风格外，还有三种指定待插入字段的方式：'qmark'表示使用问号，'numeric'表示使用:1 和:2 这样的形式表示字段（其中的数字是参数的编号），而'named'表示使用:foobar 这样的形式表示字段（其中 foobar 为参数名）。如果你觉得参数样式令人迷惑，也不用担心。编写简单程序时，不会用到它们。如果需要明白特定的数据库是如何处理参数的，可参阅相关的文档。

13.1.2 异常

DB API 定义了多种异常，让你能够细致地处理错误。然而，这些异常构成了一个层次结构，因此使用一个 except 块就可捕获多种异常。当然，如果你觉得一切都正常运行，且不介意出现不太可能出现的错误时关闭程序，可以根本不考虑这些异常。

表 13-2 说明了这个异常层次结构。异常应该在整个数据库模块中都可用。

表 13-2　Python DB API 指定的异常

异　常	超　类	描　述
StandardError		所有异常的超类
Warning	StandardError	发生非致命问题时引发
Error	StandardError	所有错误条件的超类
InterfaceError	Error	与接口（而不是数据库）相关的错误
DatabaseError	Error	与数据库相关的错误的超类
DataError	DatabaseError	与数据相关的问题，如值不在合法的范围内
OperationalError	DatabaseError	数据库操作内部的错误
IntegrityError	DatabaseError	关系完整性遭到破坏，如键未通过检查
InternalError	DatabaseError	数据库内部的错误，如游标无效
ProgrammingError	DatabaseError	用户编程错误，如未找到数据库表
NotSupportedError	DatabaseError	请求不支持的功能，如回滚

13.1.3　连接和游标

要使用底层的数据库系统，必须先连接到它，为此可使用名称贴切的函数 connect。这个函数接受多个参数，具体是哪些取决于要使用的数据库。作为指南，DB API 定义了表 13-3 所示的参数。推荐将这些参数定义为关键字参数，并按表 13-3 所示的顺序排列。这些参数都应该是字符串。

表 13-3　函数 connect 的常用参数

参 数 名	描　述	是否可选
dsn	数据源名称，具体含义随数据库而异	否
user	用户名	是
password	用户密码	是
host	主机名	是
database	数据库名称	是

13.2.1 节和第 26 章提供了函数 connect 的具体使用示例。

函数 connect 返回一个连接对象，表示当前到数据库的会话。连接对象支持表 13-4 所示的方法。

表 13-4 连接对象的方法

方法名	描述
close()	关闭连接对象。之后，连接对象及其游标将不可用
commit()	提交未提交的事务——如果支持的话；否则什么都不做
rollback()	回滚未提交的事务（可能不可用）
cursor()	返回连接的游标对象

方法 rollback 可能不可用，因为并非所有的数据库都支持事务（事务其实就是一系列操作）。可用时，这个方法撤销所有未提交的事务。

方法 commit 总是可用的，但如果数据库不支持事务，这个方法就什么都不做。关闭连接时，如果还有未提交的事务，将隐式地回滚它们——但仅当数据库支持回滚时才如此！如果你不想依赖于这一点，应在关闭连接前提交。只要提交了所有的事务，就无须操心关闭连接的事情，因为作为垃圾被收集时，连接会自动关闭。然而，为安全起见，还是调用 close 吧，因为这样做不需要长时间敲击键盘。

说到方法 cursor，就必须说说另一个主题：游标对象。你使用游标来执行 SQL 查询和查看结果。游标支持的方法比连接多，在程序中的地位也可能重要得多。表 13-5 概述了游标的方法，而表 13-6 概述了游标的属性。

表 13-5 游标对象的方法

名称	描述
callproc(name[, params])	使用指定的参数调用指定的数据库过程（可选）
close()	关闭游标。关闭后游标不可用
execute(oper[, params])	执行一个 SQL 操作——可能指定参数
executemany(oper, pseq)	执行指定的 SQL 操作多次，每次使用序列中的一组参数
fetchone()	以序列的方式取回查询结果中的下一行；如果没有更多的行，就返回 None
fetchmany([size])	取回查询结果中的多行，其中参数 size 的值默认为 arraysize
fetchall()	以序列的序列的方式取回余下的所有行
nextset()	跳到下一个结果集，这个方法是可选的
setinputsizes(sizes)	用于为参数预定义内存区域
setoutputsize(size[, col])	为取回大量数据而设置缓冲区长度

表 13-6 游标对象的属性

名称	描述
description	由结果列描述组成的序列（只读）
rowcount	结果包含的行数（只读）
arraysize	fetchmany 返回的行数，默认为 1

有些方法将在本章后面详细讨论，还有一些（如 setinputsizes 和 setoutputsizes）则不会讨论。有关这些方法的详细信息，请参阅前面提到的 PEP。

13.1.4　类型

对于插入到某些类型的列中的值，底层 SQL 数据库可能要求它们满足一定的条件。为了能够与底层 SQL 数据库正确地互操作，DB API 定义了一些构造函数和常量（单例），用于提供特殊的类型和值。例如，要在数据库中添加日期，应使用相应数据库连接模块中的构造函数 Date 来创建它，这让连接模块能够在幕后执行必要的转换。每个模块都必须实现表 13-7 所示的构造函数和特殊值。有些模块可能没有完全遵守这一点。例如，接下来将讨论的模块 sqlite3 就没有导出表 13-7 中特殊值（从 STRING 到 ROWID）。

表 13-7　DB API 构造函数和特殊值

名　称	描　述
Date(year, month, day)	创建包含日期值的对象
Time(hour, minute, second)	创建包含时间值的对象
Timestamp(y, mon, d, h, min, s)	创建包含时间戳的对象
DateFromTicks(ticks)	根据从新纪元开始过去的秒数创建包含日期值的对象
TimeFromTicks(ticks)	根据从新纪元开始过去的秒数创建包含时间值的对象
TimestampFromTicks(ticks)	根据从新纪元开始过去的秒数创建包含时间戳的对象
Binary(string)	创建包含二进制字符串值的对象
STRING	描述基于字符串的列（如 CHAR）
BINARY	描述二进制列（如 LONG 或 RAW）
NUMBER	描述数字列
DATETIME	描述日期/时间列
ROWID	描述行 ID 列

13.2　SQLite 和 PySQLite

前面说过，可用的 SQL 数据库引擎有很多，它们都有相应的 Python 模块。这些数据库引擎大都作为服务器程序运行，连安装都需要有管理员权限。为降低 Python DB API 的使用门槛，我选择了一个名为 SQLite 的小型数据库引擎。它不需要作为独立的服务器运行，且可直接使用本地文件，而不需要集中式数据库存储机制。

在较新的 Python 版本中，SQLite 更具优势，因为标准库包含一个 SQLite 包装器：使用模块 sqlite3 实现的 PySQLite。除非从源代码编译 Python，否则 Python 很可能包含这个数据库。你可能应尝试运行 13.2.1 节中的程序片段，如果它能够运行，就无须专门安装 PySQLite 和 SQLite 了。

注意　如果你使用的不是标准库中的 PySQLite 版本，可能需要修改前述程序片段中的 import 语句。有关这方面的详细信息，请参阅相关的文档。

13.2.1 起步

要使用Python标准库中的SQLite，可通过导入模块sqlite3来导入它。然后，就可创建直接到数据库文件的连接。为此，只需提供一个文件名（可以是文件的相对路径或绝对路径）；如果指定的文件不存在，将自动创建它。

```
>>> import sqlite3
>>> conn = sqlite3.connect('somedatabase.db')
```

接下来可从连接获得游标。

```
>>> curs = conn.cursor()
```

这个游标可用来执行SQL查询。执行完查询后，如果修改了数据，务必提交所做的修改，这样才会将其保存到文件中。

```
>>> conn.commit()
```

你可以（也应该）在每次修改数据库后都进行提交，而不是仅在要关闭连接前才这样做。要关闭连接，只需调用方法close。

```
>>> conn.close()
```

13.2.2 数据库应用程序示例

作为示例，我将演示如何创建一个小型的营养成分数据库，这个数据库基于美国农业部（USDA）农业研究服务提供的数据。美国农业部的链接常常会有细微的变化，但只要按下面介绍的做，就应该能够找到相关的数据集。在美国农业部农业研究服务网站首页中，单击下拉列表Research中的链接Databases and Datasets进入相应的页面，再单击其中的链接Nutrient Data Laboratory。在打开的页面中，应该能够找到链接USDA National Nutrient Database for Standard Reference。在单击这个链接打开的页面中有大量的数据文件，它们使用的是我们需要的纯文本（ASCII）格式。单击链接Download，并下载标题Abbreviated下链接ASCII指向的zip文件。你将获得一个zip文件，其中包含一个名为ABBREV.txt的文本文件，还有一个描述该文件内容的PDF文件。如果你找不到这个文件，也可使用其他的旧数据，只是需要相应地修改源代码。

在文件ABBREV.txt中，每行都是一条数据记录，字段之间用脱字符（^）分隔。数字字段直接包含数字，而文本字段用两个波浪字符（~）将其字符串值括起。下面是一个示例行（为简洁起见删除了部分内容）：

```
~07276~^~~HORMEL SPAM ... PORK W/ HAM MINCED CND~^ ... ^~1 serving~^^^~~^0
```

要将这样的行分解成字段，只需使用line.split('^')即可。如果一个字段以波浪字符打头，你就知道它是一个字符串，因此可使用field.strip('~')来获取其内容。对于其他字段（即数字字段），使用float(field)就能获取其内容，但字段为空时不能这样做。本节接下来将开发一个程序，将这个ASCII文件中的数据转换为SQL数据库，并让你能够执行一些有趣的查询。

1. 创建并填充数据库表

要创建并填充数据库表，最简单的解决方案是单独编写一个一次性程序。这样只需运行这个程序一次，就可将它及原始数据源（文件 ABBREV.txt）抛在脑后了，不过保留它们可能是个不错的主意。

代码清单 13-1 所示的程序创建一个名为 food 的表（其中包含一些合适的字段）；读取文件 ABBREV.txt 并对其进行分析（使用工具函数 convert 对各行进行分割并对各个字段进行转换）；通过调用 curs.execute 来执行一条 SQL INSERT 语句，从而将字段中的值插入数据库中。

注意：也可使用 curs.executemany，并向它提供一个列表（其中包含从数据文件中提取的所有行）。就这里而言，这样做速度稍有提高，但如果使用的是通过网络连接的客户/服务器 SQL 系统，速度将有极大的提高。

代码清单 13-1　将数据导入数据库（importdata.py）

```
import sqlite3

def convert(value):
    if value.startswith('~'):
        return value.strip('~')
    if not value:
        value = '0'
    return float(value)

conn = sqlite3.connect('food.db')
curs = conn.cursor()

curs.execute('''
CREATE TABLE food (

id TEXT PRIMARY KEY,
desc    TEXT,
water   FLOAT,
kcal    FLOAT,
protein FLOAT,
fat     FLOAT,
ash     FLOAT,
carbs   FLOAT,
fiber   FLOAT,
sugar   FLOAT
)
''')
query = 'INSERT INTO food VALUES (?,?,?,?,?,?,?,?,?,?)'
field_count = 10
for line in open('ABBREV.txt'):
    fields = line.split('^')
    vals = [convert(f) for f in fields[:field_count]]
    curs.execute(query, vals)

conn.commit()
conn.close()
```

当你运行这个程序时（文件 ABBREV.txt 和它位于同一个目录），它将新建一个名为 food.db 的文件，其中包含数据库中的所有数据。

建议你多多尝试这个程序：使用不同的输入、添加 print 语句等。

2. 搜索并处理结果

数据库使用起来非常简单：创建一条连接并从它获取一个游标；使用方法 execute 执行 SQL 查询并使用诸如 fetchall 等方法提取结果。代码清单 13-2 是一个微型程序，它通过命令行参数接受一个 SQL SELECT 条件，并以记录格式将返回的行打印出来。你可在命令行中像下面这样尝试运行它：

```
$ python food_query.py "kcal <= 100 AND fiber >= 10 ORDER BY sugar"
```

运行这个程序时，你可能发现了一个问题：第一行指出，生橘子皮（raw orange peel）好像不含任何糖分。这是因为在数据文件中缺少这个字段。你可对导入脚本进行改进，以检测这种情况，并插入 None 而不是 0 来指出缺失数据。这样，你就可使用类似于下面的条件：

```
"kcal <= 100 AND fiber >= 10 AND sugar ORDER BY sugar"
```

这要求仅当 sugar 字段包含实际数据时才返回相应的行。这种策略恰好也适用于当前的数据库——上述条件将丢弃糖分为 0 的行。

你可能想尝试使用 ID 搜索特定食品的条件，如使用 ID 08323 搜索 Cocoa Pebbles。问题是 SQLite 处理其值的方式不那么标准，事实上，它在内部将所有的值都表示为字符串，因此在数据库和 Python API 之间将执行一些转换和检查。通常，这没有问题，但使用 ID 搜索可能会遇到麻烦。如果你提供值 08323，它将被解读为数字 8323，进而被转换为字符串"8323"，即一个不存在的 ID。在这种情况下，可能应该显示错误消息，而不是采取这种意外且毫无帮助的行为；但如果你很小心，在数据库中就将 ID 设置为字符串"08323"，就不会出现这种问题。

代码清单 13-2 食品数据库查询程序（food_query.py）

```
import sqlite3, sys

conn = sqlite3.connect('food.db')
curs = conn.cursor()

query = 'SELECT * FROM food WHERE ' + sys.argv[1]
print(query)
curs.execute(query)
names = [f[0] for f in curs.description]
for row in curs.fetchall():
    for pair in zip(names, row):
        print('{}: {}'.format(*pair))
    print()
```

警告 这个程序从用户那里获取输入，并将其插入到 SQL 查询中。在你是用户而且不会输入太不可思议的内容时，这没有问题。然而，利用这种输入偷偷地插入恶意的 SQL 代码以破坏数据库是一种常见的计算机攻击方式，称为 SQL 注入攻击。请不要让你的数据库（以及其他任何东西）暴露在原始用户输入的“火力范围”内，除非你对这样做的后果心知肚明。

13.3　小结

本章简要地介绍了如何创建与关系型数据库交互的 Python 程序。之所以只做简要的介绍，是因为如果你掌握了 Python 和 SQL，就很容易掌握它们之间的桥梁——Python DB API。下面是本章介绍的一些概念。

- **Python DB API**：这个 API 定义了一个简单的标准化接口，所有数据库包装器模块都必须遵循它，这让编写使用多个不同数据库的程序更容易。
- **连接**：连接对象表示到 SQL 数据库的通信链路，使用方法 cursor 可从连接获得游标。你还可使用连接对象来提交或回滚事务。使用完数据库后，就可将连接关闭了。
- **游标**：游标用于执行查询和查看结果。可逐行取回查询结果，也可一次取回很多（或全部）行。
- **类型和特殊值**：DB API 指定了一组构造函数和特殊值的名称。构造函数用于处理日期和时间对象，还有二进制数据对象；而特殊值用于表示关系型数据库的类型，如 STRING、NUMBER 和 DATETIME。
- **SQLite**：这是一个小型的嵌入式 SQL 数据库，标准 Python 发行版中包含其 Python 包装器，即模块 sqlite3。这个数据库速度快、易于使用，且不要求搭建专门的服务器。

13.3.1　本章介绍的新函数

函　数	描　述
connect(...)	连接到数据库并返回一个连接对象①

13.3.2　预告

持久化和数据库处理是很多（乃至大部分）大型程序和系统的重要组成部分。很多大型程序和系统都包含的另一个组成部分是网络，这将在下一章讨论。

① 函数 connect 的参数随数据库而异。

第 14 章

网络编程

本章将通过示例展示如何使用 Python 来编写以各种方式使用网络（如互联网）的程序。Python 提供了强大的网络编程支持，有很多库实现了常见的网络协议以及基于这些协议的抽象层，让你能够专注于程序的逻辑，而无须关心通过线路来传输比特的问题。另外，对于有些协议格式，可能没有处理它们的现成代码，但编写起来也很容易，因为 Python 很擅长处理字节流中的各种模式（从本书前面介绍的各种处理文本文件的方式中，你可能领教了这一点）。

鉴于 Python 提供的网络工具众多，这里只能简要地介绍它的网络功能。在本书的其他地方也有一些这样的示例。例如，第 15 章将讨论面向 Web 的网络编程，本书后面介绍的几个项目也使用了网络模块来完成任务。

本章首先概述 Python 标准库中的一些网络模块。然后讨论 SocketServer 和相关的类，并介绍地介绍同时处理多个连接的各种方法。最后，简单地说一说 Twisted，这是一个使用 Python 编写网络程序的框架，功能丰富而成熟。

注意 如果你的计算机上安装了严格的防火墙，每当你开始运行自己编写的网络程序时，它都可能发出警告，并禁止程序连接到网络。你应对防火墙进行配置，让它允许 Python 完成其工作。如果防火墙有交互式接口，只需在询问时允许建立连接即可。然而，需要注意的是，任何连接到网络的软件都是安全隐患，即便是你自己编写的软件亦如此（或者说尤其如此）。

14.1 几个网络模块

标准库中有很多网络模块，其他地方也有不少。有些网络模块明显主要是处理网络的，但还有几个其实也是与网络相关的，如处理各种数据编码以便通过网络传输的模块。这里精挑细选了几个模块进行介绍。

14.1.1 模块 socket

网络编程中的一个基本组件是**套接字**（socket）。套接字基本上是一个信息通道，两端各有一个程序。这些程序可能位于（通过网络相连的）不同的计算机上，通过套接字向对方发送信息。

在 Python 中，大多数网络编程隐藏了模块 socket 的基本工作原理，不与套接字直接交互。

套接字分为两类：服务器套接字和客户端套接字。创建服务器套接字后，让它等待连接请求的到来。这样，它将在某个网络地址（由 IP 地址和端口号组成）处监听，直到客户端套接字建立连接。随后，客户端和服务器就能通信了。

客户端套接字处理起来通常比服务器端套接字容易些，因为服务器必须准备随时处理客户端连接，还必须处理多个连接；而客户端只需连接，完成任务后再断开连接即可。本章后面将介绍如何使用 SocketServer 等类和 Twisted 框架进行服务器端编程。

套接字是模块 socket 中 socket 类的实例。实例化套接字时最多可指定三个参数：一个地址族（默认为 socket.AF_INET）；是流套接字（socket.SOCK_STREAM，默认设置）还是数据报套接字（socket.SOCK_DGRAM）；协议（使用默认值 0 就好）。创建普通套接字时，不用提供任何参数。

服务器套接字先调用方法 bind，再调用方法 listen 来监听特定的地址。然后，客户端套接字就可连接到服务器了，办法是调用方法 connect 并提供调用方法 bind 时指定的地址（在服务器端，可使用函数 socket.gethostname 获取当前机器的主机名）。这里的地址是一个格式为(host, port)的元组，其中 host 是主机名（如 www.example.com），而 port 是端口号（一个整数）。方法 listen 接受一个参数——待办任务清单的长度（即最多可有多少个连接在队列中等待接纳，到达这个数量后将开始拒绝连接）。

服务器套接字开始监听后，就可接受客户端连接了，这是使用方法 accept 来完成的。这个方法将阻断（等待）到客户端连接到来为止，然后返回一个格式为(client, address)的元组，其中 client 是一个客户端套接字，而 address 是前面解释过的地址。服务器能以其认为合适的方式处理客户端连接，然后再次调用 accept 以接着等待新连接到来。这通常是在一个无限循环中完成的。

注意　这里讨论的服务器编程形式称为**阻断（同步）**网络编程。在 14.3 节，你将看到非阻断（异步）网络编程示例，以及如何使用线程来同时处理多个客户端。

为传输数据，套接字提供了两个方法：send 和 recv（表示 receive）。要发送数据，可调用方法 send 并提供一个字符串；要接收数据，可调用 recv 并指定最多接收多少个字节的数据。如果不确定该指定什么数字，1024 是个不错的选择。

代码清单 14-1 和代码清单 14-2 展示了最简单的客户端程序和服务器程序。如果在同一台机器上运行它们（先运行服务器程序），服务器程序将打印一条收到连接请求的消息，然后客户端程序将打印它从服务器那里收到的消息。在服务器还在运行时，可运行多个客户端。在客户端程序中，通过将 gethostname 调用替换为服务器机器的主机名，可分别在两台通过网络连接的机器上运行这两个程序。

注意　可使用的端口号通常受到限制。在 Linux 或 UNIX 系统中，需要有管理员权限才能使用 1024 以下的端口号。这些编号较小的端口是供标准服务使用的。例如，端口 80 供 Web 服务器使用。另外，使用 Ctrl+C 停止服务器后，可能需要等待一段时间才能使用该服务器原来使用的端口（否则，可能出现“地址已被占用”错误消息）。

代码清单 14-1 最简单的服务器

```
import socket
s = socket.socket()

host = socket.gethostname()
port = 1234
s.bind((host, port))

s.listen(5)
while True:

    c, addr = s.accept()
    print('Got connection from', addr)
    c.send('Thank you for connecting')
    c.close()
```

代码清单 14-2 最简单的客户端

```
import socket

s = socket.socket()

host = socket.gethostname()
port = 1234

s.connect((host, port))
print(s.recv(1024))
```

有关模块socket的更详细信息，请查阅“Python库参考手册”。

14.1.2 模块urllib和urllib2

在可供使用的网络库中，urllib和urllib2可能是投入产出比最高的两个。它们让你能够通过网络访问文件，就像这些文件位于你的计算机中一样。只需一个简单的函数调用，就几乎可将统一资源定位符（URL）可指向的任何动作作为程序的输入。想想将这种功能与模块re结合起来使用都能做什么吧！你可下载网页、从中提取信息并自动生成研究报告。

模块urllib和urllib2的功能差不多，但urllib2更好一些。对于简单的下载，urllib绰绰有余。如果需要实现HTTP身份验证或Cookie，抑或编写扩展来处理自己的协议，urllib2可能是更好的选择。

1. 打开远程文件

几乎可以像打开本地文件一样打开远程文件，差别是只能使用读取模式，以及使用模块urllib.request中的函数urlopen，而不是open（或file）。

```
>>> from urllib.request import urlopen
>>> webpage = urlopen('http://www.python.org')
```

如果连接到了网络，变量webpage将包含一个类似于文件的对象，这个对象与对应的网页地址相关联。

注意　要在没有联网的情况下尝试使用模块 urllib，可使用以 file:打头的 URL 访问本地文件，如 file:c:\text\somefile.txt（别忘了对反斜杠进行转义）。

urlopen 返回的类似于文件的对象支持方法 close、read、readline 和 readlines，还支持迭代等。

假设要提取刚才所打开网页中链接 About 的相对 URL，可使用正则表达式（有关正则表达式的详细信息，请参阅 10.3.8 节）。

```
>>> import re
>>> text = webpage.read()
>>> m = re.search(b'<a href="([^"]+)" .*?>about</a>', text, re.IGNORECASE)
>>> m.group(1)
'/about/'
```

注意　当然，如果这个网页发生了变化，你可能需要修改使用的正则表达式。

2. 获取远程文件

函数 urlopen 返回一个类似于文件的对象，可从中读取数据。如果要让 urllib 替你下载文件，并将其副本存储在一个本地文件中，可使用 urlretrieve。这个函数不返回一个类似于文件的对象，而返回一个格式为(filename, headers)的元组，其中 filename 是本地文件的名称（由 urllib 自动创建），而 headers 包含一些有关远程文件的信息（这里不会介绍 headers，如果你想更深入地了解它，请在有关 urllib 的标准库文档中查找 urlretrieve）。如果要给下载的副本指定文件名，可通过第二个参数来提供。

```
urlretrieve('http://www.python.org', 'C:\\python_webpage.html')
```

这将获取 Python 官网的主页，并将其存储到文件 C:\python_webpage.html 中。如果你没有指定文件名，下载的副本将放在某个临时位置，可使用函数 open 来打开。但使用完毕后，你可能想将其删除，以免占用磁盘空间。要清空这样的临时文件，可调用函数 urlcleanup 且不提供任何参数，它将负责替你完成清空工作。

一些实用的函数

除了通过 URL 读取和下载文件外，urllib 还提供了一些用于操作 URL 的函数，如下所示（这里假设你对 URL 和 CGI 略知一二）。

- quote(string[, safe])：返回一个字符串，其中所有的特殊字符（在URL中有特殊意义的字符）都已替换为对URL友好的版本（如将~替换为%7E）。如果要将包含特殊字符的字符串用作URL，这很有用。参数safe是一个字符串（默认为'/'），包含不应像这样对其进行编码的字符。
- quote_plus(string[, safe])：类似于 quote，但也将空格替换为加号。

- unquote(string)：与 quote 相反。
- unquote_plus(string)：与 quote_plus 相反。

urlencode(query[, doseq])：将映射（如字典）或由包含两个元素的元组（形如(key, value)）组成的序列转换为“使用 URL 编码的”字符串。这样的字符串可用于 CGI 查询中（详细信息请参阅 Python 文档）。

14.1.3　其他模块

前面说过，除了这里讨论的模块外，Python 库等地方还包含很多与网络相关的模块。表 14-1 列出了 Python 标准库中的一些与网络相关的模块。正如该表指出的，其中有些模块将在本书的其他地方讨论。

表 14-1　标准库中一些与网络相关的模块

模　块	描　述
asynchat	包含补充 asyncore 的功能（参见第 24 章）
asyncore	异步套接字处理程序（参见第 24 章）
cgi	基本的 CGI 支持（参见第 15 章）
Cookie	Cookie 对象操作，主要用于服务器
cookielib	客户端 Cookie 支持
email	电子邮件（包括 MIME）支持
ftplib	FTP 客户端模块
gopherlib	Gopher 客户端模块
httplib	HTTP 客户端模块
imaplib	IMAP4 客户端模块
mailbox	读取多种邮箱格式
mailcap	通过 mailcap 文件访问 MIME 配置
mhlib	访问 MH 邮箱
nntplib	NNTP 客户端模块（参见第 23 章）
poplib	POP 客户端模块
robotparser	解析 Web 服务器 robot 文件
SimpleXMLRPCServer	一个简单的 XML-RPC 服务器（参见第 27 章）
smtpd	SMTP 服务器模块
smtplib	SMTP 客户端模块
telnetlib	Telnet 客户端模块
urlparse	用于解读 URL
xmlrpclib	XML-RPC 客户端支持（参见第 27 章）

14.2 SocketServer 及相关的类

从 14.1.1 节可知，编写简单的套接字服务器并不难。然而，如果要创建的并非简单服务器，还是求助于服务器模块吧。模块 SocketServer 是标准库提供的服务器框架的基石，这个框架包括 BaseHTTPServer、SimpleHTTPServer、CGIHTTPServer、SimpleXMLRPCServer 和 DocXMLRPCServer 等服务器，它们在基本服务器的基础上添加了各种功能。

SocketServer 包含 4 个基本的服务器：TCPServer（支持 TCP 套接字流）、UDPServer（支持 UDP 数据报套接字）以及更难懂的 UnixStreamServer 和 UnixDatagramServer。后面 3 个你可能不会用到。

使用模块 SocketServer 编写服务器时，大部分代码都位于请求处理器中。每当服务器收到客户端的连接请求时，都将实例化一个请求处理程序，并对其调用各种处理方法来处理请求。具体调用哪些方法取决于使用的服务器类和请求处理程序类；还可从这些请求处理器类派生出子类，从而让服务器调用一组自定义的处理方法。基本请求处理程序类 BaseRequestHandler 将所有操作都放在一个方法中——服务器调用的方法 handle。这个方法可通过属性 self.request 来访问客户端套接字。如果处理的是流（使用 TCPServer 时很可能如此），可使用 StreamRequestHandler 类，它包含另外两个属性：self.rfile（用于读取）和 self.wfile（用于写入）。你可使用这两个类似于文件的对象来与客户端通信。

模块 SocketServer 还包含很多其他的类，它们为 HTTP 服务器提供基本的支持（如运行 CGI 脚本），以及 XML-RPC 支持（这将在第 27 章讨论）。

代码清单 14-3 是代码清单 14-1 所示极简服务器的 SocketServer 版本，可与代码清单 14-2 所示的客户端协同工作。请注意，StreamRequestHandler 负责在使用完连接后将其关闭。另外，主机名''表示运行该服务器的计算机。

代码清单 14-3　基于 SocketServer 的极简服务器

```
from socketserver import TCPServer, StreamRequestHandler

class Handler(StreamRequestHandler):

    def handle(self):
        addr = self.request.getpeername()
        print('Got connection from', addr)
        self.wfile.write('Thank you for connecting')

server = TCPServer(('', 1234), Handler)
server.serve_forever()
```

有关模块 SocketServer 的详细信息，请参阅“Python 库参考手册”。

14.3 多个连接

前面讨论的服务器解决方案都是同步的：不能同时处理多个客户端的连接请求。如果连接持续的时间较长，比如完整的聊天会话，就需要能够同时处理多个连接。

处理多个连接的主要方式有三种：分叉（forking）、线程化和异步 I/O。通过结合使用 SocketServer 中的混合类和服务器类，很容易实现分叉和线程化（参见代码清单 14-4 和代码清单 14-5）。即便不使用这些类，这两种方式也很容易实现。然而，它们确实存在缺点。分叉占用的资源较多，且在客户端很多时可伸缩性不佳（但只要客户端数量适中，分叉在现代 UNIX 和 Linux 系统中的效率很高。如果系统有多个 CPU，效率就更高了）；而线程化可能带来同步问题。这里不深入讨论这些问题，只演示如何使用这些方式。

分叉和线程是什么

你可能不知道分叉和线程是什么，这里简单地说说。**分叉**是一个 UNIX 术语。对进程（运行的程序）进行分叉时，基本上是复制它，而这样得到的两个进程都将从当前位置开始继续往下执行，且每个进程都有自己的内存副本（变量等）。原来的进程为父进程，复制的进程为子进程。如果你是科幻小说迷，可将它们视为并行的宇宙：分叉操作在时间轴上创建一个分支，最终得到两个独立存在的宇宙（进程）。所幸进程能够判断它们是原始进程还是子进程（通常查看函数 fork 的返回值），因此能够执行不同的操作。（如果不能，两个进程将做同样的事情，这除了让计算机陷入停顿外还有什么意义？）

在分叉服务器中，对于每个客户端连接，都将通过分叉创建一个子进程。父进程继续监听新连接，而子进程负责处理客户端请求。客户端请求结束后，子进程直接退出。由于分叉出来的进程并行地运行，因此客户端无须等待。

鉴于分叉占用的资源较多（每个分叉出来的进程都必须有自己的内存），还有另一种解决方案：线程化。**线程**是轻量级进程（子进程），都位于同一个进程中并共享内存。这减少了占用的资源，但也带来了一个缺点：由于线程共享内存，你必须确保它们不会彼此干扰或同时修改同一项数据，否则将引起混乱。这些问题都属于同步问题。在现代操作系统（不支持分叉的 Windows 除外）中，分叉的速度其实非常快，较新的硬件能够更好地应付其资源消耗。如果你不想处理麻烦的同步问题，分叉可能是不错的选择。

然而，如果能够完全杜绝并行性，就再好不过了。在本章中，将介绍基于函数 select 的其他解决方案。另一种避免线程和分叉的办法是使用 Stackless Python，它是一个能够快速而轻松地在不同上下文之间切换的 Python 版本。它支持一种类似于线程的并行方式，名为**微线程**，其可伸缩性比真正的线程高得多。

在较低的层次实现异步 I/O 要难一些，其基本机制是模块 select 中的函数 select（将在 14.3.2 节介绍），使用起来非常棘手。幸运的是，有用于实现异步 I/O 的高级框架，让你能够通过简单而抽象的接口使用可伸缩的强大机制。标准库提供了一个这样的基本框架，由模块 asyncore 和 asynchat 组成，将在第 24 章讨论。本章后面将讨论的 Twisted 是一个非常强大的异步网络编程框架。

14.3.1　使用 SocketServer 实现分叉和线程化

使用框架 SocketServer 创建分叉或线程化服务器非常简单，几乎不需要任何解释。代码清单 14-4 和代码清单 14-5 分别演示了如何在代码清单 14-3 所示的服务器中实现分叉和线程化。仅当方法 handle 需要很长时间才能执行完毕时，分叉和线程化才能提供帮助。请注意，Windows 不支持分叉。

代码清单 14-4　分叉服务器

```
from socketserver import TCPServer, ForkingMixIn, StreamRequestHandler

class Server(ForkingMixIn, TCPServer): pass

class Handler(StreamRequestHandler):

    def handle(self):
        addr = self.request.getpeername()
        print('Got connection from', addr)
        self.wfile.write('Thank you for connecting')

server = Server(('', 1234), Handler)
server.serve_forever()
```

代码清单 14-5　线程化服务器

```
from socketserver import TCPServer, ThreadingMixIn, StreamRequestHandler

class Server(ThreadingMixIn, TCPServer): pass

class Handler(StreamRequestHandler):

    def handle(self):
        addr = self.request.getpeername()
        print('Got connection from', addr)
        self.wfile.write('Thank you for connecting')

server = Server(('', 1234), Handler)
server.serve_forever()
```

14.3.2　使用 select 和 poll 实现异步 I/O

当服务器与客户端通信时，来自客户端的数据可能时断时续。如果使用了分叉和线程化，这就不是问题：因为一个进程（线程）等待数据时，其他进程（线程）可继续处理其客户端。然而，另一种做法是只处理当前正在通信的客户端。你甚至无须不断监听，只需监听后将客户端加入队列即可。

这就是框架 asyncore/asynchat（参见第 24 章）和 Twisted（参见 14.4 节）采取的方法。这种功能的基石是函数 select 或 poll（如果系统支持）。这两个函数都位于模块 select 中，其中 poll 的可伸缩性更高，但只有 UNIX 系统支持它（Windows 不支持）。

函数 select 接受三个必不可少的参数和一个可选参数，其中前三个参数为序列，而第四个参数为超时时间（单位为秒）。这些序列包含文件描述符整数（也可以是这样的对象：包含返回文件描述符整数的方法 fileno），表示我们正在等待的连接。这三个序列分别表示需要输入和输出以及发生异常（错误等）的连接。如果没有指定超时时间，select 将阻断（即等待）到有文件描述符准备就绪；如果指定了超时时间，select 将最多阻断指定的秒数；如果超时时间为零，select 将不断轮询（即不阻断）。select 返回三个序列（即一个长度为 3 的元组），其中每个序列都包含相应参数中处于活动状态的文件描述符。例如，返回的第一个序列包含有数据需要读取的所有输入文件描述符。

这些序列也可包含文件对象（Windows 不支持）或套接字。代码清单 14-6 所示的服务器使用 select 来为多个连接提供服务。（请注意，将服务器套接字传递给了 select，让 select 能够在有新连接到来时发出信号。）这个服务器是一个简单的日志程序，将来自客户端的数据都打印出来。要进行测试，可使用 telnet 连接到它，也可通过编写一个基于套接字的简单客户端来向它发送数据。尝试使用 telnet 建立多个到该服务器的连接，核实它能够同时处理多个客户端（虽然这样输出的日志中将混杂多个客户端的输入）。

代码清单 14-6　使用 select 的简单服务器

```
import socket, select

s = socket.socket()

host = socket.gethostname()
port = 1234
s.bind((host, port))
s.listen(5)
inputs = [s]
while True:
    rs, ws, es = select.select(inputs, [], [])
    for r in rs:
        if r is s:
            c, addr = s.accept()
            print('Got connection from', addr)
            inputs.append(c)
    else:
        try:
            data = r.recv(1024)
            disconnected = not data
        except socket.error:
            disconnected = True

        if disconnected:
            print(r.getpeername(), 'disconnected')
            inputs.remove(r)
        else:
            print(data)
```

方法 poll 使用起来比 select 容易。调用 poll 时，将返回一个轮询对象。你可使用方法 register

向这个对象注册文件描述符（或包含方法 fileno 的对象）。注册后可使用方法 unregister 将它们删除。注册对象（如套接字）后，可调用其方法 poll（它接受一个可选的超时时间参数）。这将返回一个包含(fd, event)元组的列表（可能为空），其中 fd 为文件描述符，而 event 是发生的事件。event 是一个位掩码，这意味着它是一个整数，其各个位对应于不同的事件。各种事件是用 select 模块中的常量表示的，如表 14-2 所示。要检查指定的位是否为 1（即是否发生了相应的事件），可下面这样使用按位与运算符（&）：

```
if event & select.POLLIN: ...
```

表 14-2　select 模块中的轮询事件常量

事 件 名	描 述
POLLIN	文件描述符中有需要读取的数据
POLLPRI	文件描述符中有需要读取的紧急数据
POLLOUT	文件描述符为写入数据做好了准备
POLLERR	文件描述符出现了错误状态
POLLHUP	挂起。连接已断开
POLLNVAL	无效请求。连接未打开

代码清单 14-7 使用 poll 而不是 select 重写了代码清单 14-6 所示的服务器。请注意，我添加了一个从文件描述符（int）到套接字对象的映射（fdmap）。

代码清单 14-7　使用 poll 的简单服务器

```
import socket, select

s = socket.socket()

host = socket.gethostname()
port = 1234
s.bind((host, port))

fdmap = {s.fileno(): s}

s.listen(5)
p = select.poll()
p.register(s)
while True:

    events = p.poll()
    for fd, event in events:
        if fd in fdmap:
            c, addr = s.accept()
            print('Got connection from', addr)
            p.register(c)
            fdmap[c.fileno()] = c
        elif event & select.POLLIN:
```

```
            data = fdmap[fd].recv(1024)
            if not data: # 没有数据 --连接已关闭
                print(fdmap[fd].getpeername(), 'disconnected')
                p.unregister(fd)
                del fdmap[fd]
            else:
                print(data)
```

有关 select 和 poll 的更详细信息，请查阅“Python 库参考手册”。另外，阅读标准库模块 asyncore 和 asynchat 的源代码（位于安装的 Python 中的文件 asyncore.py 和 asynchat.py 中）也能获得启迪。

14.4 Twisted

Twisted 是由 Twisted Matrix Laboratories 开发的，这是一个**事件驱动**的 Python 网络框架，最初是为编写网络游戏开发的，但现被各种网络软件使用。在 Twisted 中，你能实现事件处理程序，就像在 GUI 工具包（参见第 12 章）中一样。实际上，Twisted 与多个常用的 GUI 工具包（Tk、GTK、Qt 和 wxWidgets）配合得天衣无缝。

本节介绍一些基本概念，并演示如何使用 Twisted 完成一些简单的网络编程任务。掌握这些基本概念后，你就可参考 Twisted 文档（可在 Twisted 网站找到，这个网站还有很多其他的信息）来完成更复杂的网络编程。Twisted 是一个功能极其丰富的框架，支持 Web 服务器和客户端、SSH2、SMTP、POP3、IMAP4、AIM、ICQ、IRC、MSN、Jabber、NNTP、DNS 等！

注意 编写本书期间，仅当使用的是 Python 2 时才能使用 Twisted 的全部功能，但这个框架有越来越多的功能正在被移植到 Python 3。本节后面的代码示例是使用 Python 2.7 编写的。

14.4.1 下载并安装 Twisted

Twisted 安装起来非常容易。首先，访问 Twisted Matrix 网站，并单击其中的一个下载链接。如果你使用的是 Windows，请根据你使用的 Python 版本下载相应的安装程序。如果你使用的是其他操作系统，请下载源代码归档文件。（如果你使用了包管理器 Portage、RPM、APT、Fink 或 MacPorts，可直接下载并安装 Twisted。）Windows 安装程序是一个循序渐进的向导，不用多解释。编译和解压缩可能需要点时间，但你只需等待就好。要安装源代码归档，首先需要解压缩（先使用 tar，再根据下载的归档文件类型使用 gunzip 或 bunzip2），然后运行脚本 Distutils。

```
python setup.py install
```

这样就应该能够使用 Twisted 了。

14.4.2 编写 Twisted 服务器

本章前面编写的简单套接字服务器非常清晰，其中有些包含显式的事件循环，用于查找新连接和新数据。基于 SocketServer 的服务器有一个隐式的循环，用于查找连接并为每个连接创建处理程序，但处理程序必须显式地读取数据。Twisted（与第 24 章将讨论的框架 asyncore/asynchat 一样）采用的是基于事件的方法。要编写简单的服务器，只需实现处理如下情形的事件处理程序：客户端发起连接，有数据到来，客户端断开连接（以及众多其他的事件）。专用类可在基本类的基础上定义更细致的事件，如包装“数据到来”事件，收集换行符之前的所有数据再分派“数据行到来”事件。

注意　有一个 Twisted 特有的概念本节没有介绍，那就是**延迟对象**（deferred）和延迟执行（deferred execution）。有关这方面的详细信息，请参阅 Twisted 文档（如阅读教程“Deferreds are beautiful”，这可在 Twisted 文档中的 HOWTO 页面中找到）。

事件处理程序是在协议中定义的。你还需要一个工厂，它能够在新连接到来时创建这样的协议对象。如果你只想创建自定义协议类的实例，可使用 Twisted 自带的工厂——模块 twisted.nternet.protocol 中的 Factory 类。编写自定义协议时，将模块 twisted.internet.protocol 中的 Protocol 作为超类。有新连接到来时，将调用事件处理程序 connectionMade；连接中断时，将调用 connectionLost。来自客户端的数据是通过处理程序 dataReceived 接收的。当然，你不能使用事件处理策略来向客户端发送数据。这种工作是使用对象 self.transport 完成的，它包含一个 write 方法。这个对象还有一个 client 属性，其中包含客户端的地址（主机名和端口）。

代码清单 14-8 是代码清单 14-6 和代码清单 14-7 所示服务器的 Twisted 版本。但愿你也认为这个 Twisted 版本更简单些，理解起来也更容易。在这个版本中，包含一些设置工作：需要实例化 Factory，并设置其属性 protocol，让它知道该使用哪种协议（这里是一个自定义协议）与客户端通信。

接下来，开始监听指定的端口，让工厂通过实例化协议对象来处理连接。为此，调用了模块 reactor 中的函数 listenTCP。最后，通过调用模块 reactor 中函数 run 启动这个服务器。

代码清单 14-8　使用 Twisted 创建的简单服务器

```
from twisted.internet import reactor
from twisted.internet.protocol import Protocol, Factory

class SimpleLogger(Protocol):

    def connectionMade(self):
        print('Got connection from', self.transport.client)

    def connectionLost(self, reason):
        print(self.transport.client, 'disconnected')

    def dataReceived(self, data):
        print(data)

factory = Factory()
factory.protocol = SimpleLogger
```

```
reactor.listenTCP(1234, factory)
reactor.run()
```

如果使用 telnet 连接到这个服务器以便测试它，每行输出可能只有一个字符，是否如此取决于缓冲等因素。你可使用 sys.sout.write 而不是 print，但在很多情况下，你可能希望每次得到一行，而不是得到随意的数据。为此，可编写一个自定义协议，尽管这很容易，但实际上有一个提供这种功能的现成类。模块 twisted.protocols.basic 包含几个预定义的协议，其中一个就是 LineReceiver。它实现了 dataReceived，并在每收到一整行后调用事件处理程序 lineReceived。

提示 要在收到数据后做些除调用 lineReceived（它依赖实现了 dataReceived 的 LineReceiver）外的其他事情，可使用 LineReceiver 定义的事件处理程序 rawDataReceived。

切换到协议 LineReceiver 需要做的工作很少，如代码清单 14-9 所示。如果查看运行这个服务器得到的输出，将发现换行符被删除了。换而言之，使用 print 不能再生成两个换行符。

代码清单 14-9 使用协议 LineReceiver 改进后的日志服务器

```
from twisted.internet import reactor
from twisted.internet.protocol import Factory
from twisted.protocols.basic import LineReceiver

class SimpleLogger(LineReceiver):

    def connectionMade(self):
        print('Got connection from', self.transport.client)

    def connectionLost(self, reason):
        print(self.transport.client, 'disconnected')

    def lineReceived(self, line):
        print(line)

factory = Factory()
factory.protocol = SimpleLogger

reactor.listenTCP(1234, factory)
reactor.run()
```

前面说过，Twisted 框架的功能比这里介绍的要多得多。如果你要更深入地了解，可参阅 Twisted 网站的在线文档。

14.5 小结

本章简要地介绍了多种 Python 网络编程方法，选择哪种方法取决于具体需求和你的偏好。选择一种方法后，你很可能需要更深入地学习。下面是本章介绍的一些主题。

- **套接字和模块 socket**：套接字是让程序（进程）能够通信的信息通道，这种通信可能需要通过网络进行。模块 socket 让你能够在较低的层面访问客户端套接字和服务器套接字。服务器套接字在指定的地址处监听客户端连接，而客户端套接字直接连接到服务器。
- **urllib 和 urllib2**：这些模块让你能够从各种服务器读取和下载数据，为此你只需提供指向数据源的 URL 即可。模块 urllib 是一种比较简单的实现，而 urllib2 功能强大、可扩展性极强。这两个模块都通过诸如 urlopen 等函数来完成工作。
- **框架 SocketServer**：这个框架位于标准库中，包含一系列同步服务器基类，让你能够轻松地编写服务器。它还支持使用 CGI 的简单 Web（HTTP）服务器。如果要同时处理多个连接，必须使用支持**分叉或线程化**的混合类。
- **select 和 poll**：这两个函数让你能够在一组连接中找出为读取和写入准备就绪的连接。这意味着你能够以循环的方式依次为多个连接提供服务，从而营造出同时处理多个连接的假象。另外，相比于线程化或分叉，虽然使用这两个函数编写的代码要复杂些，但解决方案的可伸缩性和效率要高得多。
- **Twisted**：这是 Twisted Matrix Laboratories 开发的一个框架，功能丰富而复杂，支持大多数主要的网络协议。虽然这个框架很大且其中使用的一些成例看起来宛如天书，但其基本用法简单而直观。框架 Twisted 也是异步的，因此效率和可伸缩性都非常高。对很多自定义网络应用程序来说，使用 Twisted 来开发很可能是最佳的选择。

14.5.1　本章介绍的新函数

函　　数	描　　述
urllib.urlopen(url[, data[, proxies]])	根据指定的 URL 打开一个类似于文件的对象
urllib.urlretrieve(url[,fname[,hook[,data]]])	下载 URL 指定的文件
urllib.quote(string[, safe])	替换特殊的 URL 字符
urllib.quote_plus(string[, safe])	与 quote 一样，但也将空格替换为+
urllib.unquote(string)	与 quote 相反
urllib.unquote_plus(string)	与 quote_plus 相反
urllib.urlencode(query[, doseq])	对映射进行编码，以便用于 CGI 查询中
select.select(iseq, oseq, eseq[, timeout])	找出为读/写做好了准备的套接字
select.poll()	创建一个轮询对象，用于轮询套接字
reactor.listenTCP(port, factory)	监听连接的 Twisted 函数
reactor.run()	启动主服务器循环的 Twisted 函数

14.5.2　预告

是不是认为对网络编程的介绍到此结束了？还没有。下一章将讨论网络世界中为人熟知的专用实体——Web。

第 15 章

Python 和 Web

本章讨论 Python Web 编程的一些方面。Web 编程涉及的范围极广，为激发你的学习兴趣，这里挑选了其中三个重要的主题：屏幕抓取、CGI 和 mod_python。

本章还给出了一些指南，帮助你寻找适合用于开发更复杂的 Web 应用和 Web 服务的工具包。有关详尽的 CGI 使用示例，请参阅第 25 章和第 26 章。有关 Web 服务协议 XML-RPC 的使用示例，请参阅第 27 章。

15.1 屏幕抓取

屏幕抓取是通过程序下载网页并从中提取信息的过程。这种技术很有用，在网页中有你要在程序中使用的信息时，就可使用它。当然，如果网页是动态的，即随时间而变化，这就更有用了。如果网页不是动态的，你可手工下载一次并提取其中的信息。当然，最理想的情况是，可通过 Web 服务来获取这些信息，这将在本章后面讨论。

从概念上说，这种技术非常简单：下载数据并对其进行分析。例如，你可使用 urllib 来获取网页的 HTML 代码，再使用正则表达式（参见第 10 章）或其他技术从中提取信息。例如，假设你要从 Python Job Board 提取招聘单位的名称和网站。通过查看该网页的源代码，你发现可在类似于下面的链接中找到名称和 URL：

```
<a href="/jobs/1970/">Python Engineer</a>
```

代码清单 15-1 所示的示例程序使用 urllib 和 re 来提取所需的信息。

代码清单 15-1　简单的屏幕抓取程序

```
from urllib.request import urlopen
import re
p = re.compile('<a href="(/jobs/\\d+)/">(.*?)</a>')
text = urlopen('http://python.org/jobs').read().decode()
for url, name in p.findall(text):
    print('{} ({})'.format(name, url))
```

这些代码当然有改进的空间，但已经做得非常出色了。然而，这种方法至少存在 3 个缺点。

- 正则表达式一点都不容易理解。如果 HTML 代码和查询都更复杂，正则表达式将更难以理解和维护。

- 它对付不了独特的 HTML 内容，如 CDATA 部分和字符实体（如&）。遇到这样的东西时，这个程序很可能束手无策。

正则表达式依赖于 HTML 代码的细节，而不是更抽象的结构。这意味着只要网页的结构发生细微的变化，这个程序可能就不管用（等你阅读本书时，它可能已经不管用了）。

针对基于正则表达式的方法存在的问题，接下来将讨论两种可能的解决方案。一是结合使用程序 Tidy（一个 Python 库）和 XHTML 解析；二是使用专为屏幕抓取而设计的 Beautiful Soup 库。

15.1.1 Tidy 和 XHTML 解析

Python 标准库为解析 HTML 和 XML 等结构化格式提供了强大的支持（参见"Python 库参考手册"中的 Structured Markup Processing Tools 部分）。XML 和 XML 解析将在第 22 章更深入地讨论，这里只介绍处理 XHTML 所需的工具。XHTML 是 HTML 5 规范描述的两种具体语法之一，也是一种 XML 格式。这里介绍的大部分内容也适用于 HTML。

如果每个网页包含的 XHTML 都正确而有效，解析工作将非常简单。问题是较老的 HTML 方言不那么严谨，虽然有人指责这些不严谨的方言，但有些人对这些指责置若罔闻。原因可能在于大多数 Web 浏览器非常宽容，即便面对的是最混乱、最无意义的 HTML，也会尽最大努力将其渲染出来。这为网页制作者提供了方便，可能让他们感到满意，却让屏幕抓取工作变得难得多。

标准库提供的通用的 HTML 解析方法是基于事件的：你编写事件处理程序，供解析程序处理数据时调用。标准库模块 html.parser 让你能够以这种方式对极不严谨的 HTML 进行解析，但要基于文档结构来提取数据（如第二个二级标题后面的第一项），在存在标签缺失的情况下恐怕就只能靠猜了。如果你愿意，当然可以这样做，但还有另一种方式——使用 Tidy。

1. Tidy 是什么

Tidy 是用于对格式不正确且不严谨的 HTML 进行修复的工具。它非常聪明，能够修复很多常见的错误，从而完成大量你不愿意做的工作。它还提供了极大的配置空间，让你能够开/关各种校正。

下面是一个错误百出的 HTML 文件——有些过时的 HTML 代码，还有些明显的错误（你能找出所有的问题吗）：

```
<h1>Pet Shop
<h2>Complaints</h3>

<p>There is <b>no <i>way</b> at all</i> we can accept returned
parrots.

<h1><i>Dead Pets</h1>

<p>Our pets may tend to rest at times, but rarely die within the
warranty period.

<i><h2>News</h2></i>

<p>We have just received <b>a really nice parrot.
```

```
<p>It's really nice.</b>

<h3><hr>The Norwegian Blue</h3>

<h4>Plumage and <hr>pining behavior</h4>
<a href="#norwegian-blue">More information<a>

<p>Features:
<body>
<li>Beautiful plumage
```

下面是 Tidy 修复后的版本：

```
<!DOCTYPE html>
<html>
<head>
<title></title>
</head>
<body>
<h1>Pet Shop</h1>
<h2>Complaints</h2>
<p>There is <b>no <i>way</i></b> <i>at all</i> we can accept
returned parrots.</p>
<h1><i>Dead Pets</i></h1>
<p><i>Our pets may tend to rest at times, but rarely die within the
warranty period.</i></p>
<h2><i>News</i></h2>
<p>We have just received <b>a really nice parrot.</b></p>
<p><b>It's really nice.</b></p>
<hr>
<h3>The Norwegian Blue</h3>
<h4>Plumage and</h4>
<hr>
<h4>pining behavior</h4>
<a href="#norwegian-blue">More information</a>
<p>Features:</p>
<ul>
<li>Beautiful plumage</li>
</ul>
</body>
</html>
```

当然，Tidy 并不能修复 HTML 文件存在的所有问题，但确实能够确保文件是格式良好的（即所有元素都嵌套正确），这让解析工作容易得多。

2. 获取 Tidy

有多个用于 Python 的 Tidy 库包装器，至于哪个最新并非固定不变的。可像下面这样使用 pip 来找出可供使用的包装器：

```
$ pip search tidy
```

一个不错的选择是 PyTidyLib，可像下面这样安装它：

```
$ pip install pytidylib
```

然而，并非一定要安装 Tidy 库包装器。如果你使用的是 UNIX 或 Linux 系统，很可能已安装了命令行版 Tidy。另外，不管你使用的是哪种操作系统，都可从 Tidy 网站获取可执行的二进制版本。有了二进制版本后，就可使用模块 subprocess（或其他包含 popen 函数的模块）来运行 Tidy 程序了。例如，假设你有一个混乱的 HTML 文件（messy.html），且在执行路径中包含命令行版 Tidy，下面的程序将对这个文件运行 Tidy 并将结果打印出来：

```
from subprocess import Popen, PIPE

text = open('messy.html').read()
tidy = Popen('tidy', stdin=PIPE, stdout=PIPE, stderr=PIPE)

tidy.stdin.write(text.encode())
tidy.stdin.close()

print(tidy.stdout.read().decode())
```

如果 Popen 找不到 tidy，可能需要提供这个可执行文件的完整路径。

在实际工作中，你很可能不会打印结果，而是从中提取一些有用的信息，这将在接下来的几小节中演示。

3. 为何使用 XHTML

XHTML 和旧式 HTML 的主要区别在于，XHTML 非常严格，要求显式地结束所有的元素（至少就我们当前的目标而言如此）。因此，在 HTML 中，可通过（使用标签<p>）开始另一个段落来结束当前段落，但在 XHTML 中，必须先（使用标签</p>）显式地结束当前段落。这让 XHTML 解析起来容易得多，因为你能清楚地知道何时进入或离开各种元素。XHTML 的另一个优点是，它是一种 XML 方言，可使用各种出色的工具（如 XPath）来处理，但本章不会利用这一点。有关 XML 的详细信息，请参阅第 22 章。

要对 Tidy 生成的格式良好的 XHTML 进行解析，一种非常简单的方式是使用标准库模块 html.parser 中的 HTMLParser 类。

4. 使用 HTMLParser

使用 HTMLParser 意味着继承它，并重写各种事件处理方法，如 handle_starttag 和 handle_data。表 15-1 概述了相关的方法以及解析器在什么时候自动调用它们。

表 15-1　HTMLParser 中的回调方法

回调方法	何时被调用
handle_starttag(tag, attrs)	遇到开始标签时调用。attrs 是一个由形如(name, value)的元组组成的序列
handle_startendtag(tag, attrs)	遇到空标签时调用。默认分别处理开始标签和结束标签
handle_endtag(tag)	遇到结束标签时调用
handle_data(data)	遇到文本数据时调用
handle_charref(ref)	遇到形如&#ref;的字符引用时调用
handle_entityref(name)	遇到形如&name;的实体引用时调用

（续）

回调方法	何时被调用
handle_comment(data)	遇到注释时；只对注释内容调用
handle_decl(decl)	遇到形如<!...>的声明时调用
handle_pi(data)	用于处理指令
unknown_decl(data)	遇到未知声明时调用

就屏幕抓取而言，通常无须实现所有的解析器回调方法（事件处理程序），也可能无须创建整个文档的抽象表示（如文档树）就能找到所需的内容。只需跟踪找到目标内容所需的信息就可以了。（有关这个主题的更详细信息，请参阅第 22 章）代码清单 15-2 所示程序解决的问题与代码清单 15-1 相同，但使用的是 HTMLParser。

代码清单 15-2 使用模块 HTMLParser 的屏幕抓取程序

```
from urllib.request import urlopen
from html.parser import HTMLParser

def isjob(url):
    try:
        a, b, c, d = url.split('/')
    except ValueError:
        return False
    return a == d == '' and b == 'jobs' and c.isdigit()

class Scraper(HTMLParser):
    in_link = False

    def handle_starttag(self, tag, attrs):
        attrs = dict(attrs)
        url = attrs.get('href', '')
        if tag == 'a' and isjob(url):
            self.url = url
            self.in_link = True
            self.chunks = []

    def handle_data(self, data):
        if self.in_link:
            self.chunks.append(data)

    def handle_endtag(self, tag):
        if tag == 'a' and self.in_link:
            print('{} ({})'.format(''.join(self.chunks), self.url))
            self.in_link = False

text = urlopen('http://python.org/jobs').read().decode()
parser = Scraper()
parser.feed(text)
parser.close()
```

15

有几点需要注意。首先，这里没有使用 Tidy，因为这个网页的 HTML 格式足够良好。如果你运气好，可能发现并不需要使用 Tidy。另外，我使用了一个布尔**状态变量**（属性）来跟踪自己是否位于相关的链接中。在事件处理程序中，我检查并更新这个属性。其次，handle_starttag 的参数是一个由形如(key, value)的元组组成的列表，因此我使用 dict 将它们转换为字典，以便管理。

方法 handle_data（和属性 chunks）可能需要稍做说明。它使用的技术在基于事件的结构化标记（如 HTML 和 XML）解析中很常见：不是假定通过调用 handle_data 一次就能获得所需的所有文本，而是假定这些文本分成多个块，需要多次调用 handle_data 才能获得。导致这种情况的原因有多个——缓冲、字符实体、忽略的标记等，因此需要确保获取所有的文本。接下来，为了（在方法 handle_endtag 中）输出结果，我将所有的文本块合并在一起。为运行这个解析器，调用其方法 feed 将并 text 作为参数，然后调用其方法 close。

在有些情况下，这样的解决方案比使用正则表达式更健壮——应对输入数据变化的能力更强。然而，你可能持反对意见，理由是与使用正则表达式相比，这种解决方案的代码更烦琐，还可能不那么清晰易懂。面对更复杂的提取任务时，支持这种解决方案的论据可能更有说服力，但即便如此，还是让人依稀觉得一定有更好的办法。如果你不介意多安装一个模块，确实有更佳的办法，下面就来介绍。

15.1.2　Beautiful Soup

Beautiful Soup 是一个小巧而出色的模块，用于解析你在 Web 上可能遇到的不严谨且格式糟糕的 HTML。Beautiful Soup 官网称：

> “那个糟糕的网页并非出自你的手笔。你只是想从中提取一些数据。Beautiful Soup 将向你伸出援手。”

下载并安装 Beautiful Soup 易如反掌。与大多数包一样，你可使用 pip 来完成这种任务。

```
$ pip install beautifulsoup4
```

你可能想使用 pip 进行搜索，看看是否有更新的版本。安装 Beautiful Soup，编写从 Python Job Board 提取 Python 职位的程序非常容易，且代码很容易理解，如代码清单 15-3 所示。这个程序不检查网页的内容，而是在文档结构中导航。

代码清单 15-3　使用 Beautiful Soup 的屏幕抓取程序

```
from urllib.request import urlopen
from bs4 import BeautifulSoup

text = urlopen('http://python.org/jobs').read()
soup = BeautifulSoup(text, 'html.parser')

jobs = set()
for job in soup.body.section('h2'):
    jobs.add('{} ({})'.format(job.a.string, job.a['href']))

print('\n'.join(sorted(jobs, key=str.lower)))
```

我使用要从中抓取文本的HTML代码实例化BeautifulSoup类，然后用各种机制来提取解析树的不同部分。例如，使用soup.body来获取文档体，再访问其中的第一个section。使用参数'h2'调用返回的对象，这与使用其方法find_all等效——返回其中的所有h2元素。每个h2元素都表示一个职位，而我感兴趣的是它包含的第一个链接job.a。属性string是链接的文本内容，而a['href']为属性href。你肯定注意到了，在代码清单15-3中，我使用了set和sorted（通过将参数key设置为一个函数以忽略大小写）。这些与Beautiful Soup毫无关系，旨在消除重复的职位并按字母顺序打印它们，从而让这个程序更有用。

如果你要抓取（本章后面将讨论的）RSS feed，可使用另一个与Beautiful Soup相关的工具，名为Scrape 'N' Feed。

15.2 使用CGI创建动态网页

本章的第一部分讨论了客户端技术，下面将注意力转向服务器端。本节讨论基本的Web编程技术：通用网关接口（CGI）。CGI是一种标准机制，Web服务器可通过它将（通常是通过Web表达提供的）查询交给专用程序（如你编写的Python程序），并以网页的方式显示查询结果。这是一种创建Web应用的简单方式，让你无须编写专用的应用程序服务器。

Python CGI编程的关键工具是模块cgi，另一个对开发CGI脚本很有帮助的模块是cgitb，将在15.2.6节详细介绍。

要让CGI脚本能够通过Web进行访问（和运行），必须将其放在Web服务器能够访问的地方、添加!#行并设置合适的文件权限。接下来依次介绍这三个步骤。

15.2.1 第一步：准备Web服务器

这里假设你能够访问Web服务器。换而言之，你能够将内容发布到Web。通常，要将内容发布到Web，只需将网页、图像等放入特定的目录（在UNIX中通常为public_html）即可。如果你不知道如何将内容发布到Web，请咨询Internet服务提供商（ISP）或系统管理员。

提示 如果你使用的是macOS系统，应随操作系统一起安装了Apache Web服务器。要开启这个服务器，可在系统首选项中的共享首选项面板中选择复选框“Web共享”。

如果你只是想尝试使用CGI，可在Python中使用模块http.server直接运行一个临时Web服务器。与其他模块一样，可通过向Python可执行文件提供开关-m来导入并运行这个模块。如果同时指定了--cgi，启动的服务器将支持CGI。请注意，这个服务器将提供运行它时所在目录中的文件，因此务必确保这个目录中没有机密内容。

```
$ python -m http.server --cgi
Serving HTTP on 0.0.0.0 port 8000 ...
```

如果现在将浏览器指向http://127.0.0.1:8000或http://localhost:8000，将看到运行这个服务器

所在目录的内容。另外，你还将看到服务器提供的有关连接的信息。

CGI 程序也必须放在可通过 Web 访问的目录中。另外，必须将其标识为 CGI 脚本，以免 Web 服务器以网页的方式提供其源代码。为此，有两种常见的方式：

- 将脚本放在子目录 cgi-bin 中。
- 将脚本文件的扩展名指定为.cgi。

具体的工作原理随服务器而异。如果你心存疑虑，请咨询 ISP 或系统管理员。（例如，如果你使用的是 Apache，可能需要对目标目录启用 ExecCGI 选项。）如果你使用的是模块 http.server 中的服务器，应使用子目录 cgi-bin。

15.2.2　第二步：添加!#行

将脚本放到正确的位置（还可能给它指定特定的文件扩展名）后，必须在其开头添加一个!#行。第 1 章说过，通过添加!#行，无须显式地执行 Python 解释器就能执行脚本。通常，这只是提供了便利，但对 CGI 脚本来说却至关重要，因为如果没有!#行，Web 服务器将不知道如何执行脚本。（Web 服务器只知道脚本可能是使用 Perl、Ruby 等其他编程语言编写的。）一般而言，只需在脚本开头添加如下行即可：

```
#!/usr/bin/env python
```

请注意，它必须是第一行（之前没有空行）。如果这样做不管用，就得确定 Python 可执行文件的准确位置，并在!#行中使用完整的目录，如下所示：

```
#!/usr/bin/python
```

在 Windows 中，可使用 Python 可执行文件的完整路径，如下所示：

```
#!C:\Python3.11\python.exe
```

15.2.3　第三步：设置文件权限

需要做的最后一件事情是设置合适的文件权限（至少当 Web 服务器运行在 UNIX 或 Linux 系统中时如此）。必须确保谁都可以读取和执行你的脚本文件（否则 Web 服务器将无法运行它），同时确保只有你才能写入（这样其他任何人都不能修改你的脚本）。

提示　如果你在 Windows 中编辑脚本，而它存储在 UNIX 磁盘服务器中（你可使用 Samba 或 FTP 来访问它），则当你修改脚本后，其文件权限可能发生变化。因此，如果你的脚本无法运行，请确定其文件权限依然是正确的。

在 UNIX 中，修改文件权限（或文件模式）的命令为 chmod。要修改文件权限，只需通过普通用户账户或专为完成 Web 任务而建立的账户执行下面的命令（这里假设脚本名为 somescript.cgi。

```
chmod 755 somescript.cgi
```

做好所有这些准备工作后，就应该能够像打开网页一样打开脚本以执行它。

注意 在浏览器中，不应像打开本地文件那样打开脚本，而必须使用完整的HTTP URL来打开它，这样才能通过Web（Web服务器）取回它。

通常，CGI脚本不能修改计算机上的任何文件。要让它能够修改文件，必须显式地赋予它权限。为此，有两种选择：如果有root（系统管理员）权限，可为脚本专门创建一个用户账户，并调整需要修改的文件的所有者；如果没有root权限，可设置该文件的文件权限，让系统中的所有用户（包括Web服务器用来运行CGI脚本的账户）都能写入这个文件。要设置这样的文件权限，可使用如下命令：

```
chmod 666 editable_file.txt
```

警告 使用文件模式666存在潜在的安全风险。除非你知道这样做的后果，否则最好不要这样做。

15.2.4 CGI安全风险

使用CGI程序存在一些安全风险。如果你允许CGI脚本对服务器中的文件执行写入操作，那么这可能被人利用来破坏数据——除非编写脚本时非常小心。同样，如果直接将用户提供的数据作为Python代码（如使用`exec`或`eval`）或shell命令（如使用`os.system`或模块`subprocess`）执行，就可能执行恶意的命令，进而面临**极大**的风险。即便在SQL查询中使用用户提供的字符串也很危险，除非你预先仔细审查这些字符串。SQL注入是一种常见的攻击系统的方式。

15.2.5 简单的CGI脚本

最简单的CGI脚本类似于代码清单15-4。

代码清单15-4 简单的CGI脚本

```
#!/usr/bin/env python

print('Content-type: text/plain')
print()# 打印一个空行，以结束首部

print('Hello, world!')
```

如果将这些代码保存为文件simple1.cgi并通过Web服务器打开它，将看到一个网页，其中只包含纯文本Hello, world!。要通过Web服务器打开这个文件，必须将其放在Web服务器能够访问的地方。在典型的UNIX环境中，可将其放在主目录下的目录public_html中，这样就可使用URL http://localhost/~username/simple1.cgi（将username替换为你的用户名）来打开它。有关这方面的详情，请咨询ISP或系统管理员。如果你使用了目录cgi-bin，也可将这个文件命名为simple1.py。

如你所见，这个程序写入到标准输出（如使用`print`）的内容都出现在网页中——至少大部分内容都如此。事实上，首先打印的是HTTP首部，这些行包含有关网页的信息。这里关心的唯一首部是`Content-type`。如你所见，`Content-type`后面跟着一个冒号、一个空格和类型名

text/plain。这指出这个网页是纯文本的。要指出网页是 HTML 的，应将这行修改成下面这样：

```
print('Content-type: text/html')
```

打印所有的首部后，打印了一个空行，以指出接下来为文档本身。如你所见，这里的文档只包含字符串'Hello, world!'。

15.2.6　使用 cgitb 进行调试

有时候，编程错误可能导致程序终止，并因未捕获的异常而显示栈跟踪。通过 CGI 运行程序时，如果出现这种情况，可能导致 Web 服务器显示毫无帮助的错误消息甚至黑色网页。如果你能够访问服务器日志（例如，如果你使用的是 http.server），可能能够在这里找到蛛丝马迹。然而，为帮助调试 CGI 脚本，标准库提供了一个很有用的模块，名为 cgitb（用于 CGI 栈跟踪）。通过导入这个模块并调用其中的函数 enable，可显示一个很有用的网页，其中包含有关什么地方出了问题的信息。代码清单 15-5 演示了如何使用模块 cgitb。

代码清单 15-5　显示栈跟踪的 CGI 脚本（faulty.cgi）

```
#!/usr/bin/env python

import cgitb; cgitb.enable()

print('Content-type: text/html\n')

print(1/0)

print('Hello, world!')
```

在浏览器中通过 Web 服务器访问这个脚本时，结果如图 15-1 所示。

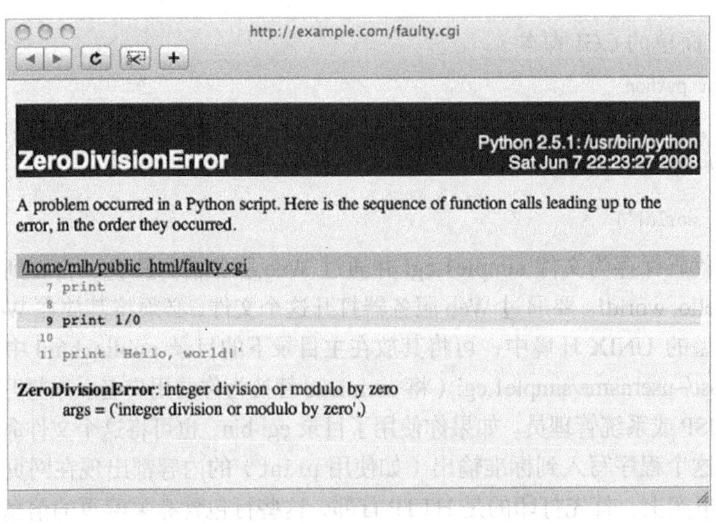

图 15-1　模块 cgitb 显示的 CGI 栈跟踪

请注意，程序开发好后，应关闭这种 cgitb 功能，因为栈跟踪页面并非供程序的普通用户查看的[①]。

15.2.7 使用模块 cgi

到目前为止，所有CGI脚本都只生成输出，而没有使用任何形式的输入。输入是通过HTML表单（将在下一节介绍）以键-值对（字段）的方式提供给CGI脚本的。在CGI脚本中，可使用模块 cgi 中的 FieldStorage 类来获取这些字段。当你创建 FieldStorage 实例（应只创建一个）时，它将从请求中取回输入变量（字段），并通过一个类似于字典的接口将它们提供给脚本。要访问 FieldStorage 中的值，可通过普通的键查找，但出于一些技术原因（与文件上传相关，这里不讨论），FieldStorage 的元素并不是你要的值。例如，即便你知道请求包含一个名为 name 的值，也不能像下面这样做：

```
form = cgi.FieldStorage()
name = form['name']
```

而必须这样做：

```
form = cgi.FieldStorage()
name = form['name'].value
```

一种更简单的获取值的方式是使用方法 getvalue。它类似于字典的方法 get，但返回项目的 value 属性的值，如下所示：

```
form = cgi.FieldStorage()
name = form.getvalue('name', 'Unknown')
```

在这个示例中，提供了一个默认值（'Unknown'）。如果没有提供，默认值将为 None。在字段没有值时，将使用默认值。

代码清单 15-6 是一个使用 cgi.FieldStorage 的简单示例。

代码清单 15-6 从 FieldStorage 中获取单个值的 CGI 脚本（simple2.cgi）

```
#!/usr/bin/env python

import cgi
form = cgi.FieldStorage()

name = form.getvalue('name', 'world')

print('Content-type: text/plain\n')

print('Hello, {}!'.format(name))
```

① 另一种选择是关闭显示功能，将错误记录到文件中。有关这方面的详细信息，请参阅“Python库参考手册”。

在不使用表单的情况下调用 CGI 脚本

CGI 脚本的输入通常来自提交的表单，但调用 CGI 脚本时也可直接指定参数。为此可在指向脚本的 URL 后面加上问号，再加上用&分隔的键–值对。例如，如果指向代码清单 15-6 所示脚本的 URL 为 http://www.example.com/simple2.cgi，可这样使用参数 name=Gumby 和 age=42 来调用这个脚本：http://www.example.com/simple2.cgi?name=Gumby&age=42。如果这样做，这个 CGI 脚本将显示消息 Hello, Gumby!而不是 Hello, World!（请注意，没有使用参数 age）。要创建这样的 URL 查询，可使用模块 urllib.parse 中的方法 urlencode：

```
>>> urlencode({'name': 'Gumby', 'age': '42'})
'age=42&name=Gumby'
```

你可结合使用这种策略和 urllib 来创建能够与 CGI 脚本交互的屏幕抓取程序。然而，与其在服务器端和客户端都采取这种做法，还不如使用 Web 服务，这将在 15.4 节介绍。

15.2.8　简单的表单

有了处理用户请求的工具，该来创建用户可提交的表单了。这个表单可以是独立的页面，但这里将它放在脚本中。

要深入地了解如何编写 HTML 表单（或 HTML），可参考介绍 HTML 的优秀著作（当地书店可能就有不少）。另外，在网上也能找到很多有关这个主题的信息。与往常一样，发现值得模仿的优秀网页后，可在浏览器中查看其源代码，方法是从菜单中选择“查看源代码”之类的选项（具体是哪个选项取决于你使用的浏览器）。

注意　从 CGI 脚本中获取信息的主要方式有两种：方法 GET 和方法 POST。就本章而言，两者的差别并不重要。大致上，GET 用于获取信息并在 URL 中进行查询编码，而 POST 可用于任何类型的查询，但对查询进行编码的方式稍有不同。

回到我们的脚本，代码清单 15-7 是扩展后的版本。

代码清单 15-7　包含 HTML 表单的问候脚本（simple3.cgi）

```
#!/usr/bin/env python

import cgi
form = cgi.FieldStorage()

name = form.getvalue('name', 'world')

print("""Content-type: text/html

<html>
  <head>
    <title>Greeting Page</title>
```

```
    </head>
    <body>
      <h1>Hello, {}!</h1>

      <form action='simple3.cgi'>
      Change name <input type='text' name='name' />
      <input type='submit' />
      </form>
    </body>
  </html>
  """.format(name))
```

在这个脚本开头，与以前一样获取 CGI 参数 name，并将默认值设置为'world'。如果在浏览器中打开这个脚本时没有提交任何值，将使用默认值。

接下来，打印了一个简单的 HTML 页面，其中的标题包含参数 name 的值。另外，这个页面还包含一个 HTML 表单，该表单的属性 action 被设置为脚本的名称（simple3.cgi）。这意味着提交表单后，将再次运行这个脚本。这个表单只包含一个输入元素——名为 name 的文本框。因此，如果你在文本框中输入新名字并提交表单，标题将发生变化，因为现在参数 name 包含值。

图 15-2 显示了通过 Web 服务器访问代码清单 15-7 所示脚本的结果。

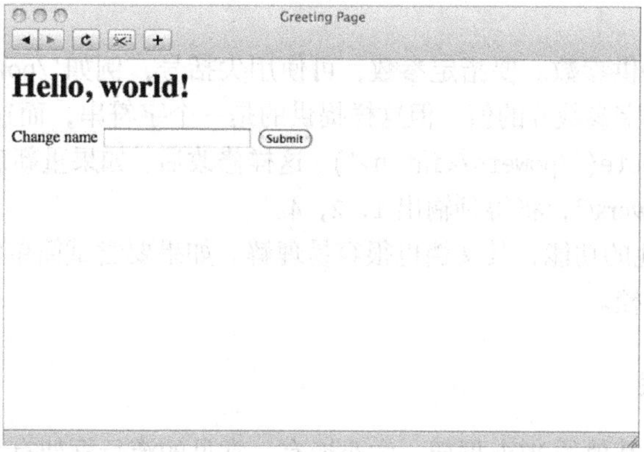

图 15-2 执行代码清单 15-7 所示 CGI 脚本的结果

15.3 使用 Web 框架

对于重要的 Web 应用，大多数人不会直接为其编写 CGI 脚本，而是选择使用 Web 框架，因为它会替你完成很多繁重的工作。这样的框架有很多，后面将提及其中的几个，但现在要将注意力放在既简单又有用的 Flask 上。使用 pip 很容易安装这个框架。

```
$ pip install flask
```

假设你编写了一个计算幂的函数。

```
def powers(n=10):
    return ', '.join(str(2**i) for i in range(n))
```

而且想让每个人都能使用它！要使用 Flask 来实现这个目标，首先使用合适的名称实例化 Flask 类，并将这个函数的 URL 路径告诉它。

```
from flask import Flask
app = Flask(__name__)

@app.route('/')
def powers(n=10):
    return ', '.join(str(2**i) for i in range(n))
```

如果这个脚本名为 powers.py，就可像下面这样让 Flask 运行它（这里假设是在 UNIX 风格的 shell 中）：

```
$ export FLASK_APP=powers.py
$ flask run
 * Serving Flask app "powers"
 * Running on http://127.0.0.1:5000/ (Press CTRL+C to quit)
```

最后两行是 Flask 的输出。如果你在浏览器中输入上面的 URL，将看到函数 powers 返回的字符串。你也可给这个函数指定更具体的路径。例如，如果使用 route('/powers')而不是('/')，这个函数将位于 http://127.0.0.1:5000/powers。这样，你就可设置多个函数，每个函数的 URL 各不相同。

你甚至能向函数提供参数。要指定参数，可使用尖括号，例如'/powers/<n>'。这样，斜杠后面的内容将作为关键字参数 n 的值。但这样提供的是一个字符串，而这里需要的是一个整数。为执行转换，可使用 route('/powers/<int:n>')。这样修改后，如果重新启动 Flask，并访问 URL http://127.0.0.1:5000/powers/3，将得到输出 1, 2, 4。

Flask 还有很多其他的功能，其文档也很容易理解。如果要尝试简单的服务器端 Web 应用开发，建议你看看这些文档。

其他 Web 应用框架

事实上，还有很多其他的 Web 框架，大小皆有。常见的流行框架有 Django、web2py 等。

15.4 Web 服务：更高级的抓取

Web 服务有点像对计算机友好的网页。它们基于让程序能够通过网络交换信息的标准和协议——通常其中一个程序请求信息或服务（客户端或**服务请求者**），而另一个程序提供信息或服务（服务器或**服务提供者**）。确实，Web 服务器很容易理解，而且看起来与前面讨论的网络编程很像，不过也存在差别。

Web 服务通常运行在极高的抽象层级中，将 HTTP（Web 使用的协议）用作底层协议。在这个协议上面，它们使用更为面向内容的协议（如 XML 格式）来对请求和响应进行编码。这意味着 Web 服务器可作为 Web 服务的平台。正如本节的标题指出的，它将 Web 抓取提高到另一个层级。你可将 Web 服务看作为计算机客户（而不是人类）设计的动态网页。

有些 Web 服务标准非常复杂，但在不涉及任何复杂方面的情况下也能完成很多任务。本节将简要地介绍这个主题，并提供在哪里能够找到所需工具和信息的指南。

注意 鉴于实现 Web 服务的方式众多（且涉及大量的协议），同时每个 Web 服务系统都可能提供多种服务，因此有时必须以客户端能够自动解读的方式描述服务，这被称为元服务。有关这种描述的标准是 Web 服务描述语言（WSDL）。WSDL 是一种 XML 格式，描述了通过服务可使用哪些方法以及这些方法的参数和返回值等方面。除支持 SOAP 等服务协议外，很多乃至大部分 Web 服务工具包都支持 WSDL。

15.4.1 RSS 和相关内容

RSS 指的是富网站摘要（Rich Site Summary）、RDF 网站摘要（RDF Site Summary）或简易信息聚合（Really Simple Syndication），具体指哪个取决于版本。在最简单的情况下，RSS 是一种以 XML 方式列出新闻的格式。RSS 文档（feed）与其说是静态文档，不如说是服务，因为它们需要定期或不定期地更新。它们甚至还需动态地计算，以呈现最新博客更新，等等。另一种作用与 RSS 相同的较新格式是 Atom。

市面上的 RSS 阅读器很多，它们通常也能处理其他格式，如 Atom。鉴于 RSS 格式易于处理，因此不断有开发人员探索出它的新用途。例如，有些浏览器（如 Mozilla Firefox）允许用户将 RSS feed 收藏为书签，进而提供一个动态的书签子菜单，其中的菜单项为不同的新闻。RSS 还是播客的支柱（播客其实就是列出声音文件的 RSS feed）。

问题是，如果你要编写客户端程序来处理来自多个网站的 feed，就必须准备解析多种不同的格式，甚至需要对 feed 条目中的 HTML 片段进行解析。为此，可使用 `BeautifulSoup`（或其面向 XML 的版本），但更佳的选择是使用 Mark Pilgrim 开发的 Universal Feed Parser，因为它能够处理多种 feed 格式（包括 RSS 和 Atom 及其扩展），并在一定程度上支持内容清理。

15.4.2 使用 XML-RPC 进行远程过程调用

除简单的 RSS 下载和解析机制外，还有远程过程调用。远程过程调用是对基本网络交互的抽象：客户端程序请求服务器程序执行计算并返回结果，但这个过程被伪装成简单的过程（函数或方法）调用。在客户端代码中，远程过程调用看起来就像普通方法调用，但用来调用方法的对象实际上位于另一台计算机中。XML-RPC 可能是最简单的远程过程调用机制，它使用 HTTP 和 XML 来实现网络通信。鉴于这种协议是独立于语言的，使用一种语言编写的客户端程序可轻松地调用使用另一种语言编写的服务器程序中的函数。

Python 标准库提供了对客户端和服务器端 XML-RPC 编程的支持。有关 XML-RPC 的使用示例，请参阅第 27 章和第 28 章。

RPC 和 REST

远程过程调用可与表述性状态转义式（REST）网络编程比肩，不过这两种机制有天壤之别。基于 REST 的（RESTful）程序也能让客户端以编程方式访问服务器，但服务器程序不能有任何隐藏的状态，返回什么样的数据完全由指定的 URL（在 HTTP POST 中，是客户端提供的额外数据）决定。

在 RESTful 编程中，经常使用的一种协议是 JavaScript 对象表示法，它简单而优雅，让你能够使用纯文本格式来表示复杂的对象。标准库模块 `json` 提供了对 JSON 格式的支持。

15.4.3　SOAP

SOAP[①]也是一种将 XML 和 HTTP 用作底层技术的消息交换协议。与 XML-RPC 一样，SOAP 也支持远程过程调用，但 SOAP 规范比 XML-RPC 规范复杂得多。SOAP 是异步的，支持有关路由的元请求，而且类型系统非常复杂（而 XML-RPC 使用简单而固定的类型集）。

当前，没有标准的 Python SOAP 工具包，可以考虑使用 Twisted、ZSI 或 SOAPy。

15.5　小结

下面总结了本章介绍的主题。

- **屏幕抓取**：指的是自动下载网页并从中提取信息。程序 Tidy 及其库版本是很有用的工具，可用来修复格式糟糕的 HTML，然后使用 HTTML 解析器进行解析。另一种抓取方式是使用 Beautiful Soup，即便面对混乱的输入，它也可以处理。
- **CGI**：通用网关接口是一种创建动态网页的方式，这是通过让 Web 服务器运行、与客户端程序通信并显示结果而实现的。模块 `cgi` 和 `cgitb` 可用于编写 CGI 脚本。CGI 脚本通常是在 HTML 表单中调用的。
- **Flask**：一个简单的 Web 框架，让你能够将代码作为 Web 应用发布，同时不用过多操心 Web 部分。
- **Web 应用框架**：要使用 Python 开发复杂的大型 Web 应用，Web 应用框架必不可少。对简单的项目来说，Flask 是不错的选择；但对于较大的项目，你可能应考虑使用 Django 或 TurboGears。
- **Web 服务**：Web 服务之于程序犹如网页之于用户。你可以认为，Web 服务让你能够以更抽象的方式进行网络编程。常用的 Web 服务标准包括 RSS（以及与之类似的 RDF 和 Atom）、XML-RPC 和 SOAP。

① 以前，SOAP 指的是简单对象访问协议（Simple Object Access Protocol），但现在不是这样了。

15.5.1 本章介绍的新函数

函 数	描 述
cgitb.enable()	在CGI脚本中启用栈跟踪

15.5.2 预告

你肯定通过运行前面编写的程序对其进行了测试。在下一章，你将学习如何对程序进行真正的测试——详尽、系统乃至令人乐此不疲。

第 16 章 测试基础

16

你怎么知道自己编写的程序管用呢？能指望你在任何时候编写的代码都没有缺陷吗？恕我直言，我想这不太可能。诚然，在大多数情况下使用 Python 都很容易编写出正确的代码，但代码出现 bug 并非没有可能。

调试是程序员躲不开的宿命，是编程工作的有机组成部分。然而，要调试就必须**运行程序**，而仅仅运行程序可能还不够。例如，如果你编写了一个处理文件的程序，就必须有用来处理的文件。如果你编写了一个包含数学函数的工具库，就必须向这些函数提供参数，才能让其中的代码运行。

程序员无时无刻不在做这样的事情。在编译型语言中，将不断重复编辑、编译、运行的循环。在有些情况下，编译程序时就会出现问题，程序员不得不在编辑和编译之间来回切换。在 Python 中，不存在编译阶段，只有编辑和运行阶段。测试就是运行程序。

本章介绍测试的基本知识。我将告诉你如何养成在编程中进行测试的习惯，并介绍一些可帮助编写测试的工具。除了标准库中的测试和性能分析工具，我还将介绍如何使用代码分析器 PyChecker 和 PyLint。

有关编程实践和理念的详细信息，请参阅第 19 章，其中还介绍了与测试有关的日志。

16.1 先测试再编码

要避免代码在开发途中被淘汰，必须能够应对变化并具备一定的灵活性，因此为程序的各个部分编写测试至关重要（这称为单元测试），而且是应用程序设计工作的重要组成部分。极限编程先锋引入了“测试一点点，再编写一点点代码”的理念。这种理念与直觉不太相符，却很管用，胜过与直觉一致的“编写一点点代码，再测试一点点”的做法。

换而言之，测试在先，编码在后。这也称为**测试驱动的编程**。对于这种方法，你一开始可能不太习惯，但它有很多优点，而且随着时间的推移，你就会慢慢习惯。习惯了测试驱动的编程后，在没有测试的情况下编写代码真的让人觉得别扭。

16.1.1 准确的需求说明

开发软件时，必须先知道软件要解决什么问题——要实现什么样的目标。要阐明程序的目标，可编写**需求说明**，也就是描述程序必须满足何种需求的文档（或便条）。这样以后就很容易核实需求是否确实得到了满足。不过很多程序员不喜欢撰写报告，更愿意让计算机替他们完成尽可能多的工作。好消息是，你可使用Python来描述需求，并让解释器检查是否满足了这些需求！

注意 需求类型众多，包括诸如客户满意度这样模糊的概念。本节的重点是**功能**需求，即程序必须提供哪些功能。

这里的理念是先编写测试，再编写让测试通过的程序。测试程序就是需求说明，可帮助确保程序开发过程紧扣这些需求。

来看一个简单的示例。假设你要编写一个模块，其中只包含一个根据矩形的宽度和高度计算面积的函数。动手编写代码前，编写一个单元测试，其中包含一些你知道答案的例子。这个测试程序可能类似于代码清单16-1所示。

代码清单16-1 简单的测试程序

```
from area import rect_area
height = 3
width = 4
correct_answer = 12
answer = rect_area(height, width)
if answer == correct_answer:
    print('Test passed ')
else:
    print('Test failed ')
```

在这个示例中，我调用（尚未编写的）函数rect_area，并将参数height和width分别设置为3和4，再将结果与正确的答案（12）进行比较[①]。

如果接下来（在文件area.py中）不小心将函数rect_area实现为下面这样，并尝试运行测试程序，将出现一条错误消息。

```
def rect_area(height, width):
    return height * height # 这不对……
```

接下来，你可能检查代码，看看问题出在什么地方，并将返回的表达式替换为height * width。

先编写测试再编写代码并不是为了发现bug，而是为了检查代码是否管用。这有点像古老的禅语所说：如果没有人听到，就认为森林中的树木倒下时没有发出声音吗？当然不是，但发出的声音对任何人都没有影响。对代码而言，问题就是："如果不测试，就认为它什么都没做吗？"抛开其中的哲理不谈，采取下面的态度大有裨益：除非有相应的测试，否则该功能就并不存在，或者说不是真正意义上的功能。这样你就能名正言顺地证明它确实存在，而且做了它应该做的。这不仅对最初开发程序有帮助，对以后扩展和维护代码也有帮助。

---

① 当然，只测试这样一种情况并不能让你确信代码是正确的。真正的测试程序可能要详尽得多。

16.1.2 做好应对变化的准备

自动化测试不仅可在你编写程序时提供极大的帮助，还有助于在你修改代码时避免累积错误，这在程序规模很大时尤其重要。正如第 19 章将讨论的，你必须做好修改代码的心理准备，而不是固守既有代码，但修改是有风险的。修改代码时，常常会引入一两个意想不到的 bug。如果程序设计良好（使用了合适的抽象和封装），修改带来的影响将是局部的，只会影响很小一段代码。这意味着你能够确定 bug 的范围，因此调试起来更容易。

代码覆盖率

覆盖率（coverage）是一个重要的测试概念。运行测试时，很可能达不到运行所有代码的理想状态。（实际上，最理想的情况是，使用各种可能的输入检查每种可能的程序状态，但这根本不可能做到。）优秀测试套件的目标之一是确保较高的覆盖率，为此可使用覆盖率工具，它们测量测试期间实际运行的代码所占的比例。本书编写期间，没有真正的 Python 标准覆盖率工具，但如果在网上使用“Python 测试覆盖率”之类的关键字进行搜索，可找到一些相关的工具，其中之一是 Python 自带的程序 trace.py。你可从命令行运行它（可以使用开关-m，这样可避免查找文件的麻烦），也可将其作为模块导入。要获取有关其用法的帮助信息，可使用开关–help 来运行它，也可在解释器中导入这个模块，再执行命令 help(trace)。

你可能觉得详尽地测试各个方面让人不堪重负。不用担心，你无须测试数百种输入和状态变量组合，至少开始的时候不用。在测试驱动的编程中，最重要的一点是在编码期间反复地运行方法（函数或脚本），以不断获得有关你做法优劣的反馈。如果以后要进一步确信代码是正确的（覆盖率也很高），可随时添加测试。

关键在于，如果没有详尽的测试集，可能无法及时发现你引入的 bug，等你发现时已不知道它们是怎么引入的。因此，如果没有良好的测试套件，要找出错误出在什么地方将困难得多。看不到打过来的拳头，你就无法避开它。要确保较高的**测试覆盖率**，方法之一是秉承测试驱动开发的理念。只要能确保先编写测试再编写函数，就能肯定每个函数都是经过测试的。

16.1.3 测试四步曲

在深入介绍编写测试的细节之前，先来看看测试驱动开发过程的各个阶段（至少有个版本是这样的）。

(1) 确定需要实现的新功能。可将其记录下来，再为之编写一个测试。

(2) 编写实现功能的框架代码，让程序能够运行（不存在语法错误之类的问题），但测试依然无法通过。测试失败是很重要的，因为这样你才能确定它**可能**失败。如果测试有错误，导致在任何情况下都能成功（这样的情况我遇到过很多次），那么它实际上什么都没有测试。不断重复这个过程：确定测试**失败**后，再试图让它**成功**。

(3) 编写让测试刚好能够通过的代码。在这个阶段，无须完全实现所需的功能，而只要让测试能够通过即可。这样，在整个开发阶段，都能够让所有的测试通过（首次运行测试时除外），即便是刚着手实现功能时亦如此。

(4) 改进（**重构**）代码以全面而准确地实现所需的功能，同时确保测试依然能够成功。

提交代码时，必须确保它们处于健康状态，即没有任何测试是失败的。测试驱动编程倡导者都是这么说的。我有时会在当前正在编写的代码处留下一个失败的测试，作为提醒自己的待办事项或未完事项。然而，与人合作开发时，这种做法真的很糟糕。在任何情况下，都不应将存在失败测试的代码提交到公共代码库。

16.2　测试工具

你可能觉得，编写大量测试来确保程序的每个细节都没问题很烦琐。好消息是标准库可助你一臂之力。有两个杰出的模块可替你自动完成测试过程。

- unittest：一个通用的测试框架。
- doctest：一个更简单的模块，是为检查文档而设计的，但也非常适合用来编写单元测试。

下面先来看看 doctest，从它开始是个非常不错的选择。

16.2.1　doctest

本书的示例代码都是直接从交互式解释器中摘取出来的。我发现，在演示工作原理方面，这是一种卓有成效的方式；而且很容易对这样的示例进行测试。实际上，交互式会话是一种很有用的文档，可将其放在文档字符串中。例如，假设我编写了一个计算平方的函数，并在其文档字符串中添加了一个示例。

```
def square(x):
    '''
    计算平方并返回结果
    >>> square(2)
    4
    >>> square(3)
    9
    '''
    return x * x
```

如你所见，我还在文档字符串中添加了一些文字。这与测试有什么关系呢？假设函数 square 是在模块 my_math（即文件 my_math.py）中定义的，就可在模块末尾添加如下代码：

```
if __name__ ==' __main__' :
    import doctest, my_math
    doctest.testmod(my_math)
```

添加的代码不多，只是导入模块 doctest 和模块 my_math 本身，再运行模块 doctest 中的函数 testmod（表示对模块进行测试）。这有什么用呢？我们来试一试。

```
$ python my_math.py
$
```

看起来什么都没发生，但这是件好事。函数 doctest.testmod 读取模块中的所有文档字符串，查找看起来像是从交互式解释器中摘取的示例，再检查这些示例是否反映了实际情况。

注意　如果这里编写的是真实函数，我将（或者说应该）根据前面制定的规则先编写文档字符串，再使用 doctest 运行脚本看看测试是否会失败，然后添加刚好让测试得以通过的代码（如使用测试语句来处理文档字符串中的具体输入），接下来确保实现是正确的。另一方面，如果完全践行“先测试再编码”的编程理念，框架 unittest（将在后面讨论）可能能够更好地满足你的需求。

为获得更多的输出，可在运行脚本时指定开关-v（verbose，意为详尽）。

```
$ python my_math.py -v
```

这个命令将生成如下输出：

```
Running my_math.__doc__
0 of 0 examples failed in my_math.__doc__
Running my_math.square.__doc__
Trying: square(2)
Expecting: 4
Ok

Trying: square(3)
Expecting: 9
ok
0 of 2 examples failed in my_math.square.__doc__
1 items had no tests:
    test
1 items passed all tests:
2 tests in my_math.square
2 tests in 2 items.
2 passed and 0 failed.
Test passed.
```

如你所见，幕后发生了很多事情。函数 testmod 检查模块的文档字符串（如你所见，其中未包含任何测试）和函数的文档字符串（包含两个测试，它们都成功了）。

有测试在手，就可放心地修改代码了。假设要使用 Python 幂运算符而不是乘法运算符，即将 x * x 替换为 x ** 2。你对代码进行编辑，但不小心忘记了把第 2 个 x 改为 2，结果变成了 x ** x。请尝试这样做，再运行脚本对代码进行测试。结果如何呢？输出如下：

```
*****************************************************************
Failure in example: square(3)
from line #5 of my_math.square
Expected: 9
Got: 27
*****************************************************************
```

```
1 items had failures:
   1 of 2 in my_math.square
***Test Failed***
1 failures.
```

捕捉到了 bug，并清楚地指出错误出在什么地方。现在修复这个问题应该不难。

警告 不要盲目信任测试，而且务必要测试足够多的情形。如你所见，使用 square(2)的测试没有捕捉到 bug，因为 x == 2 时，x ** 2 和 x ** x 等价！

有关模块 doctest 的详细信息，请参阅“Python 库参考手册”。

16.2.2 unittest

虽然 doctest 使用起来很容易，但 unittest（基于流行的 Java 测试框架 JUnit）更灵活、更强大。尽管相比于 doctest，unittest 的学习门槛可能更高，但还是建议你看看这个模块，因为它让你能够以结构化方式编写庞大而详尽的测试集。

这里只进行简要的介绍。unittest 包含的一些功能在大多数测试中都不需要。

提示 标准库包含另外两个有趣的单元测试工具：pytest（pytest.org）和 nose（nose.readthedocs.io）。

下面来看一个简单的示例。假设你要编写一个名为 my_math 的模块，其中包含一个计算乘积的函数 product。从哪里着手呢？当然是先使用模块 unittest 中的 TestCase 类编写一个测试（存储在文件 test_my_math.py 中），如代码清单 16-2 所示。

代码清单 16-2 一个使用框架 unittest 的简单测试

```
import unittest, my_math

class ProductTestCase(unittest.TestCase):

    def test_integers(self):
        for x in range(-10, 10):
            for y in range(-10, 10):
                p = my_math.product(x, y)
                self.assertEqual(p, x * y, 'Integer multiplication failed')

    def test_floats(self):
        for x in range(-10, 10):
            for y in range(-10, 10):
                x = x / 10
                y = y / 10
                p = my_math.product(x, y)
                self.assertEqual(p, x * y, 'Float multiplication failed')

if __name__ == '__main__': unittest.main()
```

函数 unittest.main 负责替你运行测试：实例化所有的 TestCase 子类，并运行所有名称以 test 打头的方法。

提示　如果你定义了方法 setUp 和 tearDown，它们将分别在每个测试方法之前和之后执行。你可使用这些方法来执行适用于所有测试的初始化代码和清理代码，这些代码称为**测试夹具**（test fixture）。

当然，运行这个测试脚本将引发异常，指出模块 my_math 不存在。诸如 assertEqual 等方法检查指定的条件，以判断指定的测试是成功还是失败了。TestCase 类还包含很多与之类似的方法，如 assertTrue、assertIsNotNone 和 assertAlmostEqual。

模块 unittest 区分**错误**和**失败**。错误指的是引发了异常，而失败是调用 failUnless 等方法的结果。接下来需要编写框架代码，以消除错误——只留下失败。这意味着只需创建包含如下内容的模块 my_math（即文件 my_math.py）：

```
def product(x, y):
    pass
```

都是框架代码，没什么意思。如果现在运行前面的测试，将出现两条 FAIL 消息，如下所示：

```
FF
======================================================================
FAIL: test_floats (__main__.ProductTestCase)
----------------------------------------------------------------------
Traceback (most recent call last):
  File "test_my_math.py", line 17, in testFloats
    self.assertEqual(p, x * y, 'Float multiplication failed')
AssertionError: Float multiplication failed
======================================================================
FAIL: test_integers (__main__.ProductTestCase)
----------------------------------------------------------------------
Traceback (most recent call last):
  File "test_my_math.py", line 9, in testIntegers
    self.assertEqual(p, x * y, 'Integer multiplication failed')
AssertionError: Integer multiplication failed

----------------------------------------------------------------------
Ran 2 tests in 0.001s

FAILED (failures=2)
```

这完全在意料之中，没什么好担心的。现在你至少知道，测试真的与代码关联起来了——代码不对，因此测试失败。好极了。

接下来需要让代码管用。就这个示例而言，需要做的工作不多：

```
def product(x, y):
    return x * y
```

现在输出如下：

```
..
----------------------------------------------------------------------
Ran 2 tests in 0.015s
OK
```

开头的两个句点表示测试。如果你仔细观察失败时乱七八糟的输出，将发现开头也有两个字符：两个 F，表示两次失败。

出于好玩，请修改函数 product，使其在参数为 7 和 9 时不能通过测试。

```
def product(x, y):
    if x == 7 and y == 9:
        return 'An insidious bug has surfaced!'
    else:
        return x * y
```

如果再次运行前面的测试脚本，将有一个测试失败。

```
.F
======================================================================
FAIL: test_integers (__main__.ProductTestCase)
----------------------------------------------------------------------
Traceback (most recent call last):
  File "test_my_math.py", line 9, in testIntegers
    self.assertEqual(p, x * y, 'Integer multiplication failed')
AssertionError: Integer multiplication failed
----------------------------------------------------------------------
Ran 2 tests in 0.005s

FAILED (failures=1)
```

提示 有关更复杂的面向对象代码测试，请参阅模块 unittest.mock。

16.3 超越单元测试

测试显然很重要，而对于有些复杂的项目来说，测试绝对是生死攸关的。就算你不想编写结构化的单元测试套件，也必须以某种方式运行程序，看看它是否管用。编写大量代码前具备这种能力可在以后避免大量的工作和麻烦。

要探索程序，还有其他一些方式，下面将介绍两个工具：源代码检查和性能分析。源代码检查是一种发现代码中常见错误或问题的方式（有点像静态类型语言中编译器的作用，但做的事情要多得多）。性能分析指的是搞清楚程序的运行速度到底有多快。之所以按这里的顺序讨论这些主题，是为了遵循“使其管用，使其更好，使其更快”这条古老的规则。单元测试可让程序管用，源代码检查可让程序更好，而性能分析可让程序更快。

16.3.1 使用 PyChecker 和 PyLint 检查源代码

长期以来，PyChecker（pychecker.sf.net）都是用于检查 Python 源代码的唯一工具，能够找出诸如给函数提供的参数不对等错误。（当然，标准库中还有 tabnanny，但没那么强大，只检查缩进是否正确。）之后出现了 PyLint（pylint.org），它支持 PyChecker 提供的大部分功能，还有很多其他的功能，如变量名是否符合指定的命名约定、你是否遵守了自己的编码标准等。

安装这些工具很容易。很多包管理器系统（如 Debian APT 和 Gentoo Portage）都提供了它们，可直接从相应的网站下载。要使用 Distutils 来安装，可使用如下标准命令。

```
python setup.py install
```

对于 PyLint，也可使用 pip 来安装。

安装这些工具后，可以命令行脚本的方式运行它们（PyChecker 和 PyLint 对应的脚本分别为 pychecker 和 pylint），也可将其作为 Python 模块（名称与前面相同）。

注意　在 Windows 中，从命令行运行这两个工具时，将分别使用批处理文件 pychecker.bat 和 pylint.bat。因此，你可能需要将这两个文件加入环境变量 PATH 中，这样才能从命令行执行命令 pychecker 和 pylint。

要使用 PyChecker 来检查文件，可运行这个脚本并将文件名作为参数，如下所示：

```
pychecker file1.py file2.py ...
```

使用 PyLint 检查文件时，需要将模块（或包）名作为参数：

```
pylint module
```

要获悉有关这两个工具的详细信息，可使用命令行开关-h 来运行它们。运行这两个命令时，输出可能非常多（pylint 的输出通常比 pychecker 的多）。这两个工具都是可高度配置的，你可指定要显示或隐藏哪些类型的警告；有关这方面的详细信息，请参阅相关的文档。

结束对检查器的讨论之前，来看看如何结合使用检查器和单元测试。毕竟，如果能够将它们（或其中之一）作为测试套件中的测试自动运行，并在没有错误时悄无声息地指出测试成功了，那就太好了。这样，测试套件不仅测试了功能，还测试了代码质量。

PyChecker 和 PyLint 都可作为模块（分别是 pychecker.checker 和 pylint.lint）导入，但它们并不是为了以编程方式使用而设计的。导入 pychecker.checker 时，它会检查后续代码（包括导入的模块），并将警告打印到标准输出。模块 pylint.lint 包含一个文档中没有介绍的函数 Run，这个函数是供脚本 pylint 本身使用的。它也将警告打印出来，而不是以某种方式将其返回。我建议不去解决这些问题，就以原本的方式使用 PyChecker 和 PyLint，即将其作为命令行工具使用。在 Python 中，可通过模块 subprocess 来使用命令行工具。代码清单 16-3 在前面的测试脚本示例中添加了两个代码检查测试。

代码清单 16-3　使用模块 subprocess 调用外部检查器

```
import unittest, my_math
from subprocess import Popen, PIPE

class ProductTestCase(unittest.TestCase):
```

```
    #在这里插入以前的测试

    def test_with_PyChecker(self):
        cmd = 'pychecker', '-Q', my_math.__file__.rstrip('c')
        pychecker = Popen(cmd, stdout=PIPE, stderr=PIPE)
        self.assertEqual(pychecker.stdout.read(), '')

    def test_with_PyLint(self):
        cmd = 'pylint', '-rn', 'my_math'
        pylint = Popen(cmd, stdout=PIPE, stderr=PIPE)
        self.assertEqual(pylint.stdout.read(), '')

if __name__ == '__main__': unittest.main()
```

调用检查器脚本时，我指定了一些命令行开关，以免无关的输出干扰测试。对于 pychecker，我指定了开关-Q（quiet，意为静默）；对于 pylint，我指定了开关-rn（其中 n 表示 no）以关闭报告，这意味着将只显示警告和错误。

命令 pylint 直接将模块名作为参数，因此执行起来很简单。

为让 pychecker 正确地运行，我们需要获取文件名。为此，我使用了模块 my_math 的属性 __file__，并使用 rstrip 将文件名末尾可能包含的 c 删掉（因为模块可能存储在.pyc 文件中）。

为让 PyLint 噤声，我稍微修改了模块 my_math（而不是通过配置，让 PyLint 在面对变量名太短、缺失修订号和文档字符串等情况时一声不吭）。

```
"""
一个简单的数学模块
"""
__revision__ = '0.1'

def product(factor1, factor2):
    'The product of two numbers'
    return factor1 * factor2
```

如果现在运行这些测试，将不会出现任何错误。请随意尝试这些代码，看看能否让检查器报告错误，同时确保功能测试依然管用（可以不使用 PyChecker 或 PyLint——使用其中一个可能就足够了）。例如，尝试将参数改回 x 和 y，PyLint 将抗议变量名太短。或者在 return 语句后面添加 print('Hello, world!')，进而两个检查器都将抗议（抗议的理由可能不同），这合情合理。

自动检查的局限性：有结束的时候吗

虽然 PyChecker 和 PyLint 等自动检查器在发现问题方面很出色，但也存在局限性。它们虽然能够发现各种错误和问题，但并不知道程序的终极目标，因此总是需要量身定制的单元测试。然而，除了这个显而易见的局限外，自动检查器还有其他局限。只要你喜欢有些奇怪的理论，就可能对根据终止定理这一计算理论得出的结论感兴趣。来看一个可以像下面这样运行的虚构的检查程序：

```
halts.py myprog.py data.txt
```

你可能猜到了，这个检查器检查程序 myprog.py 将 data.txt 作为输入时的行为。我们只想检查一点：无限循环（或与之等价的情况）。换而言之，程序 halts.py 需要判断 myprog.py 将 data.txt 作为输入时是否会停止（终止）。鉴于市面上的检查程序能够分析代码，并确定各种变量必须是什么类型才能确保程序正确运行，检测像无限循环这样的情况不是小菜一碟吗？不是这样的，至少总体而言不是这样的。

别光听我说——推理其实非常简单。假设终止检查器 halts 管用；为简单起见，同时假设它是一个 Python 模块。现在，假设我们编写了下面这个暗藏机关的小程序（trouble.py）。

```
import halts, sys
name = sys.argv[1]
if halts.check(name, name):
    while True: pass
```

它使用模块 halts 的功能来检查通过第一个命令行参数指定的程序将自身作为输入时是否会终止。例如，可以像下面这样来运行它：

```
trouble.py myprog.py
```

这将判断 myprog.py 将 myprog.py(即自身)作为输入时是否会终止。如果结论是会终止，trouble.py 将进入无限循环；否则它将就此结束（即终止）。

现在来看下面的情形：

```
halts.py trouble.py trouble.py
```

这里检查 trouble.py 将 trouble.py（即自身）作为输入时是否会终止。这本身不难理解。但结论是什么呢？如果 halts.py 说“会”,即 trouble.py trouble.py 会终止，则根据定义，trouble.py trouble.py 将不会终止。如果说“不会”,也将遇到同样(相悖)的问题。无论 halts.py 怎么说，都注定是错的，并且没法解决这个问题。我们最初假定这个检查器管用，而现在遇到了矛盾，这意味着最初的假设是错的。

当然，这并不意味着无法检测出任何类型的无限循环(例如，没有 break、raise 或 return 的 while True 循环就肯定是无限循环），而只是说无法检测出所有的无限循环。遗憾的是，很多与此类似的情况也无法全部自动分析出来。因此，即便有 PyChecker 和 PyLint 这样出色的工具，依然需要依赖于手工调试，而这要求我们知道程序的特殊之处。另外，我们可能应该尽力避免 trouble.py 这样暗藏机关的程序。

16.3.2　性能分析

让代码管用，还可能让它比最初更好之后，也许该来让它更快了。然而，或许不该这样做。正如高德纳转述 C. A. R. Hoare 的话时指出的：在编程中，不成熟的优化是万恶之源。不论优化诀窍再巧妙，如果根本用不着，就不用关心了。如果程序的速度已经足够快，代码清晰、简单易懂的价值可能远远胜过细微的速度提升。毕竟几个月后就可能有速度更快的硬件面世。

但如果程序的速度达不到你的要求，必须优化，就必须首先对其进行性能分析。这是因为除非程序非常简单，否则很难猜到瓶颈在什么地方。如果不知道是什么让程序速度变缓，优化就可能南辕北辙。

标准库包含一个卓越的性能分析模块 profile，还有一个速度更快 C 语言版本，名为 cProfile。这个性能分析模块使用起来很简单，只需调用其方法 run 并提供一个字符串参数。

```
>>> import cProfile
>>> from my_math import product
>>> cProfile.run('product(1, 2)')
```

这将输出如下信息：各个函数和方法被调用多少次以及执行它们花费了多长时间。如果通过第二个参数向 run 提供一个文件名（如'my_math.profile'），分析结果将保存到这个文件中。然后，就可使用模块 pstats 来研究分析结果了。

```
>>> import pstats
>>> p = pstats.Stats('my_math.profile')
```

使用这个 Stats 对象，可以编程方式研究分析结果。有关这个 API 的详情，请参阅标准库文档。

提示 标准库还包含一个名为 timeit 的模块，提供了一种对小段 Python 代码的运行时间进行测试的简单方式。在进行详尽的性能分析方面，模块 timeit 的用处不大，但在只需确定一段代码花了多长时间才执行完毕时，这是一个很不错的工具。手工测量的结果通常不准确（除非你对这方面了如指掌），因此使用 timeit 通常是更好的选择。

如果你非常在乎程序的速度，可添加一个这样的单元测试：对程序进行性能分析并要求满足特定的要求（如程序执行时间超过 1 秒时，测试就将失败）。这做起来可能很有趣，但不推荐这样做，因为迷恋性能分析很可能让你忽略真正重要的事情，如清晰而易于理解的代码。如果程序的速度非常慢，你迟早会发现，因为测试将需要很久才能运行完毕。

16.4 小结

本章介绍了如下重要主题。

- **测试驱动编程**：大致而言，测试驱动编程意味着先测试再编码。有了测试，你就能信心满满地修改代码，这让开发和维护工作更加灵活。
- **模块 doctest 和 unittest**：需要在 Python 中进行单元测试时，这些工具必不可少。模块 doctest 设计用于检查文档字符串中的示例，但也可轻松地使用它来设计测试套件。为让测试套件更灵活、结构化程度更高，框架 unittest 很有帮助。
- **PyChecker 和 PyLint**：这两个工具查看源代码并指出潜在（和实际）的问题。它们检查代码的方方面面——从变量名太短到永远不会执行的代码段。你只需编写少量的代码，就可将它们加入测试套件，从而确保所有修改和重构都遵循了你采用的编码标准。

- 性能分析：如果你很在乎速度，并想对程序进行优化（仅当绝对必要时才这样做），应首先进行性能分析：使用模块 profile 或 cProfile 来找出代码中的瓶颈。

16.4.1　本章介绍的新函数

函　数	描　述
doctest.testmod(module)	检查文档字符串中的示例（还接受很多其他的参数）
unittest.main()	运行当前模块中的单元测试
profile.run(stmt[,filename])	执行语句并对其进行性能分析；可将分析结果保存到参数 filename 指定的文件中

16.4.2　预告

至此，你知道了使用 Python 语言及其标准库能够完成的各种任务，还知道了如何分析并调整代码（如果你不顾我的警告，依然要进行性能分析的话）。如果你觉得这些还不够，就该拿起低级工具，将“前盖”打开并对“引擎”进行调整。

第 17 章

扩展 Python

17

Python 什么都能做，真的是这样。这门语言功能强大，但有时候速度有点慢。例如，如果要编写模拟某种核反应的程序或为下一部《星球大战》电影渲染图形，企图使用 Python 来编写这样的高性能代码可能不是很好的选择。Python 的目标是易于使用以及帮助提高开发速度，这种灵活性是以牺牲效率为代价的。对大多数常见的编程任务来说，Python 无疑足够快，但如果你真的很在乎速度，C、C++、Java 和 Julia 等语言通常要快好几个数量级。

17.1 鱼和熊掌兼得

对于坚信速度至上的读者，我并不鼓励你只使用 C 语言进行开发。虽然只使用 C 语言能提高程序本身的速度，但肯定会降低编程速度。因此你需要考虑哪一点更重要：是快速编写好程序，还是很久以后终于编写出了一个速度极快的程序。如果 Python 的速度足以满足需求，使用 C 等低级语言带来的痛苦将让这样的选择毫无意义（除非还有其他需求，比如程序将在不适合使用 Python 的嵌入式设备中运行）。

本章讨论确实需要进一步提升速度的情形。在这种情况下，最佳的解决方案可能不是完全转向 C 语言（或其他中低级语言），我建议你采用下面的方法（这可满足众多的速度至上需求）。

(1) 使用 Python 开发原型（有关原型开发的详细信息，请参阅第 19 章）。

(2) 对程序进行性能分析以找出瓶颈（有关测试，请参阅第 16 章）。

(3) 使用 C（或者 C++、C#、Java、Fortran 等）扩展重写瓶颈部分。

这样得到的架构（包含一个或多个 C 语言组件的 Python 框架）将非常强大，因为它兼具这两门语言的优点。关键在于选择正确的工具来完成每项任务，这样既能获得使用高级语言（Python）开发复杂系统的好处，又能使用低级语言（C）来开发较小（还可能较简单）但速度至关重要的组件。

注意 还有其他让你转而求助于 C 语言的原因。例如，如果要编写与怪异硬件交互的低级代码，你几乎别无选择。

如果编码前就知道系统的哪部分将是瓶颈，可以（而且可能应该）在设计原型时就确保可轻松地替换这些关键部分。对于这个观点，可能使用下面的提示来阐述更合适。

提示 将潜在的瓶颈封装起来。

最终你可能发现并不需要使用C扩展来替换这些瓶颈(这可能是因为运行程序的计算机的速度更高了),但至少存在选择的空间。

扩展能够找到用武之地的另一种常见情形是遗留代码。你可能想重用一些代码,但这些代码是使用其他语言(如C)编写的。在这种情况下,可将这些代码"包装"起来(编写一个提供合适接口的小型C语言库),并使用这个包装器来创建Python扩展。

在接下来的几节中,我将简要地介绍如何扩展Python的经典C语言实现(为此可手工编写所有的代码,也可使用工具SWIG),以及如何扩展其他两种实现:Jython和IronPython。另外,还将讨论访问外部代码的其他方式。

反过来

本章着重介绍使用编译型语言为Python程序编写扩展。但别忘了,下面的做法也有用武之地:使用编译型语言编写程序,并在其中嵌入Python解释器来执行少量的脚本和扩展。在这种情况下,嵌入Python追求的不是速度而是灵活性。从很多方面说,这与编写编译型扩展的目的是一样的,也是为了鱼和熊掌兼得,只是重点不同。

现实世界的很多系统都使用了这种嵌入方法。例如,很多计算机游戏(它们几乎都是使用编译型语言编写的,其代码库几乎都是为最大限度提高速度而开发的)都使用诸如Python等动态语言来描述高级行为(如游戏中角色的"智力"),而主代码引擎负责图形等方面。

正文提到的CPython、Jython和IronPython文档也讨论了嵌入方法,以帮助你采用这种方法。

如果你要使用速度很快的高级语言Julia,同时访问既有的Python库,可使用PyCall.jl库。

17.2 简单易行的方式:Jython和IronPython

如果使用Jython或IronPython,可轻松地使用原生模块来扩展Python,因为Jython和IronPython能够让你访问底层语言中的模块和类(对Jython来说,底层语言为Java;对IronPython来说,为C#和其他.NET语言),从而无须像扩展CPython那样遵循特定的API。你只需实现所需的功能,就可在Python中使用它们,就像变魔术一样。例如,在Jython中,可直接访问Java标准库;而在IronPython中,可直接访问C#标准库。

代码清单17-1展示了一个简单的Java类。

代码清单17-1 一个简单的Java类(JythonTest.java)

```
public class JythonTest {
    public void greeting() {
```

```
        System.out.println("Hello, world!");
    }
}
```

可使用 Java 编译器（如 javac）来编译这个类。

```
$ javac JythonTest.java
```

提示 如果你使用 Java 进行开发，也可使用命令 jythonc 将 Python 类编译成 Java 类，然后就可将其导入到 Java 程序中。

编译这个类后，启动 Jython（并将.class 文件放到当前目录或 Java CLASSPATH 包含的目录中）。

```
$ CLASSPATH=JythonTest.class jython
```

然后，就可直接导入这个类了。

```
>>> import JythonTest
>>> test = JythonTest()
>>> test.greeting()
Hello, world!
```

看到了吗？一点都不难。

Jython 属性魔法

在与 Java 类交互方面，Jython 有几把刷子。其中最有用的功能是，让你能够像访问普通属性一样访问 JavaBean 属性。在 Java 中，你使用存取方法来读取或修改这些属性，这意味着如果 Java 实例 foo 包含方法 setBar，就可使用 foo.bar = baz，而不是 foo.setBar(baz)。同样，如果这个实例包含方法 getBar 或 isBar（针对布尔属性），就可使用 foo.bar 来访问相应属性的值。下面来看 Jython 文档中的一个示例。不用像下面这样做：

```
b = awt.Button()
b.setEnabled(False)
```

而可这样做：

```
b = awt.Button()
b.enabled = False
```

实际上，所有属性也都可在构造函数中通过关键字参数来设置。因此可像下面这样做：

```
b = awt.Button(enabled=False)
```

这适用于表示多个参数的元组，也适用于 Java 成例（如事件监听器）的函数参数。

```
def exit(event):
    java.lang.System.exit(0)
b = awt.Button("Close Me!", actionPerformed=exit)
```

在 Java 中，必须实现一个包含方法 actionPerformed 的类，再使用 b.addActionListener 来添加这个类的实例。

代码清单 17-2 是一个类似的 C#类。

代码清单 17-2　一个简单的 C#类（IronPythonTest.cs）

```
using System;
namespace FePyTest {
  public class IronPythonTest {

    public void greeting() {
      Console.WriteLine("Hello, world!");
    }

  }
}
```

使用你选择的编译器来编译这个类。对于 Microsoft .NET，命令如下：

```
csc.exe /t:library IronPythonTest.cs
```

要在 IronPython 中使用这个类，一种方法是将其编译为动态链接库（DLL；有关这方面的细节请参阅 C#文档），并根据需要修改相关的环境变量（如 PATH），然后就应该能够像下面这样使用它了（这里使用的是 IronPython 交互式解释器）：

```
>>> import clr
>>> clr.AddReferenceToFile("IronPythonTest.dll")
>>> import FePyTest
>>> f = FePyTest.IronPythonTest()
>>> f.greeting()
```

17.3　编写 C 语言扩展

这是真正的重点所在。扩展 Python 通常意味着扩展 CPython——使用编程语言 C 实现的 Python 标准版。

C 语言的动态性不如 Java 和 C#，而且对 Python 来说，编译后的 C 语言代码也不那么容易理解。因此，使用 C 语言编写 Python 扩展时，必须遵循严格的 API。这个 API 将在 17.3.2 节讨论。有几个项目力图简化 C 语言扩展的编写过程，其中比较有名的一个是 SWIG，将在 17.3.1 节讨论（有关其他方法，请参阅旁注“其他方法”）。

其他方法

如果你使用 Cpython，有很多工具可帮助提高程序的速度，这是通过生成和使用 C 语言库或提高 Python 代码的速度实现的。下面概述其中的几个。

- Cython：这其实是一个Python编译器！它还提供了扩展的Cython语言，该语言基于Greg Ewing开发的项目Pyrex，让你能够使用类似于Python的语法添加类型声明和定义C类型。因此，它的效率非常高，并且能够很好地与C扩展模块（包括Numpy）交互。

- PyPy：这是一个雄心勃勃而有远见的Python实现——使用的是Python。这种实现好像会慢如蜗牛，但通过极其复杂的代码分析和编译，其性能实际上超过了CPython。其官网指出："有传言说PyPy的秘密目标是在速度上超过C语言，这是无稽之谈，不是吗？"PyPy的核心是RPython——一种受限的Python方言。RPython擅长自动类型推断等，可转换为静态语言、机器码和其他动态语言（如JavaScript）。
- Weave：SciPy发布版的一部分，也有单独的安装包。这个工具让你能够在Python代码中以字符串的方式直接包含C或C++代码，并无缝地编译和执行这些代码。例如，要快速计算一些数学表达式，就可使用这个工具。Weave还可提高使用数字数组的表达式的计算速度（参阅下一条）。
- NumPy：NumPy让你能够使用数字数组，这对分析各种形式的数值数据（从股票价值到天文图像）很有帮助。NumPy的优点之一是接口简单，让你无须显式地指定众多低级操作。然而，NumPy的主要优点是速度快。对数字数组中的每个元素执行很多常见操作时，速度都比使用列表和for循环执行同样的操作快得多，这是因为隐式循环是直接使用C语言实现的。数字数组能够很好地与Cython和Weave协同工作。
- ctypes：模块ctypes最初是Thomas Heller开发的一个项目，但现在包含在标准库中。它采用直截了当的方法——让你能够导入既有（共享）的C语言库。虽然存在一些限制，但这可能是访问C语言代码的最简单方式之一。不需要包装器，也不需要特殊API，只需将库导入就可使用。
- subprocess：这个工具有点与众不同。模块subprocess包含在标准库中（标准库中还有一些较老的模块和函数提供了类似的功能）。它让你能够在Python中运行外部程序，并通过命令行参数以及标准输入、输出和错误流与它们通信。如果对速度要求极高的代码可使用几个批处理作业来完成大部分工作，启动外部程序并与之通信所需的时间将很短。在这种情况下，将C语言代码放在独立的程序中并将其作为子进程运行很可能是最整洁的解决方案。
- PyCXX：以前名为CXX或CXX/Objects，是一组帮助使用C++编写Python扩展的工具。例如，它提供了良好的引用计数支持，可减少犯错的机会。
- SIP：SIP最初是一个开发GUI包PyQt的工具，包含一个代码生成器和一个Python模块。它像SWIG那样使用规范文件。
- Boost.Python：Boost.Python让Python和C++能够无缝地互操作，可为你解决引用计数和在C++中操作Python对象提供极大的帮助。一种使用它的主要方式是，以类似于Python的方式编写C++代码（Boost.Python中的宏为此提供了支持），再使用你喜欢的C++编译器将这些代码编译成Python扩展。它虽然与SWIG有天壤之别，却能很好地替代SWIG，因此很值得你研究研究。

17.3.1 SWIG

SWIG 指的是简单包装器和接口生成器（simple wrapper and interface generator），是一个适用于多种语言的工具。一方面，它让你能够使用 C 或 C++编写扩展代码；另一方面，它自动包装这些代码，让你能够在 Tcl、Python、Perl、Ruby 和 Java 等高级语言中使用它们。这意味着如果你决定以 C 语言扩展的方式实现系统的某个部分，而不是直接使用 Python 实现它，也可使用 SWIG 让这个 C 语言扩展库可供众多其他语言使用。这在你需要以不同的语言编写多个协同工作的子系统时很有用；在这种情况下，C 语言（或 C++）扩展将成为协作的枢纽。

SWIG 的安装步骤与其他 Python 工具相同。

- 可从 SWIG 官网下载 SWIG。
- 很多 UNIX/Linux 发布版都包含 SWIG；很多包管理器都能够让你直接安装它。
- 有用于 Windows 的二进制安装程序。
- 自己编译源代码也很简单，只需调用 `configure` 和 `make install` 即可。

如果你在安装 SWIG 时遇到麻烦，应该能够在官网找到帮助信息。

1. 用法

SWIG 使用起来很简单，前提条件是有一些 C 语言代码。

(1) 为代码编写一个**接口文件**。这很像 C 语言头文件（在比较简单的情况下，可直接使用现有的头文件）。

(2) 对接口文件运行 SWIG，以自动生成一些额外的 C 语言代码（**包装器代码**）。

(3) 将原来的 C 语言代码和生成的包装器代码一起编译，以生成共享库。

接下来将讨论每个步骤，首先来编写一些 C 语言代码。

2. 回文

回文（palindrome；如 I prefer pi）是忽略空格、标点等后正着读和反着读一样的句子。假设你要检测不包含空格、标点等的极长回文（可能是为了分析蛋白质序列之类的东西）。当然，要分析的字符串必须非常长，达到纯 Python 程序无法分析的程度；但这里假设要分析的字符串极长，而且需要做大量这样的检查。因此你决定编写一段 C 语言代码来处理（你也可能找到了现成的代码——前面说过，SWIG 的主要用途是让你能够在 Python 中使用既有的 C 语言代码）。代码清单 17-3 是一种可能的实现。

代码清单 17-3　一个简单的检测回文的 C 语言函数（palindrome.c）

```
#include <string.h>

int is_palindrome(char *text) {
    int i, n=strlen(text);
    for (i = 0; i <= n/2; ++i) {
        if (text[i] != text[n-i-1]) return 0;
    }
    return 1;
}
```

为了方便比较，代码清单17-4列出了与之等价的纯Python函数。

代码清单17-4 检测回文的Python函数

```
def is_palindrome(text):
    n = len(text)
    for i in range(len(text) // 2):
        if text[i] != text[n-i-1]:
            return False
    return True
```

稍后将演示如何编译和使用这些C语言代码。

3. 接口文件

假设你将代码清单17-3所示的代码存储在文件palindrome.c中，现在应该在文件palindrome.i中添加接口描述。在很多情况下，如果定义一个头文件（这里为palindrome.h），SWIG可能能够从中获取所需的信息。因此，如果有头文件，可尝试使用它。显式地编写接口文件的原因之一是，这样可微调SWIG包装代码的方式，其中最重要的微调是将某些东西排除在外。例如，包装巨大的C语言库时，你可能只想将几个函数导出到Python。在这种情况下，可只将要导出的函数放在接口文件中。

在接口文件中，你只是声明要导出的函数（和变量），就像在头文件中一样。另外，在接口文件的开头，有一个由%{和%}界定的部分，可在其中指定要包含的头文件（这里为string.h）。在这个部分的前面，还有一个%module声明，用于指定模块名。（这里介绍的有些选项是可选的。另外，使用接口文件可做的事情很多；有关这些方面的详细信息，请参阅SWIG文档。）代码清单17-5是这里需要编写的接口文件。

代码清单17-5 回文检测库的接口（palindrome.i）

```
%module palindrome

%{
#include <string.h>
%}

extern int is_palindrome(char *text);
```

4. 运行SWIG

运行SWIG可能是整个过程中最容易的部分。虽然有很多命令行开关（要获悉完整的开关列表，可执行命令 `swig -help`），但只需使用开关`-python`就可让SWIG对C语言代码进行包装，以便能够在Python中使用。另一个可能很有用的开关是`-c++`，可用于包装C++库。运行SWIG时，需要将接口文件（也可以是头文件）作为参数，如下所示：

```
$ swig -python palindrome.i
```

这将生成两个新文件，分别是palindrome_wrap.c和palindrome.py。

5. 编译、链接和使用

编译可能是最棘手的部分（至少在我看来如此）。要正确地编译，需要知道 Python 源代码（至少是头文件 pyconfig.h 和 Python.h）的存储位置（它们可能分别位于 Python 安装目录和子目录 Include 中）。你还需根据选择的 C 语言编译器，使用正确的开关将代码编译成共享库。如果你不知道该使用哪些参数和开关，可参阅稍后的一节。

下面是一个在 Solaris 系统中使用编译器 cc 的示例（这里假设$PYTHON_HOME 指向 Python 安装目录）：

```
$ cc -c palindrome.c
$ cc -I$PYTHON_HOME -I$PYTHON_HOME/Include -c palindrome_wrap.c
$ cc -G palindrome.o palindrome_wrap.o -o _palindrome.so
```

下面是在 Linux 中使用编译器 gcc 的示例：

```
$ gcc -c palindrome.c
$ gcc -I$PYTHON_HOME -I$PYTHON_HOME/Include -c palindrome_wrap.c
$ gcc -shared palindrome.o palindrome_wrap.o -o _palindrome.so
```

可能所有必要的包含文件都在一个地方，如/usr/include/python3.11（版本号随具体情况而异）。在这种情况下，像下面这样做就行：

```
$ gcc -c palindrome.c
$ gcc -I/usr/include/python3.11 -c palindrome_wrap.c
$ gcc -shared palindrome.o palindrome_wrap.o -o _palindrome.so
```

在 Windows 中（这里也假设从命令行运行编译器 gcc），可使用如下命令来创建共享库：

```
$ gcc -shared palindrome.o palindrome_wrap.o C:/Python3.11/libs/libpython3.11.a -o_palindrome.dll
```

在 macOS 中，可像下面这样做（如果你使用的是 Python 官方安装，PYTHON_HOME 将为/Library/Frameworks/Python.framework/Versions/Current）：

```
$ gcc -dynamic -I$PYTHON_HOME/include/python3.11 -c palindrome.c
$ gcc -dynamic -I$PYTHON_HOME/include/python3.11 -c palindrome_wrap.c
$ gcc -dynamiclib palindrome_wrap.o palindrome.o -o _palindrome.so -Wl, -undefined, dynamic_
lookup
```

念完这些“黑暗魔咒”后，将得到一个很有用的文件_palindrome.so。它就是**共享库**，可直接导入到 Python 中（条件是它位于 PYTHONPATH 包含的目录中，如当前目录中）：

```
>>> import _palindrome
>>> dir(_palindrome)
['__doc__', '__file__', '__name__', 'is_palindrome']
>>> _palindrome.is_palindrome('ipreferpi')
1
>>> _palindrome.is_palindrome('notlob')
0
```

如果你使用的是较旧的 SWIG 版本，这就是全部内容。然而，较新的 SWIG 版本还会生成一些 Python 包装代码（文件 palindrome.py），它导入模块_palindrome 并执行一些检查工作。如果你不想使用文件 palindrome.py，只需将其删除并将库链接为 palindrome.so 即可。

使用包装代码的效果与使用共享库相同。

```
>>> import palindrome
>>> from palindrome import is_palindrome
>>> if is_palindrome('abba'):
...     print('Wow -- that never occurred to me ...')
...
Wow -- that never occurred to me ...
```

6. 穿越编译器“魔法森林”的捷径

如果你觉得编译过程晦涩难懂，也很正常，很多人都这样认为。如果自动化编译过程[如使用生成文件（makefile）]，就需要进行配置：指定Python安装位置、要使用的编译器和选项等。使用Setuptools可优雅地避免这样做。实际上，它直接支持SWIG，让你无须手工运行SWIG：只需编写代码和接口文件，再运行安装脚本。有关这方面的详细信息，请参阅18.3节。

17.3.2 手工编写扩展

SWIG在幕后做了很多工作，但并非每项工作都是绝对必要的。如果你愿意，可自己编写包装代码，也可在C语言代码中直接使用Python C API。

Python C API有专门的参考手册，你可以参考官方文档（docs部分）

1. 引用计数

如果你以前未使用过引用计数，它可能是本节最难懂的概念，不过这个概念并不那么复杂。在Python中，内存管理是自动完成的：你只管创建对象，当你不再使用时它们就会消失。在C语言中，情况并非如此。你必须显式地**释放**不再使用的对象（更准确地说是内存块），否则程序占用的内存将越来越多，这称为**内存泄漏**（memory leak）。

编写Python扩展时，可使用Python在幕后使用的内存管理工具，其中之一就是引用计数。其基本理念是，一个对象只要被代码引用（在C语言中是有指向它的指针），就不应将其释放。然而，指向对象的引用数为0后，引用数就不可能再增大——没办法创建指向相应对象的新引用。因此对象在内存中是自由浮动的。此时，可安全地释放它。引用计数自动完成这个过程。为此，你需要遵守一系列规则，这些规则指定了在各种情况下应（使用Python API）将对象的引用计数加1或减1；而引用计数变成0后，对象将被自动释放。这意味着没有专门负责管理对象的代码。在函数中创建并返回对象后，就可将它抛在脑后，因为你知道，不再需要时它就会消失。

为将对象的引用计数加1和减1，可使用两个宏，分别是`Py_INCREF`和`Py_DECREF`。有关这两个宏的详细用法，请参阅Python文档，这里列出了其中的一些要点。

- 对象不归你**所有**，但指向它的**引用**归你所有。一个对象的引用计数是指向它的引用的数量。
- 对于归你所有的引用，你必须负责在不再需要它时调用`Py_DECREF`。
- 对于你暂时借用的引用，不应在借用完后调用`Py_DECREF`，因为这是引用所有者的职责。

警告 对于借来的引用，你**绝不能**在所有者将其释放后再使用。有关确保安全的更多建议，请参阅文档的 Thin ice 部分。

- 可通过调用 Py_INCREF 将借来的引用变成自己的。这将创建一个新引用，而借来的引用依然归原来的所有者所有。
- 通过参数收到对象后，要转移所有权（如将其存储起来）还是仅仅借用完全由你决定，但应清楚地说明。如果函数将在 Python 中调用，完全可以只借用，因为对象在整个函数调用期间都存在。然而，如果函数将在 C 语言中调用，就无法保证对象在函数调用期间都存在，因此可能应该创建自己的引用，并在使用完毕后将其释放。

稍后将介绍一个具体的示例，届时你将对这些要点有更清晰的认识。

再谈垃圾收集

引用计数是一种**垃圾收集**方式，其中的术语“垃圾”指的是程序不再使用的对象。Python 还使用一种更尖端的算法来检测**循环**垃圾，即两个对象相互引用对方（导致它们的引用计数不为 0），但没有其他的对象引用它们。

在 Python 程序中，可通过模块 gc 来访问 Python 垃圾收集器。有关这个模块的详细信息，请参阅“Python 库参考手册”。

2. 扩展框架

编写 Python 的 C 语言扩展时，需要大量的模板代码，因此 SWIG 和 Cython 等工具可提供极大的帮助。尽管应自动生成模板代码，但手工编写是种不错的学习体验。在如何组织代码方面有很大的选择空间，但这里只介绍一种管用的方式。

首先要牢记的是，必须先包含头文件 Python.h，再包含其他标准头文件。这是因为在有些平台上，Python.h 可能会做些重新定义，而其他头文件需要用到这些新定义。因此，请将下面的内容作为第一行代码：

```
#include <Python.h>
```

你想给函数指定什么样的名称都可以，但它必须是静态的，返回一个指向 PyObject 对象的指针（归你所有的引用）并接受两个参数（它们也都是指向 PyObject 的指针）。根据约定，将这两个参数分别命名为 self 和 args（其中 self 为当前对象或 NULL，而 args 是由参数组成的元组）。换而言之，函数应类似于下面这样：

```
static PyObject *somename(PyObject *self, PyObject *args) {
    PyObject *result;
    /* 在这里执行操作，包括分配 result*/

    Py_INCREF(result); /* 仅当需要时才这样做！ */
    return result;
}
```

参数 self 仅用于关联的方法中。在其他函数中，这个参数为 NULL 指针。

请注意，可能不需要调用 Py_INCREF。如果对象是在函数中创建的（如使用 Py_BuildValue 等辅助函数），函数便用于指向它的引用，因此只需返回它即可。然而，如果要从函数返回 None，应使用既有的对象 Py_None。在这种情况下，函数并不拥有指向 Py_None 的引用，因此必须在返回它之前调用 Py_INCREF(Py_None)。

参数 args 包含传递给函数的所有参数（参数 self 除外）。为提取这些参数，可使用 PyArg_ParseTuple（适用于位置参数）和 PyArg_ParseTupleAndKeywords（适用于位置参数和关键字参数）。这里只使用位置参数。

函数 PyArg_ParseTuple 的特征标如下：

```
int PyArg_ParseTuple(PyObject *args, char *format, ...);
```

其中格式字符串描述了期望的参数，它后面是要将参数存储到其中的变量的地址。返回值是一个布尔值，如果为 True 意味着一切顺利，否则意味着发生了错误。发生错误时引发异常的准备工作已就绪（详细信息请参阅文档），你只需返回 NULL 来触发这个过程。因此，如果你预期没有任何参数（格式字符串为空），下面是一种很有用的参数处理方式：

```
if (!PyArg_ParseTuple(args, "")) {
    return NULL;
}
```

执行这条语句后，便提取了参数（这里是没有任何参数）。在格式字符串中，"s"表示字符串，"i"表示整数，"o"表示 Python 对象，因此"iis"表示两个整数和一个字符串。还有很多其他的格式字符串编码。

注意 在扩展模块中，也可创建内置类型和类。这不是很难，但也相当复杂。如果你的主要目标是使用 C 语言编写瓶颈部分，在大部分情况下使用函数就足够了。要了解如何创建类型和类，Python 文档是不错的参考资料。

函数创建好后，还需做些包装工作，让 C 语言代码充当模块。等我们遇到实际示例时再讨论吧。

3. 回文

言归正传，代码清单 17-6 是手工编写的模块 palindrome 的 Python C API 版，其中包含一些有趣的新内容。

代码清单 17-6 另一个回文检查示例（palindrome2.c）

```
#include <Python.h>

static PyObject *is_palindrome(PyObject *self, PyObject *args) {
    int i, n;
    const char *text;
    int result;
```

```
        /* "s"表示一个字符串：*/
        if (!PyArg_ParseTuple(args, "s", &text)) {
            return NULL;
        }
        /* 与旧版的代码大致相同：*/
        n=strlen(text);
        result = 1;
        for (i = 0; i <= n/2; ++i) {
            if (text[i] != text[n-i-1]) {
                result = 0;
                break;
            }
        }
        /* "i"表示一个整数：*/
        return Py_BuildValue("i", result);
    }
    /* 方法/函数列表：*/
    static PyMethodDef PalindromeMethods[] = {

        /*名称、函数、参数类型、文档字符串 */
        {"is_palindrome", is_palindrome, METH_VARARGS, "Detect palindromes"},
        /* 列表结束标志：*/
        {NULL, NULL, 0, NULL}

    };

    static struct PyModuleDef palindrome =
    {
        PyModuleDef_HEAD_INIT,
        "palindrome", /* 模块名 */
        "",           /* 文档字符串 */
        -1,           /*存储在全局变量中的信号状态 */
        PalindromeMethods
    };

    /* 初始化模块的函数：*/
    PyMODINIT_FUNC PyInit_palindrome(void)
    {
        return PyModule_Create(&palindrome);
    }
```

在代码清单 17-6 中，新增的大部分内容都是模板代码。可将 palindrome 替换为模块名，将 is_palindrome 替换为函数名。如果还有其他函数，只需在数组 PyMethodDef 中将它们列出。然而，需要注意的一点是，初始化函数必须为 initmodule，其中 module 为模块名；否则 Python 就找不到它。

现在来编译吧！为此，可以像 17.3.1 节中那样做，但需要处理的文件只有一个。下面演示了如何使用 gcc 进行编译（在 Solaris 系统中，别忘了添加开关-fPIC）：

```
$ gcc -I$PYTHON_HOME -I$PYTHON_HOME/Include -shared palindrome2.c -o palindrome.so
```

通常，这将生成一个名为 palindrome.so 的文件。只要将它放在 PYTHONPATH 包含的目录（如当前目录）中，就可开始使用了：

```
>>> from palindrome import is_palindrome
>>> is_palindrome('foobar')
0
>>> is_palindrome('deified')
1
```


就这么简单，现在自己动手去试试吧。不过要小心，别忘了本书前言中 Waldi Ravens 的名言。

17.4 小结

扩展 Python 是个庞大的主题，本章只对其做了蜻蜓点水式的介绍，涉及的内容如下。

- **扩展理念**：Python 扩展的主要用途有两个——利用既有（遗留）代码和提高瓶颈部分的速度。从头开始编写代码时，请尝试使用 Python 建立原型，找出其中的瓶颈并在需要时使用扩展来替换它们。预先将潜在的瓶颈封装起来大有裨益。
- **Jython 和 IronPython**：对这些 Python 实现进行扩展很容易，使用底层语言（对于 Jython，为 Java；对于 IronPython，为 C#和其他.NET 语言）以库的方式实现扩展后，就可在 Python 中使用它们了。
- **扩展方法**：有很多用于扩展代码或提高其速度的工具，有的让你更轻松地在 Python 程序中嵌入 C 语言代码，有的可提高数字数组操作等常见运算的速度，有的可提高 Python 本身的速度。这样的工具包括 SWIG、Cython、Weave、NumPy、ctypes 和 subprocess。
- **SWIG**：SWIG 是一款自动为 C 语言库生成包装代码的工具。包装代码自动处理 Python C API，使你不必自己去做这样的工作。使用 SWIG 是最简单、最流行的扩展 Python 的方式之一。
- **使用 Python/C API**：可手工编写可作为共享库直接导入到 Python 中的 C 语言代码。为此，必须遵循 Python/C API：对于每个函数，你都需要负责完成引用计数、提取参数以及创建返回值等工作；另外，还需编写将 C 语言库转换为模块的代码，包括列出模块中的函数以及创建模块初始化函数。

17.4.1 本章介绍的新函数

函　　数	描　　述
Py_INCREF(obj)	将 obj 的引用计数加 1
Py_DECREF(obj)	将 obj 的引用计数减 1
PyArg_ParseTuple(args, fmt, ...)	提取位置参数
PyArg_ParseTupleAndKeywords(args, kws, fmt, kwlist)	提取位置参数和关键字参数
PyBuildValue(fmt, value)	根据 C 语言值创建 PyObject

17.4.2 预告

至此，你应该能够编写出很酷的程序了——至少有如何编写很酷程序的点子。如果你要与人分享代码之类的东西，下一章介绍的内容将派上用场。

第 18 章 程序打包

程序可以发布后，你可能想先将它打包。如果程序只包含一个.py 文件，这可能不是问题。然而，如果用户不是程序员，即便是将简单的 Python 库放到正确的位置或调整 PYTHONPATH 也可能超出了其能力范围。用户通常希望只需双击安装程序，再按安装向导说的做就能将程序安装好。

最近，Python 程序员也已习惯了类似的便利方式，但使用的接口更低级些。Setuptools 和较旧的 Distutils 都是用于发布 Python 包的工具包，让你能够使用 Python 轻松地编写安装脚本。这些脚本可用于生成可发布的归档文档，供用户用来编译和安装你编写的库。

本章重点介绍 Setuptools，因为这是每个 Python 程序员都要用到的工具。实际上，Setuptools 并非只能用于创建基于脚本的Python安装程序，还可用于编译扩展。另外，通过将其与扩展 py2exe 和 py2app 结合起来使用，还可创建独立的 Windows 和 macOS 可执行程序。

18.1 Setuptools 基础

“Python 打包用户指南”（Python packaging）和 Setuptools 官网有很多相关的文档。使用 Setuptools 可完成很多任务，只需编写像代码清单 18-1 这样简单的脚本即可（如果还没有安装 Setuptools，可使用 pip 安装它）。

代码清单 18-1　简单的 Setuptools 安装脚本（setup.py）

```
from setuptools import setup

setup(name='Hello',
      version='1.0',
      description='A simple example',
      author='Magnus Lie Hetland',
      py_modules=['hello'])
```

并非一定要向函数 setup 提供上面列出的所有信息（实际上，可不提供任何参数），但也可提供其他的信息（如 author_email 或 url）。这些参数的含义应该是不言自明的。请将代码清单 18-1 所示的脚本存储为 setup.py（这适用于所有的 Setuptools 安装脚本），并确保其所在目录包含简单模块 hello.py。

警告 安装脚本运行时，将在当前目录中创建新的文件和子目录，因此你可能应该将其存储在一个新目录中，以免覆盖既有的文件。

下面来看看如何使用这个简单的脚本。像这样执行它：

```
python setup.py
```

将出现类似于下面的输出：

```
usage: setup.py [global_opts] cmd1 [cmd1_opts] [cmd2 [cmd2_opts] ...]
   or: setup.py --help [cmd1 cmd2 ...]
   or: setup.py --help-commands
   or: setup.py cmd --help

error: no commands supplied
```

从上述输出可知，要获得更多的信息，可使用开关--help 或--help-commands。尝试执行命令 build，让 Setuptools 行动起来。

```
python setup.py build
```

将出现类似于下面的输出：

```
running build
running build_py
creating build
creating build/lib
copying hello.py -> build/lib
```

Setuptools 创建了一个名为 build 的目录，其中包含子目录 lib。同时将将 hello.py 复制到了这个子目录中。目录 build 相当于工作区，Setuptools 在其中组装包（以及编译扩展库等）。安装时不需要执行命令 build，因为当你执行命令 install 时，如果需要，命令 build 会自动运行。

注意 在这个示例中，命令 install 将把模块 hello.py 复制到 PYTHONPATH 指定的特定目录中。这应该不会带来风险，但如果你不想弄乱系统，应该将其删除。为此，请将安装位置记录下来；这可在 setup.py 的输出中找到。你也可使用开关-n，这样将只进行演示。编写本书期间，没有标准的 uninstall 命令（虽然可在网上找到自定义的卸载实现），因此需要手工卸载安装的模块。

既然说到命令 install，下面就来尝试安装这个模块：

```
python setup.py install
```

输出应该非常多，其末尾的内容类似于下面这样：

```
Installed /path/to/python3.11/site-packages/Hello-1.0-py3.11.egg
Processing dependencies for Hello==1.0
Finished processing dependencies for Hello==1.0 byte-compiling
```

注意　如果运行的 Python 版本不是你安装的，并且你没有合适的权限，可能被禁止安装模块，因为你没有写入相应目录的权限。

这就是用于安装 Python 模块、包和扩展的标准机制。你只需提供一个小小的安装脚本即可。如你所见，在安装过程中，Setuptools 创建了一个.egg 文件，这是一个独立的 Python 包。

在这个脚本中，只使用了 Setuptools 指令 py_modules。如果要安装整个包，可以类似的方式（列出包名）使用指令 packages。你还可设置很多其他的选项（18.3 节将介绍其中的一些）。这些选项让你能够指定要安装什么以及安装到什么地方，等等。另外，你指定的配置可用于完成多项任务。下一节将介绍如何将指定的模块打包为可发布的归档文件。

18.2　打包

编写让用户能够安装模块的脚本 setup.py 后，就可使用它来创建归档文件了。你还可使用它来创建 Windows 安装程序、RPM 包、egg 文件、wheel 文件等（wheel 将最终取代 egg）。这里只介绍如何创建.tar.gz 文件，你应该能够根据文档轻松地创建其他格式的文件。

要创建源代码归档文件，可使用命令 sdist（表示 source distribution）。

```
python setup.py sdist
```

如果执行上述命令，可能出现大量的输出，其中包括一些警告。我得到的警告包括缺少 author_email 选项、README 文件和 URL。你完全可以对这些警告置若罔闻，但也可在脚本 setup.py 中添加 author_email（类似于选项 author），并在当前目录中添加文本文件 README.txt。

在警告的后面，是类似于下面的输出：

```
creating Hello-1.0/Hello.egg-info
making hard links in Hello-1.0...
hard linking hello.py -> Hello-1.0
hard linking setup.py -> Hello-1.0
hard linking Hello.egg-info/PKG-INFO -> Hello-1.0/Hello.egg-info
hard linking Hello.egg-info/SOURCES.txt -> Hello-1.0/Hello.egg-info
hard linking Hello.egg-info/dependency_links.txt -> Hello-1.0/Hello.egg-info
hard linking Hello.egg-info/top_level.txt -> Hello-1.0/Hello.egg-info
Writing Hello-1.0/setup.cfg
Creating tar archive
removing 'Hello-1.0' (and everything under it)
```

现在，除目录 build 外，应该还有一个名为 dist 的目录。在这个目录中，有一个名为 Hello-1.0.tar.gz 的文件。你可将其分发给他人，而对方可将其解压缩，再使用脚本 setup.py 进行安装。如果你不想生成.tar.gz 文件，还有其他几种分发格式可供使用。要设置分发格式，可使用命令行开关--formats（这个开关为复数形式，表明你可指定多种用逗号分隔的格式，这样将一次性创建多个归档文件）。要获悉可使用的格式列表，可给命令 sdist 指定开关--help-formats。

18.3 编译扩展

第 17 章介绍了如何编写 Python 扩展。你可能也认为这些扩展编译起来有点麻烦，所幸 Setuptools 也可用来完成这种任务。你可能想回过头去看看第 17 章中程序 palindrome 的源代码（代码清单 17-6）。假设这个源代码文件（palindrome2.c）位于当前目录中，则可使用下面的 setup.py 脚本来编译（并安装）它：

```
from setuptools import setup, Extension

setup(name='palindrome',
      version='1.0',
      ext_modules = [
          Extension('palindrome', ['palindrome2.c'])
      ])
```

如果你使用这个脚本运行命令 install，将自动编译扩展模块 palindrome 再安装它。如你所见，这里没有指定一个模块名列表，而是将参数 ext_modules 设置为一个 Extension 实例列表。构造函数 Extension 将一个名称和一个相关文件列表作为参数；例如，可在这个文件列表中指定头文件（.h）。

如果只想就地编译扩展（在大多数 UNIX 系统中，这都将在当前目录中生成一个名为 palindrome.so 的文件），可使用如下命令：

```
python setup.py build_ext --inplace
```

现在来看最有趣的地方。如果你安装了 SWIG（参见第 17 章），可让 Setuptools 直接使用它！

请看代码清单 17-3 中 palindrome.c 的源代码（不包含包装代码），它显然比包装后的版本简单得多。能够让 Setuptools 使用 SWIG 并直接将其作为 Python 扩展确实非常方便。为此，需要做的非常简单，只需将接口文件（.i 文件，参见代码清单 17-5）的名称加入到 Extension 实例的文件列表中即可。

```
from setuptools import setup, Extension

setup(name='palindrome',
      version='1.0',
      ext_modules = [
          Extension('_palindrome', ['palindrome.c',
                                    'palindrome.i'])
      ])
```

如果用刚才的命令（build_ext，可能还要加上开关--inplace）运行这个脚本，也将生成一个.so 文件（或与之等价的文件），但这次无须自己编写包装代码。注意，我给这个扩展指定了名称_palindrome，因为 SWIG 将创建一个名为 palindrom.py 的包装器，而这个包装器将通过名称_palindrome 导入一个 C 语言库。

18.4　使用 py2exe 创建可执行程序

py2exe 是 Setuptools 的一个扩展（可通过 pip 来安装它），让你能够创建可执行的 Windows 程序（.exe 文件）。这在你不想给用户增加单独安装 Python 解释器的负担时很有用。py2exe 包可用来创建带 GUI（参见第 12 章）的可执行文件。下面将使用这个非常简单的示例：

```
print('Hello, world!')
input('Press <enter>')
```

同样，创建一个空目录，再将这个文件（hello.py）放到这个目录中，然后创建一个类似于下面的 setup.py 文件：

```
from distutils.core import setup
import py2exe

setup(console=['hello.py'])
```

你可像下面这样运行这个脚本：

```
python setup.py py2exe
```

这将创建一个控制台应用程序（hello.exe），还将在子目录 dist 中创建其他几个文件。你可从命令行运行这个应用程序，也可通过双击来运行它。

向 PyPI 注册包

要让别人能够使用 pip 安装你开发的包，必须向 Python Package Index（PyPI）注册它。标准库文档详尽地描述了其中的工作原理，但你基本上只需使用下面的命令：

```
python setup.py register
```

这将打开一个菜单，让你能够登录或注册。注册包后，就可使用命令 upload 将其上传到 PyPI。例如，下面的命令将上传一个源代码分发包。

```
python setup.py sdist upload
```

18.5　小结

至此，你知道了如何创建带 GUI 安装程序的专业级软件或自动生成.tar.gz 文件。现对本章介绍的概念总结如下。

- **Setuptools**：Setuptools 工具包让你能够编写安装脚本。根据约定，这种安装脚本被命名为 setup.py。使用这种脚本，可安装模块、包和扩展。
- **Setuptools 的命令**：可使用多个命令来运行 setup.py 脚本，如 build、build_ext、install、sdist 和 bdist。
- **编译扩展**：可使用 Setuptools 来自动编译 C 语言扩展，并让 Setuptools 自动确定 Python 安装位置以及该使用哪个编译器。还可让它自动运行 SWIG。

- **可执行的二进制文件**：Setuptools扩展py2exe可用来从Python程序创建可执行的Windows二进制文件以及其他一些文件（可使用安装程序方便地安装）。无须单独安装Python解释器，就可运行这些.exe文件。在macOS中，扩展py2app提供了与py2exe类似的功能。

18.5.1 本章介绍的新函数

函 数	描 述
setuptools.setup(...)	在脚本setup.py中使用关键字参数配置Setuptools

18.5.2 预告

有关技术方面的内容就介绍到这里。下一章将介绍一些编程方法和理念，然后你就可以开始动手创建项目了。愿你玩得愉快！

第19章

趣味编程

对于 Python 的工作原理，你现在应该比最初有了更清晰的认识。俗话说，养兵千日，用兵一时。在接下来的10章中，你将把新学到的技能付诸应用。每章都包含一个 DIY 项目，既提供了很大的实验空间，又介绍了实现解决方案所需的工具。

本章将介绍一些通用的 Python 编程指南。

19.1 为何要有趣

我认为 Python 的优点之一是让编程变得有趣——至少在我看来如此。当你感到有趣时，实现高效就容易得多，而 Python 有趣的地方之一就是让你非常高效。这就形成了在生活中很难得的良性循环。

“有趣的编程”是我自己发明的表达，指的是不那么极端的极限编程（XP）[①]版本。XP 运动的很多理念我都喜欢，但我太懒，无法严格遵守这些原则。因此，我挑出其中的一些要点，并将其糅合到自然的 Python 程序开发方法中。

19.2 编程柔术

你听说过柔术吗？这是一种日本武术，类似于从它衍生而来的柔道和合气道[②]，也注重灵活的反应，宁弯勿折：不力图用计划好的动作打击对手，而是顺势而为，借力打力。这样（从理论上说）能打败比你更高大、更狡猾、更强壮的对手。

如何将这种理念用于编程呢？关键在“柔”字上，也就是灵活性。在编程过程中遇到麻烦（肯定会遇到）时，不要固守最初的设计和想法，而要灵活变通，以柔克刚。要做好应对并适应变化的准备，不将意外的事故视为令人气馁的打击，而是将其看作让你重新探索新选项和可能性的契机。

问题是当你坐下来规划程序时，对于这个具体的程序，还没有任何经验。怎么会有这样的经验呢？毕竟这个程序还不存在呢。在实现的过程中，你将逐渐有新的认识，而倘若你最初设计时

① 极限编程是一种软件开发方法，已被程序员采纳多年，但最初是由 Kent Beck 命名并定义的。

② 以及与之类似的中国武术，如太极拳和八卦掌。

有这样的认识，将大有裨益。因此，不应无视你一路走来获得的经验教训，而应利用它们来重新设计（**重构**）既有的软件。我的意思是，你应该做好应对变化的心理准备，并欣然接受最初的设计肯定需要修订的事实，而不是在没有确定前进方向的情况下随意尝试。正如一位老作家所言：写作就是重写。

这种灵活性涵盖很多方面，这里只简要地介绍其中的两个。

- **原型设计**：Python 的优点之一是让你能够快速地编写程序。要更深入地了解面临的问题，编写原型程序是一种很好的办法。
- **配置**：灵活性形式多样。配置旨在让程序的某些方面修改起来更容易——对你和用户来说都如此。

第三个方面是自动化测试，要能够轻松地修改程序，这绝对必不可少。有了测试后，你就能确信程序在修改后也能正确地运行。原型设计和配置将在接下来的两节讨论。有关测试的详细信息，请参阅第 16 章。

19.3 原型设计

一般而言，如果想知道 Python 某个方面的工作原理，可尝试使用它。为此，你无须做大量的预处理工作（如对众多其他语言来说必不可少的编译或链接），而可直接运行代码。不仅如此，还可在交互式解释器中运行各个代码片段，对每个方面都进行探究，直到透彻理解代码的行为为止。

这种探索并不限于语言功能和内置函数。诚然，能够准确地了解 iter 等函数的工作原理很有用，但更重要的是能够轻松地创建程序原型，以便了解其工作原理。

注意 在这里，**原型**（prototype）指的是尝试性实现，即一个模型。它实现了最终程序的主要功能，但在后期可能需要重写，也可能不用重写。通常，最初的原型都能变成可行的程序。

对程序的结构（如需要哪些类和函数）有一定的想法后，建议你实现一个功能可能极其有限的简单版本。当你有了可运行的程序后，将发现接下来的工作容易得多。你可添加新功能，修改不喜欢的方面，等等。这样你才能够真正明白程序的工作原理，而不仅仅是设想或画草图。

无论你使用的是哪种编程语言，都可进行原型设计，但 Python 的优点在于，使用它编写模型的投入很少，因此完全可以弃之不用。如果发现设计不够精巧，只需将原型丢弃，再重打锣鼓新开张。这个过程可能需要几小时或一两天，但如果你使用 C++等语言编程，编写模型的工作量可能多得多，弃之不用将是个艰难的抉择。固守一个版本就会失去灵活性：你将受制于早期的决策，而根据你在实现过程中获得的经验，这些决策可能是错误的。

在本书后面的项目中，我将始终使用原型设计，不预先进行详细的分析和设计。每个项目都有两个实现。第一个实现是摸着石头过河：拼凑出一个能够解决问题（或部分问题）的程序，以便了解需要的组件以及对优秀解决方案的要求。在这个过程中，最重要的可能就是看到程序的各种缺陷。基于这些新的认识，再次尝试解决面临的问题，而此时我的判断力和洞察力可能更强。当然，你可以对代码进行修订，甚至开始第三次实现。通常，推倒重来所需的时间没有你想中那么长。只要你对程序的实际情况有详尽的认识，输入代码应该不需要太长的时间。

不要推倒重来

虽然这里提倡使用原型，但务必对推倒重来持谨慎态度，在你为编写原型投入了不少时间和精力时尤其如此。更好的选择可能是，对原型进行重构和修改，让其变成功能上更好的系统，其原因有多个。

一个可能出现的常见问题是“第二系统综合征”，即力图让第二个版本非常灵巧或完美无缺，导致永远没有完工的时候。

“不断重写综合征”在小说创作领域很常见，指的是不断地修改程序，甚至推倒重来。在有些情况下，让程序“还行”可能是最佳的策略——管用就好。

还有“代码疲劳症”，即你对代码逐渐感到厌烦。你花了很长时间来编写代码，却发现它丑陋而笨拙。导致代码看起来粗糙而笨拙的原因之一是，必须处理各种特殊情况并包含多种形式的错误处理等。无论如何，在新版本中也必须包含这些功能，而最初为了实现它们，你可能花了很大的精力（更别说为调试花费的精力了）。

换而言之，如果你觉得原型还有得救，能变成可行的系统，就应竭尽所能地修改它，而不是推倒重来。在本书后面关于开发项目的章节中，我将开发成果分成了界线清晰的两个版本：原型和最终的程序。这样做既是出于清晰考虑，也是为了突出通过编写软件的第一个版本获得的经验和洞察力。在实际开发工作中，完全可以先开发原型，再通过重构它来获得最终的系统。

19.4　配置

本节重温抽象这一重要原则。第6章和第7章介绍了如何提高代码的抽象程度，这是通过将代码放在函数和方法中并将较大的结构隐藏在类中实现的。下面来看看另一种简单得多的提高程序抽象程度的方式：提取代码中的**符号常量**（symbolic constant）。

19.4.1　提取常量

所谓**常量**，指的是内置的字面量值，如数、字符串和列表。对于这些值，可将其存储在全局变量中，而不在程序中反复输入它们。本书前面发出过警告，让你少用全局变量，但全局变量存在的问题仅在被修改时才会呈现出来，因为很难确定代码的哪部分修改了哪些全局变量。然而，我不会修改这些全局变量，而是将它们作为常量（即**符号常量**）。要指出变量被视为符号常量，可遵循一种特殊的命名约定：只在变量名中使用大写字母并用下划线分隔单词。

下面来看一个示例。在计算圆的面积和周长的程序中，可在每次需要π值时都输入 3.14。但如果后来需要更精确的值，如 3.141 59 呢？你需要搜索整个代码，将原来的值都替换为新值。这不难，在大多数还算不错的文本编辑器中都可自动完成。然而，如果你最初使用的π值是 3，而后来要使用 3.141 59 呢？在这种情况下，几乎不能自动将 3 都替换为 3.141 59。一种更好的处理办法是，在程序开头包含代码行 `PI = 3.14`，然后使用名称 PI 而不是数本身。这样，以后要使用更精确的值时，只需修改这行代码即可。请牢记下面一点：每当你需要输入常量（如数字 42 或字符串 Hello, world!）多次时，都应考虑将其存储在全局变量中。

注意 π的值包含在模块 math 内的名称 pi 中：

```
>>> from math import pi
>>> pi
3.1415926535897931
```

对你来说，这一点可能显而易见，但真正的重点在讨论配置文件的下一节。

19.4.2 配置文件

虽然可以为自己方便而提取常量，但有些常量必须暴露给用户。例如，如果用户不喜欢你编写的 GUI 程序的背景色，可能应该允许他们使用其他颜色；对于你开发的街机游戏，可让用户决定启动时显示的问候消息；对于你开发的 Web 浏览器，可让用户决定默认显示的起始页面。

可将这些配置变量放在独立的文件中，而不将它们放在模块开头。为此，最简单的方式是专门为配置创建一个模块。例如，如果 PI 是在模块文件 config.py 中设置的，就可在主程序中像下面这样做：

```
from config import PI
```

这样，如果要修改 PI 的值，只需编辑 config.py，而不用在代码中搜索。

警告 使用配置文件有利有弊。一方面，配置很有用；但另一方面，使用针对整个项目的中央共享变量库可能降低项目的模块化程度（即增大耦合程度）。因此，使用配置文件时，务必不要破坏抽象（如封装）。

另一种方法是使用标准库模块 configparser，从而可在配置文件中使用标准格式。这样既可使用 Python 标准赋值语法，如下所示（这将在字符串中添加两个多余的引号）：

```
greeting = 'Hello, world!'
```

也可使用很多程序都采用的另一种配置格式：

```
greeting: Hello, world!
```

必须使用[files]、[colors]等标题将配置文件分成几**部分**（section）。标题的名称可随便指定，但必须将它们用方括号括起。代码清单 19-1 是一个简单的配置文件，而代码清单 19-2 是一个使用该配置文件的程序。要深入了解模块 configparser 提供的功能，请参阅库文档。

代码清单 19-1　一个简单的配置文件

```
[numbers]

pi: 3.1415926535897931

[messages]

greeting: Welcome to the area calculation program!
question: Please enter the radius:
result_message: The area is
```

代码清单 19-2　一个使用 ConfigParser 的程序

```
from configparser import ConfigParser

CONFIGFILE = "area.ini"

config = ConfigParser()
# 读取配置文件：
config.read(CONFIGFILE)

# 打印默认问候语（greeting）：
# 在 messages 部分查找问候语：
print(config['messages'].get('greeting'))

# 使用配置文件中的提示（question）让用户输入半径：
radius = float(input(config['messages'].get('question') + ' '))

# 打印配置文件中的结果消息（result_message）；
# 以空格结束以便接着在当前行打印：
print(config['messages'].get('result_message'), end=' ')

# getfloat()将获取的值转换为浮点数：
print(config['numbers'].getfloat('pi') * radius**2)
```

在本书后面的项目中，不会涉及太多有关配置的细节，但建议你考虑让程序是可配置的。这样，用户就可根据自己的偏好修改程序，可能让他们使用程序时的心情更为愉悦。毕竟使用软件时面临的主要挫折之一是不能让它按自己希望的方式行事。

配置的级别

可配置性是 UNIX 编程传统的有机组成部分。Eric S. Raymond 在其杰作《UNIX 编程艺术》的第 10 章，描述了配置或控制信息的如下三个来源，你应按这里的排列顺序查询这些来源①，让后面的来源覆盖前面的来源。

① 实际上，这些配置来源的前面还有全局配置文件和设置系统的环境变量。详情请参阅《UNIX 编程艺术》。

- **配置文件**：参见 19.4.1 节。
- **环境变量**：可使用字典 os.environ 来获取它们。
- **在命令行中向程序传递的开关和参数**：要处理命令行参数，可直接使用 sys.argv；要处理开关（选项），应使用第 10 章提到的模块 argparse。

19.5 日志

日志与第 16 章讨论的测试有一定的关系，而且在需要大规模改造程序的内部构造时很有用，它无疑能够帮助你发现问题和 bug。日志大致上就是收集与程序运行相关的数据，供你事后进行研究或积累。print 语句是一种简单的日志形式。要使用这种日志形式，只需在程序开头包含一条类似于下面的语句：

```
log = open('logfile.txt', 'w')
```

然后就可将任何感兴趣的程序状态信息写入这个文件，如下所示：

```
print('Downloading file from URL', url, file=log)
text = urllib.urlopen(url).read()
print'File successfully downloaded', file=log)
```

如果程序在下载期间崩溃，这种方法的效果就不会很好。更安全的做法是，在每条日志语句前后都打开和关闭文件（至少应该在写入后刷新文件）。这样，即便程序崩溃，也将看到日志文件的最后一行为“Downloading file from URL”，从而知道下载失败了。

实际上，正确的做法是使用标准库中的模块 logging。这个模块的基本用法非常简单，代码清单 19-3 所示的程序证明了这一点。

代码清单 19-3 一个使用模块 logging 的程序

```
import logging
logging.basicConfig(level=logging.INFO, filename='mylog.log')

logging.info('Starting program')

logging.info('Trying to divide 1 by 0')

print(1 / 0)

logging.info('The division succeeded')
logging.info('Ending program')
```

运行这个程序时，将生成下面的日志文件（mylog.log）：

```
INFO:root:Starting program
INFO:root:Trying to divide 1 by 0
```

如你所见，试图将 1 除以 0 后什么都没有记录下来，因为这种错误将导致程序终止。这是一种简单的错误，你可根据程序崩溃时打印的异常来跟踪确定问题出在什么地方。不会导致程序终止、而只是让它行为异常的 bug 是最难查找的，但通过查看详尽的日志文件也许能够帮助你找出问题出在什么地方。

这个示例中的日志文件并不是很详细，但通过合理地配置模块 `logging`，可让日志以你希望的方式运行。下面是几个这样的示例。

- 记录不同类型的条目（信息、调试信息、警告、自定义类型等）。默认情况下，只记录警告。（这就是我在代码清单 19-3 中显式地将 `level` 设置为 `logging.INFO` 的原因所在。）
- 只记录与程序特定部分相关的条目。
- 记录有关时间、日期等方面的信息。
- 记录到其他位置，如套接字。
- 配置日志器，将一些或大部分日志过滤掉，这样无须重写程序就能获得所需的日志信息。

模块 `logging` 非常复杂，文档中还提供了其他很多相关的信息。

19.6　如果你已不胜其烦

你可能认为：“这些是挺好，但编写简单的小程序时，我绝不会在这些方面花费太多精力。配置、测试和日志，这些听起来真的很烦。”

你说得没错，编写简单的程序时确实不需要这些东西。即便开发的项目很大，刚开始也可能并不需要所有这些东西。我要说的是，你至少需要某种测试程序的方式（这在第 16 章讨论过），虽然它可能不是基于自动化单元测试的。例如，如果你要编写一个自动制作咖啡的程序，必须得有个咖啡壶才能测试这个程序是否管用。

在后面介绍项目的章节中，我不会编写完整的测试套件和复杂的日志工具，而只是通过一些简单的测试用例来证明程序管用，仅此而已。如果你发现某个项目的核心理念很有趣，应再进一步，尝试对其进行改进和扩展；而在改进和扩展的过程中，你就必须考虑本章提及的问题。例如，添加配置机制是否是个好主意？是不是需要编写更完整的测试套件？如何做完全由你决定。

19.7　如果你想深入学习

如果你想深入了解编程的艺术、技能和理念，下面这些图书对这些主题做了更深入的讨论。

- Andrew Hunt 和 David Thomas 的著作《程序员修炼之道》。
- Martin Fowler 等的著作《重构》[1]。
- 四人组 Erich Gamma、Richard Helm、Ralph Johnson 和 John Vlissides 的著作《设计模式》。
- Kent Beck 的著作《测试驱动开发》。
- Eric S. Raymond 的著作《UNIX 编程艺术》[2]。

---

① 中文版由人民邮电出版社出版，图书主页为 ituring.cn/book/211。——编者注

② 也可在 Raymond 的个人网站上找到。

- Thomas H. Cormen 等的著作《算法导论》。
- 高德纳的著作《计算机程序设计艺术》(卷 1~卷 3)①。
- Peter Van Roy 和 Seif Haridi 的著作 *Concepts, Techniques, and Models of Computer Programming*。

就算不详细阅读这些著作(我反正没有详细阅读),随便翻翻也将让你深受启迪。

19.8 小结

本章介绍了一些通用的 Python 编程原则和技巧,我将它们统称为“有趣的编程”。下面是其中一些要点。

- **灵活性**:设计和编程时,应以灵活性为目标。随着对所面临问题了解得越来越深入,你应心甘情愿乃至随时准备修改程序的方方面面,不要固守最初的想法。
- **原型设计**:要深入了解问题和可能的实现方案,一个重要的技巧是编写程序的简化版本,以了解它是如何工作的。使用 Python 编写原型非常容易,使用众多其他语言编写一个原型所需的时间足以让你用 Python 编写多个原型。即便如此,除非万不得已,否则不要推倒重来,因为重构通常是更佳的解决方案。
- **配置**:通过提取程序中的常量,可让以后修改程序变得更容易。通过将这些常量放在配置文件中,让用户能够配置程序,使其按自己希望的方式行事。使用环境变量和命令行选项,可进一步提高程序的可配置性。
- **日志**:日志对找出程序存在的问题或监视其行为大有裨益。你可自己动手使用 `print` 语句实现简单的日志,但最安全的做法是使用标准库中的模块 `logging`。

预告

现在该真刀真枪地开始编程了。接下来你将创建一些项目,共包括 10 章篇幅,其中每章的结构都类似,包括如下几节。

- **问题描述**:概述项目的主要目标,包括一些背景信息。
- **有用的工具**:描述对开发项目可能有所帮助的模块、类、函数等。
- **准备工作**:介绍开始编程前需要做的所有准备工作,这可能包括安装必要的框架,以便对实现进行测试。
- **初次实现**:这是发起的第一次攻击——旨在更深入地了解问题的尝试性实现。
- **再次实现**:完成初次实现后,你可能对问题有更深入的认识,让你能够创建新的改进版本。
- **进一步探索**:最后,我将提供一些有关如何做进一步尝试和探索的指南。

我们先来看第一个项目——创建一个自动添加 HTML 标签的程序。

---

① 中文版由人民邮电出版社出版,图书主页分别为 ituring.cn/book/993、ituring.cn/book/987 和 ituring.cn/book/926。——编者注

第 20 章

项目 1：自动添加标签

本章介绍如何使用 Python 杰出的文本处理功能，包括使用正则表达式将纯文本文件转换为用 HTML 或 XML 等语言标记的文件。如果不熟悉这些语言的人编写了一些文本，而你要在系统中使用这些内容并对其进行标记，就必须具备这些技能。

你不能熟练地使用 HTML？不用为此担心，只要对 HTML 有大致的了解，你就能完成本章的任务。如果需要阅读 HTML 简介，网上的相关教程数不胜数。有关 XML 使用示例，请参阅第 22 章。

下面先来实现一个只能做基本处理的简单原型，再对这个程序进行扩展，让标记系统更灵活。

20.1 问题描述

你要给纯文本文件添加格式。假设你要将一个文件用作网页，而给你文件的人嫌麻烦，没有以 HTML 格式编写它。你不想手工添加需要的所有标签，想编写一个程序来自动完成这项工作。

注意 事实上，这种“纯文本标记”在最近几年已非常普遍，主要原因可能是带纯文本界面的维基百科和博客软件呈爆炸式增长。有关这方面的详细信息，请参阅 20.6 节。

大致而言，你的任务是对各种文本元素（如标题和突出的文本）进行分类，再清晰地标记它们。就这里的问题而言，你将给文本添加 HTML 标记，得到可作为网页的文档，让 Web 浏览器能够显示它。然而，创建基本引擎后，完全可以添加其他类型的标记（如各种形式的 XML 和 LATEX 编码）。对文本文件进行分析后，你甚至可以执行其他的任务，如提取所有的标题以制作目录。

注意 LATEX 是一种用于创建各种技术文档的标记系统，基于 TEX 排版程序。这里提到它只是想说明所要创建程序的其他用途。

你拿到的文本可能包含一些线索（突出的文本形如*like this*），但要让程序能够猜测出文档的结构，可能需要一些技巧。

着手编写原型前，先来定义一些目标。

- 输入无须包含人工编码或标签。
- 程序需要能够处理不同的文本块（如标题、段落和列表项）以及内嵌文本（如突出的文本和 URL）。
- 虽然这个实现添加的是 HTML 标签，但应该很容易对其进行扩展，以支持其他标记语言。

在程序的第一个版本中，可能无法实现所有这些目标，但这正是原型的意义所在。你编写原型旨在找出最初的想法存在的缺陷以及学习如何编写程序来解决面临的问题。

> **提示** 在可能的情况下，最好逐渐修改最初的程序，而不要推倒重来。为清晰起见，我将提供两个完全独立的程序版本。

20.2 有用的工具

想想编写这个程序需要哪些工具。

- 肯定需要读写文件（参见第 11 章），至少要从标准输入（`sys.stdin`）读取以及使用 `print` 进行输出。
- 可能需要迭代输入行（参见第 11 章）
- 需要使用一些字符串方法（参见第 3 章）。
- 可能用到一两个生成器（参见第 9 章）。
- 可能需要模块 `re`（参见第 10 章）。
- 如果你不熟悉上述任何概念，请花点时间复习一下。

20.3 准备工作

开始编码前，还需要有评估进度的途径，为此需要一个测试套件。就这个项目而言，一个测试就足够了：一个（纯文本）测试**文档**。代码清单 20-1 是你要对其进行自动标记的示例文本。

代码清单 20-1 一个纯文本文档（test_input.txt）

```
Welcome to World Wide Spam, Inc.

These are the corporate web pages of *World Wide Spam*, Inc. We hope
you find your stay enjoyable, and that you will sample many of our
products.

A short history of the company

World Wide Spam was started in the summer of 2000. The business
concept was to ride the dot-com wave and to make money both through
bulk email and by selling canned meat online.

After receiving several complaints from customers who weren't
satisfied by their bulk email, World Wide Spam altered their profile,
```

```
and focused 100% on canned goods. Today, they rank as the world's
13,892nd online supplier of SPAM.

Destinations

From this page you may visit several of our interesting web pages:

  - What is SPAM?

  - How do they make it?

  - Why should I eat it?

How to get in touch with us

You can get in touch with us in *many* ways: By phone (555-1234), by
email (wwspam@wwspam.fu) or by visiting our customer feedback page
(http://wwspam.fu/feedback).
```

要对实现进行测试，只需将这个文档作为输入，并在 Web 浏览器中查看结果（或直接检查添加的标签）即可。

> **注意**　相比于人工检查结果，使用自动测试套件通常是更佳的选择。（你能想出让测试自动化的方法吗？）

20.4　初次实现

首先要做的事情之一是将文本分成段落。从代码清单 20-1 可知，段落之间有一个或多个空行。比段落更准确的说法是块（block），因为块也可以指标题和列表项。

20.4.1　找出文本块

要找出这些文本块，一种简单的方法是，收集空行前的所有行并将它们返回，然后重复这样的操作。不需要收集空行，因此不需要返回空文本块（即多个空行）。另外，必须确保文件的最后一行为空行，否则无法确定最后一个文本块到哪里结束。（当然，有其他确定这一点的方法。）

代码清单 20-2 演示了这种方法的一种实现。

代码清单 20-2　一个文本块生成器（util.py）

```
def lines(file):
    for line in file: yield line
    yield '\n'

def blocks(file):
    block = []
    for line in lines(file):
```

```
        if line.strip():
            block.append(line)
        elif block:
            yield ''.join(block).strip()
            block = []
```

生成器 lines 是个简单的工具，在文件末尾添加一个空行。生成器 blocks 实现了刚才描述的方法。生成文本块时，将其包含的所有行合并，并将两端多余的空白（如列表项缩进和换行符）删除，得到一个表示文本块的字符串。（如果不喜欢这种找出段落的方法，你肯定能够设计出其他方法。请看看你最终能设计出多少种方法，这可能很有趣。）我将这些代码存储在文件 util.py 中，这意味着你稍后可在程序中导入这些生成器。

20.4.2 添加一些标记

使用代码清单 20-2 提供的基本功能，可创建简单的标记脚本。为此，可按如下基本步骤进行。

(1) 打印一些起始标记。

(2) 对于每个文本块，在段落标签内打印它。

(3) 打印一些结束标记。

这不太难，但用处也不大。这里假设要将第一个文本块放在一级标题标签（h1）内，而不是段落标签内。另外，还需将用星号括起的文本改成突出文本（使用标签 em）。这样程序将更有用一些。由于已经编写好了函数 blocks，使用 re.sub 实现这些需求的代码非常简单，如代码清单 20-3 所示。

代码清单 20-3 一个简单的标记程序（simple_markup.py）

```
import sys, re
from util import *

print('<html><head><title>...</title><body>')

title = True
for block in blocks(sys.stdin):
    block = re.sub(r'\*(.+?)\*', r'<em>\1</em>', block)
    if title:
        print('<h1>')
        print(block)
        print('</h1>')
        title = False
    else:
        print('<p>')
        print(block)
        print('</p>')

print('</body></html>')
```

要执行这个程序，并将前面的示例文件作为输入，可像下面这样做：

```
$ python simple_markup.py < test_input.txt > test_output.html
```

这样，文件 test_output.html 将包含生成的 HTML 代码。图 20-1 是在 Web 浏览器中显示这些 HTML 代码的结果。

图 20-1　初次尝试生成的网页

这个原型虽然不是很出色，但确实执行了一些重要任务。它将文本分成可独立处理的文本块，再依次对每个文本块应用一个过滤器（这个过滤器是通过调用 `re.sub` 实现的）。这种方法看起来不错，可在最终的程序中使用。

如果要扩展这个原型，该如何办呢？可在 `for` 循环中添加检查，以确定文本块是否是标题、列表项等。为此，需要添加其他的正则表达式，代码可能很快变得很乱。更重要的是，要让程序输出其他格式的代码（而不是 HTML）很难，但是这个项目的目标之一就是能够轻松地添加其他输出格式。这里假设你要重构这个程序，以采用稍微不同的结构。

20.5　再次实现

你从初次实现中学到了什么呢？为了提高可扩展性，需提高程序的**模块化**程度（将功能放在独立的组件中）。要提高模块化程度，方法之一是采用面向对象设计（参见第 7 章）。你需要找出一些抽象，让程序在变得复杂时也易于管理。下面先来列出一些潜在的组件。

- **解析器**：添加一个读取文本并管理其他类的对象。
- **规则**：对于每种文本块，都制定一条相应的规则。这些规则能够检测不同类型的文本块并相应地设置其格式。
- **过滤器**：使用正则表达式来处理内嵌元素。
- **处理程序**：供解析器用来生成输出。每个处理程序都生成不同的标记。

这里的设计虽然不太详尽，但至少让你知道应如何将代码分成不同的部分，并让每部分都易于管理。

20.5.1 处理程序

先来看处理程序。处理程序负责生成带标记的文本，并从解析器那里接受详细指令。假设对于每种文本块，它都提供两个处理方法：一个用于添加起始标签，另一个用于添加结束标签。例如，它可能包含用于处理段落的方法 start_paragraph 和 end_paragraph。生成 HTML 代码时，可像下面这样实现这些方法：

```
class HTMLRenderer:
    def start_paragraph(self):
        print('<p>')
    def end_paragraph(self):
        print('</p>')
```

当然，对于其他类型的文本块，需要提供类似的处理方法。（HTMLRenderer 类的完整代码见稍后的代码清单 20-4。）这好像足够灵活了：要添加其他类型的标记，只需再创建相应的处理程序（或渲染程序），并在其中包含添加相应起始标签和结束标签的方法。

注意 这里之所以使用术语**处理程序**（而不是**渲染程序**等），旨在指出它负责处理解析器生成的方法调用（参见 20.5.2 节），而不必像 HTMLRenderer 那样使用标记语言来渲染文本。XML 解析方案 SAX 也使用了类似的处理程序机制，这将在第 22 章介绍。

如何处理正则表达式呢？你可能还记得，函数 re.sub 可通过第二个参数接受一个函数（替换函数）。这样将对匹配的对象调用这个函数，并将其返回值插入文本中。这与前面讨论的处理程序理念很匹配——你只需让处理程序实现替换函数即可。例如，可像下面这样处理要突出的内容：

```
def sub_emphasis(self, match):
    return '<em>{}</em>'.format(match.group(1))
```

如果你不知道方法 group 是做什么的，应复习一下第 10 章介绍的模块 re。

除 start、end 和 sub 方法外，还有一个名为 feed 的方法，用于向处理程序提供实际文本。在简单的 HTML 渲染程序中，只需像下面这样实现这个方法：

```
def feed(self, data):
    print(data)
```

20.5.2 处理程序的超类

为提高灵活性，我们来添加一个 Handler 类，它将是所有处理程序的超类，负责处理一些管理性细节。在有些情况下，不通过全名调用方法（如 start_paragraph），而是使用字符串表示文本块的类型（如'paragraph'）并将这样的字符串提供给处理程序将很有用。为此，可添加一些通用方法，如 start(type)、end(type)和 sub(type)。另外，还可让通用方法 start、end 和 sub 检查是否实现了相应的方法（例如，start('paragraph')检查是否实现了 start_paragraph）。如果没有实现，就什么都不做。这个 Handler 类的实现如下（摘自代码清单 20-4 所示的模块 handlers）：

```
class Handler:
    def callback(self, prefix, name, *args):
        method = getattr(self, prefix + name, None)
        if callable(method): return method(*args)
    def start(self, name):
        self.callback('start_', name)
    def end(self, name):
        self.callback('end_', name)
    def sub(self, name):
        def substitution(match):
            result = self.callback('sub_', name, match)
            if result is None: match.group(0)
            return result
        return substitution
```

对于这些代码，有几点需要说明。

- 方法 callback 负责根据指定的前缀（如'start_'）和名称（如'paragraph'）查找相应的方法。这是使用 getattr 并将默认值设置为 None 实现的。如果 getattr 返回的对象是可调用的，就使用额外提供的参数调用它。例如，调用 handler.callback('start_', 'paragraph')时，将调用方法 handler.start_paragraph 且不提供任何参数——如果 start_paragraph 存在的话。
- 方法 start 和 end 都是辅助方法，它们分别使用前缀 start_和 end_调用 callback。
- 方法 sub 稍有不同。它不直接调用 callback，而是返回一个函数，这个函数将作为替换函数传递给 re.sub（这就是它只接受一个匹配对象作为参数的原因所在）。

下面来看一个示例。假设 HTMLRenderer 是 Handler 的子类，并像前一节介绍的那样实现了方法 sub_emphasis（有关 **handlers.py** 的实际代码，请参阅代码清单 20-4）。现在假设变量 handler 存储着一个 HTMLRenderer 实例。

```
>>> from handlers import HTMLRenderer
>>> handler = HTMLRenderer()
```

在这种情况下，调用 handler.sub('emphasis')的结果将如何呢？

```
>>> handler.sub('emphasis')
<function substitution at 0x168cf8>
```

将返回一个函数（substitution）。如果你调用这个函数，它将调用方法 handler.sub_emphasis。这意味着可在 re.sub 语句中使用这个函数：

```
>>> import re
>>> re.sub(r'\*(.+?)\*', handler.sub('emphasis'), 'This *is* a test')
'This <em>is</em> a test'
```

太神奇了！（这里的正则表达式与用星号括起的文本匹配，将在稍后讨论。）但为何要这么绕呢？为何不像初次实现中那样使用 r'<em>\1</em>'呢？因为如果这样做，就只能添加 em 标签，但你希望处理程序能够根据情况添加不同的标签。例如，如果处理程序为（虚构的）LaTeXRenderer，应生成完全不同的结果。

```
>> re.sub(r'\*(.+?)\*', handler.sub('emphasis'), 'This *is* a test')
'This \\emph{is} a test'
```

代码还是原来的代码，但添加的标签不同了。

我们还提供了备用方案，以应对没有实现替换函数的情形。方法 callback 查找方法 sub_something，但如果没有找到，就返回 None。由于要返回一个用于 re.sub 中的替换函数，因此你不想返回 None。相反，如果没有找到替换函数，就原样返回匹配对象。换而言之，如果 callback 返回 None，在 sub 中定义的 substitution 将返回匹配的文本，即 match.group(0)。

20.5.3 规则

至此，处理程序的可扩展性和灵活性都非常高了，该将注意力转向解析（对文本进行解读）了。为此，我们将规则定义为独立的对象，而不像初次实现中那样使用一条包含各种条件和操作的大型 if 语句。

规则是供主程序（解析器）使用的。主程序必须根据给定的文本块选择合适的规则来对其进行必要的转换。换而言之，规则必须具备如下功能。

- 知道自己适用于那种文本块（**条件**）。
- 对文本块进行转换（**操作**）。

因此每个规则对象都必须包含两个方法：condition 和 action。

方法 condition 只需要一个参数：待处理的文本块。它返回一个布尔值，指出当前规则是否适用于处理指定的文本块。

提示 要实现复杂的解析规则，可能需要让规则对象能够访问一些状态变量，从而让它知道之前发生的情况或已应用了哪些规则。

方法 action 也将当前文本块作为参数，但为了影响输出，它还必须能够访问处理器对象。

在很多情况下，适用的规则可能只有一个。换而言之，发现使用了标题规则（这表明当前文本块为标题）后，就不应再试图使用段落规则。为实现这一点，一种简单的方法是让解析器依次尝试每个规则，并在触发一个规则后不再接着尝试。这样做通常很好，但在有些情况下，应用一个规则后还可应用其他规则。有鉴于此，需要给方法 action 再添加一项功能：让它返回一个布尔值，指出是否就此结束对当前文本块的处理。（也可使用异常来实现这项功能，这种异常类似于迭代器的 StopIteration 机制。）

标题规则的伪代码可能类似于：

```
class HeadlineRule:
    def condition(self, block):
        如果文本块符合标题的定义，就返回True；
        否则返回False。
    def action(self, block, handler):
        调用诸如handler.start('headline')、handler.feed(block)
        和handler.end('headline')等方法。
        我们不想尝试其他规则，因此返回True，以结束对当前文本块的处理。
```

20.5.4　规则的超类

虽然并非一定要提供规则超类，但多个规则可能执行相同的操作：调用处理程序的方法 start、feed 和 end，并将相应的类型字符串作为参数，再返回 True（以结束对当前文本块的处理）。假设所有的规则子类都有一个 type 属性，其中包含类型字符串，则可像下面这样实现规则超类。（Rule 类包含在模块 rules 中，这个模块的完整代码见代码清单 20-5。）

```
class Rule:
    def action(self, block, handler):
        handler.start(self.type)
        handler.feed(block)
        handler.end(self.type)
        return True
```

方法 condition 由各个子类负责实现。Rule 类及其子类都放在模块 rules 中。

20.5.5　过滤器

你无须实现独立的过滤器类。由于 Handler 类包含方法 sub，每个过滤器都可用一个正则表达式和一个名称（如 emphasis 或 url）来表示。下一节介绍如何处理解析器时，你将看到这是如何实现的。

20.5.6　解析器

现在来讨论应用程序的核心部分：Parser 类。它使用一个处理程序以及一系列规则和过滤器将纯文本文件转换为带标记的文件（这里是 HTML 文件）。这个类需要包含哪些方法呢？完成准备工作的构造函数、添加规则的方法、添加过滤器的方法以及对文件进行解析的方法。

下面是 Parser 类的代码（摘自代码清单 20-6，这个代码清单详细列出了 markup.py 的代码）：

```
class Parser:
    """
    读取文本文件、应用规则并控制处理程序的解析器
    """
    def __init__(self, handler):
        self.handler = handler
        self.rules = []
        self.filters = []
    def addRule(self, rule):
        self.rules.append(rule)
    def addFilter(self, pattern, name):
        def filter(block, handler):
            return re.sub(pattern, handler.sub(name), block)
        self.filters.append(filter)
    def parse(self, file):
        self.handler.start('document')
        for block in blocks(file):
            for filter in self.filters:
                block = filter(block, self.handler)
```

```
        for rule in self.rules:
            if rule.condition(block):
                last = rule.action(block, self.handler)
                if last: break
    self.handler.end('document')
```

虽然这个类中需要理解的内容有很多，但大都不太复杂。构造函数将提供的处理程序赋给一个实例变量（属性），再初始化两个列表：一个规则列表和一个过滤器列表。方法 addRule 在规则列表中添加一个规则。然而，方法 addFilter 所做的工作更多：与方法 addRule 类似，它在过滤器列表中添加一个过滤器，但在此之前还要先创建过滤器。过滤器就是一个函数，它调用 re.sub 并将参数指定为合适的正则表达式（模式）和处理程序中的替换函数（handler.sub(name)）。

方法 parse 虽然看起来有点复杂，但可能是最容易实现的，因为它只是完成一直计划要完成的任务。它以调用处理程序的方法 start('document')开头，并以调用处理程序的方法 end('document')结束。在这两个调用之间，它迭代文本文件中的所有文本块。对于每个文本块，它都应用过滤器和规则。应用过滤器就是调用函数 filter，并以文本块和处理程序作为参数，再将结果赋给变量 block，如下所示：

```
block = filter(block, self.handler)
```

这能让每个过滤器都完成其任务，即将部分文本替换为带标记的文本（如将*this*替换为<em>this</em>）。

遍历规则时涉及的逻辑要多些。对于每个规则，都使用一条 if 语句来检查它是否适用——这是通过调用 rule.condition(block)实现的。如果规则适用，就调用 rule.action，并将文本块和处理程序作为参数。前面说过，方法 action 返回一个布尔值，指出是否就此结束对当前文本块的处理。为结束对文本块的处理，将方法 action 的返回值赋给变量 last，再在这个变量为 True 时退出 for 循环。

```
if last: break
```

注意 可将这两条语句压缩成一条，以避免使用变量 last。

```
if rule.action(block, self.handler): break
```

是否这样做在很大程度上取决于你的偏好。避免使用临时变量可让代码更简单，但使用临时变量可清晰地标识返回值。

20.5.7 创建规则和过滤器

至此，万事俱备，只欠东风——还没有创建具体的规则和过滤器。到目前为止你编写的大部分代码都旨在让规则和过滤器与处理程序一样灵活。你可编写多个独立的规则和过滤器，再使用方法 addRule 和 addFilter 将它们添加到解析器中，同时确保在处理程序中实现了相应的方法。

使用一组复杂的规则，可处理复杂的文档，但我们将保持尽可能简单。只创建分别用于处理题目、其他标题和列表项的规则。应将相连的列表项视为一个列表，因此还将创建一个处理整个列表的列表规则。最后，可创建一个默认规则，用于处理段落，即其他规则未处理的所有文本块。

下面以不太正式的方式定义了这些规则。

- 标题是只包含一行的文本块，长度最多为 70 个字符。以冒号结束的文本块不属于标题。
- 题目是文档中的第一个文本块，前提条件是它属于标题。
- 列表项是以连字符（-）打头的文本块。
- 列表以紧跟在非列表项文本块后面的列表项开头，以后面紧跟着非列表项文本块的列表项结束。

这些规则是根据我对文本文档结构的直觉制定的，你对文本文档结构的看法可能不同。另外，这些规则存在一些缺陷。例如，如果文档以列表项结尾怎么办？你完全可以改进这些规则。定义这些规则的完整源代码见后面的代码清单 20-5（rules.py，这个文件还包含 Rule 类）。首先来定义标题规则：

```
class HeadingRule(Rule):
    """
    标题只包含一行，不超过 70 个字符且不以冒号结尾
    """
    type = 'heading'
    def condition(self, block):
        return not '\n' in block and len(block) <= 70 and not block[-1] == ':'
```

这里将属性 type 设置成了字符串'heading'，这个属性是供从 Rule 类继承而来的方法 action 使用的。方法 condition 核实文本块不包含换行符（\n）、长度不超过 70 且最后一个字符不是冒号。

题目规则与此类似，但只使用一次——用于处理第一个文本块。从此以后，它将忽略所有的文本块，因为其 first 属性已设置为 False。

```
class TitleRule(HeadingRule):
    """
    题目是文档中的第一个文本块，前提条件是它属于标题
    """
    type = 'title'
    first = True

    def condition(self, block):
        if not self.first: return False
        self.first = False
        return HeadingRule.condition(self, block)
```

列表项规则的方法 condition 是根据前面的定义直接实现的。

```
class ListItemRule(Rule):
    """
    列表项是以连字符打头的段落。在设置格式的过程中，将把连字符删除
    """
    type = 'listitem'
    def condition(self, block):
        return block[0] == '-'
    def action(self, block, handler):
```

```
        handler.start(self.type)
        handler.feed(block[1:].strip())
        handler.end(self.type)
        return True
```

它重新实现了方法 action。相比于 Rule 的方法 action，这个方法唯一的不同之处在于，它删除了文本块中的第一个字符（连字符），并删除了余下文本中多余的空白。标记会生成列表项目符号，因此不再需要连字符。

到目前为止，所有规则的 action 方法都返回 True。列表规则的 action 方法不能这样，因为它在遇到非列表项后面的列表项或列表项后面的非列表项时触发。由于它不实际标记这些文本块，而只是标记列表（一组列表项）的开始和结束位置，因此你不希望对文本块的处理到此结束，从而要让它返回 False。

```
class ListRule(ListItemRule):
    """
    列表以紧跟在非列表项文本块后面的
    列表项开头，以相连的最后一个列表
    项结束
    """
    type = 'list'
    inside = False
    def condition(self, block):
        return True
    def action(self, block, handler):
        if not self.inside and ListItemRule.condition(self, block):
            handler.start(self.type)
            self.inside = True
        elif self.inside and not ListItemRule.condition(self, block):
            handler.end(self.type)
            self.inside = False
        return False
```

对于这个列表规则，可能需要做进一步的解释。它的方法 condition 总是返回 True，因为你要检查所有的文本块。在方法 action 中，需要处理两种不同的情况。

如果属性 inside（指出当前是否位于列表内）为 False（初始值），且列表项规则的方法 condition 返回 True，就说明刚进入列表中。因此调用处理程序的 start 方法，并将属性 inside 设置为 True。

相反，如果属性 inside 为 True，且列表项规则的方法 condition 返回 False，就说明刚离开列表。因此调用处理程序的 end 方法，并将属性 inside 设置为 False。

完成这些处理后，这个方法返回 False，以继续根据其他规则对文本块进行处理。（当然，这意味着规则的排列顺序至关重要。）

最后一个规则是 ParagraphRule，其方法 condition 总是返回 True，因为这是默认使用的规则。这个规则是加入规则列表中的最后一个元素，对其他规则未处理的所有文本块进行处理。

```
class ParagraphRule(Rule):
    """
    段落是不符合其他规则的文本块
```

```
    """
    type = 'paragraph'
    def condition(self, block):
        return True
```

过滤器就是正则表达式。我们来添加三个过滤器，分别用来找出要突出的内容、URL 和 Email 地址。为此，我们使用下面三个正则表达式：

```
r'\*(.+?)\*'
r'(http://[\.a-zA-Z/]+)'
r'([\.a-zA-Z]+@[\.a-zA-Z]+[a-zA-Z]+)'
```

第一个模式找出要突出的内容，它与用两个星号括起的内容匹配（它要匹配尽可能少的内容，因此使用了问号）。第二个模式找出 URL，它与这样的内容匹配：字符串'http://'（你可在这里添加其他协议）后跟一个或多个句点、字母或斜杠。（这个模式并不能与所有合法的 URL 匹配，你可对其进行改进。）最后，Email 模式与这样的内容匹配：中间为@，@前面为字母和句点组成的序列，@后面也是字母和句点组成的序列，最后为字母组成的序列，从而不与以句点结束的内容匹配。（同样，你可对这个模式进行改进。）

20.5.8　整合起来

现在，只需创建一个 Parser 对象，并添加相关的规则和过滤器。下面就来这样做：创建一个在构造函数中完成初始化的 Parser 子类，再使用它来解析 sys.stdin。

最终的程序如代码清单 20-4~代码清单 20-6 所示（这些代码清单依赖于代码清单 20-2 所示的工具代码）。可以像运行原型那样运行最终的程序。

```
$ python markup.py < test_input.txt > test_output.html
```

代码清单 20-4　处理程序（handlers.py）

```
class Handler:
    """
    对 Parser 发起的方法调用进行处理的对象

    Parser 将对每个文本块调用方法 start()和 end()，并将合适
    的文本块名称作为参数。方法 sub()将用于正则表达式替换，
    使用诸如'emphasis'等名称调用时，这个方法将返回相应的
    替换函数
    """
    def callback(self, prefix, name, *args):
        method = getattr(self, prefix + name, None)
        if callable(method): return method(*args)
    def start(self, name):
        self.callback('start_', name)
    def end(self, name):
        self.callback('end_', name)
    def sub(self, name):
        def substitution(match):
            result = self.callback('sub_', name, match)
```

```
            if result is None: match.group(0)
            return result
        return substitution

class HTMLRenderer(Handler):
    """
    用于渲染HTML的具体处理程序

    HTMLRenderer的方法可通过超类Handler的方法
    start()、end()和sub()来访问。这些方法实现了
    HTML文档使用的基本标记
    """
    def start_document(self):
        print('<html><head><title>...</title></head><body>')
    def end_document(self):
        print('</body></html>')
    def start_paragraph(self):
        print('<p>')
    def end_paragraph(self):
        print('</p>')
    def start_heading(self):
        print('<h2>')
    def end_heading(self):
        print('</h2>')
    def start_list(self):
        print('<ul>')
    def end_list(self):
        print('</ul>')
    def start_listitem(self):
        print('<li>')
    def end_listitem(self):
        print('</li>')
    def start_title(self):
        print('<h1>')
    def end_title(self):
        print('</h1>')
    def sub_emphasis(self, match):
        return '<em>{}</em>'.format(match.group(1))
    def sub_url(self, match):
        return '<a href="{}">{}</a>'.format(match.group(1), match.group(1))
    def sub_mail(self, match):
        return '<a href="mailto:{}">{}</a>'.format(match.group(1), match.group(1))
    def feed(self, data):
        print(data)
```

代码清单20-5 规则（rules.py）

```
class Rule:
    """
    所有规则的基类
    """
    def action(self, block, handler):
        handler.start(self.type)
        handler.feed(block)
```

```
        handler.end(self.type)
        return True

class HeadingRule(Rule):
    """
    标题只包含一行，不超过 70 个字符且不以冒号结尾
    """
    type = 'heading'
    def condition(self, block):
        return not '\n' in block and len(block) <= 70 and not block[-1] == ':'

class TitleRule(HeadingRule):
    """
    题目是文档中的第一个文本块，前提条件是它属于标题
    """
    type = 'title'
    first = True

    def condition(self, block):
        if not self.first: return False
        self.first = False
        return HeadingRule.condition(self, block)

class ListItemRule(Rule):
    """
    列表项是以连字符打头的段落。在设置格式的过程中，将把连字符删除
    """
    type = 'listitem'
    def condition(self, block):
        return block[0] == '-'
    def action(self, block, handler):
        handler.start(self.type)
        handler.feed(block[1:].strip())
        handler.end(self.type)
        return True

class ListRule(ListItemRule):
    """
    列表以紧跟在非列表项文本块后面的列表项打头，以相连的最后一个列表项结束
    """
    type = 'list'
    inside = False
    def condition(self, block):
        return True
    def action(self, block, handler):
        if not self.inside and ListItemRule.condition(self, block):
            handler.start(self.type)
            self.inside = True
        elif self.inside and not ListItemRule.condition(self, block):
            handler.end(self.type)
            self.inside = False
        return False

class ParagraphRule(Rule):
```

```
    """
    段落是不符合其他规则的文本块
    """
    type = 'paragraph'
    def condition(self, block):
        return True
```

代码清单 20-6 主程序（markup.py）

```
import sys, re
from handlers import *
from util import *
from rules import *

class Parser:
    """
    读取文本文件、应用规则并控制处理程序的解析器
    """
    def __init__(self, handler):
        self.handler = handler
        self.rules = []
        self.filters = []
    def addRule(self, rule):
        self.rules.append(rule)
    def addFilter(self, pattern, name):
        def filter(block, handler):
            return re.sub(pattern, handler.sub(name), block)
        self.filters.append(filter)

    def parse(self, file):
        self.handler.start('document')
        for block in blocks(file):
            for filter in self.filters:
                block = filter(block, self.handler)
            for rule in self.rules:
                if rule.condition(block):
                    last = rule.action(block, self.handler)
                    if last: break
        self.handler.end('document')

class BasicTextParser(Parser):
    """
    在构造函数中添加规则和过滤器的Parser子类
    """
    def __init__(self, handler):
        Parser.__init__(self, handler)
        self.addRule(ListRule())
        self.addRule(ListItemRule())
        self.addRule(TitleRule())
        self.addRule(HeadingRule())
        self.addRule(ParagraphRule())

        self.addFilter(r'\*(.+?)\*', 'emphasis')
        self.addFilter(r'(http://[\.a-zA-Z/]+)', 'url')
        self.addFilter(r'([\.a-zA-Z]+@[\.a-zA-Z]+[a-zA-Z]+)', 'mail')
```

```
handler = HTMLRenderer()
parser = BasicTextParser(handler)

parser.parse(sys.stdin)
```

将前面的示例文本作为输入时，这个程序的运行结果如图 20-2 所示。

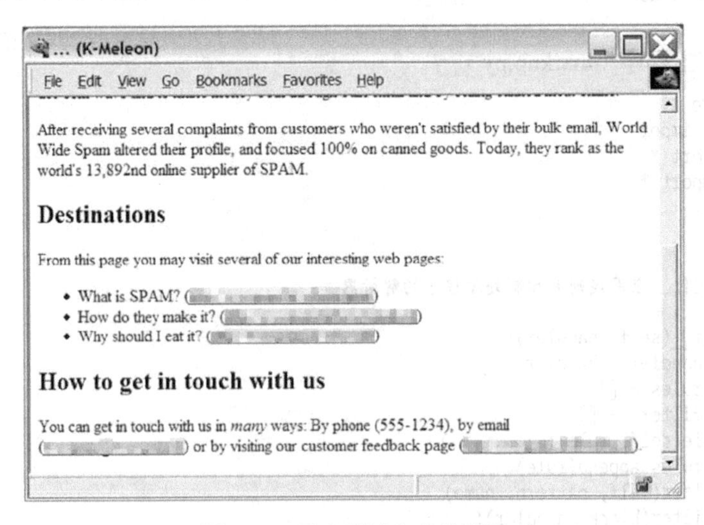

图 20-2　再次尝试生成的网页

相比初次实现，再次实现显然更复杂，涉及范围更广。值得花精力去实现这样的复杂性，因为创建出的程序更灵活、可扩展性更强。要对其进行修改，以支持其他的输入和输出格式，只需派生出子类并初始化既有的类，而不像原型那样需要推倒重来。

20.6　进一步探索

这个程序存在如下潜在的扩展空间。

- 增加对表格的支持。为此，只需找出左对齐内容的边界，并将文本块分成多列。
- 突出全部大写的单词。为此，需要考虑缩略语、标点、姓名和其他首字母大写的单词。
- 支持 LATEX 格式的输出。
- 编写一个执行其他处理（而不是添加标记）的处理程序，如以某种方式对文档进行分析。
- 创建一个脚本，将特定目录中的所有文本文件都自动转换为 HTML 文件。
- 了解其他纯文本格式，如 Markdown、reStructuredText 或维基百科使用的格式。

预告

为完成这个可能很有用的项目，我们费了九牛二虎之力，该介绍点轻松的内容了。下一章将根据从网上自动下载的数据创建一些图表，这易如反掌。

第 21 章

项目 2：绘制图表

本章介绍如何使用 Python 创建图表。具体地说，你将创建一个 PDF 文件，其中包含的图表对从文本文件读取的数据进行了可视化。虽然常规的电子表格软件都提供这样的功能，但 Python 提供了更强大的功能。当你再次实现这个项目并从网上自动下载数据时，将意识到这一点。

前一章介绍了 HTML 和 XML，在本章中，你将遇到另一个很熟悉的缩略语——PDF。它指的是可移植的文档格式（portable document format）。PDF 是 Adobe 开发的一种格式，可表示任何包含图形和文本的文档。不同于 Microsoft Word 等文档，PDF 文件是不可编辑的，但有适用于大多数平台的免费阅读器软件。另外，无论在哪种平台上使用什么阅读器来查看，显示的 PDF 文件都相同；而 HTML 格式则不是这样的，它要求平台安装指定的字体，还必须将图片作为独立的文件进行传输。

21.1 问题描述

Python 很善于分析数据。相比于使用普通的电子表格软件，使用 Python 提供的文件和字符串处理功能来根据数据文件创建某些报表可能更容易，在需要执行复杂的编程逻辑时尤其如此。

第 3 章介绍过，使用字符串格式设置功能可打印出漂亮的输出，如分列打印数字。然而，在有些情况下，仅使用纯文本还不够。（俗话说，一图胜千言。）在本章中，你将学习 ReportLab 包的基本知识，它让你能够像创建纯文本一样轻松地创建 PDF 格式（和其他格式）的图形和文档。

学习本章将介绍的概念时，建议你去找些有趣的应用程序。本章将根据有关太阳黑子的数据（来自美国国家海洋和大气管理局的空间天气预测中心）创建一个折线图。

本章要创建的程序必须具备如下功能：

- 从网上下载数据文件；
- 对数据文件进行解析，并提取感兴趣的内容。
- 根据这些数据创建 PDF 图形。

与前一个项目一样，原型可能没有实现所有这些目标。

21.2 有用的工具

就这个项目而言，最重要的工具是图形生成包。这样的包有很多，我选择的是 ReportLab，因为它易于使用，并且提供了丰富的 PDF 图形和文档生成功能。如果你不想只是蜻蜓点水，可考虑使用图形包 PyX，其功能非常强大，并支持基于 TEX 排版。

要获取 ReportLab 包，可访问其官网，其中包含软件、文档和示例。你可从这个网站下载 ReportLab，也可使用 pip 来安装它。安装 ReportLab 后，就能够导入模块 reportlab 了，如下所示：

```
>>> import reportlab
>>>
```

注意　在这个项目中，我将演示 ReportLab 的一些功能，但它还有很多其他的功能。要进行更深入的学习，建议你从 ReportLab 网站获取用户手册。这个用户手册易于理解，涵盖的内容比本章全面得多。

21.3　准备工作

开始编程之前，需要一些用来测试程序的数据。我（很随意地）选择了有关太阳黑子的数据，这些数据可从本书配套资源中找到。

这个数据文件每周都会更新，其中包含有关太阳黑子和辐射流量的数据。下载这个文件后，就可着手解决问题了。

下面是这个文件的一部分，从中能够管窥到它包含什么样的数据：

```
#         Predicted Sunspot Number And Radio Flux Values
#                    With Expected Ranges
#
#         -----Sunspot Number------  ----10.7 cm Radio Flux----
# YR MO   PREDICTED    HIGH    LOW   PREDICTED    HIGH    LOW
#--------------------------------------------------------------
2023 03        30.9    31.9    29.9       96.9    97.9    95.9
2023 04        30.5    32.5    28.5       96.1    97.1    95.1
2023 05        30.4    33.4    27.4       94.9    96.9    92.9
2023 06        30.3    35.3    25.3       93.2    96.2    90.2
2023 07        30.2    35.2    25.2       91.6    95.6    87.6
2023 08        30.0    36.0    24.0       90.3    94.3    86.3
2023 09        29.8    36.8    22.8       89.5    94.5    84.5
2023 10        30.0    37.0    23.0       88.9    94.9    82.9
2023 11        30.1    38.1    22.1       88.1    95.1    81.1
2023 12        30.5    39.5    21.5       87.8    95.8    79.8
```

21.4　初次实现

在初次实现中，我们将以元组列表的方式将这些数据添加到源代码中，以便轻松地使用它们。下面演示了如何这样做：

```
data = [
#    Year Month  Predicted    High   Low
    (2023, 03,  30.9,         31.9,  29.9),
```

```
    (2023, 04,  30.5,       32.5,  28.5),
    # 在此添加更多数据
    ]
```

完成这项工作后，来看看如何将数据转换为图形。

21.4.1 使用 ReportLab 绘图

ReportLab 由很多部分组成，让你能够以多种方式生成输出。就生成 PDF 而言，最基本的模块是 pdfgen，其中的 Canvas 类包含多个低级绘图方法。例如，要在名为 c 的 Canvas 上绘制直线，可调用方法 c.line。

我们将使用更高级的图形框架（reportlab.graphics 包及其子模块），它能让我们创建各种形状，将其添加到 Drawing 对象中，再将 Drawing 对象输出到 PDF 文件中。

代码清单 21-1 是一个示例程序，它在一个 100 点×100 点的 PDF 图形中央绘制字符串"Hello, world!"，如图 21-1 所示。这个程序的基本结构如下：创建一个指定尺寸的 Drawing 对象，再创建具有指定属性的图形元素（这里是一个 String 对象），然后将图形元素添加到 Drawing 对象中。最后，以 PDF 格式渲染 Drawing 对象，并将结果保存到文件中。

21

代码清单 21-1　一个简单的 ReportLab 程序（hello_report.py）

```
from reportlab.graphics.shapes import Drawing, String
from reportlab.graphics import renderPDF

d = Drawing(100, 100)
s = String(50, 50, 'Hello, world!', textAnchor='middle')

d.add(s)

renderPDF.drawToFile(d, 'hello.pdf', 'A simple PDF file')
```

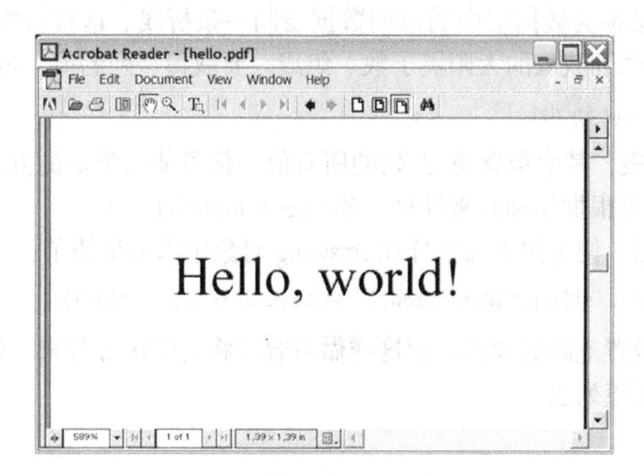

图 21-1　一个简单的 ReportLab 图形

上述对 renderPDF.drawToFile 的调用将 PDF 文件保存到当前目录下的文件 hello.pdf 中。

构造函数 String 的主要参数包括 x 坐标和 y 坐标以及文本。另外，你还可指定各种属性，如字号、颜色等。在这里，我设置了参数 textAnchor，它指定要将字符串的哪部分放在坐标指定的位置。

21.4.2　绘制折线

为绘制太阳黑子数据折线图，需要绘制一些直线。实际上，你需要绘制多条相连的直线。ReportLab 提供了一个专门用于完成这种工作的类——PolyLine。

要创建折线（PolyLine 对象），需要将第一个参数指定为一个坐标列表。这个列表形如 [(x0, y0),(x1, y1), ...]，其中每对 x 坐标和 y 坐标都指定了折线上的一个点。图 21-2 展示了一条简单的折线。

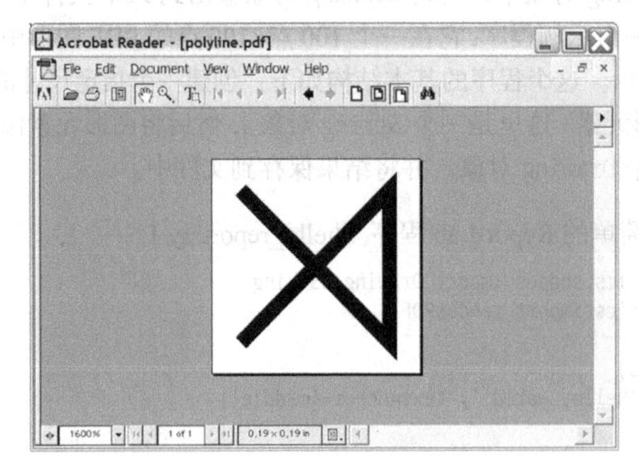

图 21-2　PolyLine([(0, 0), (10, 0), (10, 10), (0, 10)])

要绘制折线图，必须为数据集中的每列数据绘制一条折线。这些折线上的每个点都由时间（年和月）和值（从相关列获取的太阳黑子数）组成。要获得一列的值，可使用列表推导。

```
pred = [row[2] for row in data]
```

pred 将是一个列表，其中包含第 3 列的所有值。你可使用类似的方式来获取其他列的值。（对于每行的时间，必须根据年和月来计算，如 *year* + *month*/12。）

有了值和时间戳后，便可像下面这样在 Drawing 对象中添加折线了：

```
drawing.add(PolyLine(list(zip(times, pred)), strokeColor=colors.blue))
```

当然，并非必须设置笔画的颜色，但这样做更容易将折线区分开来。请注意，这里使用 zip 将时间和值合并成了元组列表。

21.4.3　编写原型

现在可以编写程序的第一个版本了，其源代码如代码清单 21-2 所示。

代码清单 21-2 太阳黑子图形程序的第一个原型（sunspots_proto.py）

```
from reportlab.lib import colors
from reportlab.graphics.shapes import *
from reportlab.graphics import renderPDF

data = [
#    Year Month  Predicted   High   Low
    (2007, 8,    113.2,      114.2, 112.2),
    (2007, 9,    112.8,      115.8, 109.8),
    (2007, 10,   111.0,      116.0, 106.0),
    (2007, 11,   109.8,      116.8, 102.8),
    (2007, 12,   107.3,      115.3, 99.3),
    (2008, 1,    105.2,      114.2, 96.2),
    (2008, 2,    104.1,      114.1, 94.1),
    (2008, 3,     99.9,      110.9, 88.9),
    (2008, 4,     94.8,      106.8, 82.8),
    (2008, 5,     91.2,      104.2, 78.2),
    ]

drawing = Drawing(200, 150)

pred = [row[2]-40 for row in data]
high = [row[3]-40 for row in data]
low = [row[4]-40 for row in data]
times = [200*((row[0] + row[1]/12.0) - 2007)-110 for row in data]

drawing.add(PolyLine(list(zip(times, pred)), strokeColor=colors.blue))
drawing.add(PolyLine(list(zip(times, high)), strokeColor=colors.red))
drawing.add(PolyLine(list(zip(times, low)), strokeColor=colors.green))

drawing.add(String(65, 115, 'Sunspots', fontSize=18, fillColor=colors.red))
renderPDF.drawToFile(drawing, 'report1.pdf', 'Sunspots')
```

如你所见，为了正确地定位，我调整了值和时间戳。生成的图形如图 21-3 所示。

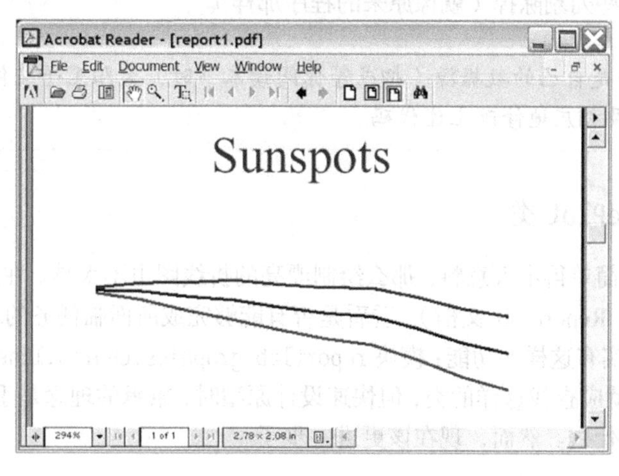

图 21-3 一个简单的太阳黑子图

虽然能够创建出管用的程序令人高兴，但这个程序显然还有改进的空间。

21.5 再次实现

通过编写这个原型，我们学到了什么呢？我们学到了使用 ReportLab 进行绘图的基本知识，还知道了如何提取数据，以便使用提取的数据轻松地绘制图表。然而，这个程序存在一些缺陷。为将折线放在正确的位置，我对值和时间戳做了权宜性修改。另外，这个程序并没有从任何地方获取数据，换而言之，它从程序本身包含的列表中获取数据，而不是从外部来源读取数据。

不同于项目 1（参见第 20 章），这个项目的再次实现在规模和复杂程度上都不比初次实现大太多，只是做了增量改进：使用更合适的 ReportLab 功能，并从网上获取数据。

21.5.1 获取数据

第 14 章介绍过，要从网上获取文件，可使用标准模块 urllib。这个模块中的函数 urlopen 很像 open，但将 URL（而不是文件名）作为参数。打开文件并读取其内容后，需要将不需要的内容剔除。这里使用的文件包含空行（只有空白的行），还包含以特殊字符（#和:）打头的行。程序应忽略这些行。（参见 21.3 节的示例文件片段。）

假设 URL 存储在变量 URL 中，而变量 COMMENT_CHARS 包含字符串'#:'，就可像下面这样获得一个包含内容行的列表（就像原来的程序那样）：

```
data = []
for line in urlopen(URL).readlines():
    line = line.decode()
    if not line.isspace() and not line[0] in COMMENT_CHARS:
        data.append([float(n) for n in line.split()])
```

上述代码将导致列表 data 包含所有列，可我们对有关辐射流量的数据不感兴趣。提取需要的列时，我们将把这些列剔除掉（就像原来的程序那样）。

注意　如果你使用的是自己的数据源（抑或等你阅读本书时，太阳黑子文件的数据格式发生了变化），就需要相应地修改上述代码。

21.5.2 使用 LinePlot 类

如果说获取数据简单得出人意料，那么绘制漂亮的折线图也不太难。在这种情况下，最好浏览一下文档（这里是 ReportLab 文档），看看是否有能够完成所面临任务的现成功能，让你无须自己去实现。所幸确实有这样的功能：模块 reportlab.graphics.charts.lineplots 中的 LinePlot 类。当然，我们最初就应查找这样的类，但快速设计原型时，秉承的理念是手头有什么就用什么，并看看能使用它们做什么。然而，现在该更进一步了。

你在不指定任何参数的情况下实例化 LinePlot，再设置其属性，然后将其添加到 Drawing 对象中。需要设置的主要属性包括 x、y、height、width 和 data。前 4 个属性的含义不言自明，而 data 是一个由点列表组成的列表，其中每个点列表都是一个元组列表，类似于创建 PolyLine 时使用的列表。

另外，我们还将设置每条折线的颜色。最终的代码如代码清单 21-3 所示，而生成的图形如图 21-4 所示。（当然，使用不同的输入数据时，生成的图形将截然不同。）

代码清单 21-3 最终的太阳黑子程序（sunspots.py）

```
from urllib.request import urlopen
from reportlab.graphics.shapes import *
from reportlab.graphics.charts.lineplots import LinePlot
from reportlab.graphics.charts.textlabels import Label
from reportlab.graphics import renderPDF

URL = 'ftp://ftp.swpc.noaa.gov/pub/weekly/Predict.txt'
COMMENT_CHARS = '#:'

drawing = Drawing(400, 200)
data = []
for line in urlopen(URL).readlines():
    line = line.decode()
    if not line.isspace() and line[0] not in COMMENT_CHARS:
        data.append([float(n) for n in line.split()])

pred = [row[2] for row in data]
high = [row[3] for row in data]
low = [row[4] for row in data]
times = [row[0] + row[1]/12.0 for row in data]

lp = LinePlot()
lp.x = 50
lp.y = 50
lp.height = 125
lp.width = 300
lp.data = [list(zip(times, pred)),
           list(zip(times, high)),
           list(zip(times, low))]
lp.lines[0].strokeColor = colors.blue
lp.lines[1].strokeColor = colors.red
lp.lines[2].strokeColor = colors.green

drawing.add(lp)

drawing.add(String(250, 150, 'Sunspots',
            fontSize=14, fillColor=colors.red))

renderPDF.drawToFile(drawing, 'report2.pdf', 'Sunspots
```

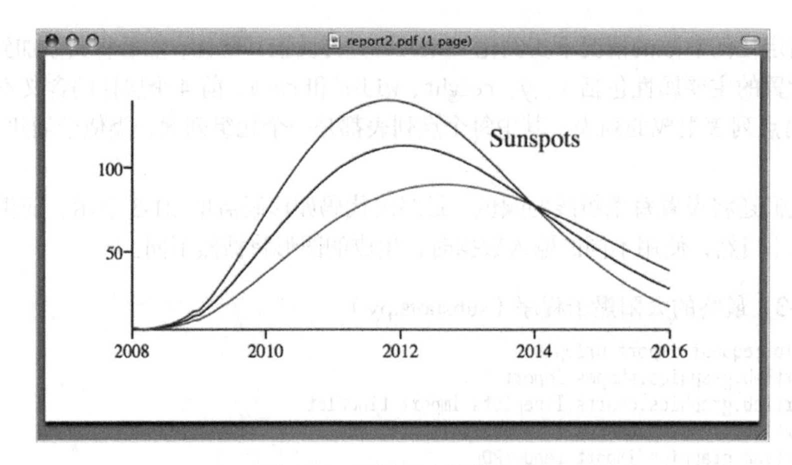

图 21-4　最终的太阳黑子图

21.6　进一步探索

Python 图形和绘图包有很多。除 ReportLab 外，另一个不错的选择是本章前面提到的 PyX。无论使用 ReportLab、PyX 还是其他绘图包，都可尝试将自动生成的图形嵌入文档（甚至生成文档的各个部分）。要给文本添加标签，可使用第 20 章介绍的技巧。如果要创建 PDF 文件，可使用 ReportLab 中的 Platypus（也可使用 LATEX 等排版系统来集成 PDF 图形）。如果要创建网页，Python 也提供了很多创建像素映射图形（如 GIF 或 PNG）的方法——在网上搜索这个主题就能找到相关的资料。

如果你的主要目标是根据数据绘制图表（就像这个项目一样），那么除 ReportLab 和 PyX 外，还可选择使用其他的包，其中很不错的一个是 Matplotlib/pylab，但还有很多其他类似的包。

预告

在第一个项目中，你学习了如何通过创建可扩展的解析器来给纯文本文件添加标记。在下一个项目中，你将学习如何使用 Python 标准库中既有的解析机制来分析带标记的文本（XML）。这个项目的目标是编写一个程序，它自动生成由一个 XML 文件定义的网站，包括文件、目录以及添加的页眉和页脚。你将在这个项目中学到的技术也可用于普通的 XML 分析。鉴于 XML 无处不在，这大有裨益。

第 22 章

项目 3：万能的 XML

第 20 章提到过 XML，现在该更详细地讨论它了。在这个项目中，你将看到 XML 可用来表示各种类型的数据，以及如何使用 Simple API for XML（SAX）来处理 XML 文件。这个项目的目标是，根据描述各种网页和目录的单个 XML 文件生成完整的网站。

本章假设你知道 XML 是什么以及如何编写。如果你对 HTML 有些了解，就已经熟悉了这些基本知识。不像 HTML 那样是一种特定的语言，XML 是一组定义一类语言的规则。大致而言，你依然像使用 HTML 那样编写标签，但在 XML 中，还可自定义标签名。这些标签名及其结构关系可使用文档类型定义（document type definition）或 XML 架构（XML Schema）来描述，但这里不讨论这些。

22.1 问题描述

在这个项目中，要解决的通用问题是解析（读取并处理）XML 文件。鉴于 XML 几乎可用来表示任何信息，而你可对其中的数据做任何处理，因此正如标题指出的，本章介绍的技巧拥有非常广泛的用途。本章要解决的具体问题是，根据一个 XML 文件生成完整的网站，而这个文件描述了网站的结构以及每个网页的基本内容。

着手处理这个项目前，建议你花点时间了解 XML 及其用途。这样你可能有更深入的认识，知道在什么情况下使用这种格式很有用，什么情况下使用它犹如大炮打蚊子。（毕竟，有时使用纯文本文件足够了。）

下面来确定这个项目的具体目标。

- 整个网站由单个 XML 文件描述，该文件包含有关各个网页和目录的信息。
- 程序应根据需要创建目录和网页。
- 应能够轻松地修改整个网站的设计并根据新的设计重新生成所有网页。

仅考虑到最后一点，就值得创建这样的 XML 文件了，但还有其他的好处。通过将所有的内容放在一个 XML 文件中，可轻松地编写其他程序，以使用同样的 XML 处理技术来提取各种信息，如目录和供自定义搜索引擎使用的索引等。另外，就算不用来创建网站，也可使用这种文件来创建基于 HTML 的幻灯片或 PDF 幻灯片（方法是使用前一章讨论的 ReportLab）。

22.2 有用的工具

Python 本身提供了对 XML 的支持。在这个项目中，需要一个管用的 SAX 解析器。要确定是否已经有这样的 SAX 解析器，可尝试执行如下代码：

```
>>> from xml.sax import make_parser
>>> parser = make_parser()
```

当你这样做时，很可能不会发生异常。如果是这样，就说明万事俱备，可以接着阅读下一节了。

提示　有很多 Python XML 工具，除标准框架 PyXML 外，另一个很有趣的工具是 Fredrik Lundh 开发的 ElementTree（及其 C 语言实现 cElementTree）。在较新的 Python 版本中，标准库包含这个工具，它位于 xml.etree 包中。

如果出现异常，就必须安装 PyXML。只要在网上搜索一下，就应该能够找到安装指南。

22.3 准备工作

要编写处理 XML 文件的程序，必须先设计要使用的 XML 格式。需要哪些标签？这些标签应包含哪些属性？各个标签都用来做什么？为回答这些问题，首先需要考虑你要使用这种 XML 格式来描述什么。

主要的概念包括网站、目录、页面、名称、标题和内容。

- 你不会存储有关网站本身的任何信息，因此**网站**只是一个顶级元素，包含所有的文件和目录。
- **目录**主要用作文件和其他目录的容器。
- **页面**是单个网页。
- 目录和网页都得有**名称**。这些名称就是目录名和文件名，将出现在文件系统和相应的 URL 中。
- 每个网页都必须有**标题**（不同于文件名）。
- 每个网页都包含一些**内容**。在这里，我们只使用普通的 XHTML 来表示内容。这样可直接将内容放在最终的网页中，并让浏览器进行解读。

总之，XML 文档只包含一个 website 元素，这个元素包含多个 directory 和 page 元素，其中每个 directory 元素都可能包含 page 和 directory 元素。directory 和 page 元素都包含属性 name，而该属性包含目录或页面的名称。另外，page 元素还有属性 title。page 元素包含 XHTML 代码（这种代码的类型是在 XHTML body 标签中指定的）。代码清单 22-1 是一个这样的示例文件。

代码清单 22-1 一个表示简单网站的 XML 文件（website.xml）

```
<website>
  <page name="index" title="Home Page">
    <h1>Welcome to My Home Page</h1>

    <p>Hi, there. My name is Mr. Gumby, and this is my home page.
    Here are some of my interests:</p>

    <ul>
      <li><a href="interests/shouting.html">Shouting</a></li>
      <li><a href="interests/sleeping.html">Sleeping</a></li>
      <li><a href="interests/eating.html">Eating</a></li>
    </ul>
  </page>
  <directory name="interests">
    <page name="shouting" title="Shouting">
      <h1>Mr. Gumby's Shouting Page</h1>

      <p>...</p>
    </page>
    <page name="sleeping" title="Sleeping">
      <h1>Mr. Gumby's Sleeping Page</h1>

      <p>...</p>
    </page>
    <page name="eating" title="Eating">
      <h1>Mr. Gumby's Eating Page</h1>

      <p>...</p>
    </page>
  </directory>
</website>
```

22.4 初次实现

到目前为止，还没有介绍 XML 解析的工作原理。这里使用的方法名为 SAX，它要求我们编写一系列事件处理程序（与 GUI 编程中一样），并让 XML 解析器在读取 XML 文档时调用这些处理程序。

使用 DOM 如何

在 Python（和其他编程语言）中，处理 XML 的常见方式有两种：SAX 和文档对象模式（DOM）。SAX 解析器读取 XML 文件并指出发现的内容（文本、标签和属性），但每次只存储文档的一小部分。这让 SAX 简单、快捷且占用的内存较少，也就是我在本章中选择使用它的原因所在。DOM 采用的是另一种方法：创建一个表示整个文档的数据结构（**文档树**）。这种方法的速度更慢，需要的内存更多，但在需要操作文档的结构时很有用。

22.4.1　创建简单的内容处理程序

使用SAX进行解析时，可供使用的事件很多，但这里只使用其中的三个：元素开始（遇到起始标签）、元素结束（遇到结束标签）和普通文本（字符）。为解析XML文件，我们将使用模块 xml.sax 中的函数 parse。这个函数负责读取文件并生成事件，但生成事件时，它需要调用一些事件处理程序。这些事件处理程序将实现为**内容处理程序**对象的方法。你将从模块 xml.sax.handler 中的 ContentHandler 类派生出一个子类，因为这个类实现了所有必要的事件处理程序（什么都不做的伪操作），而你只需重写需要的事件处理程序。

下面首先来创建一个极简的XML解析器（这里假设要解析的XML文件名为website.xml）。

```
from xml.sax.handler import ContentHandler
from xml.sax import parse

class TestHandler(ContentHandler): pass
parse('website.xml', TestHandler())
```

如果执行这个程序，将看起来什么都没有发生，但也不会出现任何错误消息。然而，在幕后对这个XML文件进行了解析，但由于调用的是什么都不做的默认事件处理程序，因此没有任何输出。

下面来尝试进行简单的扩展。为此，在 TestHandler 类中添加如下方法：

```
def startElement(self, name, attrs):
    print(name, attrs.keys())
```

这重写了默认事件处理程序 startElement，其中的参数为相关标签的名称和属性（这些属性存储在一个类似于字典的对象中）。如果你再次运行这个程序（对代码清单22-1所示的website.xml进行解析），将看到如下输出：

```
website []
page [u'name', u'title']
h1 []
p []
ul []
li []
a [u'href']
li []
a [u'href']
li []
a [u'href']
directory [u'name']
page [u'name', u'title']
h1 []
p []
page [u'name', u'title']
h1 []
p []
page [u'name', u'title']
h1 []
p []
```

其中的工作原理应该非常清晰。除 startElement 外，我们还将使用事件处理程序 endElement（它只将标签名作为参数）和 characters（它将一个字符串作为参数）。

下面的示例使用这三个事件处理程序来创建一个列表，其中包含网站描述文件中的所有标题（h1 元素）：

```
from xml.sax.handler import ContentHandler
from xml.sax import parse

class HeadlineHandler(ContentHandler):

    in_headline = False

    def __init__ (self, headlines):
        super().__init__()
        self.headlines = headlines
        self.data = []

    def startElement(self, name, attrs):
        if name == 'h1':
            self.in_headline = True

    def endElement(self, name):
        if name == 'h1':
            text = ''.join(self.data)
            self.data = []
            self.headlines.append(text)
            self.in_headline = False

    def characters(self, string):
        if self.in_headline:
            self.data.append(string)

headlines = []
parse('website.xml', HeadlineHandler(headlines))

print('The following <h1> elements were found:')
for h in headlines:
    print(h)
```

请注意，HeadlineHandler 跟踪当前解析的文本是否位于一对 h1 标签内，其实现如下：在 startElement 发现标签为 h1 时将 self.in_headline 设置为 True，并在 endElement 发现标签为 h1 时将 self.in_headline 设置为 False。方法 characters 在解析器遇到文本时自动被调用。只要当前位于两个 h1 标签之间（self.in_headline 为 True），characters 就将传递给它的字符串（可能只是这两个标签之间的文本的一部分）附加到字符串列表 self.data 的末尾。将这些文本片段合并为单个字符串，将结果附加到 self.headlines 末尾并将 self.data 重置为空列表的任务也是由 endElement 完成的。在 SAX 编程中，这种做法（使用布尔变量来指出当前是否在特定标签类型内）很常见。

现在如果运行这个程序（仍然是对代码清单 22-1 所示的文件 website.xml 进行解析），将得到如下输出：

```
The following <h1> elements were found:
Welcome to My Home Page
Mr. Gumby's Shouting Page
Mr. Gumby's Sleeping Page
Mr. Gumby's Eating Page
```

22.4.2 创建 HTML 页面

现在可以创建原型了。我们暂时不考虑目录，而是专注于创建 HTML 页面。你需要稍微修改事件处理程序，使其执行如下任务。

- 在每个 page 元素的开头，打开一个给定名称的新文件，并在其中写入合适的 HTML 首部（包括指定的标题）。
- 在每个 page 元素的末尾，将合适的 HTML 尾部写入文件，再将文件关闭。
- 在 page 元素内部，遍历所有的标签和字符而不修改它们（将其原样写入文件）。
- 在 page 元素外部，忽略所有的标签（如 website 和 directory）。

这些任务大都非常容易理解（至少在你对 HTML 文档的组织结构有所了解时如此）。然而，有两个问题可能不那么显而易见。

- 你不能将标签原样写入当前创建的 HTML 文件中，因为只给你提供了标签的名称（可能还有一些属性）。因此，你必须自己重建这些标签（如加上尖括号等）。
- SAX 本身无法告诉你当前是否在 page 元素内，因此你必须自己跟踪这一点（就像在示例 HeadlineHandler 中那样）。就这个示例而言，你只关心是否要原样写入标签和字符，因此将使用一个名为 passthrough 的布尔变量，并在进入和离开 page 元素时修改这个变量的值。

这个简单程序的代码如代码清单 22-2 所示。

代码清单 22-2　一个简单的页面创建脚本（pagemaker.py）

```python
from xml.sax.handler import ContentHandler
from xml.sax import parse

class PageMaker(ContentHandler):

    passthrough = False

    def startElement(self, name, attrs):
        if name == 'page':
            self.passthrough = True
            self.out = open(attrs['name'] + '.html', 'w')
            self.out.write('<html><head>\n')
            self.out.write('<title>{}</title>\n'.format(attrs['title']))
            self.out.write('</head><body>\n')
        elif self.passthrough:
            self.out.write('<' + name)
            for key, val in attrs.items():
                self.out.write(' {}="{}"'.format(key, val))
            self.out.write('>')
```

```
        def endElement(self, name):
            if name == 'page':
                self.passthrough = False
                self.out.write('\n</body></html>\n')
                self.out.close()
            elif self.passthrough:
                self.out.write('</{}>'.format(name))

        def characters(self, chars):
            if self.passthrough: self.out.write(chars)

    parse('website.xml', PageMaker())
```

要将文件存储到哪个目录，就应在哪个目录中执行这个脚本。请注意，即便两个页面位于不同的 directory 元素中，它们最终也将存储到同一个目录中。（再次实现时将修复这种问题。）

同样，对代码清单 22-1 所示的文件 website.xml 进行解析。这将得到 4 个 HTML 文件，其中的 index.html 包含如下内容：

```
<html><head>
<title>Home Page</title>
</head><body>

<h1>Welcome to My Home Page</h1>

<p>Hi, there. My name is Mr. Gumby, and this is my home page. Here are some of my
interests:</p>

<ul>
   <li><a href="interests/shouting.html">Shouting</a></li>
   <li><a href="interests/sleeping.html">Sleeping</a></li>
   <li><a href="interests/eating.html">Eating</a></li>
</ul>

</body></html>
```

图 22-1 显示了在浏览器中查看这个页面的结果。

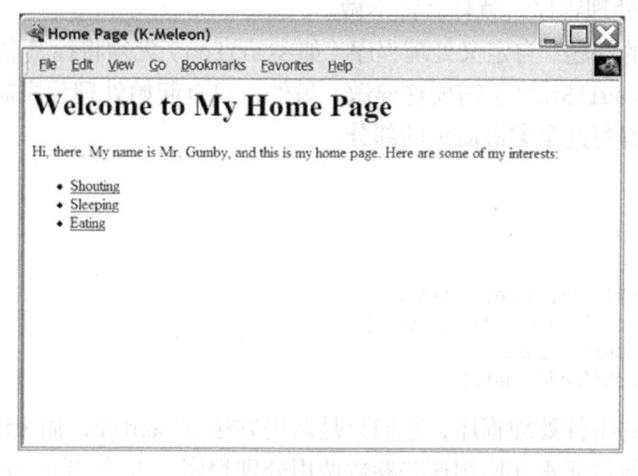

图 22-1 生成的网页之一

从上述代码可知，它有两个显而易见的主要缺点。

- 它使用 if 语句来处理各种事件。如果要处理的事件种类很多，if 语句将很长，变得难以理解。
- HTML 代码是硬编码的。这应该很容易解决。

这两个缺点在再次实现中都将得到解决。

22.5 再次实现

鉴于 SAX 机制低级而简单，编写一个混合类来处理管理性细节通常很有帮助。这些管理性细节包括收集字符数据，管理布尔状态变量（如 passthrough），将事件分派给自定义事件处理程序，等等。就这个项目而言，状态和数据处理非常简单，因此这里将专注于事件分派。

22.5.1 分派器混合类

与其在标准通用事件处理程序（如 startElement）中编写长长的 if 语句，不如只编写自定义的具体事件处理程序（如 startPage）并让它们自动被调用。你可在一个混合类中实现这种功能，再通过继承这个混合类和 ContentHandler 来创建一个子类。

注意　第7章说过，**混合类**的功能有限，旨在与其他更重要的类一起用作父类。

你希望程序具有如下功能。

- startElement 被调用时，如果参数 name 为'foo'，它应尝试查找事件处理程序 startFoo，并使用提供给它的属性调用这个处理程序。
- 同样，endElement 被调用时，如果参数 name 为'foo'，它应尝试调用 endFoo。
- 如果没有找到相应的处理程序，这些方法应调用方法 defaultStart 或 defaultEnd。如果没有这些默认处理程序，就什么都不做。

再来说一下参数的问题。自定义处理程序（如 startFoo）无须将标签名作为参数，而自定义默认处理程序（如 defaultStart）需要这样做。另外，只有起始处理程序需要将属性作为参数。

一头雾水？先来编写这个类最简单的部分。

```
class Dispatcher:

    # ...

    def startElement(self, name, attrs):
        self.dispatch('start', name, attrs)
    def endElement(self, name):
        self.dispatch('end', name)
```

这里实现了基本的事件处理程序，它们只是调用方法 dispatch，而 dispatch 将负责查找合适的处理程序、创建参数元素并使用这些参数调用处理程序。方法 dispatch 的代码如下：

```
def dispatch(self, prefix, name, attrs=None):
    mname = prefix + name.capitalize()
    dname = 'default' + prefix.capitalize()
    method = getattr(self, mname, None)
    if callable(method): args = ()
    else:
        method = getattr(self, dname, None)
        args = name,
    if prefix == 'start': args += attrs,
    if callable(method): method(*args)
```

这个方法所做的工作如下。

(1) 根据前缀（'start'或'end'）和标签名（如'page'），生成处理程序的名称（如'startPage'）。

(2) 根据前缀生成默认处理程序的名称（如'defaultStart'）。

(3) 尝试使用 getattr 获取处理程序，并将默认值设置为 None。

(4) 如果结果是可调用的，就将 args 设置为一个空元组。

(5) 否则，就尝试使用 getattr 获取默认处理程序，并将默认值也设置为 None。另外，将 args 设置为一个只包含标签名的元组（因为默认处理程序只需要标签名）。

(6) 如果要调用的是起始处理程序，就将属性添加到参数元组（args）中。

(7) 如果获得的处理程序是可调用的（即为可行的具体处理程序或默认处理程序），就使用正确的参数调用它。

明白了吗？这大致意味着你现在可以像下面这样编写内容处理程序：

```
class TestHandler(Dispatcher, ContentHandler):
    def startPage(self, attrs):
        print('Beginning page', attrs['name'])
    def endPage(self):
        print('Ending page')
```

鉴于这个分派器混合类负责完成了大部分管理工作，因此内容处理程序非常简单、易于理解。当然，稍后我们将再添加一些功能。

22.5.2 将首部和尾部写入文件的方法以及默认处理程序

本节比前一节容易得多。我们将编写专门用于将首部和尾部写入文件的方法，而不在事件处理程序中直接调用 self.out.write。这样就可通过继承来轻松地重写这些方法。我们让将首部和尾部写入文件的方法尽可能简单。

```
def writeHeader(self, title):
    self.out.write("<html>\n <head>\n <title>")
    self.out.write(title)
    self.out.write("</title>\n </head>\n <body>\n")

def writeFooter(self):
    self.out.write("\n </body>\n</html>\n")
```

在初次实现中，处理 XHTML 内容的代码还与处理程序耦合得太紧，现在它们将由 defaultStart 和 defaultEnd 处理。

```
def defaultStart(self, name, attrs):
    if self.passthrough:
        self.out.write('<' + name)
        for key, val in attrs.items():
            self.out.write(' {}="{}"'.format(key, val))
        self.out.write('>')

def defaultEnd(self, name):
    if self.passthrough:
        self.out.write('</{}>'.format(name))
```

这些代码与前面相同，只是移到了独立的方法中。（这通常是件好事。）现在就余下最后一块拼图了。

22.5.3　支持目录

为创建必要的目录，需要使用函数 os.makedirs，它在指定的路径中创建必要的目录。例如，os.makedirs('foo/bar/baz')在当前目录下创建目录 foo，再在目录 foo 下创建目录 bar，然后在目录 bar 下创建目录 baz。如果目录 foo 已经存在，将只创建目录 bar 和 baz。同样，如果目录 bar 也已经存在，将只创建目录 baz。然而，如果目录 baz 也已经存在，通常将引发异常。为避免出现这种情况，我们将关键字参数 exist_ok 设置为 True。另一个很有用的函数是 os.path.join，它使用正确的分隔符（例如，在 UNIX 中为/）将多条路径合而为一。

在整个处理期间，都把当前目录路径存储在变量 directory 包含的目录名列表中。进入某个目录时，就将其名称附加到这个列表末尾；而离开某个目录时，就将其名称从目录列表中弹出。你可定义一个函数，来确保当前目录已创建好。

```
def ensureDirectory(self):
    path = os.path.join(*self.directory)
    os.makedirs(path, exist_ok=True)
```

请注意，将目录列表传递给 os.path.join 时，我使用了星号运算符*进行了参数拆分。

可通过参数将网站的根目录（如 public_html）传递给构造函数，如下所示：

```
def __init__(self, directory):
    self.directory = [directory]
    self.ensureDirectory()
```

22.5.4　事件处理程序

终于要实现事件处理程序了。需要 4 个事件处理程序，其中 2 个用于处理目录，另外 2 个用于处理页面。目录处理程序只使用了列表 directory 和方法 ensureDirectory。

```
def startDirectory(self, attrs):
    self.directory.append(attrs['name'])
    self.ensureDirectory()

def endDirectory(self):
    self.directory.pop()
```

页面处理程序使用了方法 writeHeader 和 writeFooter。另外，它们还设置了变量 passthrough（以便将 XHTML 代码直接写入文件），而且打开和关闭与页面相关的文件（这可能是最重要的）。

```
def startPage(self, attrs):
    filename = os.path.join(*self.directory + [attrs['name'] + '.html'])
    self.out = open(filename, 'w')
    self.writeHeader(attrs['title'])
    self.passthrough = True

def endPage(self):
    self.passthrough = False
    self.writeFooter()
    self.out.close()
```

startPage 的第一行代码看起来有点吓人，但与 ensureDirectory 的第一行代码大致相同，只是加上了文件名（和文件扩展名.html）。

这个程序的完整源代码如代码清单 22-3 所示。

代码清单 22-3　网站生成器（website.py）

```
from xml.sax.handler import ContentHandler
from xml.sax import parse
import os

class Dispatcher:

    def dispatch(self, prefix, name, attrs=None):
        mname = prefix + name.capitalize()
        dname = 'default' + prefix.capitalize()
        method = getattr(self, mname, None)
        if callable(method): args = ()
        else:
            method = getattr(self, dname, None)
            args = name,
        if prefix == 'start': args += attrs,
        if callable(method): method(*args)

    def startElement(self, name, attrs):
        self.dispatch('start', name, attrs)

    def endElement(self, name):
        self.dispatch('end', name)

class WebsiteConstructor(Dispatcher, ContentHandler):

    passthrough = False

    def __init__(self, directory):
        self.directory = [directory]
        self.ensureDirectory()

    def ensureDirectory(self):
        path = os.path.join(*self.directory)
```

```
        os.makedirs(path, exist_ok=True)

    def characters(self, chars):
        if self.passthrough: self.out.write(chars)

    def defaultStart(self, name, attrs):
        if self.passthrough:
            self.out.write('<' + name)
            for key, val in attrs.items():
                self.out.write(' {}="{}"'.format(key, val))
            self.out.write('>')
    def defaultEnd(self, name):
        if self.passthrough:
            self.out.write('</{}>'.format(name))

    def startDirectory(self, attrs):
        self.directory.append(attrs['name'])
        self.ensureDirectory()

    def endDirectory(self):
        self.directory.pop()

    def startPage(self, attrs):
        filename = os.path.join(*self.directory + [attrs['name'] + '.html'])
        self.out = open(filename, 'w')
        self.writeHeader(attrs['title'])
        self.passthrough = True

    def endPage(self):
        self.passthrough = False
        self.writeFooter()
        self.out.close()

    def writeHeader(self, title):
        self.out.write('<html>\n <head>\n   <title>')
        self.out.write(title)
        self.out.write('</title>\n </head>\n <body>\n')

    def writeFooter(self):
        self.out.write('\n </body>\n</html>\n')

parse('website.xml', WebsiteConstructor('public_html'))
```

代码清单 22-3 将生成如下文件和目录：

- public_html/
- public_html/index.html
- public_html/interests/
- public_html/interests/shouting.html
- public_html/interests/sleeping.html
- public_html/interests/eating.html

22.6 进一步探索

至此，你创建了一个基本程序，可对其做哪些扩展呢？下面是一些建议。

- 创建一个新的 ContentHandler，用于创建由链接组成的网站目录或菜单。
- 在网页中添加导航帮助，让用户知道自己身在何处（在哪个目录中）。
- 创建一个 WebsiteConstructor 的子类，并在其中重写方法 writeHeader 和 writeFooter，以实现自定义设计。
- 再创建一个 ContentHandler，使其根据 XML 文件创建单个网页。
- 创建一个以某种方式（如 RSS）提供网站内容摘要的 ContentHandler。
- 研究其他 XML 转换工具，尤其是 XML 转换（XSLT）。
- 使用 ReportLab 中的 Platypus 等工具根据 XML 文件创建一个或多个 PDF 文档。

实现通过 Web 界面编辑 XML 文件的功能（参见第 25 章）。

预告

简单地介绍 XML 解析后，我们来做些网络编程工作吧。在下一章，你将创建一个程序，它能够从各种网络来源收集新闻，并生成自定义的新闻汇总。

22

第 23 章

项目 4：新闻汇总

网上充斥着形式多样的新闻源，包括报纸、视频频道、博客、播客等。有些新闻源还提供诸如 RSS 或 Atom feed 等服务，让你使用相对简单的代码就能获取最新的新闻，而无须对网页进行解析。在这个项目中，我们将探索一种比 Web 更早面世的机制：网络新闻传输协议（Network News Transfer Protocol，NNTP）。我们将首先创建一个没有任何抽象（没有函数、没有类）的原型，再创建一个包含重要抽象的通用系统。为此，我们将使用能够让你与 NNTP 服务器交互的 nntplib 库，但添加其他的协议和机制应该很简单。

NNTP 是一种标准网络协议，用于管理在 Usenet 讨论组中发布的消息。NNTP 服务器组成了一个统一管理新闻组的全局网络，通过 NNTP 客户端（也称为**新闻阅读器**）可发布和阅读消息。NNTP 服务器组成的主网络称为 Usenet，创建于 1980 年（但 NNTP 协议到 1985 年才开始使用）。相比于最新的 Web 潮流，这算是一种很古老的技术了，但从某种程度上说，互联网的很大一部分都基于这样的古老技术，而且尝试这些低级的技术没什么不好。另外，随时都可将本章使用的 NNTP 替换为你自己开发的新闻收集模块，如可能转而使用 Facebook 或 Twitter 等社交网站提供的 Web API。

23.1 问题描述

本章要编写的程序是一个信息收集代理，能够替你收集信息（具体地说是新闻）并生成新闻汇总。基于你对网络功能的了解，这好像不太难——确实不难，但在这个项目中，需要做的并非仅仅使用 urllib 下载文件，你将使用另一个网络库，即 nntplib，它使用起来要难些。另外，你还需重构程序以支持不同的新闻源和目的地，进而在中间层使用主引擎将前端和后端分开。

最终的程序要实现的主要目标如下。

- 能够从众多不同的新闻源收集新闻。
- 可轻松地添加新闻源（乃至不同类型的新闻源）。
- 能够以众多不同的格式将生成的新闻汇编分发到众多不同的目的地。
- 能够轻松地添加新的目的地（乃至不同类型的目的地）。

23.2 有用的工具

在这个项目中，你无须安装额外的软件，但要用到一些标准库模块，其中包括你以前没有见过的 nntplib，它负责与 NNTP 服务器交互。这里不详细介绍这个模块的方方面面，而是通过建立原型来研究它。

23.3 准备工作

要使用 nntplib，你必须能够访问 NNTP 服务器。如果不确定能否这样做，可向 ISP 或系统管理员咨询。在本章的代码示例中，我使用的是新闻组 comp.lang.python.announce，因此必须确保你的新闻（NNTP）服务器有这个新闻组，或者寻找你要使用的其他新闻组。如果你无法访问 NNTP 服务器，有几个开放的服务器可供任何人使用。只要在网上搜索“免费 NNTP 服务器”就能找到这样的服务器，你可从中选择一个（nntplib 官方文档中的代码示例使用的 NNTP 服务器为 news.gmane.org）。假设你使用的新闻服务器为 news.foo.bar（这不是真实存在的新闻服务器，不能使用），可像下面这样测试 NNTP 服务器：

```
>>> from nntplib import NNTP
>>> server = NNTP('news.foo.bar')
>>> server.group('comp.lang.python.announce')[0]
```

注意 连接到有些服务器时，可能需要提供其他用于身份验证的参数。有关构造函数 nntp 的可选参数的详情，请参阅“Python 库参考手册”。

最后一行代码的运行结果是一个字符串，这个字符串以'211'（意味着该服务器上有你请求的新闻组）或'411'（意味着服务器没有这样的新闻组）打头，如下所示：

```
'211 51 1876 1926 comp.lang.python.announce'
```

如果返回的字符串以'411'打头，就应使用新闻阅读器来查找可供使用的其他新闻组（还可能出现异常和相应的错误消息）。如果出现异常，可能是你输入的服务器名称不对。另一种可能性是，从创建服务器对象到调用方法 group 的时间超过了限定的时间，因为服务器可能只允许你连接很短的时间，如 10 秒钟。如果你无法快速输入这些代码，可将它们放在脚本中，再执行这个脚本（但需要添加 print 语句），也可将创建服务器和调用方法的代码放在一行内（并用分号分隔它们）。

23.4 初次实现

秉承原型设计的理念，我们直接来解决问题。首先要做的是从 NNTP 服务器上的新闻组下载最新的消息。为简单起见，使用 print 直接将结果打印到标准输出即可。请先浏览本节后面代码清单 23-1 所示的源代码，并执行这个程序看看它是如何工作的，然后再来研究实现细节。这个程序的逻辑不太复杂，难点主要是 nntplib 的用法。我们将使用单个 NNTP 对象，正如你在前一节看到的，实例化这个类时，只需指定 NNTP 服务器的名称。你需要对 NNTP 实例调用 3 个方法。

- group：将指定新闻组设置为当前新闻组，并返回一些有关该新闻组的信息，其中包括最后一条消息的编号。
- over：返回通过编号指定的一组消息的摘要。
- body：返回指定消息的正文。

使用前面虚构的服务器名称，可像下面这样来完成设置工作：

```
servername = 'news.foo.bar'
group = 'comp.lang.python.announce'
server = NNTP(servername)
howmany = 10
```

其中变量 howmany 指定要获取多少篇文章。现在可以选择新闻组了。

```
resp, count, first, last, name = server.group(group)
```

返回的值为通用的服务器响应、新闻组包含的消息数、第一条和最后一条消息的编号以及新闻组的名称。我们感兴趣的主要是 last，将使用它来创建要获取的文章的编号区间，该区间的起点为 start = last - howmany + 1，终点为 last。我们将这两个数字作为参数传递给方法 over，这将返回一系列表示消息的(id, overview)。然后，我们从 overview 中提取主题，并使用 ID 从服务器获取消息正文。

消息正文行是以字节的方式返回的。如果使用默认编码 UTF-8 进行解码，可能得到非法的字节序列。理想的做法是提取编码信息，但为简单起见，我们直接使用编码 Latin-1，它适用于 ASCII 字节，且遇到非 ASCII 字节时不会报错。打印所有的文章后，我们调用 server.quit()。就这么简单。在 bash 等 UNIX shell 中，可像下面这样运行这个程序：

```
$ python newsagent1.py | less
```

使用 less，可每次只阅读一篇文章。如果没有这样的分页程序可用，可修改程序的 print 部分，将生成的文本存储到文件中——再次实现时就会这样做（有关文件处理的详细信息，请参阅第 11 章）。这个简单的新闻收集代理的源代码如代码清单 23-1 所示。

代码清单 23-1　一个简单的新闻收集代理（newsagent1.py）

```
from nntplib import NNTP

servername = 'news.foo.bar'
group = 'comp.lang.python.announce'
server = NNTP(servername)
howmany = 10

resp, count, first, last, name = server.group(group)

start = last - howmany + 1
```

```
resp, overviews = server.over((start, last))

for id, over in overviews:
    subject = over['subject']
    resp, info = server.body(id)
    print(subject)
    print('-' * len(subject))
    for line in info.lines:
        print(line.decode('latin1'))
    print()

server.quit()
```

23.5 再次实现

初次实现管用，但很不灵活，因为使用它只能从Usenet讨论组获取新闻。在再次实现中，你将对代码稍作重构以修复这种问题。你将把各部分代码放在类和方法中，以提高程序的结构化程度和抽象程度，这样就可用其他类替换有些部分，这比替换初次实现的部分代码要容易得多。

同样，你可能想先浏览并执行代码清单23-2所示的代码，再来深入研究这种实现的细节。

注意 要让代码清单23-2所示的代码能够正常运行，必须将变量clpa_server设置为可用的NNTP服务器。

那么需要哪些类呢？我们按第7章提出的建议，快速浏览一些问题描述中的重要名词：信息、代理、新闻、汇总、网络、新闻源、目的地、前端、后端和主引擎。这个名词清单表明，需要下面这些主要的类：NewsAgent、NewsItem、Source和Destination。

各种新闻源构成了前端，目的地构成了后端，而新闻代理位于中间层。

在这些类中，最简单的是NewsItem，它只表示一段数据，其中包括标题和正文。因此可像下面这样实现它：

```
class NewsItem:

    def __init__(self, title, body):

        self.title = title
        self.body = body
```

为准确地确定要从新闻源和新闻目的地获取什么，先来编写代理本身是个不错的主意。代理必须维护两个列表：源列表和目的地列表。添加源和目的地的工作可通过方法addSource和addDestination来完成。

```
class NewsAgent:

    def __init__(self):
        self.sources = []
        self.destinations = []
```

```
    def addSource(self, source):
        self.sources.append(source)

    def addDestination(self, dest):
        self.destinations.append(dest)
```

现在唯一缺失的是将新闻从源分发到目的地的方法。在分发期间，新闻源必须有一个返回其所有新闻的方法，而目的地必须有一个接收所有要分发的新闻的方法。分别将这两个方法命名为 getItems 和 receiveItems。出于灵活性考虑，只要求 getItems 返回一个可用于获取 NewsItem 的迭代器。然而，为让目的地更容易实现，假设调用 receiveItems 时，可将一个序列作为参数。（这样可多次迭代这个参数。例如，先创建目录再列出各条新闻。）根据这些决策，NewsAgent 的方法 distribute 将如下：

```
def distribute(self):
    items = []
    for source in self.sources:
        items.extend(source.getItems())
    for dest in self.destinations:
        dest.receiveItems(items)
```

这个方法遍历所有的新闻源，并创建一个新闻列表。然后，它遍历所有的目的地，并将完整的新闻列表提供给每个目的地。

现在余下的工作只有创建表示新闻源和目的地的类。为进行试验，可创建一个简单的目的地类，它像第一个原型那样将新闻打印出来。

```
class PlainDestination:

    def receiveItems(self, items):
        for item in items:
            print(item.title)
            print('-' * len(item.title))
            print(item.body)
```

打印代码与前面相同，不同的是你将这些代码**封装**起来了：这些代码现在位于目的地类中，而不是以硬编码的方式放在主程序中。在后面的代码清单 23-2 中，使用了一个复杂些的目的地类（生成 HTML 的 HTMLDestination）。它在 PlainDestination 的基础上添加了以下几项功能。

- 生成的文本为 HTML。
- 将文本写入文件而不是标准输出中。
- 除新闻列表外，还创建了一个目录。

就这么简单。目录是使用链接到页面相应部分的超链接创建的。为此，我们将使用形如<a href="#nn">...</a>的链接（其中 nn 为数字），这将链接到包含锚点标签<a name="nn">...</a>（其中 nn 是与目录中相同的数字）的标题。目录和主新闻列表是使用两个不同的 for 循环创建的，最终的结果如图 23-1 所示（用到了即将介绍的 NNTPSource 类）。

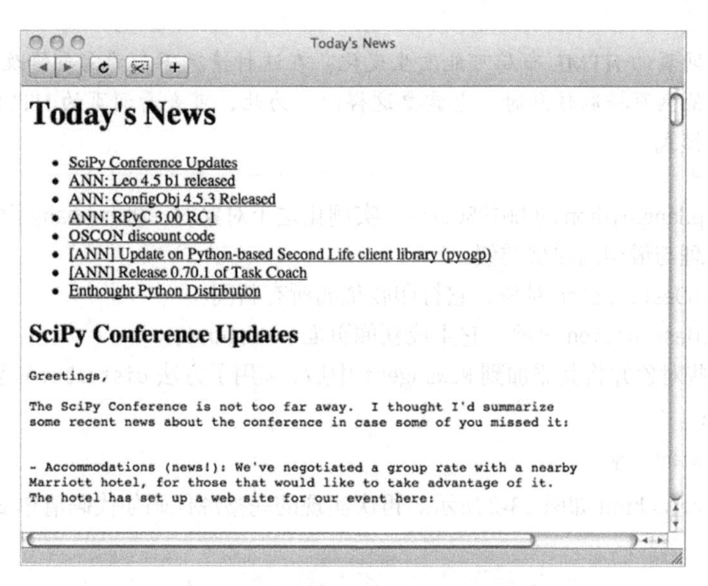

图 23-1 自动生成的新闻页面

在设计方面，我考虑过使用新闻源超类和新闻目的地超类，但不同的新闻源和新闻目的地在行为上没有任何共同之处，因此使用超类毫无意义。只要新闻源和新闻目的地类正确地实现了必要的方法（getItems 和 receiveItems），NewsAgent 就会感到满意。（这是一个第 9 章介绍的理论的示例：与其使用超类，不如使用**协议**。）

创建 NNTPSource 类时，大部分代码都可从最初的原型中复制而来。从代码清单 23-2 可知，相比于最初的原型，主要不同之处如下。

- 代码封装在方法 getItems 中。原来的变量 servername 和 group 现在是构造函数的参数。另外，变量 howmany 也变成了构造函数的参数。
- 调用了 decode_header，它负责处理报头字段（如 subject）使用的特殊编码。
- 不是直接打印每条新闻，而是生成 NewsItem 对象（让 getItems 变成了生成器）。

为证明这种设计的灵活性，我们再添加一个新闻源——可从网页提取新闻的新闻源。（这是使用正则表达式实现的。有关正则表达式的详细信息，请参阅第 10 章。）SimpleWebSource（参见代码清单 23-2）的构造函数将一个 URL 和两个正则表达式（一个用于匹配标题，另一个用于匹配正文）作为参数。在 getItems 中，它使用正则表达式方法 findall 找出所有匹配的标题和正文，并使用 zip 将它们组合起来。然后，它迭代(title, body)列表，并根据每个(title, body)生成一个 NewsItem。如你所见，添加新的新闻源（或目的地）并不太难。

为让代码能够正确地运行，我们实例化一个代理以及一些新闻源和新闻目的地。在函数 runDefaultSetup 中（这个函数将在其所属模块作为程序运行时被调用），实例化了几个这样的对象。

- 表示新闻网站的 SimpleWebSource，它使用两个简单的正则表达式提取所需的信息。

注意　新闻网站网页的 HTML 布局可能发生变化。在这种情况下，你需要修改正则表达式。当然，从其他网页提取信息时，也需要这样做。为此，可查看网页的 HTML 源代码，并找出适用的模式。

- 表示 comp.lang.python 的 NNTPSource。实例化这个对象时，将 howmany 设置成了 10，因此其工作原理与最初的原型类似。
- 一个 PlainDestination 对象，它打印收集的所有新闻。
- 一个 HTMLDestination 对象，它生成新闻页面 news.html。

创建所有这些对象并将其添加到 NewsAgent 中后，调用了方法 distribute。要运行这个程序，可像下面这样做：

```
$ python newsagent2.py
```

生成的页面 news.html 如图 23-2 所示。再次实现的完整源代码如代码清单 23-2 所示。

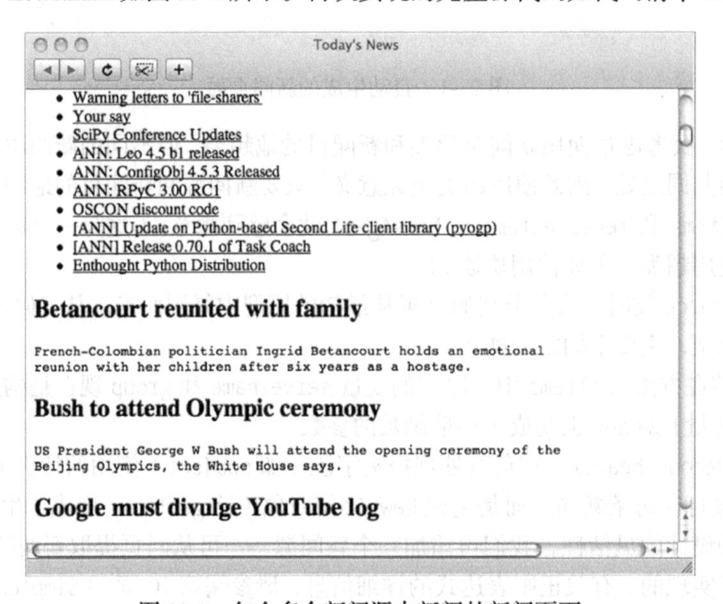

图 23-2　包含多个新闻源中新闻的新闻页面

代码清单 23-2　一个更灵活的新闻收集代理（newsagent2.py）

```
from nntplib import NNTP, decode_header
from urllib.request import urlopen
import textwrap
import re

class NewsAgent:
    """
    可将新闻源中的新闻分发到新闻目的地的对象
    """
```

```
        def __init__(self):
            self.sources = []
            self.destinations = []

        def add_source(self, source):
            self.sources.append(source)

        def addDestination(self, dest):
            self.destinations.append(dest)

    def distribute(self):
        """
        从所有新闻源获取所有的新闻，并将其分发到所有的新闻目的地
        """
        items = []
        for source in self.sources:
            items.extend(source.get_items())
        for dest in self.destinations:
            dest.receive_items(items)

    class NewsItem:
        """
        由标题和正文组成的简单新闻
        """
        def __init__(self, title, body):
            self.title = title
            self.body = body

    class NNTPSource:
        """
        从 NNTP 新闻组获取新闻的新闻源
        """
        def __init__(self, servername, group, howmany):
            self.servername = servername
            self.group = group
            self.howmany = howmany

        def get_items(self):
            server = NNTP(self.servername)
            resp, count, first, last, name = server.group(self.group)
            start = last - self.howmany + 1
            resp, overviews = server.over((start, last))
            for id, over in overviews:
                title = decode_header(over['subject'])
                resp, info = server.body(id)
                body = '\n'.join(line.decode('latin')
                                 for line in info.lines) + '\n\n'
                yield NewsItem(title, body)
            server.quit()

    class SimpleWebSource:
        """
        使用正则表达式从网页提取新闻的新闻源
        """
```

```
    def __init__(self, url, title_pattern, body_pattern, encoding='utf8'):
        self.url = url
        self.title_pattern = re.compile(title_pattern)
        self.body_pattern = re.compile(body_pattern)
        self.encoding = encoding

    def get_items(self):
        text = urlopen(self.url).read().decode(self.encoding)
        titles = self.title_pattern.findall(text)
        bodies = self.body_pattern.findall(text)
        for title, body in zip(titles, bodies):
            yield NewsItem(title, textwrap.fill(body) + '\n')

class PlainDestination:
    """
    以纯文本方式显示所有新闻的新闻目的地
    """

    def receive_items(self, items):
        for item in items:
            print(item.title)
            print('-' * len(item.title))
            print(item.body)

class HTMLDestination:
    """
    以 HTML 格式显示所有新闻的新闻目的地
    """

    def __init__(self, filename):
        self.filename = filename

    def receive_items(self, items):

        out = open(self.filename, 'w')
        print("""
        <html>
          <head>
            <title>Today's News</title>
          </head>
          <body>
          <h1>Today's News</h1>
        """, file=out)

        print('<ul>', file=out)
        id = 0
        for item in items:
            id += 1
            print(' <li><a href="#{}">{}</a></li>'
                    .format(id, item.title), file=out)
        print('</ul>', file=out)

        id = 0
        for item in items:
            id += 1
            print('<h2><a name="{}">{}</a></h2>'
                     .format(id, item.title), file=out)
```

```
                print('<pre>{}</pre>'.format(item.body), file=out)

            print("""
              </body>
            </html>
            """, file=out)

    def runDefaultSetup():
        """
        默认的新闻源和目的地设置，请根据偏好进行修改
        """

        agent = NewsAgent()

        # 从新闻网站（假设名为“xinwen”）获取新闻的 SimpleWebSource 对象：
        reuters_url = 'http://www.xinwen.com/news/world'
        reuters_title = r'<h2><a href="[^"]*"\s*>(.*?)</a>'
        reuters_body = r'</h2><p>(.*?)</p>'
        reuters = SimpleWebSource(reuters_url, reuters_title, reuters_body)

        agent.add_source(reuters)

        # 从 comp.lang.python.announce 获取新闻的 NNTPSource 对象：
        clpa_server = 'news.foo.bar' # 替换为实际服务器的名称
        clpa_server = 'news.ntnu.no'
        clpa_group = 'comp.lang.python.announce'
        clpa_howmany = 10
        clpa = NNTPSource(clpa_server, clpa_group, clpa_howmany)

        agent.add_source(clpa)

        # 添加纯文本目的地和 HTML 目的地：
        agent.addDestination(PlainDestination())
        agent.addDestination(HTMLDestination('news.html'))

        # 分发新闻：
        agent.distribute()

    if __name__ == '__main__': runDefaultSetup()
```

23.6 进一步探索

鉴于其可扩展性，这个项目提供了很大的探索空间。下面是一些建议。

- 使用第 15 章讨论的屏幕抓取技术创建一个更厉害的 WebSource 类。
- 创建一个 RSSSource，它执行第 15 章简要讨论过的 RSS 解析。
- 改进 HTMLDestination 生成的 HTML 页面的布局。
- 创建一个页面监视器，它在指定网页发生变化时生成新闻。（只需下载当前页面，并将其与以前的页面进行比较。请研究标准库中用于比较文件的模块 filecmp。）
- 创建这个新闻脚本的 CGI 版本（参见第 15 章）。

- 创建一个 EmailDestination 类，它通过电子邮件将新闻发送给你。（请参阅标准库中用于发送电子邮件的模块 smtplib。）
- 添加指定要使用哪种新闻格式的开关。（参见标准库模块 argparse。）
- 向新闻目的地提供有关新闻来自何方的信息，以实现更漂亮的布局。
- 尝试对新闻进行分类（为此可在新闻中搜索关键字）。
- 创建一个 XMLDestination 类，它生成可供项目 3（第 22 章）中网站生成器使用的 XML 文件。这样你就可以创建一个新闻网站了。

预告

前面做了大量文件创建和处理工作（包括下载必要的文件），这虽然很有用，但交互性不强。在下一个项目中，我们将创建一个聊天服务器，让你能够与朋友在线聊天。你甚至可对其进行扩展，以创建自己的虚拟（文本式）环境。

第 24 章

项目 5：虚拟茶话会

24

在这个项目中，我们将做些正式的网络编程工作：编写一个聊天服务器，让人们能够通过网络实时地聊天。使用 Python 创建这种程序的方式有很多，一种简单而自然的方法是使用第 14 章讨论的框架 Twisted，其核心是 LineReceiver 类。在本章中，我将只使用标准库中的异步网络编程模块。

需要指出的是，在编写本书期间，Python 在这方面好像处于过渡期。一方面，有关模块 asyncore 和 asynchat 的文档指出，在标准库中包含它们旨在向后兼容，开发新程序时应使用模块 asyncio；另一方面，有关 asyncio 的文档又指出，在标准库中包含这个模块是权宜之计，未来可能将其删除。我将采取保守的做法，选择使用 asyncore 和 asynchat。如果你愿意，可尝试使用第 14 章讨论的其他方法（如分叉或线程化），甚至可以使用模块 asyncio 重写这个项目。

24.1 问题描述

我们将编写一个相对低级的在线聊天服务器。虽然很多社交媒体和消息服务都提供了这样的功能，但自己动手编写在线聊天服务器对深入学习网络编程大有裨益。假设这个项目的需求如下。

- 服务器必须能够接受不同用户的多个连接。
- 它必须允许用户并行地操作。
- 它必须能够解读命令，如 say 或 logout。
- 它必须易于扩展。

其中网络连接和程序的异步特征需要使用特殊工具来实现。

24.2 有用的工具

在这个项目中，需要的新工具只有标准库模块 asyncore 及其相关的模块 asynchat。我将简单地介绍这些模块，有关它们的详细信息，请参阅“Python 库参考手册”。第 14 章讨论过，网络程序的基本组件是**套接字**。可通过导入模块 socket 并使用其中的函数来直接创建套接字。既然如此，需要使用 asyncore 来做什么呢？

框架 asyncore 让你能够处理多个同时连接的用户。想象一下没有处理并发的特殊工具的情形。你启动服务器，它等待用户连接。用户连接后，它开始读取来自用户的数据，并通过套接字将结果提供给用户。然而，如果已经有用户连接到服务器，结果将如何呢？要连接的用户必须等待，直到第一个用户断开连接为止。这在有些情况下可行，但编写聊天服务器时，关键就是允许多个用户同时连接，不然用户之间如何聊天呢？

框架 asyncore 基于的底层机制（第14章所讨论模块 select 中的函数 select）让服务器能够依次为连接的所有用户提供服务：不是读取来自一个用户的**所有**数据后，再读取下一个用户的数据，而只读取其中的**部分**数据。另外，服务器只读取有数据可读取的套接字。这种操作是在循环中反复进行的。对写入的处理与此类似。你可使用模块 socket 和 select 来实现这种功能，但 asyncore 和 asynchat 提供了一个很有用的框架，可替你处理这些细节。（有关实现并行用户连接的其他方式，请参阅14.3节。）

24.3　准备工作

首先，你必须有一台连接到网络（如互联网）的计算机，否则别人将无法连接到你的聊天服务器。（可在你自己的计算机上连接到聊天服务器，但这样做没多大意思。）要连接到聊天服务器，用户必须知道你的计算机的地址（可以是机器名，如 foo.bar.baz.com，也可以是 IP 地址）。另外，用户必须知道聊天服务器使用的**端口号**。这种端口号可在程序中设置；在本章的代码中，使用的端口号为5005（这是随便选择的）。

注意　第14章说过，有些端口号受到限制，必须有管理员权限才能使用。一般而言，使用大于1023的端口号就不会有什么问题。

为对聊天服务器进行测试，需要有一个**客户端**——位于用户端的程序。一个这样的简单程序是 telnet（它基本上能够让你连接到任何套接字服务器）。在 UNIX 中，可从命令行执行这个程序。

```
$ telnet some.host.name 5005
```

这个命令连接到机器 some.host.name 的5005端口。要连接到运行命令 telnet 的机器，只需使用机器名 localhost。（你可能想使用开关-e 提供一个转义字符，以确保可轻松地退出 telnet。有关这方面的细节，请参阅 telnet 文档。）

在 Windows 中，可使用提供了 telnet 功能的终端模拟器，如 PuTTY（要下载这个软件并获取有关它的详细信息。然而，既然要安装新软件，不如安装为聊天量身定制的客户端程序。MUD（MUSH、MOO 或其他相关缩略语）客户端[1]非常适合用于聊天，一个这样的客户端是 TinyFugue。它主要用于 UNIX 中，而且有点老，但这也有其魅力所在。也有一些用于 Windows 中的客户端，只需在网上搜索“MUD 客户端”之类的关键字就能找到。

---

① MUD 指的是多用户空间（Multi-User Dungeon/Domain/Dimension）；MUSH 指的是多用户共享幻觉（Multi-User Shared Hallucination）；MOO 指的是面向对象的 MUD。

24.4 初次实现

我们来将程序稍做分解。需要创建两个主要的类：一个表示聊天服务器，另一个表示聊天会话（连接的用户）。

24.4.1 ChatServer 类

为创建简单的 ChatServer 类，可继承模块 asyncore 中的 dispatcher 类。dispatcher 类基本上是一个套接字对象，但还提供了一些事件处理功能，稍后你将用到它们。代码清单 24-1 是一个基本的聊天服务器程序（真的很小）。

代码清单 24-1 一个极简的服务器程序

```
from asyncore import dispatcher
import asyncore

class ChatServer(dispatcher): pass

s = ChatServer()
asyncore.loop()
```

如果运行这个程序，什么都不会发生。要让服务器做点有趣的事情，必须调用其方法 create_socket 来创建一个套接字，还需调用其方法 bind 和 listen 将套接字关联到特定的端口并让套接字监听到来的连接（毕竟这是服务器要做的事情）。另外，还需重写事件处理方法 handle_accept，让它在服务器接受客户端连接时做些事情。最终的程序如代码清单 24-2 所示。

代码清单 24-2 一个能够接受连接的服务器

```
from asyncore import dispatcher
import socket, asyncore

class ChatServer(dispatcher):

    def handle_accept(self):
        conn, addr = self.accept()
        print('Connection attempt from', addr[0])

s = ChatServer()
s.create_socket(socket.AF_INET, socket.SOCK_STREAM)
s.bind(('', 5005))
s.listen(5)
asyncore.loop()
```

方法 handle_accept 调用 self.accept，以允许客户端连接。self.accept 返回一个连接（客户端对应的套接字）和一个地址（有关发起连接的机器的信息）。方法 handle_accept 没有使用返回的连接来做有用的事情，而只是打印一条消息，指出有客户端试图建立连接。addr[0]是客户端的 IP 地址。

在初始化服务器时，调用了 create_socket，并通过传入两个参数指定了要创建的套接字类型。虽然也可使用其他的类型，但通常都使用这里使用的类型。对方法 bind 的调用将服务器关联到特定的地址（主机名和端口）。这里指定的主机名为空（一个空字符串，意味着 localhost，用更专业一点的话说就是“当前机器的所有接口”），而端口号为 5005。对方法 listen 的调用让服务器监听连接；它还将在队列中等待的最大连接数指定为 5。最后，像前面一样调用 asyncore.loop 来启动服务器的监听循环。

这个服务器实际上是管用的。请尝试运行它，再使用你选择的客户端连接到它。客户端连接将立即断开，而服务器将打印如下内容：

```
Connection attempt from 127.0.0.1
```

如果不是从服务器所在的机器连接到它，IP 地址将不同。要停止服务器，只需按下相应的键盘快捷键：在 UNIX 中为 Ctrl+C，而在 Windows 中为 Ctrl+Break。

使用键盘快捷键关闭服务器将显示栈跟踪。为避免出现这种情况，可将循环放在 try/except 语句中。添加一些清理代码后，这个基本服务器如代码清单 24-3 所示。

代码清单 24-3　包含一些清理代码的基本服务器

```
from asyncore import dispatcher
import socket, asyncore

PORT = 5005

class ChatServer(dispatcher):

    def __init__(self, port):
        dispatcher.__init__(self)
        self.create_socket(socket.AF_INET, socket.SOCK_STREAM)
        self.set_reuse_addr()
        self.bind(('', port))
        self.listen(5)

    def handle_accept(self):
        conn, addr = self.accept()
        print('Connection attempt from', addr[0])

if __name__ == '__main__':
    s = ChatServer(PORT)
    try: asyncore.loop()
    except KeyboardInterrupt: pass
```

这里调用了 set_reuse_addr，让你能够重用原来的地址（具体地说是端口号），即便未妥善关闭服务器亦如此。如果不调用 set_reuse_addr，可能需要等待一段时间才能重启服务器，或者在服务器崩溃后使用不同的端口号。这是因为程序可能通知操作系统它不再使用这个端口。

24.4.2 ChatSession 类

基本的 ChatServer 不是很有用。不应对连接企图置若罔闻，而应为每个连接创建一个新的

dispatcher 对象。然而，这些对象的行为与用作主服务器的对象不同，它们不在端口上监听到来的连接，而是已经连接到特定的客户端。它们的主要任务是收集来自客户端的数据（文本）并做出响应。你可自己实现这种功能，方法是从 dispatcher 派生出一个类，并重写各种方法，但所幸有一个模块替你完成了其中很大一部分工作，它就是 asynchat。

asynchat 有点名不副实，它并非为我们要编写的流（连续）式聊天应用程序而专门设计的。[asynchat 中的 chat 指的是聊天式（命令–响应）协议。] 模块 asynchat 中有一个 async_chat 类，其优点是隐藏了大部分基本的读写操作，因为这些操作实现起来可能有点难。要让 async_chat 发挥作用，只需重写两个方法——collect_incoming_data 和 found_terminator。每当从套接字读取一些文本后，都将调用 collect_incoming_data；而读取到结束符时将调用 found_terminator。在这里，结束符为换行符。（你需要在初始化时调用 set_terminator 来将结束符告知 async_chat 对象。）

更新后的程序（包含 ChatSession 类）如代码清单 24-4 所示。

代码清单 24-4　包含 ChatSession 类的服务器程序

```
from asyncore import dispatcher
from asynchat import async_chat
import socket, asyncore

PORT = 5005

class ChatSession(async_chat):

    def __init__(self, sock):
        async_chat.__init__(self, sock)
        self.set_terminator("\r\n")
        self.data = []

    def collect_incoming_data(self, data):
        self.data.append(data)

    def found_terminator(self):
        line = ''.join(self.data)
        self.data = []
        # 使用line做些事情……
        print(line)

class ChatServer(dispatcher):

    def __init__(self, port): dispatcher.__init__(self)
        self.create_socket(socket.AF_INET, socket.SOCK_STREAM)
        self.set_reuse_addr()
        self.bind(('', port))
        self.listen(5)
        self.sessions = []

    def handle_accept(self):
        conn, addr = self.accept()
```

```
        self.sessions.append(ChatSession(conn))

if __name__ == '__main__':
    s = ChatServer(PORT)
    try: asyncore.loop()
    except KeyboardInterrupt: print()
```

对于这个新版本，有几点需要说明。

- 调用方法 set_terminator 将行结束符设置成了"\r\n"，这是网络协议中常用的行结束符。
- ChatSession 对象将已读取的数据存储在字符串列表 data 中。读取更多数据后，将自动调用 collect_incoming_data，而这个方法只是将这些数据附加到列表 data 末尾。使用字符串列表来存储数据、然后使用字符串方法 join 来合并这些字符串是一个常用的成例
- 遇到结束符时将调用方法 found_terminator。当前，这个方法的实现通过合并数据项来创建一行，然后将 self.data 重置为空列表。然而，只是将这行打印出来，而没有使用它来做任何有用的事情。
- ChatServer 存储了一个会话列表。
- ChatServer 的方法 handle_accept 现在创建一个新的 ChatSession 对象，并将其附加到会话列表末尾。

请尝试运行这个服务器，并使用多个客户端连接到它。每当你在客户端中输入一行内容时，这些内容都将在服务器所在的终端打印出来。这意味着这个服务器能够同时处理多个连接。至此，唯一缺失的功能是让客户端能够看到其他人的发言！

24.4.3　整合起来

要让原型成为简单而功能完整的聊天服务器，还需添加一项主要功能：将用户所说的内容（他们输入的每一行）广播给其他用户。要实现这种功能，可在服务器中使用一个简单的 for 循环来遍历会话列表，并将内容行写入每个会话。要将数据写入 async_chat 对象，可使用方法 push。

这种广播行为也带来了一个问题：客户端断开连接后，你必须确保将其从会话列表中删除。为此，可重写事件处理方法 handle_close。第一个原型的最终版本如代码清单 24-5 所示。

代码清单 24-5　一个简单的聊天服务器（simple_chat.py）

```
from asyncore import dispatcher
from asynchat import async_chat
import socket, asyncore

PORT = 5005
NAME = 'TestChat'

class ChatSession(async_chat):
    """
    一个负责处理服务器和单个用户间连接的类
    """
    def __init__(self, server, sock):
```

```
        # 标准的设置任务:
        async_chat.__init__(self, sock)
        self.server = server
        self.set_terminator("\r\n")
        self.data = []
        # 问候用户:
        self.push('Welcome to %s\r\n' % self.server.name)

    def collect_incoming_data(self, data):
        self.data.append(data)

    def found_terminator(self):
        """
        如果遇到结束符，就意味着读取了一整行，
        因此将这行内容广播给每个人
        """
        line = ''.join(self.data)
        self.data = []
        self.server.broadcast(line)

    def handle_close(self):
        async_chat.handle_close(self)
        self.server.disconnect(self)

class ChatServer(dispatcher):
    """
    一个接受连接并创建会话的类。它还负责向这些会话广播
    """
    def __init__(self, port, name):
        # 标准的设置任务:
        self.create_socket(socket.AF_INET, socket.SOCK_STREAM)
        self.set_reuse_addr()
        self.bind(('', port))
        self.listen(5)
        self.name = name
        self.sessions = []

    def disconnect(self, session):
        self.sessions.remove(session)

    def broadcast(self, line):
        for session in self.sessions:
            session.push(line + '\r\n')

    def handle_accept(self):
        conn, addr = self.accept()
        self.sessions.append(ChatSession(self, conn))

if __name__ == '__main__':
    s = ChatServer(PORT, NAME)
    try: asyncore.loop()
    except KeyboardInterrupt: print()
```

24

24.5 再次实现

第一个原型虽然是个管用的聊天服务器，但其功能很有限，最明显的缺陷是没法知道每句话都是谁说的。另外，它也不能解释命令（如 say 或 logout），而最初的规范要求提供这样的功能。有鉴于此，需要添加对身份（每个用户都有唯一的名字）和命令解释的支持，同时必须让每个会话的行为都依赖于其所处的状态（刚连接、已登录等）。添加这些功能时，必须确保程序是易于扩展的。

24.5.1 基本的命令解释功能

我将演示如何模仿标准库模块 cmd 中 Cmd 类的命令解释功能。（遗憾的是，你不能直接使用这个类，因为它只能用于处理 sys.stdin 和 sys.stdout，而你处理的是多个流。）你需要一个函数或方法，用于处理用户输入的单行文本。这个方法应提取第一个单词（命令），并根据这个单词调用相应的方法。例如，如果文本行像下面这样：

```
say Hello, world!
```

将导致这个函数调用下面的方法：

```
do_say('Hello, world!')
```

do_say 还可能将会话本身作为参数，以便知道是谁在说话。

下面是一种简单的实现，其中还包含一个处理未知命令的方法。

```
class CommandHandler:
    """
    类似于标准库中 cmd.Cmd 的简单命令处理程序
    """

    def unknown(self, session, cmd):
        session.push('Unknown command: {}s\r\n'.format(cmd))

    def handle(self, session, line):
        if not line.strip(): return
        parts = line.split(' ', 1)
        cmd = parts[0]
        try: line = parts[1].strip()
        except IndexError: line = ''
        meth = getattr(self, 'do_' + cmd, None)
        try:
            meth(session, line)
        except TypeError:
            self.unknown(session, cmd)
```

在这个类中，像第 20 章的标记项目那样使用了 getattr。实现基本的命令处理功能后，需要定义一些命令，并根据会话的当前状态决定哪些命令可用（以及它们将做什么）。如何表示会话的状态呢？

24.5.2 聊天室

每种状态都可用一个自定义的命令处理程序表示，很容易将此与标准的聊天室表示法（MUD 中的地点）结合起来使用。每个聊天室都是一个包含特定命令的 CommandHandler。另外，它还应记录聊天室内当前有哪些用户（会话）。下面是一个通用的超类，所有的聊天室都将继承它。

```
class EndSession(Exception): pass

class Room(CommandHandler):
    """
    可包含一个或多个用户（会话）的通用环境。
    它负责基本的命令处理和广播
    """

    def __init__(self, server):
        self.server = server
        self.sessions = []

    def add(self, session):
        self.sessions.append(session)

    def remove(self, session):
        self.sessions.remove(session)

    def broadcast(self, line):
        for session in self.sessions:
            session.push(line)

    def do_logout(self, session, line):
        raise EndSession
```

除基本方法 add 和 remove 外，它还包含方法 broadcast，这个方法对聊天室内的所有用户（会话）调用 push。这个类还以方法 do_logout 的方式定义了一个命令——logout。这个方法引发异常 EndSession，而这种异常将在较高的层级（found_terminator 中）处理。

24.5.3 登录和退出聊天室

除表示常规聊天室（这个项目中只有一个这样的聊天室）之外，Room 的子类还可表示其他状态，这正是你创建 Room 类的意图所在。例如，用户刚连接到服务器时，将进入专用的 LoginRoom（其中没有其他用户）。LoginRoom 在用户进入时打印一条欢迎消息（这是在方法 add 中实现的）。它还重写了方法 unknown，使其让用户登录。这个类只支持一个命令，即命令 login，这个命令检查用户名是否是可接受的（不是空字符串，且未被其他用户使用）。

LogoutRoom 要简单得多，它唯一的职责是将用户的名字从服务器中删除（服务器包含存储会话的字典 users）。如果用户名不存在（因为用户从未登录），将忽略因此而引发的 KeyError 异常。

有关这两个类的源代码，请参阅本章后面的代码清单 24-6。

注意　虽然服务器中的字典 users 存储了指向所有会话的引用，但根本没有从中获取会话。字典 users 只用于记录哪些用户名被占用。然而，我没有将用户名关联到随便选择的值（如 True），而是将其关联到相应的会话。虽然现在这样做没什么用处，但在以后的程序版本中可能发挥作用（例如，让用户能够发私信时）。也可采用另一种做法，将会话存储在一个集合或列表中。

24.5.4　主聊天室

主聊天室也重写了方法 add 和 remove。在方法 add 中，它广播一条消息，指出有用户进入，同时将用户的名字添加到服务器中的字典 users 中。方法 remove 广播一条消息，指出有用户离开。

除这些方法外，ChatRoom 类（主聊天室）还实现了三个命令。

- 命令 say（由方法 do_say 实现）广播一行内容，并在开头指出这行内容是哪位用户说的。
- 命令 look（由方法 do_look 实现）告诉用户聊天室内当前有哪些用户。
- 命令 who（由方法 do_who 实现）告诉用户当前有哪些用户登录了。在这个简单的服务器中，命令 look 和 who 的作用相同，但如果你对其进行扩展，使其包含多个聊天室，这两个命令的作用将有所区别。

有关这个类的源代码，请参阅本章后面的代码清单 24-6。

24.5.5　新的服务器

至此已介绍了大部分功能。对于 ChatSession 和 ChatServer 类，所做的主要改进如下。

- ChatSession 新增了方法 enter，用于进入新的聊天室。
- ChatSession 的构造函数使用了 LoginRoom。
- 方法 handle_close 使用了 LogoutRoom。
- ChatServer 的构造函数新增了字典属性 users 和 ChatRoom 属性 main_room。

另外请注意，handle_accept 不再将新的 ChatSession 添加到会话列表中，因为现在会话由聊天室管理。

注意　一般而言，如果你实例化一个对象（就像 handle_accept 中的 ChatSession），而不将其赋给变量或添加到容器中，它将丢失并可能被当作垃圾收集（这意味着它将完全消失）。由于所有的 dispatcher 都由 asyncore 处理（引用），而 async_chat 是一个 dispatcher 子类，因此在这里不是问题。

聊天服务器的最终版本如代码清单 24-6 所示。为方便你参考，表 24-1 列出了可用的命令。

代码清单 24-6 一个更复杂些的聊天服务器（chatserver.py）

```
from asyncore import dispatcher
from asynchat import async_chat
import socket, asyncore

PORT = 5005
NAME = 'TestChat'

class EndSession(Exception): pass

class CommandHandler:
    """
    类似于标准库中 cmd.Cmd 的简单命令处理程序
    """

    def unknown(self, session, cmd):
        '响应未知命令'
        session.push('Unknown command: {}s\r\n'.format(cmd))

    def handle(self, session, line):
        '处理从指定会话收到的行'
        if not line.strip(): return
        # 提取命令：
        parts = line.split(' ', 1)
        cmd = parts[0]
        try: line = parts[1].strip()
        except IndexError: line = ''
        # 尝试查找处理程序：
        meth = getattr(self, 'do_' + cmd, None)
        try:
            # 假定它是可调用的：
            meth(session, line)
        except TypeError:
            # 如果是不可调用的，就响应未知命令：
            self.unknown(session, cmd)

class Room(CommandHandler):
    """
    可能包含一个或多个用户（会话）的通用环境。它负责基本的命令处理和广播
    """

    def __init__(self, server):
        self.server = server
        self.sessions = []

    def add(self, session):
        '有会话（用户）进入聊天室'
        self.sessions.append(session)

    def remove(self, session):
        '有会话（用户）离开聊天室'
```

24

```
        self.sessions.remove(session)

    def broadcast(self, line):
        '将一行内容发送给聊天室内的所有会话'
        for session in self.sessions:
            session.push(line)

    def do_logout(self, session, line):
        '响应命令logout'
        raise EndSession

class LoginRoom(Room):
    """
    为刚连接的用户准备的聊天室
    """

    def add(self, session):
        Room.add(self, session)
        # 用户进入时，向他/她发出问候：
        self.broadcast('Welcome to {}\r\n'.format(self.server.name))

    def unknown(self, session, cmd):
        # 除login和logout外的所有命令都会
        # 导致系统显示提示消息：
        session.push('Please log in\nUse "login <nick>"\r\n')

    def do_login(self, session, line):
        name = line.strip()
        # 确保用户输入了用户名：
        if not name:
            session.push('Please enter a name\r\n')
        # 确保用户名未被占用：
        elif name in self.server.users:
            session.push('The name "{}" is taken.\r\n'.format(name))
            session.push('Please try again.\r\n')
        else:
            # 用户名没问题，因此将其存储到会话中并将用户移到主聊天室
            session.name = name
            session.enter(self.server.main_room)

class ChatRoom(Room):
    """
    为多个用户相互聊天准备的聊天室
    """

    def add(self, session):
        # 告诉所有人有新用户进入：
        self.broadcast(session.name + ' has entered the room.\r\n')
        self.server.users[session.name] = session
        super().add(session)

    def remove(self, session):
```

```
        Room.remove(self, session)
        # 告诉所有人有用户离开:
        self.broadcast(session.name + ' has left the room.\r\n')

    def do_say(self, session, line):
        self.broadcast(session.name + ': ' + line + '\r\n')

    def do_look(self, session, line):
        '处理命令 look，这个命令用于查看聊天室里都有谁'
            session.push(other.name + '\r\n')

    def do_who(self, session, line):
        '处理命令 who，这个命令用于查看谁已登录'
        session.push('The following are logged in:\r\n')
        for name in self.server.users:
            session.push(name + '\r\n')

class LogoutRoom(Room):
    """
    为单个用户准备的聊天室，仅用于将用户名从服务器中删除
    """

    def add(self, session):
        # 将进入 LogoutRoom 的用户删除
        try: del self.server.users[session.name]
        except KeyError: pass

class ChatSession(async_chat):
    """
    单个会话，负责与单个用户通信
    """

    def __init__(self, server, sock):
        super().__init__(sock)
        self.server = server
        self.set_terminator("\r\n")
        self.data = []
        self.name = None
        # 所有会话最初都位于 LoginRoom 中:
        self.enter(LoginRoom(server))

    def enter(self, room):
        # 自己从当前聊天室离开，并进入下一个聊天室
        try: cur = self.room
        except AttributeError: pass
        else: cur.remove(self)
        self.room = room
        room.add(self)

    def collect_incoming_data(self, data):
        self.data.append(data)
```

24

```
    def found_terminator(self):
        line = ''.join(self.data)
        self.data = []
        try: self.room.handle(self, line)
        except EndSession: self.handle_close()

    def handle_close(self):
        async_chat.handle_close(self)
        self.enter(LogoutRoom(self.server))

class ChatServer(dispatcher):
    """
    只有一个聊天室的聊天服务器
    """

    def __init__(self, port, name):
        super().__init__()
        self.create_socket(socket.AF_INET, socket.SOCK_STREAM)
        self.set_reuse_addr()
        self.bind(('', port))
        self.listen(5)
        self.name = name
        self.users = {}
        self.main_room = ChatRoom(self)

    def handle_accept(self):
        conn, addr = self.accept()
        ChatSession(self, conn)
if __name__ == '__main__':
    s = ChatServer(PORT, NAME)
    try: asyncore.loop()
    except KeyboardInterrupt: print()
```

表 24-1　聊天服务器支持的命令

命　　令	可在什么地方使用	描　　述
login name	LoginRoom	用于登录服务器
logout	所有聊天室	用于退出服务器
say statement	主聊天室	用于说话
look	主聊天室	用户确定聊天室内还有谁
who	主聊天室	用户确定谁登录了服务器

图 24-1 是一个聊天过程示例。在这个示例中，服务器是使用如下命令启动的：

```
python chatserver.py
```

而用户 dilbert 是使用如下命令连接到服务器的：

```
telnet localhost 5005
```

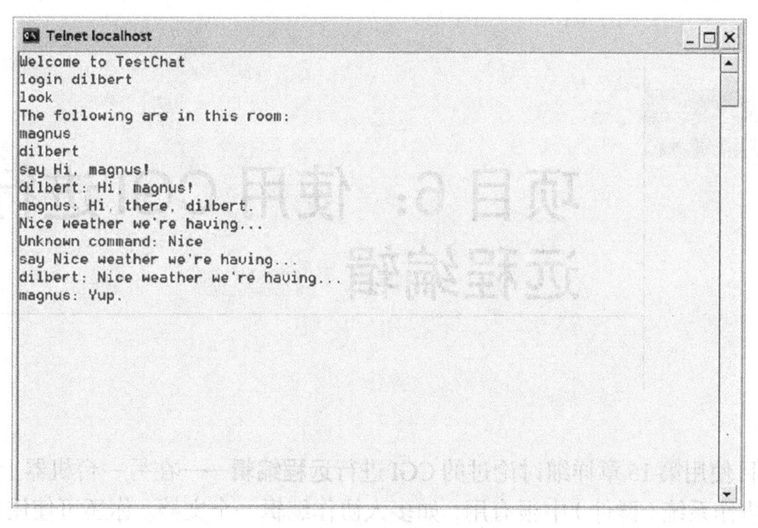

图 24-1 一个聊天过程示例

24.6 进一步探索

对于本章介绍的基本服务器，可在很多方面进行扩展和改进。

- 你可创建包含多个聊天室的版本，还可按自己的想法扩展命令集。
- 你可能想让这个程序只能识别某些命令（如 login 或 logout），并将其他文本都视为聊天内容，这样就不需要命令 say 了。
- 你可在所有命令前加上特殊字符（如斜杠，让命令类似于/login 或/logout），并将不以特殊字符打头的内容都视为聊天内容。
- 你可能想创建自己的 GUI 客户端，但这比想象的要难些。GUI 工具包提供了一个事件循环，而要与服务器通信，可能还需要一个事件循环。为让这些事件循环相互协作，你可能需要使用线程化。有关如何实现线程化的简单示例（各个线程不能直接访问其他线程的数据），请参阅第 28 章。

预告

至此，你创建了自己的聊天服务器。在下一个项目中，将介绍另一种类型的网络编程——CGI。它是很多 Web 应用使用的底层机制（这在第 15 章讨论过）。具体地说，下一个项目将使用这种技术来实现**远程编辑**，让多个用户能够合作编写同一个文档。你甚至可以使用它来远程编辑自己的网页。

第 25 章

项目 6：使用 CGI 进行远程编辑

25

本章的项目使用第 15 章详细讨论过的 CGI 进行**远程编辑**——在另一台机器上通过 Web 来编辑文档。这在协作系统（群件）中很有用，如多人协作编辑一个文档。你还可使用它来更新网页。

25.1 问题描述

你在一台机器上存储了一个文档，希望能够在另一台机器上通过 Web 来编辑它。这让多个用户能够协作编辑一个文档，且无须使用 FTP 或类似的文件传输技术，也无须操心同步多个副本的问题。要编辑文件，只要有 Web 浏览器就行。

注意 这种远程编辑是维基系统的核心机制之一。

具体地说，这个系统应满足如下需求。

- 能够以普通网页的方式显示文档。
- 能够在 Web 表单的文本区域内显示文档。
- 用户能够保存表单中的文本。
- 程序应使用密码对文档进行保护。
- 程序应易于扩展，以支持对多个文档进行编辑。

你将看到，这些需求都很容易实现，只需使用 Python 标准库模块 cgi 并编写一些简单的 Python 代码即可。然而请注意，使用这个应用程序采用的技术，可为任何 Python 程序提供 Web 界面，因此这些技术很有用。

25.2 有用的工具

第 15 章讨论过，编写 CGI 程序时，使用的主要工具包括模块 cgi 以及用于调试的模块 cgitb。有关这方面的详细信息，请参阅第 15 章。

25.3 准备工作

在 15.2 节中详细介绍了能够通过 Web 访问 CGI 脚本所需的步骤，你只需按这些步骤做就行。

25.4 初次实现

初次实现基于代码清单 15-7 所示问候脚本的基本结构。就这个原型而言，只需做些文件处理工作即可。

脚本要发挥作用，必须将修改后的文本存盘。另外，表单应比问候脚本（代码清单 15-7 所示的 simple3.cgi）中的表单大些，还应将文本框改为文本区域。同时，应使用 CGI 方法 `POST`，而不是默认的 `GET` 方法。（通常，要提交大量数据时，应使用 `POST` 方法。）

这个程序的逻辑大体如下。

(1) 获取 CGI 参数 `text`（默认为数据文件的当前内容）。

(2) 将 `text` 的值保存到数据文件中。

(3) 打印表单，其中的文本区域包含 `text` 的值。

要让脚本能够写入数据文件，必须先创建这样的文件（如 simple_edit.dat）。这个文件可以为空，也可包含初始文档（纯文本文件，其中可能包含一些标记，如 XML 或 HTML）。接下来，必须按第 15 章介绍的设置权限，让任何人都可写入这个文件。最终的代码如代码清单 25-1 所示。

代码清单 25-1　一个简单的 Web 编辑器（simple_edit.cgi）

```
#!/usr/bin/env python

import cgi
form = cgi.FieldStorage()

text = form.getvalue('text', open('simple_edit.dat').read())
f = open('simple_edit.dat', 'w')
f.write(text)
f.close()

print("""Content-type: text/html

<html>
  <head>
    <title>A Simple Editor</title>
  </head>
  <body>
    <form action='simple_edit.cgi' method='POST'>
    <textarea rows='10' cols='20' name='text'>{}</textarea><br />
    <input type='submit' />
    </form>
  </body>
</html>
""".format(text))
```

25

通过 Web 服务器运行时，这个 CGI 脚本检查输入值 text。如果提交了这个值，就将其写入 simple_edit.dat；没有提交时，这个值默认为文件 simple_edit.dat 的当前内容。最后，显示一个网页，其中包含用于编辑和提交文本的字段，如图 25-1 所示。

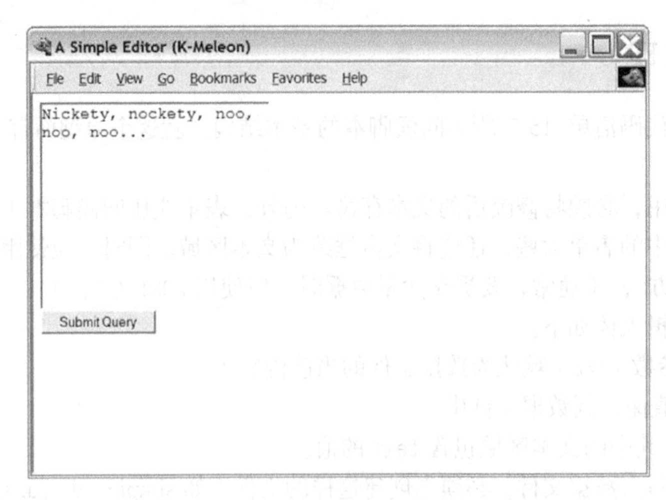

图 25-1　脚本 simple_edit.cgi 的运行情况

25.5　再次实现

至此，第一个原型已编写好，它还缺什么呢？应让用户能够编辑多个文件，并使用密码保护这些文件。（直接在浏览器中打开文档就能查看它，因此无须过多关注这个程序的查看部分。）

相比于第一个原型，再次实现的主要不同在于，你将把它分成两个 CGI 脚本，分别对应于系统支持的两种操作。新的原型包含如下文件。

- index.html：一个普通网页，包含一个供用户输入文件名的表单，还包含一个触发 edit.cgi 的 Open 按钮。
- edit.cgi：在文本区域中显示指定文件的脚本。它还包含一个用于输入密码的文本框以及一个触发 save.cgi 的 Save 按钮。
- save.cgi：将收到的文本保存到指定的文件并显示一条简单消息（如 The file has been saved）的脚本。这个脚本还应负责检查密码。

下面来逐个编写这些文件。

25.5.1　创建文件名表单

index.html 是一个 HTML 文件，包含用于输入文件名的表单。

```
<html>
  <head>
    <title>File Editor</title>
```

```
  </head>
  <body>
    <form action='edit.cgi' method='POST'>
      <b>File name:</b><br />
      <input type='text' name='filename' />
      <input type='submit' value='Open' />
  </body>
</html>
```

注意到这个文本框名为filename，这确保其内容将通过CGI参数filename提供给脚本edit.cgi（即标签form的属性action的值）。如果你在浏览器中打开这个文件，在文本框中输入文件名，再单击Open按钮，将运行脚本edit.cgi。

25.5.2 编写编辑器脚本

脚本edit.cgi显示的页面应包含一个文本区域和一个文本框，其中前者包含当前编辑的文件的内容，而后者用于输入密码。这个脚本需要的唯一输入是文件名，它是从index.html中的表单中获得的。然而，可在不提交index.html中表单的情况下直接运行脚本edit.cgi。在这种情况下，cgi.FieldStorage的字段将是未设置的。因此，你需要检查是否获得了文件名；如果获得了，就打开指定目录中的这个文件。我们将这个目录命名为data（当然，你必须创建这个目录）。

警告 通过提供包含路径元素［如..（两个点）］的文件名，可访问指定目录外的文件。为确保访问的文件在指定的目录内，应执行额外的检查，如列出指定目录中的所有文件（为此可使用模块glob），并核实指定的文件名是这些文件中的一个（务必使用完整的绝对路径名）。27.5.3节介绍了另一种方法。

这个脚本的代码类似于代码清单25-2。

代码清单25-2 编辑器脚本（edit.cgi）

```
#!/usr/bin/env python

print('Content-type: text/html\n')

from os.path import join, abspath
import cgi, sys

BASE_DIR = abspath('data')

form = cgi.FieldStorage()
filename = form.getvalue('filename')
if not filename:
    print('Please enter a file name')
    sys.exit()
text = open(join(BASE_DIR, filename)).read()

print("""
```

```
<html>
    <head>
        <title>Editing...</title>
    </head>
    <body>
        <form action='save.cgi' method='POST'>
            <b>File:</b> {}<br />
            <input type='hidden' value='{}' name='filename' />
            <b>Password:</b><br />
            <input name='password' type='password' /><br />
            <b>Text:</b><br />
            <textarea name='text' cols='40' rows='20'>{}</textarea><br />
            <input type='submit' value='Save' />
        </form>
    </body>
</html>
""".format(filename, filename, text))
```

请注意，这里使用了函数 abspath 来获取目录 data 的绝对路径。另外，将文件名存储在了一个隐藏的表单元素中，以便将其传递给下一个脚本（save.cgi），同时不给用户修改它的机会。（当然，并不能禁止用户修改这个文件名，因为用户可编写自己的表单，将它们放在另一台机器上，并让这些表单使用自定义值调用你的 CGI 脚本。）

为处理密码，示例代码使用了一个类型为 password（而不是 text）的 input 元素，这意味着用户输入的字符将显示为星号。

注意　这个脚本假定指定的文件存在，你可对其进行扩展，使其能够处理其他情形。

25.5.3　编写保存脚本

这个简单系统的最后一部分是执行保存的脚本。它接收文件名、密码和一些文本，并检查密码是否正确；如果正确，就将这些文本存储到指定的文件中。（你必须妥善地设置这个文件的权限。有关如何设置文件权限，请参阅第 15 章。）

出于好玩，我们将使用模块 sha 来处理密码。安全散列算法（Secure Hash Algorithm，SHA）是一种从输入字符串中提取无意义的随机字符串（**摘要**）的方法。这个算法背后的思想是，几乎不可能创建具有指定摘要的字符串，因此即便你知道密码的摘要，也无法重建密码或创建一个具有该摘要的密码。这意味着你可将所提供密码的摘要与存储的正确密码的摘要进行比较，而不用对密码本身进行比较。使用这种方法，无须将密码本身存储在源代码中，这样阅读代码的人根本不知道密码是什么。

警告　前面说过，实现这种安全功能主要是出于好玩。除非你使用 SSL 或其他类似的技术（这些技术不在这个项目的讨论范围内）来建立安全的连接，否则通过网络提交的密码依然可能被窃取。另外，这里使用的 SHA1 算法现在已不是非常安全了。

下面的示例演示了 sha 的用法：

```
>>> from hashlib import sha1
>>> sha1(b'foobar').hexdigest()
'8843d7f92416211de9ebb963ff4ce28125932878'
>>> sha1(b'foobaz').hexdigest()
'21eb6533733a5e4763acacd1d45a60c2e0e404e1'
```

如你所见，密码发生细微的变化时，得到的摘要完全不同。脚本 save.cgi 的代码如代码清单 25-3 所示。

代码清单 25-3 保存文件的脚本（save.cgi）

```
#!/usr/bin/env python

print('Content-type: text/html\n')

from os.path import join, abspath
from hashlib import sha1
import cgi, sys

BASE_DIR = abspath('data')

form = cgi.FieldStorage()

text = form.getvalue('text')
filename = form.getvalue('filename')
password = form.getvalue('password')

if not (filename and text and password):
    print('Invalid parameters.')
    sys.exit()

if sha1(password.encode()).hexdigest() != '8843d7f92416211de9ebb963ff4ce28125932878':
    print('Invalid password')
    sys.exit()

f = open(join(BASE_DIR,filename), 'w')
f.write(text)
f.close()

print('The file has been saved.')
```

25.5.4 运行编辑器

请按下面的步骤来使用这个编辑器。

(1) 在 Web 浏览器中打开页面 index.html。务必通过 Web 服务器来打开它（使用形如 http://www.someserver.com/index.html 的 URL），而不要将其作为本地文件打开。结果如图 25-2 所示。

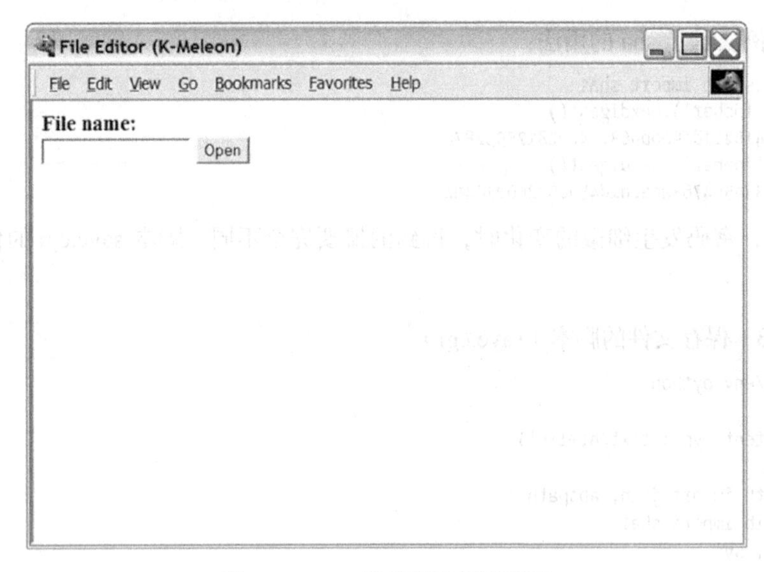

图 25-2　CGI 编辑器的起始页面

(2) 输入这个 CGI 编辑器可修改的文件的名称，再单击按钮 Open。浏览器将包含脚本 edit.cgi 的输出，如图 25-3 所示。

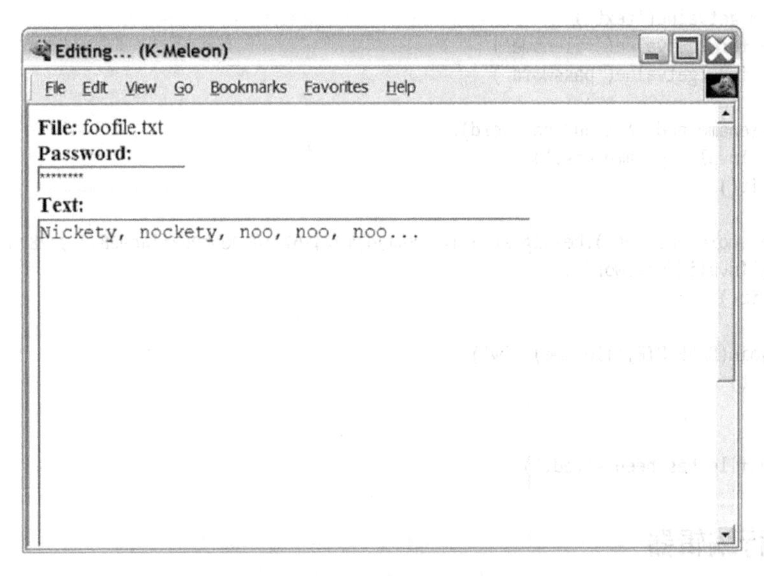

图 25-3　CGI 编辑器的编辑页面

(3) 随意编辑这个文件，输入密码（你设置的密码或这个示例中的密码 foobar），再单击按钮 Save。浏览器将包含脚本 save.cgi 的输出，也就是消息 The file has been saved.。

(4) 要核实文件被修改，可重复打开这个文件的过程（第 1~2 步）。

25.6 进一步探索

使用这个项目演示的技术，可开发各种 Web 系统。对于本章开发的系统，可做如下扩展。

- 添加版本控制，保存文件的旧副本，让你能够撤销所做的修改。
- 添加用户名支持，以便知道各项修改都是由谁所为。
- 添加文件锁定功能（如使用模块 `fcntl`），禁止两个用户同时编辑同一个文件。
- 添加脚本 view.cgi，自动给文件添加标记（就像第 20 章所做的那样）。
- 更详尽地检查输入并添加对用户更友好的消息，让脚本更健壮。
- 不打印类似于 The file has been saved.这样的确认消息，而是添加一些更有用的输出或将用户重定向到另一个页面/脚本。重定向可使用 `Location` 首部来实现，其工作原理类似于 `Content-type`。为此，只需在输出的 `header` 部分（第一个空行前）加上 `Location:`、空格和要重定向到的 URL。

除扩展这个 CGI 系统的功能外，你可能还想了解一些更复杂的 Python Web 环境（这在第 15 章讨论过）。

预告

至此，你练习编写了 CGI 脚本。下一个项目将更进一步，使用 SQL 数据库来存储数据。你将结合使用这两种技术实现一个功能齐备的基于 Web 的公告板。

第 26 章

项目 7：自建公告板

很多软件都让你能够通过互联网与他人交流，你已经见过其中的一些，如第 23 章介绍的 Usenet 讨论组以及第 24 章介绍的聊天服务器。本章将实现另一种这样的系统——基于 Web 的论坛。虽然其功能与复杂的社交媒体平台相距甚远，但提供了评论系统的基本功能。

26.1 问题描述

在这个项目中，你将创建一个通过 Web 发布和回复消息的简单系统，它可作为论坛使用。这个系统非常简单，但提供了基本的功能，并能够处理大量的帖子。

本章介绍的技术不仅可用于开发独立论坛，还可用于实现更通用的协作系统、问题跟踪系统、带评论功能的博客等。通过将 CGI（或类似的技术）和可靠的数据库（这里是 SQL 数据库）结合起来使用，可实现非常强大的功能，而且用途非常广泛。

提示 虽然自己编写代码很好玩，也能学到不少东西，但在很多情况下，购买既有的解决方案更划算。就论坛之类的软件而言，很可能能够找到很多优秀的免费系统。另外，大多数 Web 应用框架都可帮助你实现这样的功能，这在第 15 章讨论过。

具体地说，最终的系统必须满足如下需求。

- 显示当前所有消息的主题。
- 支持在消息下方以缩放的方式显示回复。
- 让用户能够查看既有的消息。
- 让用户能够回复既有的消息。

除这些功能需求外，如果系统具有如下特征就更好了：非常稳定，能够处理大量的消息，避免两个用户同时写入一个文件等问题。为实现这样的健壮性，可使用数据库服务器，而不自己编写文件处理代码。

26.2 有用的工具

除第 15 章讨论的 CGI 工具外，还需要一个 SQL 数据库，这在第 13 章讨论过。你可使用

第 13 章中的单机数据库 SQLite，也可使用其他系统，如下面这两种优秀的免费数据库：

- PostgreSQL
- MySQL

本章的示例使用的是 PostgreSQL，但只需对这些代码稍作修改，就可使用其他 SQL 数据库，如 MySQL 或 SQLite。

首先，需要确保你能够访问 SQL 数据库服务器（或单机 SQL 数据库，如 SQLite），并查看相关的文档以了解如何管理它。

除数据库服务器外，还需要能够与服务器交互（并对你隐藏细节）的 Python 模块。这种模块大都支持第 13 章详细讨论过的 Python DB API。本章将使用 Python 模块 psycopg，这是一个健壮的 PostgreSQL 前端。

如果你使用的是 MySQL 数据库，模块 MySQLdb 是不错的选择。

安装数据库模块后，就可将其导入（如使用 import psycopg 或 import MySQLdb）而不引发异常。

26.3 准备工作

要使用数据库，得先创建它，为此可使用 SQL。（有关这方面的指南，请参阅第 13 章。）

数据库的结构取决于要解决的问题。创建数据库并使用数据（消息）填充后，要修改数据库的结构有点麻烦，因此我们让这个数据库尽可能简单。

这个数据库只有一个表，其中每行都对应一条消息。每条消息都有独一无二的 ID（一个整数）、主题、发送者（发布者）以及一些文本（正文）。

另外，鉴于你希望能够以层次方式显示消息，每条消息都应存储一个引用，它指出了当前消息回复的是哪条消息。为创建这个表，要使用的 SQL 命令 CREATE TABLE 如代码清单 26-1 所示。

代码清单 26-1 创建 PostgreSQL 数据库

```
CREATE TABLE messages (
    id          SERIAL PRIMARY KEY,
    subject     TEXT NOT NULL,
    sender      TEXT NOT NULL,
    reply_to    INTEGER REFERENCES messages,
    text        TEXT NOT NULL
);
```

请注意，这个命令使用了一些 PostgreSQL 特有的功能：确保每条消息都自动获得独一无二 ID 的 SERIAL，数据类型 TEXT，以及确保 reply_to 包含有效消息 ID 的 REFERENCES。代码清单 26-2 显示了这个命令的 MySQL 版本。

代码清单 26-2 创建 MySQL 数据库

```
CREATE TABLE messages (
    id          INT NOT NULL AUTO_INCREMENT,
    subject     VARCHAR(100) NOT NULL,
```

```
    sender      VARCHAR(15) NOT NULL,
    reply_to    INT,
    text        MEDIUMTEXT NOT NULL, PRIMARY KEY(id)
);
```

最后，代码清单 26-3 显示了创建 SQLite 数据库的命令。

代码清单 26-3　创建 SQLite 数据库

```
create table messages (
    id          integer primary key autoincrement,
    subject     text not null,
    sender      text not null,
    reply_to    int,
    text text   not null
);
```

我已让这些代码片段尽可能简单（SQL 高手肯定能找到改进空间），毕竟本章的重点是 Python 代码。前述 SQL 语句创建的数据库表包含如下 5 个字段（列）。

- id：用于标识消息。每条消息都会自动获得由数据库管理器提供的独一无二的 ID，因此无须在 Python 代码中指定这些 ID。
- subject：包含消息主题的字符串。
- sender：包含发送者姓名、电子邮箱地址或其他类似信息的字符串。
- reply_to：如果消息是另一条消息的回复，这个字段将包含那条消息的 id，否则为空。
- text：包含消息正文的字符串。

创建这个数据库，并设置其权限让 Web 服务器能够读取其内容以及插入新行后，就可开始编写 CGI 代码了。

26.4　初次实现

在这个项目中，第一个原型的功能很有限。它只包含一个使用数据库功能的脚本，让你能够了解其中的工作原理。掌握工作原理后，再编写其他必要的脚本就不会太难了。从很大程度上说，这个原型只是简单地回顾了第 13 章介绍的内容。

代码的 CGI 部分与第 25 章很像。如果你还没有阅读那章，请现在浏览一下。另外，你还应复习一下 15.2.4 节。

警告　在本章的 CGI 脚本中，导入并启用了模块 cgitb，这对发现代码的缺陷大有裨益，但部署这个软件前，应删除调用 cgitb.enable 的代码，因为你不希望普通用户看到 cgitb 跟踪。

首先要知道的是 Python DB API 的工作原理。如果你还没有阅读第 13 章，现在应该大致浏览一下。对于只想接着往下读的读者，这里再次介绍一下数据库模块的核心功能。（请将其中的 db 替换为你使用的数据库模块的名称，如 psycopg 或 MySQLdb。）

- conn = db.connect('user=foo password=bar dbname=baz')：以用户 foo 的身份（密码为 bar）连接到数据库 baz，并将返回的连接对象赋给变量 conn。（请注意，给 connect 指定的参数是一个字符串。）

警告 在这个项目中，假定数据库和Web服务器运行在专用的计算机上。指定的用户（foo）应只能从那台计算机连接到数据库，以避免不希望的访问。因此并非必须使用密码，但数据库可能要求你必须设置密码。如果想要让任何人都可以访问这个论坛，应更深入地了解相关的安全措施，因为这个示例项目是不安全的！

- curs = conn.cursor()：从连接对象获取游标对象。游标用于执行 SQL 语句和获取结果。
- conn.commit()：提交上次提交后执行 SQL 语句导致的修改。
- conn.close()：关闭连接。
- curs.execute(sql_string)：执行 SQL 语句。
- curs.fetchone()：以序列（如元组）的方式获取一个结果行。
- curs.dictfetchone()：以字典的方式获取一个结果行。（这并非标准的一部分，因此并非所有的模块都提供了这样的功能。）
- curs.fetchall()：以包含序列的序列（如元组列表）的方式获取所有结果行。
- curs.dictfetchall()：以字典序列（如字典列表）的方式获取所有结果行。（这并非标准的一部分，因此并非所有的模块都提供了这样的功能。）

下面是一个简单的测试（这里假设使用的是模块 psycopg），它获取数据库中所有的消息（当前这个数据库是空的，因此结果为空）：

```
>>> import psycopg2
>>> conn = psycopg2.connect('user=foo password=bar dbname=baz')
>>> curs = conn.cursor()
>>> curs.execute('SELECT * FROM messages')
>>> curs.fetchall()
[]
```

由于还没有实现 Web 接口，因此要测试这个数据库，必须手工输入消息。为此，可使用管理工具（如 MySQL 管理工具 mysql 或 PostgreSQL 管理工具 psql），也可在 Python 解释器中使用数据库模块。

下面是一个代码片段，你可使用它来添加消息，以方便测试：

```
#!/usr/bin/env python
# addmessage.py
import psycopg2
conn = psycopg2.connect('user=foo password=bar dbname=baz)
curs = conn.cursor()

reply_to = input('Reply to: ')
subject = input('Subject: ')
sender = input('Sender: ')
```

```
text = input('Text: ')

if reply_to:
    query = """
    INSERT INTO messages(reply_to, sender, subject, text)
    VALUES({}, '{}', '{}', '{}')""".format(reply_to, sender, subject, text)
else:
    query = """
     INSERT INTO messages(sender, subject, text)
     VALUES('{}', '{}', '{}')""".format(sender, subject, text)

curs.execute(query)
conn.commit()
```

请注意，这些代码有点粗糙。它没有替你跟踪 ID（因此你必须确保指定的 reply_to 值为有效的 ID），也不能妥善地处理包含单引号的文本（这样做会带来问题，因为 SQL 使用单引号来界定字符串）。当然，最终的系统将解决这些问题。

请尝试在交互式 Python 提示符下添加几条消息并查看数据库。如果万事大吉，就该编写访问数据库的 CGI 脚本了。

至此，你知道了如何编写处理数据库的代码，还可使用第 25 章现成的 CGI 代码，因此编写查看消息主题的脚本（论坛主页的简化版）应该不会太难。你必须执行标准的 CGI 设置（就这里而言，主要是打印 Content-type 字符串），执行标准的数据库设置（获取连接和游标），执行简单的 SQL select 命令来获取所有的消息，再使用 curs.fetchall 或 curs.dictfetchall 获取所有结果行。

代码清单 26-4 是一个完成这些任务的脚本，其中只有设置格式的代码是你以前没有见过的，它们用于在消息下方以缩放的方式显示回复。

这个代码清单的工作原理大致如下。

(1) 对于每条消息，获取其 reply_to 字段。如果这个字段为 None（不是回复），就将当前消息加入顶级消息列表中，否则就将其附加到子消息列表 children[parent_id]末尾。

(2) 对于每条顶级消息，调用 format。函数 format 打印消息的主题。如果它有子消息，就打印起始标签<blockquote>，对每条子消息递归地调用 format，再打印结束标签</blockquote>。

如果你在 Web 浏览器中运行这个脚本(有关如何运行 CGI 脚本的详细信息，请参阅第 15 章)，将看到以层次结构显示的所有消息（的主题）。

图 26-1 显示了这个公告板是这样的。

注意　如果你使用的是 SQlite，就不能像代码清单 26-4 那样使用 dictfetchall，而需要将代码行 rows = curs.dictfetchall()替换为如下代码片段：

```
names = [d[0] for d in curs.description]
rows = [dict(zip(names, row)) for row in curs.fetchall()]
```

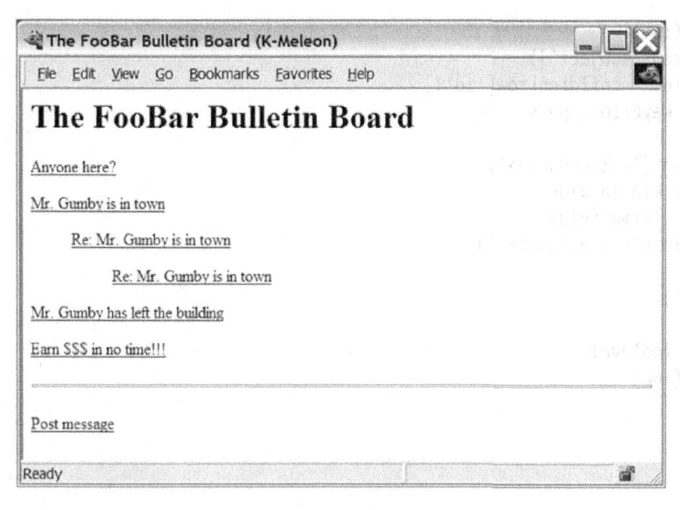

图 26-1 主页面

代码清单 26-4 公告板主页（simple_main.cgi）

```
#!/usr/bin/python

print('Content-type: text/html\n')

import cgitb; cgitb.enable()

import psycopg2
conn = psycopg2.connect('user=foo password=bar dbname=baz')
curs = conn.cursor()

print("""
<html>
  <head>
    <title>The FooBar Bulletin Board</title>
  </head>
  <body>
    <h1>The FooBar Bulletin Board</h1>
    """)

curs.execute('SELECT * FROM messages')
rows = curs.dictfetchall()

toplevel = []
children = {}

for row in rows:
    parent_id = row['reply_to']
    if parent_id is None:
        toplevel.append(row)
    else:
        children.setdefault(parent_id, []).append(row)
```

```
def format(row):
    print(row['subject'])
    try: kids = children[row['id']]
    except KeyError: pass
    else:
        print('<blockquote>')
        for kid in kids:
            format(kid)
        print('</blockquote>')

print('<p>')

for row in toplevel:
    format(row)

print("""
    </p>
</body>
</html>
""")
```

注意　如果这个程序由于某种原因无法正常运行，可能是因为你没有正确地设置数据库。请参阅你使用的数据库的文档，了解需要如何做才能让指定用户连接到数据库并对其进行修改。例如，可能需要显式地指定可连接到数据库的计算机的 IP 地址。

26.5　再次实现

初次实现的功能很有限，用户甚至不能发布消息。本节将对这个简单的系统进行扩展，但最终版本的基本结构将与这个版本相同。你将采取一些措施对提供的参数进行检查，例如检查 `reply_to` 是否是数字以及是否提供了必要的参数，但你必须意识到，要让系统如此健壮且对用户如此友好是一项艰巨的任务。如果要使用这个系统（或自己改进后的版本），就应妥善地处理这些问题。

然而，要改善稳定性，首先得确保系统管用，不是吗？那么从哪里着手呢？如何组织系统呢？

对于使用 CGI 等技术的 Web 程序，一种简单的组织方式是，对于要让用户能够执行的每项操作，都使用一个脚本来实现。就这个系统而言，这意味着需要编写如下脚本。

- main.cgi：以层次方式显示所有消息的主题，并将这些主题作为到消息本身的链接。
- view.cgi：显示一条消息，并提供让用户能够回复的链接。
- edit.cgi：以可编辑的方式显示一条消息（就像第 25 章那样使用文本框和文本区域），其中的 Submit 按钮链接到脚本 save.cgi。
- save.cgi：从 edit.cgi 那里接收有关消息的信息，并通过在数据库表中插入一个新行来保存这条消息。

下面来分别编写这些脚本。

26.5.1 编写脚本 main.cgi

脚本 main.cgi 很像第一个原型中的脚本 simple_main.cgi，主要差别在于加入了链接：每个主题都链接到相应消息（到 view.cgi 的链接）；同时在页面底部添加让用户能够发布新消息的链接（到 edit.cgi 的链接）。

请看代码清单 26-5 所示的代码。包含到每条消息的链接的代码行（包含在函数 format 中）类似于下面这样：

```
print('<p><a href="view.cgi?id={id}i">{subject}</a></p>'.format(row))
```

大致而言，这行代码创建到 view.cgi?id=someid 的链接，其中 someid 是给定行的 id。这种语法（问号和 key=val）是一种向 CGI 脚本传递参数的方式，这意味着用户单击链接时，将正确地设置参数 id 并运行脚本 view.cgi。Post message 是到脚本 edit.cgi 的链接。

代码清单 26-5 公告板主页（main.cgi）

```
#!/usr/bin/python

print('Content-type: text/html\n')

import cgitb; cgitb.enable()

import psycopg2
conn = psycopg2.connect('user=foo password=bar dbname=baz')
curs = conn.cursor()

print("""
  <html>
    <head>
       <title>The FooBar Bulletin Board</title>
    </head>
       <body>
         <h1>The FooBar Bulletin Board</h1>
         """)

curs.execute('SELECT * FROM messages')
rows = curs.dictfetchall()

toplevel = []
children = {}

for row in rows:
    parent_id = row['reply_to']
    if parent_id is None:
        toplevel.append(row)
    else:
        children.setdefault(parent_id, []).append(row)

def format(row):
```

```
        print('<p><a href="view.cgi?id={id}i">{subject}</a></p>'.format(row))
        try: kids = children[row['id']]
        except KeyError: pass
        else:
            print('<blockquote>')
            for kid in kids:
                format(kid)
            print('</blockquote>')
        print('<p>')

    for row in toplevel:
        format(row)

    print("""
         </p>
         <hr />
         <p><a href="edit.cgi">Post message</a></p>
       </body>
    </html>
    """)
```

下面来看看脚本 view.cgi 是如何处理参数 id 的。

26.5.2　编写脚本 view.cgi

脚本 view.cgi 根据提供给它的 CGI 参数 id 从数据库获取一条消息，再使用得到的值来生成一个简单的 HTML 页面。这个页面包含一个返回到主页面（main.cgi）的链接，更有趣的是，它还包含一个到 edit.cgi 的链接，但这里将参数 reply_to 设置为 id 的值，以确保新消息是对当前消息的回复。脚本 view.cgi 的代码如代码清单 26-6 所示。

代码清单 26-6　消息查看器（view.cgi）

```
#!/usr/bin/python

print('Content-type: text/html\n')

import cgitb; cgitb.enable()

import psycopg2
conn = psycopg2.connect('user=foo password=bar dbname=baz')
curs = conn.cursor()

import cgi, sys
form = cgi.FieldStorage()
id = form.getvalue('id')

print("""
<html>
  <head>
    <title>View Message</title>
```

```
  </head>
  <body>
    <h1>View Message</h1>
    """)

try: id = int(id)
except:
     print('Invalid message ID')
     sys.exit()

curs.execute('SELECT * FROM messages WHERE id = %s', (format(id),))
rows = curs.dictfetchall()

if not rows:
     print('Unknown message ID')
     sys.exit()

row = rows[0]

print("""
     <p><b>Subject:</b> {subject}<br />
     <b>Sender:</b> {sender}<br />
     <pre>{text}</pre>
     </p>
     <hr />
     <a href='main.cgi'>Back to the main page</a>
     | <a href="edit.cgi?reply_to={id}">Reply</a>
  </body>
</html>
""".format(row))
```

使用 SQL 包本身的拆分机制，避免了前面所说的单引号问题，让代码更安全。

警告 不应将不信任的文本直接插入用作 SQL 查询的字符串中，因为这样的代码很容易遭受 SQL 注入攻击。相反，应使用 Python DB API 占位符机制，并向 `curs.execute` 提供一个额外的参数元组。

26.5.3 编写脚本 edit.cgi

脚本 edit.cgi 实际上承担了双重职责：既用于编辑新消息，也用于编辑回复。这两项功能的差别并不大：如果在 CGI 请求中提供了 `reply_to`，就将其存储在编辑表单中一个隐藏的 `input` 元素中。在 Web 表单中，隐藏的 `input` 元素用于临时存储信息。它们不像文本区域等元素那样是用户能够看到的，但它们的值也将传递给表单的属性 `action` 指定的 CGI 脚本，这让生成表单的脚本能够向处理该表单的脚本传递信息。

另外，默认将主题设置为`"Re: parentsubject"`（除非主题已经以 `Re:`打头，在这种情况下，不用继续添加 `Re:`）。处理这些细节的代码片段如下：

```
subject = ''
if reply_to is not None:
    print('<input type="hidden" name="reply_to" value="{}"/>'.format(reply_to))
    curs.execute('SELECT subject FROM messages WHERE id = %s', (reply_to,))
    subject = curs.fetchone()[0]
    if not subject.startswith('Re: '):
        subject = 'Re: ' + subject
```

代码清单 26-7 显示了脚本 edit.cgi 的源代码。

代码清单 26-7　消息编辑器（edit.cgi）

```
#!/usr/bin/python

print('Content-type: text/html\n')

import cgitb; cgitb.enable()

import psycopg2
conn = psycopg2.connect('user=foo password=bar dbname=baz')
curs = conn.cursor()

import cgi, sys
form = cgi.FieldStorage()
reply_to = form.getvalue('reply_to')

print("""
<html>
  <head>
    <title>Compose Message</title>
  </head>
  <body>
    <h1>Compose Message</h1>

    <form action='save.cgi' method='POST'>
    """)

subject = ''
if reply_to is not None:
    print('<input type="hidden" name="reply_to" value="{}"/>'.format(reply_to))
    curs.execute('SELECT subject FROM messages WHERE id = %s', (format(reply_to),))
    subject = curs.fetchone()[0]
    if not subject.startswith('Re: '):
        subject = 'Re: ' + subject

print("""
     <b>Subject:</b><br />
     <input type='text' size='40' name='subject' value='{}' /><br />
     <b>Sender:</b><br />
     <input type='text' size='40' name='sender' /><br />
     <b>Message:</b><br />
     <textarea name='text' cols='40' rows='20'></textarea><br />
     <input type='submit' value='Save'/>
     </form>
```

```
      <hr />
      <a href='main.cgi'>Back to the main page</a>'
    </body>
  </html>
  """.format(subject))
```

26.5.4 编写脚本 save.cgi

下面来编写最后一个脚本。脚本 save.cgi 从 edit.cgi 生成的表单那里接收有关一条消息的信息，并将其存储到数据库中。这意味着需要使用 SQL INSERT 命令，同时由于对数据库做了修改，必须调用 conn.commit，这样脚本终止时所做的修改才不会丢失。

代码清单 26-8 显示了脚本 save.cgi 的源代码。

代码清单 26-8 保存脚本（save.cgi）

```
#!/usr/bin/python

print('Content-type: text/html\n')

import cgitb; cgitb.enable()

import psycopg2
conn = psycopg2.connect('user=foo password=bar dbname=baz')
curs = conn.cursor()

import cgi, sys
form = cgi.FieldStorage()

sender = form.getvalue('sender')
subject = form.getvalue('subject')
text = form.getvalue('text')
reply_to = form.getvalue('reply_to')

if not (sender and subject and text):
    print('Please supply sender, subject, and text')
    sys.exit()

if reply_to is not None:
    query = ("""
    INSERT INTO messages(reply_to, sender, subject, text)
    VALUES(%s, '%s', '%s', '%s')""", (int(reply_to), sender, subject, text))
else:
    query = ("""
    INSERT INTO messages(sender, subject, text)
    VALUES('%s', '%s', '%s')""", (sender, subject, text))

curs.execute(*query)
conn.commit()

print("""
<html>
```

```
<head>
  <title>Message Saved</title>
</head>
<body>
  <h1>Message Saved</h1>
  <hr />
  <a href='main.cgi'>Back to the main page</a>
</body>
</html>s
""")
```

26.5.5　尝试使用

要测试这个系统，可首先运行脚本 main.cgi，再单击其中的链接 Post message，这将运行脚本 edit.cgi。在所有的字段中都输入一些值，再单击链接 Save。

这将运行脚本 save.cgi，它显示消息 Message Saved。单击链接 Back to the main page 返回到 main.cgi，列表中应包含你刚才发布的消息。

要查看这条消息，只需单击其主题。这将使用正确的 ID 来运行脚本 view.cgi。在这个脚本生成的页面中，单击链接 Reply。这将再次运行脚本 edit.cgi，但这次设置的是 reply_to（这个值存储在一个隐藏的 input 元素中），并使用默认主题。同样，输入一些文本，并单击链接 Save，再返回到主页。在主页中，你的回复应显示在原来的主题下方。（如果没有显示，可尝试重新加载该页面。）

主页如本章前面的图 26-1 所示，消息查看器如图 26-2 所示，而消息编辑器如图 26-3 所示。

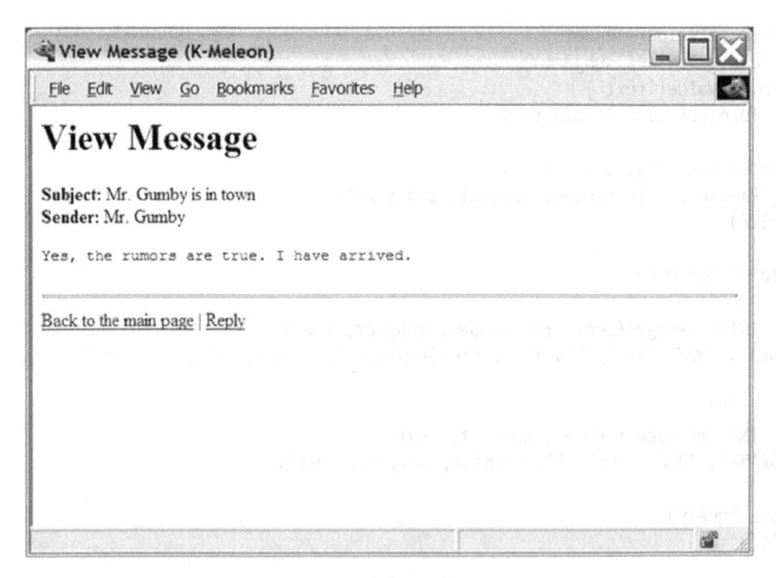

图 26-2　消息查看器

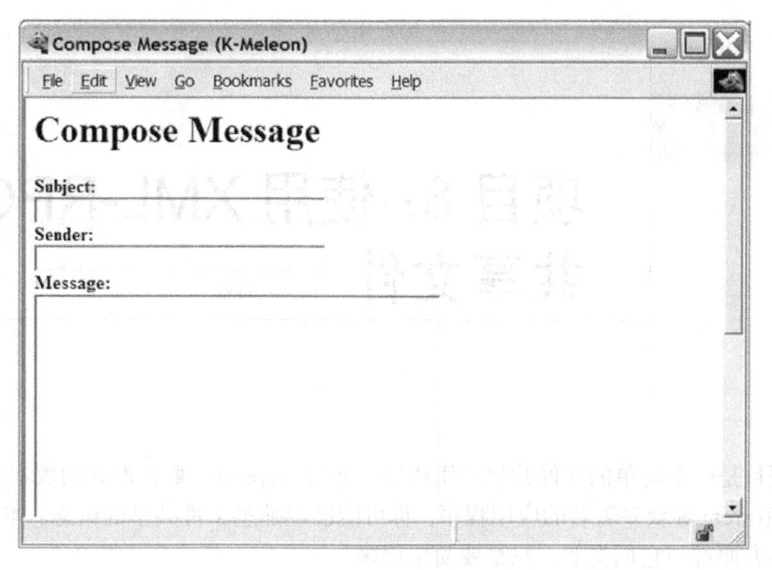

图 26-3 消息编辑器

26.6 进一步探索

至此，你能够使用可靠而高效的存储技术开发功能强大的大型 Web 应用了，但值得深入探究的方面还有很多。

- 编写一个 Web 前端，用于处理你喜欢的巨蟒剧团剧目数据库如何？
- 如果你想改进本章开发的系统，应考虑如何实现抽象。创建一个实用模块，在其中包含用于打印网页首部和尾部的函数如何？这样，你就无须在每个脚本中都编写打印这些 HTML 内容的代码了。另外，添加一个能够处理密码的用户数据库或将创建连接的代码提取出来也很有帮助。
- 如果你希望解决方案不需要专用的服务器，可使用第 13 章使用的 SQLite，也可使用一些非 SQL 解决方案［如 MongoDB］，还可使用专用的文件格式［如 HDF5］。

预告

如果你认为自己动手编写论坛软件很酷，再接着编写一个类似于 BitTorrent 的 P2P 文件共享程序如何？这正是你在下一章要做的。好消息是，这个任务比之前完成的大部分网络编程任务都要简单，这都要归功于神奇的远程过程调用。

第 27 章

项目 8：使用 XML-RPC 共享文件

27

本章的项目是一个简单的文件共享应用程序。通过 Napster（最初形式的版本已不能下载）、Gnutella、BitTorrent 等众多著名的应用程序，你可能已经熟悉文件共享的概念。本章将编写的应用程序在很多方面都与它们类似，只是要简单得多。

我们将使用的主要技术是 XML-RPC。第 15 章说过，这是一种远程调用过程（函数）的协议，这种调用可能是通过网络进行的。如果你愿意，可使用普通的套接字编程轻松地实现这个项目的功能，为此可能需要用到第 14 章和第 24 章介绍的一些技巧。这样做还可能获得更佳的性能，因为 XML-RPC 协议确实存在一定的开销。然而，XML-RPC 使用起来非常容易，还很可能极大地简化代码。

27.1 问题描述

我们要创建一个 P2P（peer-to-peer）文件共享程序。大致而言，**文件共享**意味着在运行于不同计算机上的程序之间交换文件（从文本文件到声音或视频剪辑的各种文件）。P2P 指的是计算机程序之间的一种交互方式，与常见的**客户端–服务器**交互（在这种交互中，客户端可链接到服务器，但反过来不行）不太一样。在 P2P 交互中，任何对等体（peer）都可连接到其他对等体。在这样一个由对等体组成的网络中，不存在中央权威（在客户端/服务器架构中，这样的权威为服务器），这让网络更健壮，因为除非你关闭大部分对等体，否则这样的网络不可能崩溃。

在创建 P2P 系统的过程中，会遇到很多问题。在诸如 Gnutella 等较旧的系统中，对等体可能向所有的邻居（它知道的其他对等体）广播查询，而这些对等体可能进一步广播查询。这样，响应查询的对等体都可通过对等体链将应答发回给最初发起查询的对等体。对等体独立而并行地工作。在诸如 BitTorrent 等较新的系统中，使用了更巧妙的技术，如要求你上传文件后才有权下载文件。出于简化考虑，这个项目的系统将依次与每个邻居联系，等收到响应后再与下一个对等体联系。这种做法的效率与 Gnutella 采用的并行做法没法比，但就这个系统的目标而言足够了。

大多数 P2P 系统采用巧妙的方式来组织其结构（即每个对等体与哪些对等体相邻）以及这种

结构随对等体连接和断开的变化方式。在这个项目中，我们将采用非常简单的方式，但留有改进的余地。

这个文件共享程序必须满足的需求如下。

- 每个节点都必须跟踪一组已知的节点，以便能够向这些节点寻求帮助。还必须让节点能够向其他节点介绍自己，从而成为其他节点跟踪的节点集中的一员。
- 节点必须能够通过提供文件名向其他节点请求文件。如果对方有这样的文件，应将其返回，否则应转而向其邻居请求这个文件（而这些邻居可能转而请其邻居请求该文件）。被请求的节点如果有这样的文件，就将其返回。
- 为避免循环（A 向 B 请求，B 又反过来向 A 请求），同时避免形成过长的请求链（A 向 B 请求，B 向 C 请求等，直到向 Z 请求），向节点查询时必须提供**历史记录**。这个历史记录其实就是一个列表，其中包含在此之前已查询过的所有节点。通过不向历史记录中已有的节点请求，可避免循环，而通过限制历史记录的长度，可避免查询链过长。
- 必须能够连接到其他节点，并将自己标识为可信任方。通过这样做，节点将能够使用不可信任方（如 P2P 网络中的其他节点）无法使用的功能。这种功能可能包括请求对方通过查询从网络中的其他节点下载文件并存储。
- 必须提供这样的用户界面：让用户能够作为可信任方连接到其他节点，并让对方下载文件。这种界面应该能够轻松地扩展乃至替换。

要满足这些需求似乎有点难，但你将看到，它们实现起来并不太难。你还可能发现，实现这些功能后，再添加其他功能也不会太难。

警告 正如文档指出的，与 XML-RPC 相关的 Python 模块不能防范恶意创建的数据带来的风险。虽然这个项目将节点分为可信任的和不可信任的，但不应将此视为安全保障。在使用这个系统的过程中，千万不要连接到你不信任的节点。

27.2 有用的工具

在这个项目中，我们将使用很多标准库模块。

使用的主要模块为 `xmlrpc.client` 和 `xmlrpc.server`。模块 `xmlrpc.client` 的用法非常简单，你只需使用服务器的 URL 创建一个 `ServerProxy` 对象，就能够马上访问远程过程。模块 `xmlrpc.server` 使用起来要复杂些，在你完成本章项目的过程中将看到这一点。

为实现这个文件共享程序的界面，我们将使用第 24 章介绍过的模块 `cmd`。为实现一定（非常有限）的并行性，我们将使用模块 `threading`。为提取 URL 的组成部分，我们将使用模块 `urllib.parse`。这些模块将在本章后面介绍。

你可能还需复习一下其他模块，包括 `random`、`string`、`time` 和 `os.path`。有关这些模块的详细信息，请参阅第 10 章以及“Python 库参考手册”。

27.3 准备工作

为使用本章将用到的库，无须做很多准备工作。如果你使用的 Python 版本较新，其中应该包含这里要用到的所有库。

要使用本章将创建的软件，计算机并非一定要连接到网络，不过连接到网络将更有趣。如果你有多台相连的计算机（如它们都连接到了互联网），就可分别在每台计算机上运行这个软件，从而让它们彼此通信（但你可能需要修改当前正在运行的防火墙规则）。就测试而言，可在同一台计算机上运行多个文件共享节点。

27.4 初次实现

要编写 Node 类（系统中的单个节点，即对等体）的第一个原型，必须对模块 xmlrpc.server 中 SimpleXMLRPCServer 类的工作原理有些了解。这个类是使用形如(servername, port)的元组来实例化的，其中 servername 是运行服务器的计算机的名称（可将其设置为空字符串来表示 localhost，即执行程序的计算机），而 port 可以是你能够访问的任何端口，通常为 1024 或更大的值。

实例化服务器后，可使用方法 register_instance 注册一个实现了其“远程方法”的实例，也可使用方法 register_function 注册各个函数。为运行服务器做好准备（让它能够响应来自外部的请求）后，调用其方法 serve_forever。你可轻松地尝试做到这一点。为此，可启动两个交互式 Python 解释器，在第一个解释器中输入如下代码：

```
>>> from xmlrpc.server import SimpleXMLRPCServer
>>> s = SimpleXMLRPCServer(("", 4242)) # localhost 和端口 4242
>>> def twice(x): # 示例函数
...     return x * 2
...
>>> s.register_function(twice) # 给服务器添加功能
>>> s.serve_forever()# 启动服务器
```

执行最后一条语句后，解释器看起来就像“挂起”了一样，但实际上它是在等待 RPC 请求。为发出这样的请求，切换到另一个解释器并执行如下代码：

```
>>> from xmlrpc.client import ServerProxy # 如果你愿意，也可将 ServerProxy 替换为 Server
>>> s = ServerProxy('http://localhost:4242') # 也是 localhost……
>>> s.twice(2)
4
```

很厉害吧，如果考虑到使用 xmlrpclib 的客户端可运行在其他计算机上，就尤其如此了。在这种情况下，必须使用服务器计算机的名称而不是 localhost。如你所见，要访问服务器实现的远程过程，只需使用正确的 URL 实例化一个 ServerProxy。真的不能比这更容易了。

27.4.1 实现简单的节点

介绍 XML-RPC 技术后，该着手编码了。（第一个原型的完整源代码如本节末尾的代码清单 27-1 所示。）

为找到切入点，回顾一下本章前面介绍的需求是个不错的主意。我们关心的主要有两点：Node必须存储哪些信息（属性）；Node 必须能够执行哪些操作（方法）。

Node 必须至少包含如下属性。

- 目录名：让 Node 知道到哪里去查找文件或将文件存储到哪里。
- 密码：供其他节点用来将自己标识为可信任方。
- 一组已知的对等体（URL）。
- URL：可能加入到查询历史记录中或提供给其他节点（这个项目不会以第二种方式使用URL）。

Node 的构造函数只是设置这 4 个属性。除构造函数外，还需要用于查询的方法、获取和存储文件的方法以及向其他节点介绍自己的方法。我们将这些方法分别命名为 query、fetch 和 hello。下面是使用伪代码编写的 Node 类的骨架.

```
class Node:

    def __init__(self, url, dirname, secret):
        self.url = url
        self.dirname = dirname
        self.secret = secret
        self.known = set()

    def query(self, query):
        查找文件（可能向邻居查询）并以字符串的方式返回它

    def fetch(self, query, secret):
        如果密码（secret）无误，就执行常规查询并存储文件。
        换而言之，让节点找到并下载文件

    def hello(self, other):
        将节点 other 添加到已知对等体集合中
```

假设已知对等体集合名为 known，方法 hello 将非常简单，它只需将 other 添加到 self.known 中即可，其中 other 是这个方法的唯一参数（一个 URL）。然而，XML-RPC 要求所有方法都必须返回一个值，而不能返回 None。有鉴于此，下面来定义两个指出成功还是失败的“编码”。

```
OK = 1
FAIL = 2
```

然后像下面这样实现方法 hello：

```
def hello(self, other):
    self.known.add(other)
    return OK
```

向 SimpleXMLRPCServer 注册节点后，就可从外面调用这个方法了。

方法 query 和 fetch 要棘手些。先来编写 fetch，因为它更简单。这个方法必须接受参数 query 和 secret，其中 secret 是必不可少的，可避免节点被其他节点随便操纵。请注意，调用 fetch 将导致节点下载一个文件。因此，相比于只是传递文件的方法 query，应更严格地限制对这个方法的访问。

如果提供的密码不同于（启动时指定的）self.secret，fetch 将直接返回 FAIL；否则它将调用 query 来获取指定的文件。但方法 query 该返回什么呢？调用 query 时，你希望能够知道查询是否成功，并在成功时返回指定文件的内容。因此，我们将 query 的返回值定义为元组(code, data)，其中 code 的可能取值为 OK 和 FAIL，而 data 是一个字符串。如果 code 为 OK，这个字符串将包含找到的文件的内容；否则为一个随意的值，如空字符串。

方法 fetch 获取 code 和 data。如果 code 为 FAIL，这个方法也直接返回 FAIL，否则就以写入模式打开一个新文件［这个文件的名称由参数 query 指定，它包含在目录 self.dirname 中（使用 os.path.join 将两者合而为一）］，再将 data 写入这个文件，然后关闭这个文件并返回 OK。有关这种相对简单的实现的源代码，请参阅本节后面的代码清单 27-1。

现在来看方法 query。它接受参数 query，但还应将历史记录作为参数（历史记录包含一系列不应再向其查询的 URL，因为它们正在等待该查询的响应）。鉴于刚调用 query 时，历史记录为空，因此可将这个参数的默认值设置为空列表。

如果查看代码清单 27-1 所示的代码，将发现它进一步抽象了方法 query，这是通过创建两个名为_handle 和_broadcast 的工具方法实现的。请注意，这些方法的名称以下划线打头，意味着不能通过 XML-RPC 来访问它们。（这是 SimpleXMLRPCServer 的行为，而不是 XML-RPC 的组成部分。）这很有用，因为这些方法并非要向外部提供独立的功能，而只是用于组织代码。

就现在而言，假设_handle 负责查询的内容处理（检查节点是否包含指定的文件，获取数据等），它像 query 一样返回一个编码和一些数据。从代码清单 27-1 可知，如果 code 为 OK（找到了指定的文件），方法_handle 将立即返回 code 和 data。然而，如果_handle 返回的 code 为 FAIL，那么 query 该如何办呢？在这种情况下，它必须向其他所有已知的节点寻求帮助。为此，它首先将 self.url 添加到 history 中。

注意　更新 history 时，既没有使用运算符+=，也没有使用列表方法 append，因为它们都就地修改列表，而你不想修改参数 history 的默认值。

如果新的 history 太长，query 将返回 FAIL（和一个空字符串）。这里随意地将最大长度设置成了 6，并将其存储在全局常量 MAX_HISTORY_LENGTH 中。

为何将 MAX_HISTORY_LENGTH 设置为 6

这样做基于的理念是，网络中的任何对等体最多通过 6 步就能到达其他任何对等体。当然，这取决于网络的结构（每个对等体都知道哪些对等体），不过也得到了有关人际关系的“六度分离”假设的支持。有关这种假设的描述，请搜索“六度分离”相关的文章。）。

在这个程序中使用这样的数字可能不太科学，但至少是不错的估计。在包含大量节点的大型网络中，鉴于这个程序的非并行性质，将 MAX_HISTORY_LENGTH 设置为较大的值可能导致性能变差。因此，如果速度很慢，可能应该降低这个值。

如果 history 不太长，就使用方法_broadcast 向所有已知的对等体广播查询。方法_broadcast 不太复杂，如代码清单 27-1 所示。它迭代 self.known 的副本，如果当前对等体包含在 history 中，就使用 continue 语句跳到下一个对等体，否则创建一个 ServerProxy 对象，并对其调用方法 query。如果方法 query 成功，就将其返回值作为_broadcast 的返回值。可能会因为网络问题、错误的 URL 或节点不支持方法 query 而引发异常，在这种情况下，将把对等体的 URL 从 self.known 中删除（这是在包含 query 调用的 try 语句的 except 子句中进行的）。最后，如果正常地到达了函数末尾（什么都没有返回），将返回 FAIL 和一个空字符串。

注意 不应直接迭代 self.known 本身，因为这个集合在迭代期间可能被修改。使用其副本更安全。

方法_start（使用从 URL 中提取端口号的小型工具函数 get_port）创建一个 SimpleXMLRPCServer，并将 logRequests 设置为 False（不存储日志），然后使用 register_instance 注册 self，并调用服务器的方法 serve_forever。

最后，这个模块的方法 main 从命令行提取 URL、目录和密码，再创建一个 Node 对象并调用其方法_start。

这个原型的完整代码如代码清单 27-1 所示。

代码清单 27-1 简单的 Node 类实现（simple_node.py）

```
from xmlrpc.client import ServerProxy
from os.path import join, isfile
from xmlrpc.server import SimpleXMLRPCServer
from urllib.parse import urlparse
import sys

MAX_HISTORY_LENGTH = 6

OK = 1
FAIL = 2
EMPTY = ''

def get_port(url):
    '从 URL 中提取端口'
    name = urlparse(url)[1]
    parts = name.split(':')
    return int(parts[-1])

class Node:
    """
    P2P 网络中的节点
    """
    def __init__(self, url, dirname, secret):
        self.url = url
        self.dirname = dirname
        self.secret = secret
        self.known = set()
```

27

```
    def query(self, query, history=[]):
        """
        查询文件（可能向已知节点寻求帮助），并以字符串的方式返回它
        """
        code, data = self._handle(query)
        if code == OK:
            return code, data
        else:
            history = history + [self.url]
            if len(history) >= MAX_HISTORY_LENGTH:
                return FAIL, EMPTY
            return self._broadcast(query, history)

    def hello(self, other):
        """
        用于向其他节点介绍当前节点
        """
        self.known.add(other)
        return OK

    def fetch(self, query, secret):
        """
        用于让节点查找并下载文件
        """
        if secret != self.secret: return FAIL
        code, data = self.query(query)
        if code == OK:
            f = open(join(self.dirname, query), 'w')
            f.write(data)
            f.close()
            return OK
        else:
            return FAIL

    def _start(self):
        """
        供内部用来启动 XML-RPC 服务器
        """
        s = SimpleXMLRPCServer(("", get_port(self.url)), logRequests=False)
        s.register_instance(self)
        s.serve_forever()

    def _handle(self, query):
        """
        供内部用来处理查询
        """
        dir = self.dirname
        name = join(dir, query)
        if not isfile(name): return FAIL, EMPTY
        return OK, open(name).read()

    def _broadcast(self, query, history):
        """
        供内部用来向所有已知节点广播查询
```

```
        """
        for other in self.known.copy():
            if other in history: continue
            try:
                s = ServerProxy(other)
                code, data = s.query(query, history)
                if code == OK:
                    return code, data
            except:
                self.known.remove(other)
         return FAIL, EMPTY

def main():
    url, directory, secret = sys.argv[1:]
    n = Node(url, directory, secret)
    n._start()

if __name__ == '__main__': main()
```

下面来看一个有关如何使用这个程序的简单示例。

27.4.2 尝试使用

确保打开了多个终端（Terminal.app、xterm、DOS 窗口或其他终端）。假设你要（在同一台计算机上）运行两个对等体，需要为每个对等体分别创建一个目录（如 files1 和 files2），在目录 files2 中放置一个文件（如 test.txt），再在一个终端中运行如下命令：

```
python simple_node.py http://localhost:4242 files1 secret1
```

实际运行程序时，将使用完整的计算机名称而不是 localhost，还可能使用比 secret1 更复杂的密码。

这就是第一个对等体。接下来，再创建一个对等体。为此，在另一个终端中运行如下命令：

```
python simple_node.py http://localhost:4243 files2 secret2
```

如你所见，这个对等体提供位于另一个目录中的文件，并使用不同的端口号（4243）和密码。如果你按前面说的做了，应该有两个不同的对等体在运行（它们位于不同的终端窗口中）。下面来启动交互式 Python 解释器，并尝试连接到其中的一个对等体。

```
>>> from xmlrpc.client import *
>>> mypeer = ServerProxy('http://localhost:4242') # 第一个对等体
>>> code, data = mypeer.query('test.txt')
>>> code
2
```

如你所见，向第一个对等体请求文件test.txt时失败了。（返回的编码2表示失败，还记得吗？）下面来尝试向第二个节点请求文件 test.txt。

```
>>> otherpeer = ServerProxy('http://localhost:4243') # 第二个对等体
>>> code, data = otherpeer.query('test.txt')
>>> code
1
```

这次查询成功了，因为文件 test.txt 包含在第二个对等体的文件目录中。如果文件 test.text 包含的文本不多，可显示变量 data 的内容，以核实正确地传输了文件 test.txt 的内容。

```
>>> data
'This is a test\n'
```

到目前为止一切顺利。向第二个对等体介绍第一个对等体后，结果将如何呢？

```
>>> mypeer.hello('http://localhost:4243') # 向 otherpeer 介绍 mypeer
```

现在，第一个对等体知道第二个对等体的 URL，可向其寻求帮助了。再次尝试向第一个对等体查询，这次查询将成功。

```
>>> mypeer.query('test.txt')
[1, 'This is a test\n']
```

成功了！

现在就剩一项功能没有测试了：可让第一个节点从第二个节点那里下载文件并存储它吗？

```
>>> mypeer.fetch('test.txt', 'secret1')
1
```

返回值（1）表明成功了。如果你查看目录 files1，将发现文件 test.txt 奇迹般地出现在这里。请启动多个对等体（如果你愿意，可在不同的计算机上启动它们），并将每个对等体都介绍给其他所有对等体。等你玩烦了，再来看下一个实现。

27.5　再次实现

初次实现存在很多缺陷和缺点，这里不打算列出全部（27.6 节将讨论一些可能的改进），而只列出几个重要的。

- 如果你停止并重启一个节点，可能出现错误消息，指出端口被占用。
- 你可能想提供对用户更友好的界面，而不是在交互式 Python 解释器中使用 xmlrpc.client。
- 返回的编码不方便，一种更自然、更符合 Python 风格的解决方案是，在找不到文件时引发自定义异常。
- 节点没有检查它返回的文件是否包含在文件目录中。使用诸如'../somesecretfile. txt'这样的路径，图谋不轨的黑客能够非法访问节点的其他任何文件。
- 第一个问题很好解决，只需将 SimpleXMLRPCServer 的属性 allow_reuse_address 设置为 True 即可。

```
SimpleXMLRPCServer.allow_reuse_address = 1
```

如果你不想直接修改这个类，可创建其子类。其他几个问题解决起来要复杂些，将在接下来的几小节分别讨论。源代码如本章后面的代码清单 27-2 和代码清单 27-3 所示。（你可能应该快速浏览一下，再接着往下读。）

27.5.1 创建客户端界面

客户端界面是使用模块 cmd 中的 Cmd 类实现的，有关其工作原理的详细信息，请参阅第 24 章或“Python 库参考手册”。简单地说，你从 Cmd 派生出一个子类来创建一个命令行界面，同时对于要让它能够处理的每个命令（如 foo），都创建一个方法（如 do_foo）。这个方法将命令行余下的内容（一个字符串）作为其唯一的参数。例如，如果你在命令行界面输入如下内容：

```
say hello
```

将调用方法 do_say，并将字符串'hello'作为其唯一的参数。Cmd 的子类使用什么样的提示符取决于属性 prompt。

这里的界面将只实现命令 fetch（下载文件）和 exit（退出程序）。命令 fetch 调用服务器的方法 fetch，并在文件没有找到时打印一条错误消息。命令 exit 打印一个空行（这只是出于美观考虑）并调用 sys.exit。（EOF 命令表示已到达文件末尾。在 UNIX 系统中，用户按下 Ctrl+D 时将执行这个命令。）

然而，在构造函数中需要做什么呢？你希望将每个客户端都与其对等体关联起来。为此，可创建一个 Node 对象并调用其方法_start，但如果这样做，客户端在方法_start 返回前什么都做不了，这导致客户端毫无用处。为解决这个问题，可在一个独立的线程中启动 Node。通常，使用线程时需要使用锁等机制做大量的防护和同步工作。然而，由于 Client 只通过 XML-RPC 与其 Node 交互，你无须做任何防护和同步工作。要在独立的线程中运行方法_start，只需将下面的代码放在程序的某个合适位置：

```
from threading import Thread
n = Node(url, dirname, self.secret)
t = Thread(target=n._start)
t.start()
```

警告 修改这个项目的代码时务必小心。Client 开始与 Node 对象直接交互（或相反）后，很容易出现与线程化相关的问题。修改代码前，务必完全理解线程化。

为确保你使用 XML-RPC 连接到它时已完全启动，先启动服务器，再使用 time.sleep 等待一段时间。

然后，遍历一个包含 URL 的文件的所有行，并使用方法 hello 将服务器介绍给这些行表示的对等体。

你不用自己去设计密码，可使用实用函数 random_string（参见本章后面的代码清单 27-3），它生成一个由 Client 和 Node 共享的随机密码字符串。

27.5.2 引发异常

不返回表示成功还是失败的编码，而是假定肯定会成功，并在失败时引发异常。在 XML-RPC 中，异常（或故障）是使用数字标识的。在这个项目中，我随意地选择了 100 和 200 这两个数，分别用于表示正常的失败（请求未得到处理）和请求被拒绝（拒绝访问）。

```
UNHANDLED     = 100
ACCESS_DENIED = 200

class UnhandledQuery(Fault):
    """
    表示查询未得到处理的异常
    """
    def __init__(self, message="Couldn't handle the query"):
        super().__init__(UNHANDLED, message)

class AccessDenied(Fault):
    """
    用户试图访问未获得授权的资源时将引发的异常
    """
    def __init__(self, message="Access denied"):
        super().__init__(ACCESS_DENIED, message)
```

异常是 xmlrpc.client.Fault 的子类。在服务器中引发的异常将传递到客户端，并保持 faultCode 不变。如果在服务器中引发了普通异常（如 IOException），也将创建一个 Fault 类实例，因此你不能在服务器中随意地使用异常。

从源代码可知，逻辑基本上与原来一样，但现在程序没有使用 if 语句来检查返回的编码，而是使用了异常。（由于你只能使用 Fault 对象，因此需要检查 faultCode。当然，如果没有使用 XML-RPC，就可以使用其他的异常类。）

27.5.3　验证文件名

需要处理的最后一个问题是，检查指定的文件是否包含在指定的目录中。这样做的方法有很多，但为独立于平台（即适用于 Windows、UNIX 和 macOS），应使用模块 os.path。

这里采用的简单方法如下：根据目录名和文件名创建绝对路径（例如，这将把'/foo/bar/../baz'转换为'/foo/baz'），将目录名与空文件名合并以确保它以文件分隔符（如'/'）结尾，再检查绝对文件名是否以绝对路径名打头。如果是这样的，就说明指定的文件包含在指定的目录中。

再次实现的完整源代码如代码清单 27-2 和代码清单 27-3 所示。

代码清单 27-2　新的 Node 实现（server.py）

```
from xmlrpc.client import ServerProxy, Fault
from os.path import join, abspath, isfile
from xmlrpc.server import SimpleXMLRPCServer
from urllib.parse import urlparse
import sys

SimpleXMLRPCServer.allow_reuse_address = 1

MAX_HISTORY_LENGTH = 6
```

```
UNHANDLED     = 100
ACCESS_DENIED = 200

class UnhandledQuery(Fault):
    """
    表示查询未得到处理的异常
    """
    def __init__(self, message="Couldn't handle the query"):
        super().__init__(UNHANDLED, message)

class AccessDenied(Fault):
    """
    用户试图访问未获得授权的资源时将引发的异常
    """
    def __init__(self, message="Access denied"):
        super().__init__(ACCESS_DENIED, message)

def inside(dir, name):
    """
    检查指定的目录是否包含指定的文件
    """
    dir = abspath(dir)
    name = abspath(name)
    return name.startswith(join(dir, ''))

def get_port(url):
    """
    从 URL 中提取端口号
    """
    name = urlparse(url)[1]
    parts = name.split(':')
    return int(parts[-1])

class Node:
    """
    P2P 网络中的节点
    """
    def __init__(self, url, dirname, secret):
        self.url = url
        self.dirname = dirname
        self.secret = secret
        self.known = set()

    def query(self, query, history=[]):
        """
        查询文件（可能向已知节点寻求帮助），并以字符串的方式返回它
        """
        try:
            return self._handle(query)
        except UnhandledQuery:
            history = history + [self.url]
            if len(history) >= MAX_HISTORY_LENGTH: raise
            return self._broadcast(query, history)
```

```
    def hello(self, other):
        """
        用于向其他节点介绍当前节点
        """
        self.known.add(other)
        return 0

    def fetch(self, query, secret):
        """
        用于让节点查找并下载文件
        """
        if secret != self.secret: raise AccessDenied
        result = self.query(query)
        f = open(join(self.dirname, query), 'w')
        f.write(result)
        f.close()
        return 0

    def _start(self):
        """
        供内部用来启动 XML-RPC 服务器
        """
        s = SimpleXMLRPCServer(("", get_port(self.url)), logRequests=False)
        s.register_instance(self)
        s.serve_forever()

        def _handle(self, query):
            """
            供内部用来处理查询
            """
            dir = self.dirname
            name = join(dir, query)
            if not isfile(name): raise UnhandledQuery
            if not inside(dir, name): raise AccessDenied
            return open(name).read()

        def _broadcast(self, query, history):
            """
            供内部用来向所有已知节点广播查询
            """
            for other in self.known.copy():
                if other in history: continue
                try:
                    s = ServerProxy(other)
                    return s.query(query, history)
                except Fault as f:
                    if f.faultCode == UNHANDLED: pass
                    else: self.known.remove(other)
                except:
                    self.known.remove(other)
            raise UnhandledQuery

def main():
    url, directory, secret = sys.argv[1:]
```

```
        n = Node(url, directory, secret)
        n._start()

if __name__ == '__main__': main()
```

代码清单 27-3　Node 控制器界面（client.py）

```
from xmlrpc.client import ServerProxy, Fault
from cmd import Cmd
from random import choice
from string import ascii_lowercase
from server import Node, UNHANDLED
from threading import Thread
from time import sleep
import sys

HEAD_START = 0.1 # 单位为秒
SECRET_LENGTH = 100

def random_string(length):
    """
    返回一个指定长度的由字母组成的随机字符串
    """
    chars = []
    letters = ascii_lowercase[:26]
    while length > 0:
        length -= 1
        chars.append(choice(letters))
    return ''.join(chars)

class Client(Cmd):
    """
    一个基于文本的界面，用于访问 Node 类
    """

    prompt = '> '

    def __init__(self, url, dirname, urlfile):
        """
        设置 url、dirname 和 urlfile，并在一个独立的线程中启动 Node 服务器
        """
        Cmd.__init__(self)
        self.secret = random_string(SECRET_LENGTH)
        n = Node(url, dirname, self.secret)
        t = Thread(target=n._start)
        t.setDaemon(1)
        t.start()
        # 让服务器先行一步：
        sleep(HEAD_START)
        self.server = ServerProxy(url)
        for line in open(urlfile):
            line = line.strip()
            self.server.hello(line)
```

```
    def do_fetch(self, arg):
        "调用服务器的方法 fetch"
        try:
            self.server.fetch(arg, self.secret)
        except Fault as f:
            if f.faultCode != UNHANDLED: raise
            print("Couldn't find the file", arg)

    def do_exit(self, arg):
        "退出程序"
        print()
        sys.exit()

    do_EOF = do_exit # EOF 与'exit'等价

def main():
    urlfile, directory, url = sys.argv[1:]
    client = Client(url, directory, urlfile)
    client.cmdloop()

if __name__ == '__main__': main()
```

27.5.4　尝试使用

下面来看看如何使用这个程序。首先像下面这样启动它：

```
python client.py urls.txt directory http://servername.com:4242
```

文件 urls.txt 里的每行应该都包含一个 URL，即包含其他所有已知对等体的 URL。通过第二个参数指定的目录应包含要共享的文件（新文件也将下载到这个目录）。最后一个参数是对等体的 URL。运行这个命令时，将出现类似于下面的提示符：

```
>
```

下面来尝试获取一个不存在的文件：

```
> fetch fooo
Couldn't find the file fooo
```

通过（在同一台计算机的不同端口或不同计算机上）启动几个相互认识的节点（为确保这些节点相互认识，只要将它们的 URL 都放在 URL 文件中即可），可尝试像使用第一个原型那样使用这个程序。玩烦了后，再接着阅读下一节。

27.6　进一步探索

对于本章介绍的系统，你可能会想出多种改进和扩展方式。下面是一些探索建议。

- 添加缓存功能。在节点通过调用 query 来传递文件时，为何不同时存储该文件呢？这样，再有人请求这个文件时，响应速度将更快。你可以设置最大缓存空间，删除最早缓存的文件等。

- 使用线程化（异步）服务器。（这有点难。）这样，可向多个节点寻求帮助，而无须等待它们应答（它们将在以后通过调用方法 reply 来应答）。
- 支持更高级的查询，如查询文本文件的内容。
- 更充分地利用方法 hello。通过调用 hello 发现新节点时，为何不将这个新节点介绍给其他所有已知的对等体呢？或许你还能想到更巧妙的新对等体发现方式。
- 深入研究用于分布式系统的表述性状态传递（REST）理念。REST 可用于替代 XML-RPC 等 Web 服务技术。
- 使用 xmlrpc.client.Binary 来封装文件，从而更安全地传输非文本文件。
- 阅读 SimpleXMLRPCServer 的代码。研究 DocXMLRPCServer 类以及 libxmlrpc 中的多调用（multicall）扩展。

预告

至此，你编写了一个可行的 P2P 文件共享系统，如何让它对用户更友好呢？在下一章，你将添加一个 GUI，用于取代当前基于 cmd 的界面。

第 28 章

项目 9：使用 GUI 共享文件

这个项目较小，因为需要的大部分功能都已经在第 27 章编写好了。在本章中，你将看到给既有 Python 程序添加 GUI 非常容易。

28.1　问题描述

在这个项目中，我们将扩展第 27 章开发的文件共享系统：添加 GUI 客户端，让它使用起来更容易。这意味着可能有更多的人选择使用它。（当然，这个程序的主旨是让多个用户能够共享文件。）这个项目的第二个目标是展示当程序的模块化程度足够高后，扩展起来将非常容易。（这也是使用面向对象编程的原因之一。）

这个 GUI 客户端必须满足如下需求。

- 允许用户输入文件名，并将其提交给服务器的方法 fecth。
- 列出服务器的文件目录当前包含哪些文件。

就这些。由于系统的大部分功能已经实现，GUI 部分是一个相对简单的扩展。

28.2　有用的工具

除第 27 章使用的工具外，还需要使用大部分 Python 版本都自带的工具包 Tkinter。有关这个工具包的详细信息，请参阅第 12 章。如果你想使用其他 GUI 工具包，可以尽管去用。本章的示例将让你对如何使用喜欢的工具实现功能有个大致的认识。

28.3　准备工作

开始这个项目前，应准备好第 27 章创建的程序，并像前一节指出的那样安装一个 GUI 工具包。除此之外，这个项目无须做其他准备工作。

28.4　初次实现

如果你想看看初次实现的完整源代码，请参阅本节后面的代码清单 28-1，其中的很多功能都与前一章的项目相似。这个客户端提供了一个界面（方法 fetch），用户可通过它来访问服务器的功能。下面来看一下与 GUI 相关的代码。

第 27 章的客户端是 cmd.Cmd 的子类，而本章的客户端是 tkinter.Frame 的子类。虽然并非必须从 tkinter.Frame 派生出子类（你可创建完全独立的 Client 类），但这是一种比较自然的代码组织方式。与 GUI 相关的设置工作是在一个独立的方法中完成的，这个名为 create_widgets 的方法被称为构造函数。它创建一个用于输入文件名的文本框（Entry）以及一个用于获取指定文件的按钮（Button），其中按钮的操作被设置为方法 fetch_handler。这个事件处理程序很像第 27 章的 do_fetch，它获取 self.input（文本框）中的查询，并在一条 try/except 语句中调用 self.server.fetch。

初次实现的源代码如代码清单 28-1 所示。

代码清单 28-1 一个简单的 GUI 客户端（simple_guiclient.py）

```
from xmlrpc.client import ServerProxy, Fault
from server import Node, UNHANDLED
from client import random_string
from threading import Thread
from time import sleep
from os import listdir
import sys
import tkinter as tk

HEAD_START = 0.1 # Seconds
SECRET_LENGTH = 100

class Client(tk.Frame):

    def __init__(self, master, url, dirname, urlfile):
        super().__init__(master)
        self.node_setup(url, dirname, urlfile)
        self.pack()
        self.create_widgets()

    def node_setup(self, url, dirname, urlfile):
        self.secret = random_string(SECRET_LENGTH)
        n = Node(url, dirname, self.secret)
        t = Thread(target=n._start)
        t.setDaemon(1)
        t.start()
        # 让服务器先行一步：
        sleep(HEAD_START)
        self.server = ServerProxy(url)
        for line in open(urlfile):
            line = line.strip()
            self.server.hello(line)

    def create_widgets(self):
        self.input = input = tk.Entry(self)
        input.pack(side='left')
```

```
        self.submit = submit = tk.Button(self)
        submit['text'] = "Fetch"
        submit['command'] = self.fetch_handler
        submit.pack()

    def fetch_handler(self):
        query = self.input.get()
        try:
            self.server.fetch(query, self.secret)
        except Fault as f:
            if f.faultCode != UNHANDLED: raise
            print("Couldn't find the file", query)

    def main():
        urlfile, directory, url = sys.argv[1:]

        root = tk.Tk()
        root.title("File Sharing Client")

        client = Client(root, url, directory, urlfile)
        client.mainloop()

if __name__ == "__main__": main()
```

除前面解释过的相对简单的代码外，这个 GUI 客户端的工作原理与第 27 章中基于文本的客户端相同，使用方式也类似。要运行这个程序，需要指定包含 URL 的文件、要共享的文件所在的目录以及节点的 URL，如下所示：

```
$ python simple_guiclient.py urlfile.txt files/ http://localhost:8000
```

请注意，文件 urlfile.txt 必须包含其他一些节点的 URL，这样这个程序才能发挥作用。为进行测试，可在同一台计算机上启动多个程序（使用不同的端口号），也可在不同的计算机上运行它们。图 28-1 显示了这个客户端的 GUI。

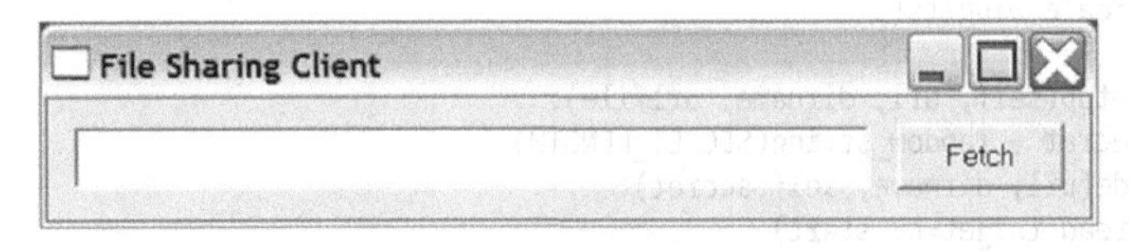

图 28-1　简单的 GUI 客户端

这个实现管用，但只实现了部分功能——它还应列出服务器的文件目录包含的文件。为此，必须对服务器（节点）本身进行扩展。

28.5　再次实现

第一个原型非常简单，它确实实现了文件共享功能，但对用户不太友好。如果用户能够知道有哪些文件可用（这些文件可能是程序启动时就位于文件目录中，也可能是后来从其他节点那里下载的），将大有裨益。再次实现将实现这种列出文件的功能，完整的源代码如代码清单 28-2 所示。

要获取节点包含的文件的列表，必须添加一个方法。你可以像对待方法 fetch 那样使用密码来保护这个方法，但让任何人都可以使用它很有用，而且不会带来任何安全风险。对对象进行扩展很容易——只需从它派生出子类即可。因此，你从 Node 派生出子类 ListableNode，并在其中新增一个方法 list，它调用方法 os.listdir 来返回一个列表，其中包含指定目录中的所有文件。

```
class ListableNode(Node):

    def list(self):
        return listdir(self.dirname)
```

为访问这个服务器方法，在客户端中添加方法 update_list。

```
def update_list(self):
    self.files.Set(self.server.list())
```

属性 self.files 指向一个列表框，这个列表框是在方法 create_widgets 中添加的。在方法 create_widgets 中创建列表框时，调用了方法 update_list。另外，每次调用 fetch_handler 时，也调用了方法 update_list（因为调用 fetch_handler 可能导致文件列表发生变化）。

代码清单 28-2 最终的 GUI 客户端（guiclient.py）

```
from xmlrpc.client import ServerProxy, Fault
from server import Node, UNHANDLED
from client import random_string
from threading import Thread
from time import sleep
from os import listdir
import sys
import tkinter as tk

HEAD_START = 0.1 # 单位为秒
SECRET_LENGTH = 100

class ListableNode(Node):

    def list(self):
        return listdir(self.dirname)

class Client(tk.Frame):

    def __init__(self, master, url, dirname, urlfile):
        super().__init__(master)
        self.node_setup(url, dirname, urlfile)
        self.pack()
        self.create_widgets()

    def node_setup(self, url, dirname, urlfile):
        self.secret = random_string(SECRET_LENGTH)
        n = ListableNode(url, dirname, self.secret)
```

```
        t = Thread(target=n._start)
        t.setDaemon(1)
        t.start()
        # 让服务器先行一步：
        sleep(HEAD_START)
        self.server = ServerProxy(url)
        for line in open(urlfile):
            line = line.strip()
            self.server.hello(line)

    def create_widgets(self):
        self.input = input = tk.Entry(self)
        input.pack(side='left')

        self.submit = submit = tk.Button(self)
        submit['text'] = "Fetch"
        submit['command'] = self.fetch_handler
        submit.pack()

        self.files = files = tk.Listbox()
        files.pack(side='bottom', expand=True, fill=tk.BOTH)
        self.update_list()

    def fetch_handler(self):
        query = self.input.get()
        try:
            self.server.fetch(query, self.secret)
            self.update_list()
        except Fault as f:
            if f.faultCode != UNHANDLED: raise
            print("Couldn't find the file", query)

    def update_list(self):
        self.files.delete(0, tk.END)
        self.files.insert(tk.END, self.server.list())

def main():
    urlfile, directory, url = sys.argv[1:]

    root = tk.Tk()
    root.title("File Sharing Client")

    client = Client(root, url, directory, urlfile)
    client.mainloop()

if __name__ == '__main__': main()
```

就这么简单。至此，你创建了一个支持 GUI 的 P2P 文件共享程序，要运行它，可使用如下命令：

```
$ python guiclient.py urlfile.txt files/ http://localhost:8000
```

图 28-2 显示了最终的 GUI 客户端。

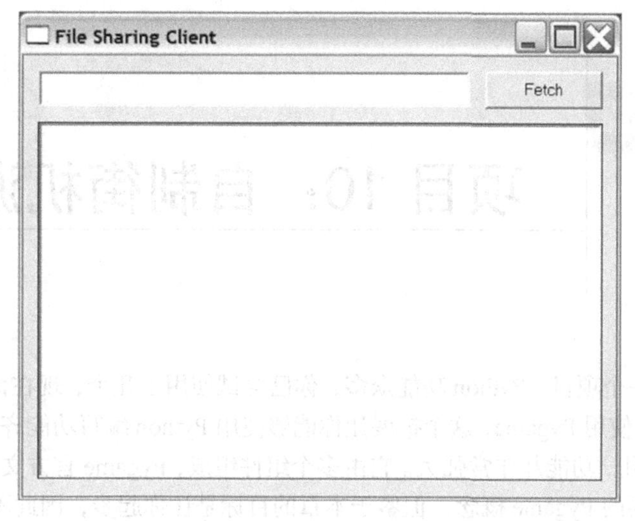

图 28-2 最终的 GUI 客户端

当然，这个程序存在很大的扩展空间。有关这方面的建议，请参阅下一节。除了这些建议外，你还可充分发挥自己的想象力。

28.6 进一步探索

第 27 章提出了一些有关如何对文件共享系统进行扩展的建议，这里再列出一些。

- 让用户选择要获取的文件，而不是输入其文件名。
- 添加一个状态栏，在其中显示诸如 Downloading 或 Couldn't find file foo.txt 等消息。
- 想办法让节点能够共享“好友”。例如，两个节点彼此认识后，它们都可将自己认识的节点介绍给对方。另外，也可让节点在关闭前将其知道的节点都告知所有的邻居。
- 在 GUI 中添加一个显示已知节点（URL）的列表，让用户能够添加新的 URL 并将其保存到 URL 文件中。

预告

在本章中，你编写了一个功能齐备的 GUI P2P 文件共享系统。这项任务看似很难，但实际上没多难。接下来，你将迎接最后一个也是最严峻的挑战：自制街机游戏。

第 29 章

项目 10：自制街机游戏

欢迎来到最后一个项目。Python 功能众多，你已尝试使用了几个，现在该大干一场了。在本章中，你将学习如何使用 Pygame，这个扩展让你能够使用 Python 编写功能齐备的全屏街机游戏。Pygame 虽然易于使用，功能却非常强大。它由多个组件组成，Pygame 官方文档做了详尽的介绍。本章将介绍一些主要的 Pygame 概念，但鉴于本章的目标是让你起步，因此不会介绍诸如声音和视频处理等有趣的功能。建议你掌握基本知识后再自己去探索其他功能。你可能还想参阅 Will McGugan 和 Harrison Kinsley 的著作 *Beginning Python Games Development* 或 Paul Craven 的著作 *Program Arcade Games with Python and Pygame*。

29.1 问题描述

那么，如何编写计算机游戏呢？游戏的基本设计过程与其他程序类似，但开发对象模型前，必须先设计游戏本身，如游戏包含的角色、所处的环境以及要实现的目标。

为避免打乱有关 Pygame 基本概念的介绍，这里创建的游戏比较简单。如果你愿意，完全可以创建更复杂的游戏。

这里将创建的游戏是从巨蟒剧团推出的著名短剧“Self-Defense Against Fresh Fruit”改编而来的。在这个短剧中，军士长 John Cleese 指挥士兵使用防守战术抵御入侵者使用新鲜水果（如石榴、糖水芒果、青梅和香蕉）发起的进攻。防守战术包括使用枪支、放老虎以及在敌人头顶扔下重达 16 吨的铅锤。在这个游戏中，我们将反过来，让玩家控制一支香蕉。这支香蕉要躲开从天而降的 16 吨铅锤，尽力在防御战中活下来。我想将这个游戏命名为 *Squish*[①]比较合适。

注意 阅读本章时，如果你想尝试编写自己的游戏，去做就是了。如果你只想修改这个游戏的外观，只需替换其中的图形（几幅 GIF 或 PNG 图像）和一些描述性文本即可。

这个项目的目标是围绕着游戏设计展开的。这款游戏必须像设计的那样：香蕉能够移动，16 吨的铅锤从天而降。另外，与往常一样，代码必须是模块化的，且易于扩展。一个重要的需求是，设计应包含一些游戏状态（如游戏简介、关卡和“游戏结束”状态），同时可轻松地添加新状态。

① 指的是把香蕉“压扁”。——编者注

29.2 有用的工具

这个项目需要的工具只有一个,那就是Pygame,可从其官网下载。要在UNIX中使用Pygame,可能还需要安装其他一些软件,这在Pygame官网提供的安装指南中有详细说明。与大多数Python包一样，安装Pygame的最简单方式是使用pip。

Pygame发布版包含多个模块，但在这个项目中大都用不到。接下来的几小节将描述需要用到的模块（只讨论需要用到的具体函数或类）。除了接下来将描述的函数外，将用到的各种对象（如Surface、Group和Sprite）还包含一些很有用的方法，我们会在实现部分用到时对其进行讨论。

29.2.1 pygame

模块pygame自动导入其他所有的Pygame模块，因此只要在程序开头包含语句import pygame，就能使用其他模块，如pygame.display和pygame.font。

模块pygame包含函数Surface，它返回一个新的Surface对象。Surface对象其实就是一个指定尺寸的空图像，可用来绘画和传送。传送（调用Surface对象的方法blit）意味着在Surface之间传输内容。[传送的英文单词blit是从技术术语**块传输**（block transfer）的简写BLT衍生而来的。]

函数init是Pygame游戏的核心，必须在游戏进入主事件循环前调用。这个函数自动初始化其他所有模块（如font和image）。

如果要捕获Pygame特有的错误，就需要使用error类。

29.2.2 pygame.locals

模块pygame.locals包含你可能在自定义模块的作用域内使用的名称（变量），如事件类型、键、视频模式等的名称。可导入这个模块的所有内容（from pygame.locals import *），但如果知道需要哪些名称，应该做更具体的导入，如from pygame.locals import FULLSCREEN。

29.2.3 pygame.display

模块pygame.display包含处理内容显示的函数，这些内容可显示在普通窗口中，也可占据整个屏幕。在这个项目中，需要用到如下函数。

- flip：更新显示。一般而言，分两步来修改当前屏幕。首先，对函数get_surface返回的Surface对象做必要的修改，然后调用pygame.display.flip来更新显示，反映出所做的修改。
- update：只想更新屏幕的一部分时，使用这个函数，而不是flip。调用这个函数时，可只提供一个参数，即RenderUpdates类的方法draw返回的矩形列表（这个方法将在接下来讨论模块pygame.sprite时介绍）。

- set_mode：设置显示的尺寸和类型。显示模式有多种，但这里只使用全屏模式和默认模式“在窗口中显示”。
- set_caption：设置 Pygame 程序的标题。函数 set_caption 主要用于游戏在窗口中运行（而不是以全屏模式运行）时，因为标题将用作窗口的标题。
- get_surface：返回一个 Surface 对象，你可在其中绘制图形，再调用 pygame.display.flip 或 pygame.display.blit。这个项目只使用了 Surface 对象的一个方法来绘画，这就是 blit，它将一个 Surface 对象中的图形传输到另一个 Surface 对象的指定位置。另外，还将使用 Group 对象的方法 draw 在 Surface 上绘制 Sprite 对象。

29.2.4 pygame.font

模块 pygame.font 包含函数 Font。字体对象用于表示不同的字体，可用于将文本渲染为可在 Pygame 中作为普通图形使用的图像。

29.2.5 pygame.sprite

模块 pygame.sprite 包含两个非常重要的类：Sprite 和 Group。

Sprite 类是所有可见游戏对象（在这个项目中，是香蕉和重 16 吨的铅锤）的基类。要实现自定义的游戏对象，可从 Sprite 派生出子类，并重写构造函数以设置其属性 image 和 rect（这些属性决定了 Sprite 的外观和位置），同时重写在 Sprite 可能需要更新时调用的方法 update。

Group 及其子类的实例用作 Sprite 对象的容器。一般而言，使用 Group 是个不错的主意。在简单的游戏（如本章的项目）中，只需创建一个名为 sprites 或 allsprites 之类的 Group，并将所有 Sprite 都添加到其中。这样，当你调用 Group 对象的方法 update 时，将自动调用所有 Sprite 对象的方法 update。另外，Group 对象的方法 clear 用于清除它包含的所有 Sprite 对象（实际的清理工作是使用一个回调函数完成的），而方法 draw 可用于绘制所有的 Sprite 对象。

在这个项目中，将使用 Group 的子类 RenderUpdates，其方法 draw 返回列表，其中包含所有受到影响的矩形。可将这个列表传递给 pygame.display.update，以只更新需要更新的部分。通过这样做，有可能极大地改善游戏的性能。

29.2.6 pygame.mouse

在本章将开发的游戏 *Squish* 中，只使用模块 pygame.mouse 来做两件事情：隐藏鼠标以及获取鼠标的位置。这两件事分别是使用 pygame.mouse.set_visible(False)和 pygame.mouse.get_pos()来完成的。

29.2.7 pygame.event

模块 pygame.event 跟踪各种事件，如鼠标单击、鼠标移动、按下或松开键等。要获取最近发生的事件列表，可使用函数 pygame.event.get。

注意 如果只需要状态信息，如 pygame.mouse.get_pos 返回的鼠标位置，就无须使用 pygame.event.get。然而，你需要确保 Pygame 同步地更新，为此可定期调用函数 pygame.event.pump。

29.2.8 pygame.image

模块 pygame.image 用于处理图像，如以 GIF、PNG、JPEG 和其他几种文件格式存储的图像。在这个项目中，只需要这个模块中的函数 load，它读取图像文件并创建一个包含该图像的 Surface 对象。

29.3 准备工作

对一些 Pygame 模块的功能进行粗略了解后，该动手编写这个游戏的第一个原型了。然而，这样做之前，需要做几项准备工作。首先，必须确保安装了 Pygame，包括模块 image 和 font。（要核实是否安装了这些模块，可在交互式 Python 解释器中导入它们。）

你还需准备几幅图像。如果要按本章说的那样呈现这个游戏的主题，就需要两幅图像，分别表示重 16 吨的铅锤和香蕉，如图 29-1 所示。这些图像的尺寸无关紧要，但最好在 100 像素×100 像素~200 像素×200 像素之间。这两幅图像还应使用常见的图像文件格式，如 GIF、PNG 或 JPEG。

图 29-1 本章的游戏使用的铅锤和香蕉图像

注意 你可能还想提供一张启动屏幕（向游戏用户问候的第一个屏幕）图像。在这个项目中，我直接使用了表示铅锤的图像。

29.4 初次实现

使用诸如 Pygame 等新工具开发程序时，应让第一个原型尽可能简单，并将重点放在学习新工具的基本知识，而不是程序本身的细节上。这样做通常大有裨益。因此，在游戏 *Squish* 的第一个版本中，我们只创建重 16 吨的铅锤从天而降的动画。制作这个动画需要的步骤如下。

(1) 使用 pygame.init、pygame.display.set_mode 和 pygame.mouse.set_visible 初始化 Pygame。使用 pygame.display.get_surface 获取屏幕表面，使用方法 fill 以白色填充屏幕表面，再调用 pygame.display.flip 显示所做的修改。

(2) 加载铅锤图像。

(3) 使用这幅图像创建自定义类 Weight（Sprite 的子类）的一个实例。将这个对象添加到 RenderUpdates 编组 sprites 中。（处理多个 Sprite 对象时，这样做很有帮助。）

(4) 使用 pygame.event.get 获取最近发生的所有事件，并依次检查这些事件。如果发现事件 QU IT 或因按下 Escape 键（K_ESCAPE）而触发的 KEYDOWN 事件，就退出程序。（事件类型和键分别存储在事件对象的属性 type 和 key 中。诸如 QUIT、KEYDOWN 和 K_ESCAPE 等常量可从模块 pygame.locals 导入。）

(5) 调用编组 sprites 的方法 clear 和 update。方法 clear 使用回调函数来清除所有的 Sprite 对象（这里是铅锤），而方法 update 调用 Weight 实例的方法 update（你必须在 Weight 类中实现方法 up date）。

(6) 调用 sprites.draw 并将屏幕表面作为参数，以便在当前位置绘制铅锤（每次调用 Weight 实例的 update 方法后，位置都将发生变化）。

(7) 调用 pygame.display.update，并将 sprites.draw 返回的矩形列表作为参数，只更新需要更新的部分。（如果你不在乎性能，可使用 pygame.display.flip 来更新整个屏幕。）

(8) 重复第(4)~(7)步。

代码清单 29-1 列出了实现这些步骤的代码。在你退出游戏，如关闭窗口时，将发生 QUIT 事件。

代码清单 29-1　简单的“铅锤从天而降”动画（weights.py）

```
import sys, pygame
from pygame.locals import *
from random import randrange

class Weight(pygame.sprite.Sprite):

    def __init__(self, speed):
        pygame.sprite.Sprite.__init__(self)
        self.speed = speed
        # 绘制 Sprite 对象时要用到的图像和矩形：
        self.image = weight_image
        self.rect = self.image.get_rect()
        self.reset()

    def reset(self):
        """
        将铅锤移到屏幕顶端的一个随机位置
        """
        self.rect.top = -self.rect.height
        self.rect.centerx = randrange(screen_size[0])

    def update(self):
        """
```

```
        更新下一帧中的铅锤
        """
        self.rect.top += self.speed

        if self.rect.top > screen_size[1]:
            self.reset()
# 初始化
pygame.init()
screen_size = 800, 600
pygame.display.set_mode(screen_size, FULLSCREEN)
pygame.mouse.set_visible(0)

# 加载铅锤图像
weight_image = pygame.image.load('weight.png')
weight_image = weight_image.convert()# 以便与显示匹配

# 你可能想设置不同的速度
speed = 5

# 创建一个Sprite对象编组，并在其中添加一个Weight实例
sprites = pygame.sprite.RenderUpdates()
sprites.add(Weight(speed))

# 获取并填充屏幕表面
screen = pygame.display.get_surface()
bg = (255, 255, 255) # 白色
screen.fill(bg)
pygame.display.flip()

# 用于清除Sprite对象：
def clear_callback(surf, rect):
    surf.fill(bg, rect)

while True:
    # 检查退出事件：
    for event in pygame.event.get():
        if event.type == QUIT:
            sys.exit()
        if event.type == KEYDOWN and event.key == K_ESCAPE:
            sys.exit()
    # 清除以前的位置：
    sprites.clear(screen, clear_callback)
    # 更新所有的Sprite对象：
    sprites.update()
    # 绘制所有的Sprite对象：
    updates = sprites.draw(screen)
    # 更新必要的显示部分：
    pygame.display.update(updates)
```

要运行这个程序，可使用下面的命令：

```
$ python weights.py
```

执行这个命令时，必须确保 weights.py 和 weight.png（铅锤图像）都在当前目录中。图 29-2 显示了这个程序运行时的屏幕截图。

图 29-2　简单的"铅锤从天而降"动画

这些代码大都是不言自明的，但有几点需要解释一下。

- 所有的 Sprite 对象都有属性 image 和 rect，其中前者应是一个 Surface 对象（图像），而后者应是一个矩形对象（只需使用 self.image.get_rect()初始化它即可）。绘制 Sprite 对象时，将用到这两个属性。通过修改 self.rect，可移动 Sprite 对象。
- Surface 对象包含方法 convert，可用于创建使用不同颜色模式的副本。你无须关心细节，只需在调用 convert 时不提供任何参数即可。这将根据当前显示量身定制一个 Surface 对象，从而最大限度地提高其显示速度。
- 颜色是使用 RGB 元组（红–绿–蓝，每个值的取值范围都是 0~255）指定的，因此元素(255, 255, 255)表示白色。

要修改矩形（如这里的 self.rect），可设置其属性（top、bottom、left、right、topleft、topright、bottomleft、bottomright、size、width、height、center、centerx、centery、midleft、midright、midtop 和 midbottom），也可调用诸如 inflate、move 等方法。有关这些属性和方法的描述，请参阅 Pygame 官方文档。

Pygame 技术就位后，该稍微扩展和重构游戏的逻辑了。

29.5　再次实现

在本节中，我不演示如何逐步设计和实现游戏，而在源代码中包含大量的注释和文档字符串，如代码清单 29-2~代码清单 29-4 所示。你可通过研究源代码来了解其工作原理，但这里还是简单地说说其中的要点（以及一些不那么直观的细节）。

- 这个游戏包含 5 个文件：包含各种配置变量的 config.py；包含游戏对象的实现的 objects.py；包含主游戏类和各种游戏状态类的 squish.py；游戏使用的图像 weight.png 和 banana.png。

- 矩形的方法 clamp 确保一个矩形位于另一个矩形内，并在必要时移动这个矩形。这个方法用于避免香蕉移到屏幕外。
- 矩形的方法 inflate 调整矩形的尺寸——在水平和垂直方向调整指定数量的像素。这个方法用于收缩香蕉的边界，从而在香蕉和铅锤重叠到一定程度后，才认为香蕉被砸到。
- 这个游戏本身由一个游戏对象和各种状态组成。游戏对象在特定时间点只有一种状态，而状态负责处理事件并在屏幕上显示自己。状态还能让游戏切换到另一种状态。例如，状态 Level 可以让游戏切换到 GameOver 状态。

就这些。要运行这个游戏，可执行文件 squish.py，如下所示：

```
$ python squish.py
```

你必须确保其他文件与 squish.py 位于同一个目录中。在 Windows 中，可双击文件 squish.py 来执行它。

代码清单 29-2　游戏 *Squish* 的配置文件（config.py）

```
# 游戏 Squish 的配置文件
# -----------------------------

# 可根据偏好随意修改配置变量
# 如果游戏的节奏太快或太慢，可尝试修改与速度相关的变量

# 要在这个游戏中使用其他图像，可修改这些变量:
banana_image = 'banana.png'
weight_image = 'weight.png'
splash_image = 'weight.png'

# 这些配置决定了游戏的总体外观:
screen_size = 800, 600
background_color = 255, 255, 255
margin = 30
full_screen = 1
font_size = 48

# 这些设置决定了游戏的行为:
drop_speed = 1
banana_speed = 10
speed_increase = 1
weights_per_level = 10
banana_pad_top = 40
banana_pad_side = 20
```

代码清单 29-3　游戏 *Squish* 使用的对象（objects.py）

```
import pygame, config, os
from random import randrange

"这个模块包含游戏 Squish 使用的游戏对象"

class SquishSprite(pygame.sprite.Sprite):
```

```
    """
    游戏 Squish 中所有精灵（sprite）的超类。构造函数
    加载一幅图像，设置精灵的外接矩形和移动范围。移
    动范围取决于屏幕尺寸和边距
    """

    def __init__(self, image):
        super().__init__()
        self.image = pygame.image.load(image).convert()
        self.rect = self.image.get_rect()
        screen = pygame.display.get_surface()
        shrink = -config.margin * 2
        self.area = screen.get_rect().inflate(shrink, shrink)

class Weight(SquishSprite):

    """
    从天而降的铅锤。它使用 SquishSprite 的构造函数来设置表
    示铅锤的图像，并以其构造函数的一个参数指定的速度下降
    """

    def __init__(self, speed):
        super().__init__(config.weight_image)
        self.speed = speed
        self.reset()

    def reset(self):
        """
        将铅锤移到屏幕顶端（使其刚好看不到），并放在一个随机的水平位置
        """
        x = randrange(self.area.left, self.area.right)
        self.rect.midbottom = x, 0

    def update(self):
        """
        根据铅锤的速度垂直向下移动相应的距离。同时，根据
        铅锤是否已到达屏幕底部相应地设置属性 landed
        """
        self.rect.top += self.speed
        self.landed = self.rect.top >= self.area.bottom

class Banana(SquishSprite):

    """
    绝望的香蕉。它使用 SquishSprite 的构造函数来设置香蕉图像，并停留
    在屏幕底部附近，且水平位置由鼠标的当前位置决定（有一定的限制）
    """

    def __init__(self):
        super().__init__(config.banana_image)
        self.rect.bottom = self.area.bottom
        # 这些内边距表示图像中不属于香蕉的部分
        # 如果铅锤进入这些区域，并不认为它砸到了香蕉：
```

```
        self.pad_top = config.banana_pad_top
        self.pad_side = config.banana_pad_side

    def update(self):
        """
        将香蕉中心的x坐标设置为鼠标的当前x坐标，再使用
        矩形的方法clamp确保香蕉位于允许的移动范围内
        """
        self.rect.centerx = pygame.mouse.get_pos()[0]
        self.rect = self.rect.clamp(self.area)

    def touches(self, other):
        """
        判断香蕉是否与另一个精灵（如铅锤）发生了碰撞。这里没有直接
        使用矩形的方法colliderect，而是先使用矩形的方法inflat以及
        pad_side和pad_top计算出一个新的矩形，这个矩形不包含香蕉图
        像顶部和两边的“空白”区域
        """
        # 通过剔除内边距来计算bounds：
        bounds = self.rect.inflate(-self.pad_side, -self.pad_top)
        # 将bounds移动到与香蕉底部对齐：
        bounds.bottom = self.rect.bottom
        # 检查bounds是否与另一个对象的rect重叠
        return bounds.colliderect(other.rect)
```

代码清单29-4 游戏主模块（squish.py）

```
import os, sys, pygame
from pygame.locals import *
import objects, config

"这个模块包含游戏Squish的主游戏逻辑"

class State:

    """
    游戏状态超类，能够处理事件以及在指定表面上显示自己
    """

    def handle(self, event):
        """
        只处理退出事件的默认事件处理
        """
        if event.type == QUIT:
            sys.exit()
        if event.type == KEYDOWN and event.key == K_ESCAPE:
            sys.exit()

    def first_display(self, screen):
        """
        在首次显示状态时使用，它使用背景色填充屏幕
        """
        screen.fill(config.background_color)
```

29

```
        # 别忘了调用flip，把修改反映出来：
        pygame.display.flip()

    def display(self, screen):
        """
        在后续显示状态时使用，其默认行为是什么都不做
        """
        pass

class Level(State):
    """
    游戏关卡。它计算落下了多少个铅锤，移动精灵并执行其他与游戏逻辑相关的任务
    """

    def __init__(self, number=1):
        self.number = number
        # 还需躲开多少个铅锤才能通过当前关卡？
        self.remaining = config.weights_per_level

        speed = config.drop_speed
        # 每过一关都将速度提高speed_increase：
        speed += (self.number-1) * config.speed_increase
        # 创建铅锤和香蕉：
        self.weight = objects.Weight(speed)
        self.banana = objects.Banana()
        both = self.weight, self.banana # 可包含更多精灵
        self.sprites = pygame.sprite.RenderUpdates(both)

    def update(self, game):
        "更新游戏状态"
        # 更新所有的精灵：
        self.sprites.update()
        # 如果香蕉和铅锤发生了碰撞，就让游戏切换到GameOver状态：
        if self.banana.touches(self.weight):
            game.next_state = GameOver()
        # 否则，如果铅锤已落到地上，就将其复位
        # 如果躲开了当前关卡内的所有铅锤，就让游戏切换到LevelCleared状态：
        elif self.weight.landed:
            self.weight.reset()
            self.remaining -= 1
            if self.remaining == 0:
                game.next_state = LevelCleared(self.number)

    def display(self, screen):
        """
        在第一次显示（清屏）后显示状态。不同于firstDisplay，
        这个方法调用pygame.display.update并向它传递一个需要
        更新的矩形列表，这个列表是由self.sprites.draw提供的
        """
        screen.fill(config.background_color)
        updates = self.sprites.draw(screen)
        pygame.display.update(updates)
```

```
class Paused(State):
    """
  简单的游戏暂停状态，用户可通过按任何键盘键或单击鼠标来结束这种状态
    """

    finished = 0 # 用户结束暂停了吗?
    image = None # 如果需要显示图像，将这个属性设置为一个文件名
    text = ''    # 将这个属性设置为一些说明性文本

    def handle(self, event):
        """
        这样来处理事件：将这项任务委托给 State（它只处理退出事件），
        并对按键和鼠标单击做出响应。如果用户按下了键盘键或单击了鼠标，
        就将 self.finished 设置为 True
        """
        State.handle(self, event)
        if event.type in [MOUSEBUTTONDOWN, KEYDOWN]:
            self.finished = 1

    def update(self, game):
        """
        更新关卡。如果用户按下了键盘键或单击了鼠标（即 self.finished 为 True），
        就让游戏切换到（由子类实现的方法）self.next_state()返回的状态
        """
        if self.finished:
            game.next_state = self.next_state()

    def first_display(self, screen):
        """
        在首次显示暂停状态时调用，它绘制图像（如果指定了）并渲染文本
        """
        # 首先，使用背景色填充屏幕来清屏：
        screen.fill(config.background_color)

        # 创建一个使用默认外观和指定字号的 Font 对象：
        font = pygame.font.Font(None, config.font_size)

        # 获取 self.text 中的文本行，但忽略开头和末尾的空行：
        lines = self.text.strip().splitlines()

        # 使用 font.get_linesize()获取每行文本的高度，并计算文本的总高度：
        height = len(lines) * font.get_linesize()

        # 计算文本的位置（在屏幕上居中）：
        center, top = screen.get_rect().center
        top -= height // 2

        # 如果有图像要显示：
        if self.image:
            # 加载该图像：
            image = pygame.image.load(self.image).convert()
            # 获取其 rect：
            r = image.get_rect()
            # 将文本下移图像高度一半的距离
```

```
            top += r.height // 2
            # 将图像放在文本上方20像素处：
            r.midbottom = center, top - 20
            # 将图像传输到屏幕上：
            screen.blit(image, r)

        antialias = 1 # 消除文本的锯齿
        black = 0, 0, 0 # 使用黑色渲染文本

        # 从计算得到的top处开始渲染所有的文本行，
        # 每渲染一行都向下移动font.get_linesize()像素：
        for line in lines:
            text = font.render(line.strip(), antialias, black)
            r = text.get_rect()
            r.midtop = center, top
            screen.blit(text, r)
            top += font.get_linesize()
        # 显示所做的所有修改：
        pygame.display.flip()

class Info(Paused):
    """
    显示一些游戏信息的简单暂停状态，紧跟在这个状态后面的是Level状态（第一关）
    """

    next_state = Level
    text = '''
    In this game you are a banana,
    trying to survive a course in
    self-defense against fruit, where the
    participants will "defend" themselves
    against you with a 16 ton weight.'''

class StartUp(Paused):

    """
    显示启动图像和欢迎消息的暂停状态，紧跟在它后面的是Info状态
    """
    next_state = Info
    image = config.splash_image
    text = '''
    Welcome to Squish,
    the game of Fruit Self-Defense'''

class LevelCleared(Paused):
    """
    指出用户已过关的暂停状态，紧跟在它后面的是表示下一关的Level状态
    """

    def __init__(self, number):
        self.number = number
        self.text = '''Level {} cleared
        Click to start next level'''.format(self.number)
```

```
    def next_state(self):
        return Level(self.number + 1)

class GameOver(Paused):

    """
    指出游戏已结束的状态，紧跟在它后面的是表示第一关的 Level 状态
    """

    next_state = Level
    text = '''
    Game Over
    Click to Restart, Esc to Quit'''

class Game:

    """
    负责主事件循环（包括在不同游戏状态之间切换）的游戏对象
    """

    def __init__(self, *args):
        # 获取游戏和图像所在的目录：
        path = os.path.abspath(args[0])
        dir = os.path.split(path)[0]
        # 切换到这个目录，以便之后能够打开图像文件：
        os.chdir(dir)
        # 最初不处于任何状态：
        self.state = None
        # 在第一次事件循环迭代中切换到 StartUp 状态：
        self.next_state = StartUp()

    def run(self):
        """
        这个方法设置一些变量。它执行一些重要的初始化任务，并进入主事件循环
        """
    pygame.init()# 初始化所有的 Pygame 模块

    # 决定在窗口还是整个屏幕中显示游戏：
    flag = 0                # 默认在窗口中显示游戏

    if config.full_screen:
        flag = FULLSCREEN  # 全屏模式
    screen_size = config.screen_size
    screen = pygame.display.set_mode(screen_size, flag)

    pygame.display.set_caption('Fruit Self Defense')
    pygame.mouse.set_visible(False)

    # 主事件循环：
    while True:
        # (1)如果 nextState 被修改，就切换到修改后的状态并显示它（首次）：
        if self.state != self.next_state:
```

```
                self.state = self.next_state
                self.state.first_display(screen)
            # (2)将事件处理工作委托给当前状态：
            for event in pygame.event.get():
                self.state.handle(event)
            # (3)更新当前状态：
            self.state.update(self)
            # (4)显示当前状态：
            self.state.display(screen)

if __name__ == '__main__':
    game = Game(*sys.argv)
    game.run()
```

图 29-3~图 29-6 显示了这个游戏运行时的一些屏幕截图。

Welcome to Squish,
the game of Fruit Self-Defense

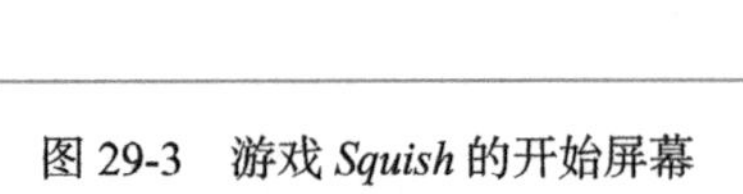

图 29-3　游戏 *Squish* 的开始屏幕

图 29-4　就要被压扁的香蕉

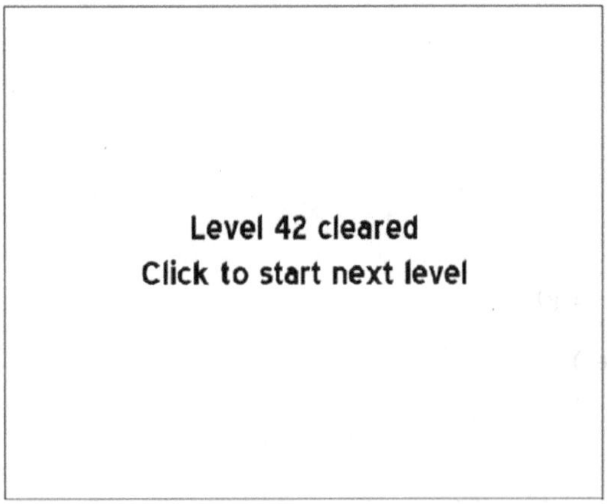

Level 42 cleared
Click to start next level

图 29-5　“过关”屏幕

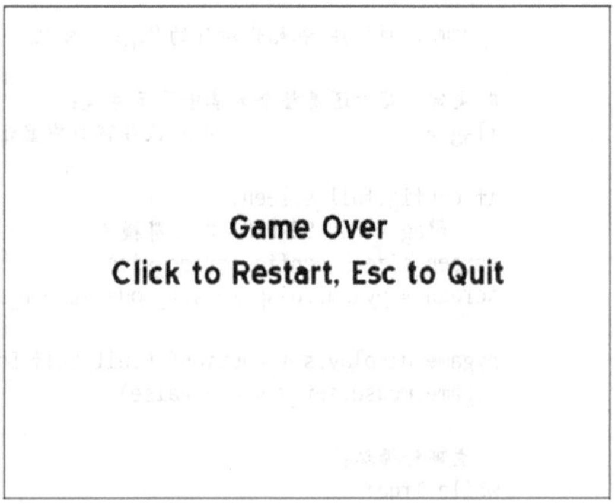

Game Over
Click to Restart, Esc to Quit

图 29-6　“游戏结束”屏幕

29.6 进一步探索

下面是一些改进这个游戏的点子。

- 添加声音。
- 记录得分。例如，每躲开一个铅锤得 16 分。使用文件或在线服务器存储最高得分如何？为此可分别使用第 24 章和第 27 章讨论的 asyncore 和 XML-RPC。
- 让更多的物体同时从天而降。
- 将逻辑反过来，要求玩家尽可能撞击而不是避开从天而降的物体，就像 Peter Goode 开发的老游戏 *Egg Catcher* 那样（游戏 *Squish* 主要借鉴了这款游戏）。
- 让玩家有多条“命”。
- 创建游戏的可执行版（详情请参阅第 18 章）。

预告

这样就全部结束了，你已完成了最后一个项目。如果盘点一下取得的成果，你应该感到非常满意（假设你跟着完成了所有的项目）。本书介绍了广阔的主题，让你大致领略了 Python 编程领域。但愿你很享受这次“旅行”，同时祝你在以后的 Python 编程旅程中有好运相伴。

附录 A

简明教程

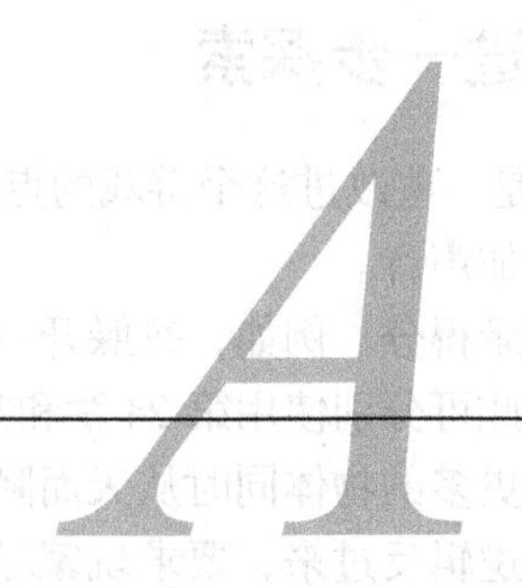

这是一个简明教程，根据我在网上发表的教程“Instant Python”改编而成，针对的读者是熟悉一两门语言，但想快速掌握 Python 的程序员。有关如何下载和执行 Python 解释器的信息，请参阅第 1 章。

A.1 基础知识

要想对 Python 语言有基本认识，可将其视为伪代码，因为它们很像。变量没有类型，因此不需要声明。变量在你给它赋值时出现，在你不再使用时消失。赋值是使用运算符=完成的，如下所示：

```
x = 42
```

请注意，相等性检查由运算符==执行。可同时给多个变量赋值，如下所示：

```
x,y,z = 1,2,3
first, second = second, first
a = b = 123
```

语句块通过且只能通过缩进来表示（不使用 begin/end，也不使用花括号）。下面是一些常见的控制结构：

```
if x < 5 or (x > 10 and x < 20):
    print("The value is OK.")

if x < 5 or 10 < x < 20:
    print("The value is OK.")

for i in [1, 2, 3, 4, 5]:
    print("This is iteration number", i)

x = 10
while x >= 0:
    print("x is still not negative.")
    x = x - 1
```

其中开头两个示例等价。

for 循环中的索引变量遍历（使用方括号表示的）列表[①]的元素。要编写普通的 for 循环（即计数循环），可使用内置函数 range。

```
# 打印0~99（含）的值
for value in range(100):
    print(value)
```

以#打头的行为注释将被解释器忽略。

你现在知道得足够多，从理论上说能够使用 Python 实现任何算法了。下面来介绍**基本**的用户交互。要提示用户输入并获取这些输入，可使用内置函数 input。

```
x = float(input("Please enter a number:"))
print("The square of that number is", x * x)
```

函数 input 显示（可选的）提示语，并让用户输入一个字符串。在这里，需要的是一个数，因此使用 float 将输入转换为浮点数。

介绍控制结构、输入和输出后，再来介绍一些华丽的数据结构，其中最重要的是**列表**和**字典**。列表是使用方括号表示的，并且允许嵌套。

```
name = ["Cleese", "John"]
x = [[1, 2, 3], [y, z], [[[]]]]
```

列表的优点之一是，可通过**索引**和**切片**访问其单个元素或一系列元素。与众多其他的语言一样，索引是通过在列表名后面加上用方括号括起的数字实现的。（请注意，第一个元素的索引为 0。）

```
print(name[1], name[0]) # 打印 "John Cleese"
name[0] = "Smith"
```

切片几乎与索引相同，但需要指定起始索引和结束索引，并用冒号（:）分隔它们。

```
x = ["SPAM", "SPAM", "SPAM", "SPAM", "SPAM", "eggs", "and", "SPAM"]
print(x[5:7]) # 打印列表 ["eggs", "and"]
```

请注意，不包含结束索引对应的元素。如果省略了一个索引，将假定你要从列表开头开始或到列表末尾结束。换而言之，切片 x[:3]意味着从列表开头到第 4 个元素（不含）之间的所有元素。（为何说是第 4 个元素呢？因为索引是从 0 开始的。）切片 x[3:]则意味着从第 4 个元素（含）开始到最后一个元素（含）的所有元素。最有趣的是，你还可使用负数索引。例如，x[-3]就是从列表末尾往前数的第 3 个元素。

现在来说说字典。简单地说，字典类似于列表，只是其内容是无序的。既然这样，那么如何进行索引呢？字典的每个元素都有**键**（**名称**），可用来查找元素，就像真正的字典一样。下面的示例演示了创建字典的语法：

```
phone = {"Alice" : 23452532, "Boris" : 252336,
         "Clarice" : 2352525, "Doris" : 23624643 }

person = {'first name': "Robin", 'last name': "Hood",
          'occupation': "Scoundrel" }
```

---

① 实际上也支持可迭代对象。

要获得 person 的职业，可使用表达式 person["occupation"]。要修改 person 的姓，可这样做：

```
person['last name'] = "of Locksley"
```

很简单吧。与列表一样，字典也可包含其他字典或列表。当然，列表也可包含字典。通过这样的嵌套，可轻松地创建非常复杂的数据结构。

A.2　函数

下一步是抽象。你要给代码段指定名称，并使用一些参数来调用它。换而言之，你想定义**函数**（也叫**过程**）。这很容易，只需使用关键字 def，如下所示：

```
def square(x):
    return x * x

print(square(2)) # 打印 4
```

return 语句用于从函数返回值。

向函数传递参数时，就将值赋给了参数，即创建了一个新引用。这意味着可在函数中直接修改原始值，但如果让参数指向其他东西（重新绑定它），将不会影响原始值。这与 Java 中类似。我们来看一个示例：

```
def change(x):
    x[1] = 4

y = [1, 2, 3]
change(y)
print(y) # 打印[1,4,3]
```

如你所见，传入了原始列表，如果函数修改了它，这些修改将反映到调用函数的地方。然而，请注意下述函数的行为，其中的函数体重新绑定了参数：

```
def nochange(x):
    x = 0

y = 1
nochange(y)
print(y) # 打印 1
```

这次 y 没有变，为什么呢？因为你**没有修改它的值**！传入的值是数 1，而你不能像修改列表那样修改数。数 1 永远是数 1。在这个示例中，修改的是参数 x 指向的内容，而这种修改不会影响调用环境。

Python 提供了很棒的**命名参数**和**默认参数**等，还允许函数接受数量可变的参数。有关这方面的详细信息，请参阅第 6 章。

如果你知道如何使用函数，那么刚才讲的内容基本上涵盖了你需要知道的有关 Python 函数的所有知识。

然而，在 Python 中，函数也是值，知道这一点可能会有所帮助。因此，如果有函数 square，就可以像下面这样做：

```
queeble = square
print(queeble(2)) # 打印4
```

调用函数时，即便没有提供任何参数，也不能省略括号，即必须写成 doit()，而不能写成 doit。如刚才所示，doit 只将函数本身作为一个值返回。这也适用于对象的方法。方法将在下一节介绍。

A.3 对象及相关内容

这里假设你知道面向对象编程的工作原理，否则本节的内容可能就难以理解了。即便如此，也没有关系，你可先不使用对象，也可去阅读第7章。

在 Python 中，使用关键字 class 来定义类，如下所示：

```
class Basket:

    # 千万别忘了参数self
    def __init__(self, contents=None):
        self.contents = contents or []

    def add(self, element):
        self.contents.append(element)

    def print_me(self):
        result = ""
        for element in self.contents:
            result = result + " " + repr(element)
        print("Contains:", result)
```

对于这个示例，有几点需要说明。

- 可像这样来调用方法：object.method(arg1, arg2)。
- 有些参数是**可选的**并指定了默认值（这在前一节介绍函数时说过），就像下面这段定义函数的示例代码：

  ```
  def spam(age=32): ...
  ```

- 调用这里的方法 spam 时，可指定一个参数，也可不指定任何参数。如果没有指定任何参数，参数 age 将为默认值32。
- repr 将对象转换为其字符串表示。因此，如果 element 包含数1，repr(element)将与"1"等价，而'element'是一个字面字符串。
- 在 Python 中，方法和成员变量（属性）都是不受保护的，即不能指定为私有的。封装不过是一种编程风格。（如果确实需要，可使用命名约定来实现一定程度的保护，如让名称以一个或两个下划线打头。）

下面来说说短路逻辑。

在 Python 中，所有的值都可用作逻辑值，其中一些空值（如 False、[]、0、""和 None）表示逻辑假，而其他值（如 True、[0]、1 和"Hello, world"）大都表示逻辑真。

对于诸如 a and b 的逻辑表达式，像下面这样计算其值。

- 检查 a 是否为真。
- 如果不是，就直接返回它。
- 如果是，就直接返回 b（它就是整个表达式的值）。

对于逻辑表达式 a or b，则像下面这样计算其值。

- 如果 a 为真，就返回它。
- 否则，就返回 b。

这种短路机制让你能够像使用布尔运算符一样使用 and 和 or，还让你能够编写简短的条件表达式。例如，下面的语句：

```
if a:
    print(a)
else:
    print(b)
```

可改写成这样：

```
print(a or b)
```

实际上，这在某种程度上是一个 Python 成例，因此你最好习惯它。

注意　实际上，Python 也提供了条件表达式，让你能够编写类似于下面的代码：

```
print(a if a else b)
```

在前面的示例中，Basket 的构造函数（Basket.__init__）就使用了这种策略来处理默认参数。参数 contents 的默认值为 None（表示假），因此要检查它是否包含值，可这样编写代码：

```
if contents:
    self.contents = contents
else:
    self.contents = []
```

但这个构造函数没有这样做，而是使用了下面这条简单的语句：

```
self.contents = contents or []
```

为何不直接将默认值设置为[]呢？鉴于 Python 的工作方式，如果这样做，所有 Basket 类型的实例中，contents 的默认值都将引用到同一个空列表。只要其中任一个填充了内容，那么所有实例的 contents 属性都将包含相同的元素，同时参数的默认值也都不再是空的。有关这方面的详细信息，请参阅第 5 章对**相同**和**相等**的差别所做的讨论。

注意　像方法 Basket.__init__中那样将 None 用作占位符时，使用条件 contents is None 比检查这个参数的布尔值更安全。这让你能够传入诸如空列表等假值，同时在对象外部保留对它的引用。

如果你就是要将默认值设置为空列表，可像下面这样做来避免在实例之间共享内容带来的问题：

```
def __init__(self, contents=[]):
    self.contents = contents[:]
```

你猜到了其中的工作原理吗？这里没有在每个实例中都使用同一个空列表，而是使用表达式 contents[:]来创建其副本。（这创建包含整个列表的切片。）

要创建 Basket 实例并使用它（对其调用一些方法），可像下面这样做：

```
b = Basket(['apple', 'orange'])
b.add("lemon")
b.print_me()
```

这将打印这个 Basket 实例的内容：一个苹果、一个橘子和一个柠檬。

除__init__外，还有其他的魔法方法。一个这样的方法是__str__，它定义了对象被视为字符串时是什么样的。在 Basket 类中，可使用下面的方法来替换 print_me。

```
def __str__(self):
    result = ""
    for element in self.contents:
        result = result + " " + repr(element)
    return "Contains: " + result
```

现在，如果你要打印 Basket 对象 b，只需像下面这样做：

```
print(b)
```

是不是很酷？

要派生出子类，可像下面这样做：

```
class SpamBasket(Basket):
    # ...
```

Python 支持多继承，因此可在括号内指定多个由逗号分隔的超类。要实例化类，可像下面这样做：x = Basket()。前面说过，构造函数是通过定义特殊成员函数__init__来提供的。

假设 SpamBasket 包含构造函数__init__(self, type)，则可像下面这样创建其实例：y = SpamBasket("apples")。

在 SpamBasket 的构造函数中，如果需要调用一个或多个超类的构造函数，可像下面这样做：Basket.__init__(self)。请注意，除提供普通参数外，还必须显式地提供参数 self，因为超类的__init__不知道处理的是哪个实例。另一种更佳（也更神奇）的做法是使用 super().__init__()。

有关 Python 面向对象编程的详细信息，请参阅第 7 章。

A.4　知识点补充

在这个附录的最后，我将简单地介绍其他一些很有用的知识。大多数函数和类放在模块中，而模块其实就是文件扩展名为.py 的文本文件，其中包含 Python 代码。你可在程序中通过导入来使用这些函数和类。例如，要使用标准模块 math 中的函数 sqrt，可像下面这样做：

```
import math
x = math.sqrt(y)
```

也可像下面这样做：

```
from math import sqrt
x = sqrt(y)
```

有关标准库模块的详细信息，请参阅第 10 章。

导入模块/脚本时，将运行其中的所有代码。要让你的程序既是可导入的模块又是可运行的程序，可在末尾添加类似于下面的代码。

```
if __name__ == "__main__": main()
```

这是一种奇妙的方式，相当于说：如果这个模块是作为可执行的脚本运行的（即不是将其导入其他脚本），就调用函数 main。当然，可以在上述语句的冒号后面做任何事情。

在 UNIX 中，要创建可执行的脚本，可将下面的代码作为第一行，让脚本能够独立地运行：

```
#!/usr/bin/env python
```

最后，简单地介绍一个重要的概念：**异常**。有些操作（如除以零或读取不存在的文件）会导致错误条件（异常）。你甚至可以创建自定义异常，并在合适的时候引发它们。

如果异常未得到处理，程序将终止并打印一条错误消息。要避免出现这种情况，可使用 try/except 语句，如下所示：

```
def safe_division(a, b):
    try:
        return a/b
    except ZeroDivisionError: pass
```

ZeroDivisionError 是一种标准异常。在这个示例中，可检查 b 是否为零，但在很多情况下，这种策略都行不通。另外，如果将 safe_division 中的 try/except 语句删除，导致它变成一个调用起来有风险的函数（并将其命名为 unsafe_division），你依然可以像下面这样做：

```
try:
    unsafe_division(a, b)
except ZeroDivisionError:
    print("Something was divided by zero in unsafe_division")
```

在问题通常不会发生但有可能发生时，使用异常可避免执行代价高昂的测试等工作。

就介绍到这里，但愿你有所收获。现在就去自行尝试吧，但别忘了 Python 学习箴言：利用源代码进行学习（基本上意味着阅读能够获得的所有代码）。

附录 B

Python 参考手册

本附录绝非完整的 Python 参考手册。要获得完整的参考手册，请参阅 Python 标准文档。本附录只是一个便利的速查表，当你开始使用 Python 进行编程后，它可帮助你唤醒记忆。

B.1 表达式

本节总结 Python 表达式。表 B-1 列出了 Python 中最重要的基本值（字面量）。表 B-2 列出了 Python 运算符及其优先级（先执行优先级高的运算符，后执行优先级低的运算符）。表 B-3 描述了一些最重要的内置函数。表 B-4~表 B-6 分别描述了列表的方法、字典的方法和字符串的方法[①]。

表 B-1 基本值（字面量）

类　型	描　述	语法示例
整数	没有小数部分的数字	42
浮点数	有小数部分的数字	42.5、42.5e-2
复数	实数（整数或浮点数）和虚数的和	38 + 4j、42j
字符串	不可修改的字符序列	'foo'、"bar"、"""baz"""、r'\n'

表 B-2 运算符

运　算　符	描　述	优　先　级
lambda	lambda 表达式	1
... if ...else	条件表达式	2
or	逻辑或	3
and	逻辑与	4
not	逻辑非	5
in	成员资格检查	6
not in	非成员资格检查	6

① 表 B-3 的有些项虽然通常被称为内置函数，但实际上是类。

（续）

运算符	描述	优先级
is	相同性测试	6
is not	不相同测试	6
<	小于	6
>	大于	6
<=	小于或等于	6
>=	大于或等于	6
==	等于	6
!=	不等于	6
|	按位或	7
^	按位异或	8
&	按位与	9
<<	左移位	10
>>	右移位	10
+	加	11
-	减	11
*	乘	12
@	矩阵乘法	12
/	除	12
//	整数除法	12
%	求余	12
+	单目相同	13
-	单目相反	13
~	按位求补	13
**	幂	14
x.attribute	属性引用	15
x[index]	元素访问	15
x[index1:index2[:index3]]	切片	15
f(args...)	函数调用	15
(...)	将表达式用括号括起或元组显示	16
[...]	列表显示	16
{key:value, ...}	字典显示	16

表 B-3　一些重要的内置函数

函　　数	描　　述
abs(number)	返回数字的绝对值
all(iterable)	如果 iterable 的所有元素都为真值，就返回 True；否则返回 False
any(iterable)	如果 iterable 的所有元素都为假值，就返回 False；否则返回 True
ascii(object)	类似于 repr，但对非 ASCII 字符进行转义
bin(integer)	将整数转换为以字符串表示的二进制字面量
bool(x)	将 x 解读为布尔值，并返回 True 或 False
bytearray([string,[encoding[,errors]]])	创建一个 bytearray，可根据指定的字符串给它赋值，还可指定编码和错误处理方式
bytes([string, [encoding[, errors]]])	类似于 bytearray，但返回一个可修改的 bytes 对象
callable(object)	检查对象是否是可调用的
chr(number)	返回一个字符，其 Unicode 码点为指定的数字
classmethod(func)	根据实例方法创建一个类方法（参见第 7 章）
complex(real[, imag])	返回一个复数，其实部和虚部分别为指定的值
delattr(object, name)	删除指定对象的指定属性
dict([mapping-or-sequence])	创建一个字典。可根据另一个映射或(key, value)列表来创建，也可使用关键字参数来调用
dir([object])	列出当前可见作用域中的（大部分）命令，或列出指定对象的（大部分）属性
divmod(a, b)	返回(a // b, a % b)（对于浮点数，有一些特殊规则）
enumerate(iterable)	迭代 iterable 中所有项的(index, item)。可提供关键字参数 start，以便不从开头开始迭代
eval(string[, globals[, locals]])	计算以字符串表示的表达式，还可在指定的全局和局部作用域内进行
filter(function, sequence)	返回一个列表，其中包含指定序列中这样的元素，即对其应用指定的函数时，结果为真值
float(object)	将字符串或数字转换为浮点数
format(value[, format_spec])	返回对指定字符串设置格式后的结果。格式设置规范的作用与字符串方法 format 中相同
frozenset([iterable])	创建一个不可修改的集合，这意味着可将其添加到其他集合中
getattr(object, name[, default])	返回指定对象中指定属性的值，还可给这个属性指定默认值
globals()	返回一个表示当前全局作用域的字典
hasattr(object, name)	检查指定对象是否包含指定的属性
help([object])	调用内置的帮助系统，或打印有关指定对象的帮助信息
hex(number)	将数字转换为十六进制字符串
id(object)	返回指定对象的独一无二的 ID
input([prompt])	以字符串的方式返回用户输入的数据，还可显示指定的提示语

（续）

函　　数	描　　述
int(object[, radix])	将字符串或数字转换为整数，还可指定基数
isinstance(object, classinfo)	检查object是否是classinfo的实例，其中参数classinfo可以是类对象、类型对象或类和类型对象元组
issubclass(class1, class2)	检查class1是否是class2的子类（每个类都被视为是它自己的子类）
iter(object[, sentinel])	返回一个迭代器对象，即 object.__iter__()。这个迭代器对象用于迭代序列（如果object支持__getitem__）。如果指定了 sentinel，这个迭代器将不断调用object，直到返回的是sentinel
len(object)	返回指定对象的长度（包含的项数）
list([sequence])	创建一个列表，也可根据指定的序列创建列表
locals()	返回一个表示当前局部作用域的字典（请不要修改这个字典）
map(function, sequence, ...)	创建一个列表，其中包含对指定序列包含的项执行指定函数返回的值
max(object1, [object2, ...])	如果object1不是空序列，就返回其中最大的元素；否则返回提供的参数（object1、object2等）中最大的那个
min(object1, [object2, ...])	如果object1不是空序列，就返回其中最小的元素；否则返回提供的参数（object1、object2等）中最小的那个
next(iterator[, default])	返回 iterator.__next__()的值，还可指定默认值，它指定在到达了迭代器末尾时将返回的值
object()	返回一个object实例；object是所有新式类的基类
oct(number)	将整数转换为八进制字符串
open(filename[, mode[, bufsize]])	打开一个文件并返回一个文件对象（还有其他的可选参数，如指定编码和错误处理方式的参数）
ord(char)	返回指定字符的Unicode码点
pow(x, y[, z])	返回x的y次方，还可将结果对z求模
print(x, ...)	将0个或更多参数作为一行打印到标准输出，并用空格分隔参数。可使用关键字参数sep、end、file和flush调整这种行为
property([fget[, fset[, fdel[, doc]]]])	根据一组存取函数创建一个特性（参见第9章）。
range([start,]stop[, step])	根据参数start（包含，默认为0）、stop（不包含）和step（默认为1）以序列的方式返回指定范围内的一系列值
repr(object)	返回对象的字符串表示，通常用作eval的参数
reversed(sequence)	返回一个反向迭代序列的迭代器
round(float[, n])	将指定的浮点数取整到小数点后n位（默认为零位）。关于详尽的取整规则，请参阅官方文档
set([iterable])	返回一个集合；如果指定了 iterable，该集合的元素将是从中取得的
setattr(object, name, value)	将指定对象的指定属性设置为指定的值
sorted(iterable[, cmp][, key][, reverse])	返回一个排序后的列表，其中的元素来自iterable。可选参数与列表的方法sort相同

（续）

函　数	描　述
staticmethod(func)	根据实例方法创建一个静态（类）方法（参见第7章）
str(object)	返回指定对象的格式良好的字符串表示
sum(seq[, start])	计算数字序列中所有元素的总和，再加上可选参数start的值（默认为零），然后返回结果
super([type[, obj/type]])	返回一个将方法调用委托给超类的代理
tuple([sequence])	创建一个元组，如果指定了可选参数sequence，该元组包含的项将与该参数指定的序列相同
type(object)	返回指定对象的类型
type(name, bases, dict)	返回一个新的类型对象，其名称、基类和作用域由相应的参数指定
vars([object])	返回一个表示局部作用域的字典或一个包含指定对象的属性的字典（请不要修改这个字典）
zip(sequence1, ...)	返回一个元组迭代器，其中每个元组都包含提供序列的相应项。返回的列表与提供的最短序列等长

表B-4　列表的方法

方　法	描　述
aList.append(obj)	等同于aList[len(aList) :len(aList)] = [obj]
aList.clear()	删除aList的所有元素
aList.count(obj)	返回aList中与obj相等的元素个数
aList.copy()	返回aList的副本。请注意，这是浅复制，即不会复制元素
aList.extend(sequence)	等同于aList[len(aList):len(aList)] = sequence
aList.index(obj)	返回aList中第一个与obj相等的元素的索引；如果没有这样的元素，就引发ValueError异常
aList.insert(index, obj)	如果index >= 0，就等同于aList[index:index] = [obj]；如果index < 0，就将指定的对象加入到列表开头
aList.pop([index])	删除并返回指定索引（默认为-1）处的元素
aList.remove(obj)	等同于del aList[aList.index(obj)]
aList.reverse()	就地按相反的顺序排列列表的元素
aList.sort([cmp][,key][,reverse])	就地对aList的元素进行排序（稳定排序）。可通过提供比较函数cmp、键函数key（创建用户排序的键）和降序标志reverse（一个布尔值）进行定制

表B-5　字典的方法

方　法	描　述
aDict.clear()	删除aDict的所有项
aDict.copy()	返回aDict的副本
aDict.fromkeys(seq[,val])	返回一个字典，其中的键来自seq，而值都被设置为val（默认为None）。可直接使用字典类型dict将其作为类方法来调用
aDict.get(key[,default])	如果aDict[key]存在，就返回它；否则返回指定的默认值（默认为None）

（续）

方　　法	描　　述
aDict.items()	返回一个迭代器（实际上是一个视图），其中包含表示 aDict 各项的(key, value)对
aDict.iterkeys()	返回一个可用于对 aDict 的键进行迭代的可迭代对象
aDict.keys()	返回一个迭代器（视图），其中包含 aDict 中所有的键
aDict.pop(key[, d])	删除并返回对应于给定键的值，或给定默认值 d
aDict.popitem()	从 aDict 随机的删除一项，并将其以(key, value)对的方式返回
aDict.setdefault(key[,default])	如果 aDict[key]存在，就返回它；否则就返回指定的默认值（默认为 None），并将 aDict[key]设置为指定的默认值
aDict.update(other)	将 other 中的每项都添加到 aDict（可能覆盖既有的项）。也可以像调用字典构造函数那样指定类似的参数
aDict.values()	返回一个迭代器（视图），其中包含 aDict 中所有的值（可能有重复的）

表 B-6　字符串的方法

方　　法	描　　述
string.capitalize()	返回字符串的副本，但将第一个字符大写
string.casefold()	返回经过标准化（normalize）后的字符串，标准化类似于转换为小写，但更适合用于对 Unicode 字符串进行不区分大小写的比较
string.center(width[, fillchar])	返回一个长度为(len(string), width)的字符串。这个字符串的中间包含当前字符串，但两端用 fillchar 指定的字符（默认为空格）填充
string.count(sub[, start[, end]])	计算子串 sub 出现的次数，可搜索范围限定为 string[start:end]
string.encode([encoding[,errors]])	返回使用指定编码和 errors 指定的错误处理方式对字符串进行编码的结果，参数 errors 的可能取值包含'strict'、'ignore'、'replace'等
string.endswith(suffix[,start[,end]])	检查字符串是否以 suffix 结尾，还可使用索引 start 和 end 来指定匹配范围
string.expandtabs([tabsize])	返回将字符串中的制表符展开为空格后的结果，可指定可选参数 tabsize（默认为 8）
string.find(sub[, start[, end]])	返回找到的第一个子串 sub 的索引，如果没有找到这样的子串，就返回 -1；还可将搜索范围限制为 string[start:end]
string.format(...)	实现了标准的 Python 字符串格式设置。将字符串中用大括号分隔的字段替换为相应的参数，再返回结果
string.format_map(mapping)	类似于使用关键字参数调用 format，只是参数是以映射的方式提供的
string.index(sub[, start[, end]])	返回找到的第一个子串 sub 的索引，如果没有找到这样的子串，将引发 ValueError 异常；还可将搜索范围限制为 string[start:end]
string.isalnum()	检查字符串中的字符是否都是字母或数
string.isalpha()	检查字符串中的字符是否都是字母
string.isdecimal()	检查字符串中的字符是否都是十进制数
string.isdigit()	检查字符串中的字符是否都是数字
string.isidentifier()	检查字符串是否可用作 Python 标识符
string.islower()	检查字符串中的所有字母都是小写的

（续）

方 法	描 述
string.isnumeric()	检查字符串中的所有字符是否都是数字字符
string.isprintable()	检查字符串中的字符是否都是可打印的
string.isspace()	检查字符串中的字符是否都是空白字符
string.istitle()	检查字符串中位于非字母后面的字母都是大写的，且其他所有字母都是小写的
string.isupper()	检查字符串中的字母是否都是大写的
string.join(sequence)	将 string 与 sequence 中的所有字符串元素合并，并返回结果
string.ljust(width[, fillchar])	返回一个长度为 max(len(string), width)的字符串，其开头是当前字符串的副本，而末尾是使用 fillchar 指定的字符（默认为空格）填充的
string.lower()	将字符串中所有的字母都转换为小写，并返回结果
string.lstrip([chars])	将字符串开头所有的 chars（默认为所有的空白字符，如空格、制表符和换行符）都删除，并返回结果
str.maketrans(x[,y[,z]])	一个静态方法，它创建一个供 translate 使用的转换表。如果只指定了参数 x，它必须是从字符或序数到 Unicode 序数或 None（用于删除）的映射；也可使用两个表示源字符和目标字符的字符串调用它；还可提供第三个参数，它指定要删除的字符
string.partition(sep)	在字符串中搜索 sep，并返回元组(sep 前面的部分，sep，sep 后面的部分)
string.replace(old,new[,max])	将字符串中的子串 old 替换为 new，并返回结果；还可将最大替换次数限制为 max
string.rfind(sub[,start[,end]])	返回找到的最后一个子串的索引，如果没有找到这样的子串，就返回-1；还可将搜索范围限定为 string[start:end]
string.rindex(sub[,start[,end]])	返回找到的最后一个子串 sub 的索引，如果没有找到这样的子串，就引发 ValueError 异常；还可将搜索范围限定为 string[start:end]
string.rjust(width[,fillchar])	返回一个长度为 max(len(string), width)的字符串，其末尾为当前字符串的拷贝，而开头是使用 fillchar 指定的字符（默认为空格）填充的
string.rpartition(sep)	与 partition 相同，但从右往左搜索
string.rstrip([chars])	将字符串末尾所有的 chars 字符（默认为所有的空白字符，如空格、制表符和换行符）都删除，并返回结果
string.rsplit([sep[, maxsplit]])	与 split 相同，但指定了参数 maxsplit，从右往左计算划分次数
string.split([sep[, maxsplit]])	返回一个列表，其中包含以 sep 为分隔符对字符串进行划分得到的结果（如果没有指定参数 sep，将以所有空白字符为分隔符进行划分）；还可将最大划分次数限制为 maxsplit
string.splitlines([keepends])	返回一个列表，其中包含字符串中的所有行；如果参数 keepends 为 True，将包含换行符
string.startswith(prefix[,start[,end]])	检查字符串是否以 prefix 打头；还可将匹配范围限制在索引 start 和 end 之间
string.strip([chars])	将字符串开头和结尾的所有 chars 字符（默认为所有空白字符，如空格、制表符和换行符）都删除，并返回结果
string.swapcase()	将字符串中所有字母的大小写都反转，并返回结果

（续）

方　法	描　述
string.title()	将字符串中所有单词的首字母都大写，并返回结果
string.translate(table)	根据转换表 table（这是使用 maketrans 创建的）对字符串中的所有字符都进行转换，并返回结果
string.upper()	将字符串中所有的字母都转换为大写，并返回结果
string.zfill(width)	在字符串左边填充 0（但将原来打头的+或-移到开头），使其长度为 width

B.2　语句

本节总结各种类型的 Python 语句。

B.2.1　简单语句

简单语句只包含一个逻辑行。

1. 表达式语句

表达式本身可以为语句。这在表达式为函数调用或文档字符串时特别有用。

示例：

```
"This module contains SPAM-related functions."
```

2. 断言语句

断言语句检查条件是否满足，如果不满足，就引发 AssertionError 异常（并可提供错误消息）。

示例：

```
assert age >= 12, 'Children under the age of 12 are not allowed'
```

3. 赋值语句

赋值语句将变量与值关联起来。可通过序列解包同时给多个变量赋值，还可进行链式赋值。

示例：

```
x = 42                      # 简单赋值
name, age = 'Gumby', 60     # 序列解包
x = y = z = 10              # 链式赋值
```

4. 增强赋值语句

可使用运算符来增强赋值。在这种情况下，将对变量的当前值和指定的值执行运算符指定的运算，并将变量重新关联到结果。如果原来的值是可变的，可能修改原来的值（并让变量依然关联到原来的值）。

示例：

```
x *= 2      #将x的值翻倍
x += 5      #将x的值加5
```

5 pass语句

pass语句不执行任何操作，可用作占位符。在语法要求的代码块中，如果你不想执行任何操作，可让它只包含pass语句。

示例：

```
try: x.name
except AttributeError: pass
else: print('Hello', x.name)
```

6. del语句

del语句用于解除变量和属性与值的关联以及将数据结构（映射或序列）的一部分（如（位置、切片或存储槽）删除。不能直接使用它来删除值，因为值只能通过垃圾收集来删除。

示例：

```
del x             # 解除变量与值的关联
del seq[42]       # 删除序列中的一个元素
del seq[42:]      # 删除序列中的一个切片
del map['foo']    # 删除映射中的一项
```

7. return语句

return语句结束函数的执行并返回一个值。如果没有指定值，将返回None。

示例：

```
return              # 从当前函数返回None
return 42           # 从当前函数返回42
return 1, 2, 3      # 从当前函数返回(1, 2, 3)
```

8. yield语句

yield语句暂停执行生成器，并返回一个值。生成器是一种迭代器，可用于for循环中。

示例：

```
yield 42            # 从当前函数返回42
```

9. raise语句

raise语句引发异常。调用它时可不提供任何参数（在except子句中用于重新引发当前捕获的异常），提供Exception的一个子类和一个可选参数（在这种情况下，将创建一个实例）或提供Exception子类的一个实例。

示例：

```
raise # 只可用于except子句中
raise IndexError
raise IndexError, 'index out of bounds'
raise IndexError('index out of bounds')
```

10. break 语句

break 语句结束它所属的循环语句（for 或 while 语句），并接着执行该循环语句后面的语句。

示例：

```
while True:
    line = file.readline()
    if not line: break
    print(line)
```

11. continue 语句

continue 语句类似于 break 语句，但结束所属循环的当前迭代而不是整个循环，即跳到下一次迭代开头继续执行。

示例：

```
while True:
    line = file.readline()
    if not line: break
    if line.isspace(): continue
    print(line)
```

12. import 语句

import 语句用于从外部模块导入名称（与函数、类或其他值相关联的变量）。这也包括 from __future__ import 语句，它们用于导入在未来的 Python 版本中将包含在标准中的功能。

示例：

```
import math
from math import sqrt
from math import sqrt as squareroot
from math import *
```

13. global 语句

global 语句用于将变量标记为全局的。在函数中，可使用它给全局变量重新赋值。使用 global 语句通常被视为糟糕的编程风格，因此应尽可能避免。

示例：

```
count = 1
def inc():
    global count
    count += 1
```

14. nonlocal 语句

类似于 global 语句，但引用内部函数（闭包）的外部作用域。换而言之，如果你在一个函数内定义了另一个函数并返回它，这个函数就可引用并修改外部函数中的变量，条件是使用 nonlocal 来标记它。

示例：

```
def makeinc():
    count = 1
    def inc():
        nonlocal count
        count += 1
    return inc
```

B.2.2　复合语句

复合语句包含一组其他的语句（代码块）。

1. if 语句

if 语句用于有条件地执行，可包含 elif 和 else 子句。

示例：

```
if x < 10:
    print('Less than ten')
elif 10 <= x < 20:
    print('Less than twenty')
else:
    print('Twenty or more')
```

2. while 语句

while 语句用于在指定条件为真时反复地执行（循环），可包含 else 子句。这种子句将在循环正常结束（如没有执行任何 break 和 return 语句）时执行。

示例：

```
x = 1
while x < 100:
    x *= 2
print(x)
```

3. for 语句

for 语句用于对序列的元素或其他可迭代对象（包含返回迭代器的方法__iter__的对象）反复地执行（循环），可包含 else 子句[这种子句将在循环正常结束（如没有执行任何 break 和 return 语句）时执行]。

示例：

```
for i in range(10, 0, -1):
    print(i)
print('Ignition!')
```

4. try 语句

try 语句用于执行可能发生异常的代码段，让程序能够捕获这些异常并执行异常处理代码。try 语句可包含多个 except 子句（用于处理异常）和 finally 子句（这种子句不管情况如何都将执行，可用于执行清理工作）。

示例：

```
try:
    1 / 0
except ZeroDivisionError:
    print("Can't divide anything by zero.")
finally:
    print("Done trying to calculate 1 / 0")
```

5. with 语句

with 语句用于包装使用上下文管理器的代码块，让管理器能够执行一些设置和清理操作。例如，可将文件用作上下文管理器，这样它们将在执行清理工作时关闭自己。

示例：

```
with open("somefile.txt") as myfile:
    dosomething(myfile)
# 到这里时文件已关闭
```

6. 函数定义

函数定义用于创建函数对象以及将全局或局部变量与函数对象关联起来。

示例：

```
def double(x):
    return x * 2
```

7. 类定义

类定义用于创建类对象以及将全局或局部变量与类对象关联起来。

示例：

```
class Doubler:
    def __init__ (self, value):
        self.value = value
    def double(self):
        self.value *= 2
```